工业助剂生产工艺与应用技术丛书

食品添加剂
生产工艺与应用技术

韩长日　宋小平　主编

中国石化出版社

·北京·

内 容 提 要

本书介绍了食品酸度调节剂、抗氧化剂、着色剂、乳化剂、增味剂与甜味剂、酶制剂、防腐剂、增稠剂和营养增强剂的生产工艺与应用技术；对各种食品添加剂产品的性能、生产原理、工艺流程、操作工艺、质量标准、用途、安全与贮运都作了全面而系统的阐述。

本书对从事食品添加剂研究与开发和精细化工品研制开发的科技人员、生产人员，以及高等院校应用化学、精细化工等专业的师生均具有参考价值。

图书在版编目(CIP)数据

食品添加剂生产工艺与应用技术／韩长日，宋小平主编.—北京：中国石化出版社，2024.1
（工业助剂生产工艺与应用技术丛书）
ISBN 978-7-5114-7360-8

Ⅰ.①食… Ⅱ.①韩… ②宋… Ⅲ.①食品添加剂-生产工艺 ②食品添加剂-应用 Ⅳ.TS202.3

中国国家版本馆 CIP 数据核字(2023)第 231268 号

中国石化出版社出版发行

地址:北京市东城区安定门外大街 58 号
邮编:100011 电话:(010)57512500
发行部电话:(010)57512575
http://www.sinopec-press.com
E-mail:press@ sinopec.com
北京富泰印刷有限责任公司印刷
全国各地新华书店经销

*

787 毫米×1092 毫米 16 开本 22.25 印张 560 千字
2024 年 1 月第 1 版 2024 年 1 月第 1 次印刷
定价:78.00 元

前言 Preface

助剂(也称添加剂)是工业材料和产品在加工和生产过程中为改善加工性能和提高产品性能及使用质量而加入的药剂的总称。随着精细化工的发展,各种工业助剂对提高产品质量和扩展产品性能有着越来越重要的作用。我国许多工业产品质量与国外知名产品的差距并不在于缺少主要原料,而在于缺少高性能的助剂。助剂能赋予产品以特殊性能,延长其使用寿命,扩大其适用范围,提高加工效率,提升产品质量和档次。助剂产品的技术进步,影响着许多产业,尤其是化工、轻工、纺织、石油、食品、饲料、电子工业、建筑材料和汽车等产业的发展。

助剂的种类繁多,相关的作用机理、生产应用技术也很复杂,全面系统地介绍各类助剂的性能、生产原理、工艺流程、工艺配方、生产工艺、质量标准、主要用途,将对促进我国工业添加剂的技术发展,推动精细化工产品技术进步,加快我国工业产品的技术创新和提升工业产品的国际竞争力,以及满足国内工业生产的应用需求和适应消费者需要都具有重要意义。在中国石化出版社的策划和支持下,我们于2006—2014年出版了《工业添加剂生产工艺与应用技术》丛书(1~8册),这是一套完整的工业助剂丛书。为了满足我国工业助剂的技术发展需要、推动精细化工产品技术进步和提升工业助剂产品的国际竞争力,我们对此套丛书进行了修订,并更名为《工业助剂生产工艺与应用技术》丛书。

本书为食品添加剂分册,介绍了食品酸度调节剂、抗氧化剂、着色剂、乳化剂、增味剂与甜味剂、酶制剂、防腐剂、增稠剂和营养增强剂的生产工艺与应用技术。对各种食品添加剂产品的性能、生产原理、工艺流程、操作工艺、质量标准、用途、安全与贮运都作了全面而系统的阐述。本书对从事食品添加剂研究与开发和精细化工品研制开发的科技人员、生产人员,以及高等院校应用化学、精细化工等专业的师生都具有参考价值。

全书在编写过程中参阅和引用了大量国内外专利及技术资料，书末列出了主要参考文献，大部分产品中还列出了相应的原始研究文献，以便读者进一步查阅。

值得指出的是，在进行食品添加剂产品的开发生产中，应当遵循先小试、再中试，然后进行工业性试产的原则，以便掌握足够的工业规模的生产经验。同时，要特别注意生产过程中的防火、防爆、防毒、防腐蚀及环境保护等有关问题，并采取有效的措施，以确保安全顺利地生产。

本书由韩长日、宋小平主编，参加本书编写的有韩长日、宋小平、刘红、农旭华等。

本书在选题、策划和组稿过程中，得到了中国石化出版社、国家自然科学基金、海南省重点研发项目（ZDYF2018164）、海南科技职业大学著作出版基金和海南师范大学的支持和资助，许多高等院校、科研院所和同仁提供了大量的国内外专利和技术资料，在此一并表示衷心的感谢。

由于我们水平所限，错漏和不妥之处在所难免，欢迎广大同仁和读者提出意见和建议。

编者

目录 Contents

I

第1章 概　述

1.1　食品添加剂的定义与分类

食品添加剂(food additives)是指为改善食品品质和色、香、味以及为防腐和加工工艺的需要而加入食品中的化学合成或天然物质。我国许可使用的食品添加剂的品种数为2047种，其中合成物质252种，可在各类食品中按生产需要适量使用的食品添加剂55种，食品用香料1531种(其中食品用天然香料329种，天然等同香料1009种，人工合成香料193种)，食品工业用加工助剂114种，食品用酶制剂44种，胶姆糖基础剂51种。

我国食品添加剂按其主要功能作用的不同分为：酸度调节剂、抗结剂、消泡剂、抗氧化剂、漂白剂、膨松剂、胶姆糖基础剂、着色剂、护色剂、乳化剂、酶制剂、增味剂、面粉处理剂、被膜剂、水分保持剂、营养强化剂、防腐剂、稳定和凝固剂、甜味剂、增稠剂、加工助剂和食品用香料等，共22类。

1.2　食品添加剂的一般要求

我国新修订的《食品安全国家标准　食品添加剂使用标准》(GB 2760)明确规定了使用食品添加剂的基本要求：①经过食品安全性毒理学评价，证明在使用限量内长期使用对人体安全无害；②不影响食品理化性质，对食品营养成分不应有破坏作用；③食品添加剂应有严格的卫生标准和质量标准；④食品添加剂在达到一定目的后、经加工烹调或贮存时，它能被破坏或允许有少量残留；⑤不得使用食品添加剂掩盖食品的缺陷或作为伪造的手段；⑥不得使用非定点生产厂、无生产许可证以及污染或变质的食品添加剂。

此外，我国对1986年颁布《食品添加剂卫生管理办法》前曾有所应用的某些品种如甲醛、硼酸、硼砂、β-萘酚、水杨酸、吊白块(甲醛-酸性亚硫酸钠制剂)、硫酸铜、黄樟素、香豆素等，因明确其对人体有致癌等毒害作用，均已被禁止使用。最近，我国又已明令禁止溴酸钾作为面粉处理剂使用。在国外，这些品种也已大多被禁止使用。

1.3　食品添加剂的安全性

食品添加剂的使用存在着不安全性的因素，因为有些食品添加剂不是传统食品的成分，对其生理生化作用我们还不太了解，或还未做长期全面的毒理学试验等。

任何一种新食品添加剂都应对其进行毒理学评价，《食品安全国家标准　食品安全性毒理学评价程序》(GB 15193.1)将毒理试验分为四个阶段：

第一阶段，急性毒性试验。

第二阶段，蓄积毒性试验、致突变试验及代谢试验。

第三阶段，亚慢性毒性试验(包括繁殖、致畸试验)。

1

第四阶段，慢性毒性试验(包括致癌试验)。

急性毒性试验是指给予一次较大的剂量后，对动物产生的作用进行判断。通过急性毒性试验可以考查摄入该物质后在短时间内所呈现的毒性，从而判断对动物的致死量(LD)或半数致死量(LD_{50})。半数致死量是通常用来粗略地衡量急性毒性高低的一个指标，是指能使一群试验动物，中毒死亡数达到一半所需的剂量，其单位是 mg/kg(体重)。对于食品添加剂来说，主要采用经口服的半数致死量。受试物质的毒性分级如表 1-1 所示。

表 1-1　经口服半数致死量与毒性分级　　　　　　　　　　　　mg/kg

毒性级别	LD_{50}大白鼠	毒性级别	LD_{50}大白鼠
极剧毒	小于 1	低毒	501~5000
剧毒	1~50	相对无毒	5001~15000
中毒	51~500	实际无毒	大于 15000

慢性毒性试验是指少量受试物质在长期作用下所呈现的毒性，从而可确定受试物质的最大无作用量和中毒阈剂量。慢性毒性试验在毒理研究中占有十分重要的地位，对于确定受试物质能否作为食品添加剂使用具有决定性的作用。最大无作用量(MNL)又称最大无效量、最大耐受量或最大安全量，是指长期摄入该物质仍无任何中毒表现的每日最大摄入剂量，其单位是 mg/kg(体重)。

1.4　食品添加剂的发展趋势

食品添加剂工业随着化学工业特别是有机合成化学的发展，进入快速发展时期，随着社会的进步和人类对生活质量以及食品品质的关注，必将进一步推动食品添加剂工业的发展，这是因为食品添加剂对于改善食品色香味、调整营养构成、提高食品的质量和档次、延长保质期发挥着重要作用。

人们对于健康和营养的认识和重视程度不断提高，将促进氨基酸、维生素和各种微量元素、大豆提取物、具有保健功能的添加剂如壳聚糖、硫酸软骨素等的消费量增长。人们要求食品的安全和健康的意识增强，将促进天然或半天然食品添加剂消费的增长，如抗氧剂异抗坏血酸、木糖醇以及其他糖醇产品的消费量不断增加。随着人们生活节奏的加快和生活水平的提高，对于方便卫生的成品及半成品食品的需求量会越来越大。方便食品的生产需要大量的各种各样的添加剂，以保证其营养、新鲜和美味等。

近年，我国食品添加剂发展呈现出以下特点：产量迅速增长；产品质量逐年提高；产品成本下降，竞争力增强；研制开发能力增强；国际市场不断拓展。但整体质量不高，质量监控和有序的市场竞争机制有待进一步完善，研制开发水平有待提高，缺乏国际竞争力。

(1) 积极开发天然功能性食品添加剂

天然功能性食品添加剂已成为研究开发的重点。我国自然资源种类丰富，与其他国家相比，发展天然食品添加剂更有优势。目前，我国生产的部分天然添加剂受到世界各国的青睐。例如，天然色素在日本的销售额达到了日本市场总额的 90% 左右，在美国占到了 80% 左右。天然提取物与合成产品相比更为安全，且有很多天然提取物具有生理活性和保健功能。随着人们生活质量的提高，人们更加追求饮食安全，而天然食品添加剂正符合人们的饮食追求，由此天然添加剂在未来将更受市场欢迎，将逐渐成为食品添加剂发展的主流。

（2）生物高新技术在食品添加剂广泛应用

生物高新技术由于具有耗能低、环境污染小等优点，被广泛应用到食品添加剂、燃料、药品以及化学品等产业的生产中，如木糖醇、甘露醇等采用了发酵法进行生产；聚赖氨酸应用发酵法进行工业生产；调味料利用酶解技术和美拉德反应进行生产等。利用生物高新技术生产的食品添加剂属于天然产物，这也符合当下消费者对食品低毒或无毒的心理追求。因此，在食品相关产业领域的发展中，生物高新技术将成为一个重要的应用新技术。

（3）复合食品添加剂越来越受到人们的重视

复合添加剂具有聚集多种食品添加剂的优点。近年来，复合食品添加剂越来越受到人们的重视，已经成为食品添加剂工业的发展方向和潮流。这是因为复合食品添加剂具有明显的协同、增效作用，同时便于使用。复合食品添加剂将成为今后食品添加剂发展的新方向。

"复合"大体可分两种情况，一是不同功能的添加剂"复合"在一起起到多功能、多用途的作用；二是同功能的添加剂"复合"在一起发挥"协同、增效"的作用。这方面的实例很多，几乎各类食品添加剂都有协同增效的作用。如增味剂中，味精与肌苷酸和鸟苷酸复合以后其鲜度成倍增长，复合以后其鲜味不是"相加"，而是"相乘"。基于这一点，人们开发出了第二代味精，也叫复合味精、特鲜味精。

高倍甜味剂，以其成本低、甜度高、热量低等特点，深受食品、饮料企业和一部分消费者的欢迎，但也同时因其存在某些方面的缺陷而影响销售。如有的有苦涩味，有的有青草味等等。把几种食品添加剂复合在一起，却能起到改善不良风味的作用，同时也起到提高甜度的增效作用。

香精本质上就是一组"复合"食品添加剂，一个香精少则几十个单体，多则上百个单体，正是由于每个品种组分上的差异和成分多少的不同，才调配出形形色色的香味和香气。

虽然目前复合食品添加剂生产规模大多都较小，且产品较为单一、生产效率低，但为了使复合食品添加剂适应食品添加剂现代化的发展，企业正在逐渐扩大生产规模、引进新技术和生产设备，加工生产更多类型的复合添加剂，提高复合添加剂的生产效率，满足复合添加剂的发展需要。

参 考 文 献

[1] 李婷婷，朱勇辉，马娟娟. 食品添加剂发展研究进展[J]. 食品安全导刊，2022，（01）：159-161.

[2] 孙平，吕晓玲，张民，等. 食品添加剂[M]. 北京：中国轻工业出版社，2020：335.

[3] 范思妮. 国内食品添加剂研究进展及发展趋势[J]. 食品安全导刊，2018，（18）：32-33.

[4] 崔常勇，毛鹏飞，刘明江，等. 国内食品添加剂研究进展及发展趋势[J]. 食品界，2017，（12）：44-45.

[5] 杨位杰，洪美铃，邱珊红，等. 功能性食品添加剂进展[J]. 北京农业，2015，（06）：235.

第2章 酸度调节剂

2.1 概　述

酸度调节剂也称 pH 调节剂，主要用于食品酸碱度的控制和调节。酸度调节剂包括酸味剂（酸化剂）、碱性剂和缓冲剂。

酸味剂是赋予食品酸味或以调节食品 pH 值为主要目的的食品添加剂。酸味的刺激阈值用 pH 值来表示，无机酸的酸味阈值在 3.4~3.5 左右，有机酸的酸味阈值在 3.7~4.9 之间。大多数食品的 pH 值在 5~6.5 之间，虽为酸性，但并无酸味感觉；若 pH 值在 3.0 以下，则酸味感强，难以适口。

酸味剂分子电离产生的阴离子中，羟基、羧基、氨基的有无、多少以及所处的位置的不同将决定着其不同的风味。有的酸中带苦，有的带涩，有的带鲜等。酸味与甜味、咸味、苦味等味觉可以相互影响，甜、酸味可以相互抵消，而苦味会加强酸的酸味等。如柠檬酸、抗坏血酸和葡萄糖酸等的酸味带爽快感；苹果酸的酸味带苦味；乳酸和酒石酸的酸味伴有涩味；乙酸的酸味带有刺激性臭味；谷氨酸的酸味有鲜味等。

酸味剂是一类十分重要的食品添加剂，除直接给人以味感外，它还可以控制食品或加工体系的酸碱性，如在干酪、凝胶、果冻、软糖、果酱等食物中，必须控制合适的酸度，才可以获得预期的形状和韧度。降低食物体系的 pH 值，可抑制许多有害微生物的繁殖，有利于食物的保存。酸味剂在食品调香中也得到广泛的应用，它还可以用来修饰或平衡蔗糖及其他甜味剂的甜味。多数酸味剂具有螯合金属离子的作用，这有利于食物的护色和油脂及富脂食品的抗氧化。它还可以增加焙烤食品的柔软度，与碳酸氢钠复配可制成疏松剂，用有机酸及其盐可配成食品酸变缓冲剂，稳定 pH 值。

常用的酸味剂有柠檬酸、乳酸、乙酸、酒石酸、苹果酸、富马酸等。作为酸味剂使用的主要也是有机酸，其中使用得最多的是柠檬酸，常用于饮料、果酱、糖类、酒类和冰淇淋等食品的制作。但无机酸磷酸的使用量也有明显的上升趋势。

碱性剂主要用作 pH 值调节剂和配制缓冲剂，还可用作面条改良剂，也用于提高果蔬制品硬度和保持脆度。碱性剂主要有强碱（如氢氧化钠）和强碱弱酸的盐如碳酸钠、碳酸钾、柠檬酸钠、柠檬酸钾等。

缓冲剂又称 pH 缓冲剂，是使食品在加工过程中或最终产品能保持较稳定的 pH 值的添加剂。通常由弱酸与弱酸强碱盐复配制成，如乙酸和乙酸钠组成的缓冲剂。

我国目前已批准使用的酸度调节剂有：柠檬酸、乳酸、酒石酸、苹果酸、偏酒石酸、磷酸、乙酸、盐酸、己二酸、富马酸、氢氧化钠、碳酸钾、碳酸钠、柠檬酸钠、柠檬酸钾、倍半碳酸钠、柠檬酸一钠共 17 种。与国外允许使用的酸度调节剂品种相比，我国还有一定的差距，主要表现在各种有机酸盐品种方面。但我国酸度调节剂发展的重点是应用开发，即利用现有品种研制出具有不同风味特点的产品满足市场需求。

参 考 文 献

[1] 孙平, 吕晓玲, 张民, 等. 食品添加剂[M]. 北京: 中国轻工业出版社, 2020.
[2] Miguel A Prieto, Paz Otero. Natural Food Additives[M]. London: IntechOpen, 2023.
[3] 郝贵增, 张雪. 食品添加剂[M]. 北京: 中国农业大学出版社, 2020.
[4] 孙宝国. 食品添加剂(第三版)[M]. 北京: 化学工业出版社, 2021.

2.2 乳 酸

乳酸(lactic acid)又称 α-羟基丙酸、2-羟基丙酸、丙醇酸。分子式 $C_3H_6O_3$, 相对分子质量 90.08。结构式为:

$$\underset{CH_3CHCOOH}{\overset{OH}{|}}$$

由于分子中具有一个手性碳, 所以具有对映异构体。

1. 性能

无色或浅黄色黏稠液体, 无气味。右旋体和左旋体的熔点都为 53℃, 外消旋体的熔点为 18℃, 沸点 122℃[(14~15)×133.3Pa]、82~85℃[(0.5~1)×133.3Pa], 相对密度(d_4^{25}) 1.2060, 折射率 1.4392。能与水、醇、甘油混溶, 微溶于乙醚, 不溶于氯仿和二硫化碳。能随过热水蒸气挥发, 常压蒸馏则分解。浓缩至 50% 时部分转变为乳酸酐, 故 85%~90% 的乳酸产品中一般含有 10%~15% 乳酸酐。具有强吸湿性。

工业乳酸是 2-羟基丙酸、乳酰乳酸和水的混合物。

2. 生产方法

(1) 发酵法

以粮食为原料, 糖化接入乳酸菌种, 在 pH=5, 温度 49℃ 条件下, 发酵 3~4 天后, 经浓缩结晶, 用碳酸钙中和, 趁热过滤, 精制得到乳酸钙, 然后用硫酸醇化进行复分解反应, 再经过滤除去硫酸钙, 减压浓缩, 趁热脱色而得成品。

(2) 丙烯腈法

丙烯腈水合得的乳腈与硫酸反应生成粗乳酸, 再与甲醇反应生成乳酸甲酯, 经蒸馏得精酯, 将精酯加热分解得乳酸。

$$CH_3CH(OH)CN \xrightarrow{H_2SO_4} CH_3CH(OH)COOH$$

$$CH_3CH(OH)COOH \xrightarrow[\triangle]{CH_3OH} CH_3CH(OH)COOCH_3$$

$$CH_3CH(OH)COOCH_3 \xrightarrow[H_2O]{\triangle} CH_3CH(OH)COOH$$

(3) 乙醛氢氰酸法

乙醛与氢氰酸反应生成乳腈, 再经水解得到粗乳酸。粗乳酸与乙醇酯化生成乳酸酯, 再经分解生成乳酸。

$$CH_3CHO \xrightarrow{HCN} CH_3CH(OH)CN$$

$$CH_3CH(OH)CN \xrightarrow[H_2O]{H_2SO_4} CH_3CH(OH)COOH$$

$$CH_3CH(OH)COOH \xrightarrow{C_2H_5OH} CH_3CH(OH)COOC_2H_5$$

$$CH_3CH(OH)COOC_2H_5 \xrightarrow{H_2O} CH_3CH(OH)COOH$$

3. 工艺流程

（1）发酵法

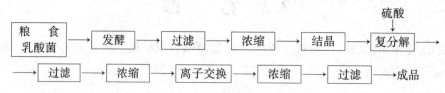

（2）丙烯腈法

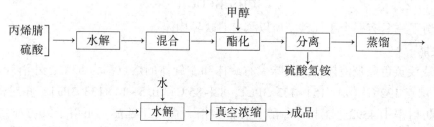

（3）乙醛氢氰酸法

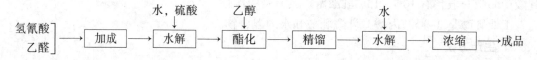

4. 操作工艺

（1）发酵法

淀粉在糖化罐内用硫酸糖化，糖化后的淀粉送入中和罐，中和后压滤，滤液接入乳酸菌株。pH值控制在5~5.5，温度50℃左右发酵3~4天，用碳酸钙使生成的乳酸转化为乳酸钙。同时为防止pH值降低而影响发酵，趁热过滤分离存在于溶液中的固体$CaCO_3$和$Ca(OH)_2$等，精制得乳酸钙。用硫酸酸化生成乳酸和硫酸钙沉淀，过滤。滤液约含10%的粗乳酸，浓缩到50%。用活性炭除去有机杂质，用亚铁氰化钠除去重金属和浓缩时凝聚的杂质，再真空浓缩得到产品。

（2）丙烯腈法

将丙烯腈和硫酸送入水解反应器中，生成粗乳酸和硫酸氢铵的混合物。再把混合物送入酯化反应器中与甲醇反应生成乳酸甲酯。把硫酸氢铵分出后，粗酯送蒸馏塔，塔底获精酯，将精酯送入第二蒸馏塔，加热分解，塔底得稀乳酸，经真空浓缩得产品。

（3）乙醛氢氰酸法

乙醛和冷却的氢氰酸连续送入加成反应锅中，反应产生乳腈。然后将乳腈泵入水解反应锅中，同时加入硫酸和水使乳腈分解得粗乳酸和硫酸氢铵。在酯化罐中，使粗乳酸与乙醇发生酯化反应得到乳酸酯。乳酸酯在精馏塔精馏后，送入分解浓缩罐加热分解得精乳酸。

5. 质量标准

指标名称	药用级	食品级
外观	澄明无色或微黄色糖浆状液体	
乳酸/%	≥85~90	≥80
氯化物/%	≤0.002	≤0.002
硫酸盐/%	≤0.01	≤0.01
铁/%	≤0.001	≤0.001
重金属/%	≤0.001	≤0.001
砷盐/%	≤0.0001	≤0.0001
灼烧残渣/%	≤0.1	≤0.1

6. 用途

酸味剂, 香料。按 GB 2760 规定, 作为食用酸味剂可用于果酱类、饮料、罐头、糖果, 用量按正常生产需要。

广泛用作具有防腐作用的酸味剂, 用于配制酒、果子酒、柠檬汁饮料、香精、糖浆等。还用作酱油香味缓冲剂; 制造面包、面条类、糖类制品、硬糖、果冻、腌菜、干酪、果酱、冰淇淋以及肉类加工时, 调节 pH 值、调味及防腐。

参 考 文 献

[1] 崔兆宁, 李义, 何伟, 等. 利用生物发酵技术制备聚合级乳酸的生产工艺[J]. 当代化工, 2023, 52 (01): 158-162.
[2] 王怡明, 王芳, 黄杰军, 等. 乳酸制备的研究进展[J]. 当代化工研究, 2022, (20): 7-9.

2.3 L-酒石酸

酒石酸(tartaric acid)又称 2,3-二羟基丁二酸, 分子式 $C_4H_6O_6$, 相对分子质量 150.09。酒石酸广泛存在于多种蔬菜和水果中。它是一种有两个手性碳的二元酸, 以左旋体(D-酒石酸)、右旋体(L-酒石酸)、内消旋体和外消旋体(DL-酒石酸)等混合状态存在。其工业产品是右旋体, 结构式为:

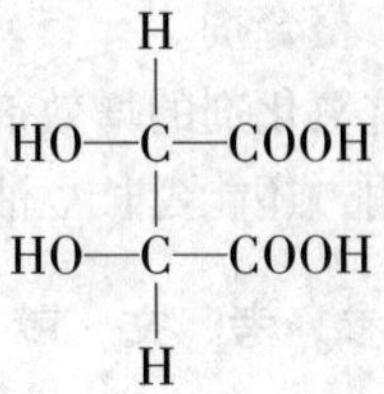

$$
\begin{array}{c}
\text{H} \\
| \\
\text{HO—C—COOH} \\
| \\
\text{HO—C—COOH} \\
| \\
\text{H}
\end{array}
$$

1. 性能

无色透明棱柱状结晶或白色细至粗结晶粉末。无臭, 味酸, 熔点 169~170℃, 相对密度 1.7598。易溶于水(139.44g/100mL)及乙醇(33g/100mL), 不溶于氯仿。0.3% 水溶液 pH = 2.4。在空气中稳定。

2. 生产方法

由制造葡萄酒时副产品酒石酸氢钾盐与氢氧化钙反应转变成钙盐, 分出钙盐, 用稍许过量的稀硫酸使其分解得游离 L-酒石酸。

从粗酒石酸氢钾制酒石酸钙：

$$KHC_4H_4O_6+Ca(OH)_2 \longrightarrow CaC_4H_4O_6+KOH+H_2O$$

由酒石酸钙制酒石酸：

$$CaC_4H_4O_6+H_2SO_4 \longrightarrow C_4H_6O_6+CaSO_4$$

3. 操作工艺

① 将榨制葡萄汁形成的固体加水和酒精一起煮沸，蒸馏，沉淀后将沉渣除去，将清液冷却使之结晶，这样得到的优质粗酒石酸乳状液含有天然酒石酸 85%~90%。

② 在葡萄发酵过程中酒缸中的沉淀物的组成是酵母、果胶物质和酒石酸，其中酒石酸的含量为 16%~40%。

③ 粗酒石酸，即二次发酵时在酒精中形成的结晶，其酒石酸含量超过 4%，它含有丰富的酒石酸氢钾，而钙盐含量不高。在同一工厂里，综合生产酒石酸、酒石酸乳状液和四水合酒石酸钾钠是有利的，这样能使三种操作工艺形成最优配置。

④ 将粗酒石酸乳状液和酒石酸钾钠等与氢氧化钠反应，生成酒石酸钙，分出钙盐，用稀硫酸使其分解得 L-酒石酸。

4. 质量标准

指标名称	GB 15358		FAO/WHO
	结晶物	无水物	
DL-酒石酸含量(以干基计,%)	≥99.5	≥99.5	≥99.5
熔点范围/℃	200~206	200~206	200~206
硫酸盐含量(以 SO_4^{2-} 计)/%	≤0.04	≤0.04	≤0.05
重金属含量(以 Pb 计)/%	≤0.001	≤0.001	≤0.001
砷含量/%	≤0.0002	≤0.0002	≤0.0003
易氧化物	合格	合格	合格
干燥失重/%	≤11.5	≤0.5	≤0.5
灼烧残渣含量/%	≤0.10	≤0.10	≤0.1

5. 用途

酸味剂，抗氧化增效剂，乳化剂，螯合剂。

酒石酸可用作金属螯合剂和其他抗氧化剂的增效剂，比柠檬酸有效。酒石酸对牛肉、羊油、牛油、猪油能起到有效的保护作用，还能延长豆油的保质期。

参 考 文 献

[1] 金蕾蕾. DL-酒石酸合成工艺的研究及优化[D]. 浙江大学, 2020.

[2] 陈昕怡. 酒石酸绿色合成工艺研究与优化[D]. 浙江工商大学, 2013.

2.4 苹 果 酸

苹果酸(malic acid)的化学名称为 2-羟基丁二酸，又称羟基琥珀酸、丁醇二酸、羟基丁二酸。分子式 $C_4H_6O_5$，相对分子质量 134.09。结构式为：

$$HO—CHCOOH$$
$$|$$
$$CH_2COOH$$

由于苹果酸分子结构中有一个手性碳原子，所以它有两种对映异构体：D 型和 L 型。自然界存在的是 L 型，通常合成方法得到的是 DL 型。

1. 性能

无色结晶，有特殊酸味。L 型熔点 100℃，D 型熔点 101℃，DL 型熔点 130~131℃。相对密度(d_4^{20})1.595，易溶于水。1g 本品能溶于 1.4mL 醇、1.7mL 醚、0.7mL 甲醇、2.3mL 丙醇，几乎不溶于苯。有潮解性。

2. 生产方法

L-苹果酸采用发酵法生产，用于食品工业。工业用苹果酸为 DL 型，通常是在氢氧化钠、硫酸或各种金属催化剂存在下，或不用任何添加物，在高温高压下，由马来酸或富马酸的水合作用而制得。

$$HC—COOH \qquad HOOC—CH \qquad \xrightarrow{H_2O} \qquad HO—CH—COOH$$
$$\| \qquad\qquad \| $$
$$HC—COOH \rightleftharpoons \qquad CH—COOH \rightleftharpoons \qquad H—CH—COOH$$

（马来酸）　　　　　　（富马酸）　　　　　　（DL - 苹果酸）

在马来酸水合制苹果酸的过程中有副产物富马酸的生成，如果预先加入与平衡状态下形成的富马酸的量相当的富马酸，则在很短的时间内它能转变为苹果酸，且不会生成任何多余的富马酸，这样可使马来酸的转化率达 100%。可见，采用马来酸与富马酸混合投料，不仅可减少反应时间，还可增加苹果酸的产率，而且此反应与原反应条件的压力相差不大，反应温度 160~200℃ 比较合适。

3. 工艺流程

马来酸
富马酸 ─→ 水合反应 ─→ 冷却结晶 ─→ 分离 ─→ 精制 ─→成品
水

4. 操作工艺

（1）丁烯二酸法

将马来酸 65 份、富马酸 35 份和水 150 份，投入高压釜(由于马来酸在室温下就能腐蚀大多数金属，在 150~180℃ 时，马来酸具有很强的腐蚀性，腐蚀的材料有镍–铬钢、搪瓷、玻璃衬里及其他涂层结构。因此，高压釜必须是内衬铅薄膜，并用 4% 硫酸处理过，这样才能保护铅衬里免受马来酸反应生成物苹果酸的腐蚀)中，密闭之后升温至 180℃ 左右，在 1MPa 下保持反应 8~10h。

反应液冷却，过滤得到 35 份富马酸晶体。用活性炭处理后，富马酸可重新使用。滤液加入活性炭脱色，加热至沸，然后滤去活性炭。滤液继续煮沸或减压浓缩，直至浓缩液中苹果酸含量达 80% 以上，此时液体相对密度为 1.34。然后冷却，使苹果酸结晶，经离心分离、干燥、过筛，得到成品。

（2）顺丁烯二酸酐法

将 100kg 顺丁烯二酸酐溶于放有 200kg 蒸馏水的不锈钢高压釜内(耐压 1.5MPa)，升温至185℃±3℃，压力控制在1.0MPa下搅拌，加成反应6~8h后停止加热，冷却至100℃以下时放物料进入蒸馏釜内，开启真空减压至60℃/8.00kPa浓缩。冷却结晶、过滤、干燥，得苹果酸约102kg。

5. 质量标准

外观	白色或近白色粉末或颗粒	水不溶物/%	≤0.1
纯度/%	≥99.5	铅/(mg/kg)	≤10
熔点/℃	128~129	重金属(以Pb计)/	≤20
富马酸/%	≤0.5	(mg/kg)	
马来酸/%	≤0.5	砷/%	≤0.1
灼烧残渣/%	≤0.1		

6. 用途

用于食品工业调味剂、医药工业的中间体、聚酯纤维的荧光增白剂的原料，还用于制造其酯类和盐类。

我国 GB 2760 规定，可用作果酱类、饮料、罐头和糖果的酸味剂，用量按正常生产需要。作为酸味剂，其酸味刺激缓慢，特别适用于果冻以及水果为基料的食品。也可用作促进酵母生长剂、果胶的萃取助剂，配制无盐酱油、食醋，提高腌菜风味及作为人造奶油、蛋黄酱等的乳化稳定剂。广泛用于各种防腐、调味等复配添加剂。

参 考 文 献

[1] 季立豪. 米曲霉形态工程及发酵过程优化生产 L-苹果酸的研究[D]. 江南大学, 2021.
[2] 陈修来, 王元彩, 董晓翔, 等. 代谢工程改造酿酒酵母生产 L-苹果酸[J]. 食品与生物技术学报, 2019, 38(02): 72-80.
[3] 刘元涛, 刘超, 文文. 苹果酸的生产现状和研究进展[J]. 发酵科技通讯, 2014, 43(01): 33-35.

2.5 富 马 酸

富马酸(fumaric acid)又称反丁烯二酸、延胡索酸，分子式 $C_4H_4O_4$，相对分子质量116.07。结构式为：

$$\begin{array}{c} HOOC—CH \\ \| \\ HC—COOH \end{array}$$

1. 性能

单斜晶系针状结晶或叶片状结晶，无臭，有特殊酸味。熔点 286~287℃，200℃以上升华，相对密度(d_4^{25})1.635。微溶于水(25℃ 0.63g、100℃ 9.8g)和乙醚(25℃ 0.72g)，易溶于乙醇(30℃ 100g 95%的乙醇中溶 5.76g)和丙酮(30℃ 1.72g)，不溶于苯和四氯化碳。3%的水溶液 pH 值为 3~4。在 230℃时部分生成丁烯二酸酐。

2. 生产方法

(1) 氧化异构化

苯催化氧化生成顺丁烯二酸(或酸酐)，再经异构化而得。

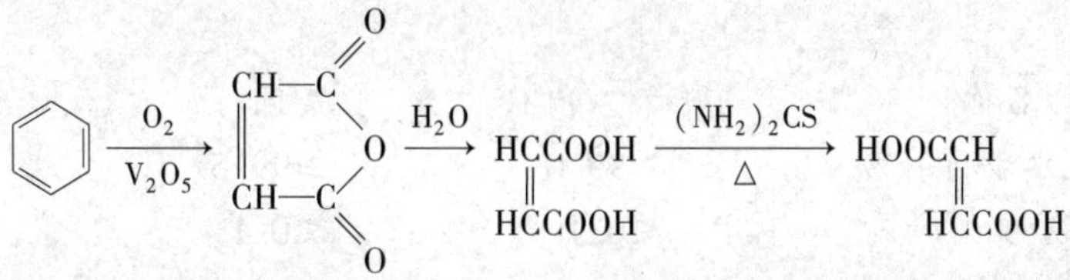

将苯(或80%的丁烯)与过量的空气在流化床或固定床反应器中用循环的酸液吸收,生成顺丁烯二酸,再经脱色过滤。顺丁烯二酸在硫脲催化作用下加热发生异构化,转化为反丁烯二酸。反应物经过滤、洗涤、干燥即得成品。

也可以将质量比为1∶1的水在微热下溶解顺丁烯二酸酐,再加水体积2倍的浓硫酸,加热微沸下回流顺丁烯二酸酐异构成富马酸,富马酸从热溶液中析出,反应结束后,冷却、过滤,用1mol/L盐酸洗涤结晶,干燥得成品富马酸。

(2)发酵法

用液体石蜡或甘薯等淀粉质为原料,以假丝酵母为菌种通过深层发酵,然后经分离、脱色、结晶、干燥制得成品富马酸。

(3)糠醛氧化法

以糠醛和水为原料,氯酸钠为氧化剂,在催化剂 V_2O_5 的作用下加热至约100℃,反应进行3~5h,糠醛氧化成富马酸。反应完毕,冷却过滤得粗富马酸。

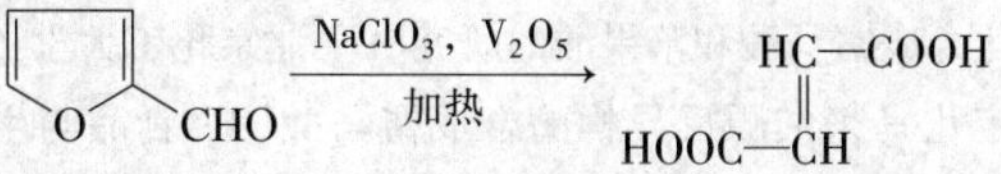

实验室常用下面方法制备富马酸:将2g五氧化二钒、450g氯酸钠和1000mL水加入反应烧瓶中,加热至70~75℃,先加10g糠醛,剧烈反应开始后,慢慢加入190g糠醛,控制加料速度以维持反应,约70~80min加完,然后于70~75℃保温反应10h。静置过夜,吸滤得160g富马酸粗品。滤液加入50mL盐酸,加热浓缩至700mL,冷却,过滤,可再得10~15g富马酸。用1mol/L盐酸1250mL进行重结晶,得富马酸纯品。

也可使用氯酸钾作氧化剂,由糠醛制备富马酸:将117g $KClO_3$ 粉末、适量的 V_2O_5/MoO_3(0.8∶1)催化剂和200mL 0.5mol/L的盐酸溶液,加入反应烧瓶,在不断搅拌和110℃下,以1mL/min的速度滴加40mL的糠醛,加完后继续反应2h。然后冷却至室温,反应物过滤,回收滤液。滤饼置于200mL蒸馏水中搅碎,过滤得富马酸粗品。用1mol/L的稀盐酸重结晶得成品。

3. 工艺流程

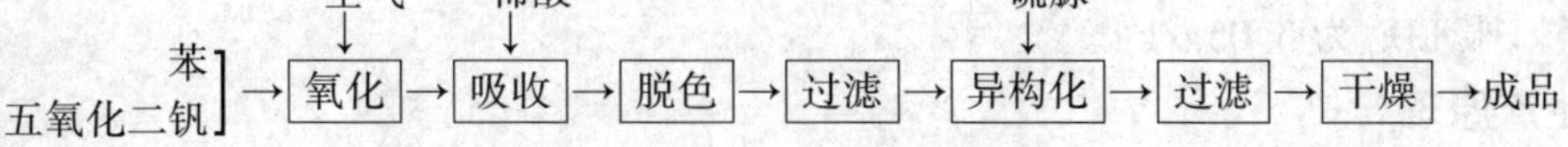

4. 操作工艺

以五氧化二钒为催化剂,将苯与过量空气在流化床中反应,于400~450℃发生气相氧化,生成顺丁烯酸酐,经酸液吸收并水解得顺丁烯二酸。顺丁烯二酸用活性炭脱色后,过滤。然后将顺丁烯二酸投入异构化反应釜,在硫脲催化下,加热至150~260℃,发生异构化,生成反丁烯二酸即富马酸,冷却后,离心分离,干燥得成品。可用1mol/L盐酸重结晶,得到富马酸纯品。

11

5. 质量标准

指标名称	FCC	美国	意大利
含量(以无水物计)/%	≥99.0	≥99.5	≥99.7
顺丁烯二酸/%	≤0.1	≤0.1	—
灼烧残渣/%	≤0.1	≤0.1	≤0.01
干燥失重/%	≤0.5	≤0.5	≤0.25
重金属(以Pb计)/%	≤0.001	≤0.001	—
砷/%	≤0.0003	≤0.0003	—
熔程/℃	≤286~302	—	—
色度(5%乙醇)	—	—	≤0~10
铁/%	—	—	≤0.0002

6. 用途

用作食品酸度调节剂和腌制促进剂,大多与柠檬酸并用。我国 GB 2760 规定可用于碳酸饮料,最大使用量 0.3g/kg;也可用于果汁饮料和生面湿制品,最大使用量 0.6g/kg;还广泛用于医药、树脂、涂料和增塑剂领域。

参 考 文 献

[1] 侯聪丽.体外多酶体系催化合成富马酸和苹果酸的研究[D].北京化工大学,2022.

[2] 刘文茂,周丽,周哲敏.固定化马来酸顺反异构酶合成富马酸[J].食品与生物技术学报,2018,37(08):785-792.

[3] 李鑫,欧阳水平,陈晓佩,等.外源添加代谢中间产物对米根霉生产富马酸的影响[J].生物加工过程,2016,14(05):1-5.

2.6 己 二 酸

己二酸(hexanedioic acid)又称肥酸,分子式 $C_6H_{10}O_4$,相对分子质量 146.14。结构式为:$HO_2C(CH_2)_4CO_2H$

1. 性能

白色单斜晶系结晶或结晶性粉末。无臭,味酸。熔点 153℃,沸点 330.5℃(分解),265℃/13.3kPa。相对密度(d_4^{25})1.360。能升华,不吸潮,相当稳定。不溶于苯,微溶于乙醚,易溶于乙醇、丙酮,稍溶于水(15℃ 1.44g,沸水 160g)。0.1%的水溶液 pH 值为 3.2。大白鼠经口服 LD_{50} 为 5.05g/kg。

2. 生产原理

(1) 环己烷一步氧化法

以环己烷为原料,以乙酸为溶剂,以钴和溴化物为催化剂,于 2MPa 和 90℃下反应 10~13h。产率 75%。

$$2C_6H_{12}+3O_2 \xrightarrow{\text{催化剂}} 2HO_2C(CH_2)_4CO_2H+2H_2O$$

(2) 环己烷分步氧化法

环己烷首先氧化为环己酮和环己醇,进一步催化氧化得己二酸。

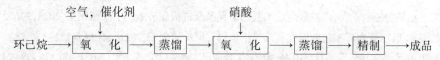

实验室通常以环己醇为原料,用硝酸氧化制得己二酸。

3. 工艺流程(环己烷分步氧化法)

环己烷 ——→ 氧 化 ——→ 蒸馏 ——→ 氧 化 ——→ 蒸馏 ——→ 精制 ——→成品
（空气,催化剂）（氧化上方）（硝酸）

4. 操作工艺

环己烷在 1.0~2.5MPa 和 145~180℃ 下用空气直接氧化,环己醇和环己酮的收率达 70%~75%。采用偏硼酸作催化剂,于 1.0~2.0MPa 和 165℃ 下进行空气氧化,收率可达 90%,醇酮比为 10∶1。醇与偏硼酸会生成酯,醇与酮也会进一步氧化为酸。反应物用热水处理,可使副产物酯水解,分层后水层回收硼酸,经脱水得偏硼酸循环使用。有机层用氢氧化钠皂化有机酯,并除去酸,蒸馏回收环己烷后得到醇酮混合物(又称 KA 油)。

将 KA 油投入反应器中,以铜-钒系(Cu 0.1%~0.5%,V 0.1%~0.2%)催化剂催化。用过量 50%~60% 的硝酸在两级串联的反应器中,于 60~80℃ 和 0.1~0.4MPa 下氧化,反应物蒸出硝酸后,经两次结晶精制可得高纯度己二酸。收率 90% 以上。

KA 油也可以乙酸铜和乙酸锰为催化剂用空气进行氧化。空气氧化以乙酸为溶剂,一般采用两级反应器串联:第一级反应温度 160~175℃,压力 0.7MPa(表压),反应时间约 3h;第二级反应温度 80℃,压力 0.7MPa(表压),反应时间约 3h。氧化产物经两级结晶精制,回收的溶剂经处理后可循环使用。空气氧化法可以避免硝酸法的强腐蚀性,但时间为硝酸法的 4 倍,且己二酸达不到较高纯度,不能满足合成纤维和食品级的质量要求,故较少采用此法。

实验室制备方法:在反应器中加入 100 份 50% 硝酸,加热至近沸,加入 0.5 份硝酸铵,搅拌下分批加入 250 份环己醇。先加少量环己醇,搅拌后,开始有氮的氧化物放出时,将反应器置冰浴中冷却,控制料液温度为 55~60℃,加入其余环己醇。在环己醇接近加完时,移去冰浴冷却,稍加热维持 55~60℃,加料完毕,继续保温搅拌 1h。冷却至 0℃ 析晶,过滤,滤饼用 250 份水洗涤,置空气中干燥得白色结晶。粗品可用 500 份浓硝酸(相对密度为 1.42)重结晶,得己二酸,熔点 151~152℃。

5. 质量标准

指标名称	FCC	美国食用化学品法典
含量/%	99.6~101.0	99.6~101.0
熔程/℃	151.5~154	—
灼烧残渣/%	≤0.002	≤0.002
水分/%	≤0.2	≤0.2
重金属(以 Pb 计)/%	≤0.001	≤0.001
砷/%	≤0.0003	≤0.0003

13

6. 用途

酸度调节剂、酸化剂、中和剂、缓冲剂。我国 GB 2760 规定,用于固体饮料和果冻粉的最大使用量分别为 0.01g/kg 和 0.015g/kg。

7. 安全与贮运

食品级聚乙烯桶包装,贮存于阴凉通风处,不能与碱类和有毒物质混运共贮。避免与皮肤和眼部接触。

参 考 文 献

[1] 安红强,王运涛,陈英雷,等.己二酸生产工艺的研究及改进措施分析[J].江西化工,2023,39(02):55-57.
[2] 龚旭鹏,王东.己二酸生产工艺的研究及改进措施[J].煤炭与化工,2021,44(12):122-125.
[3] 罗宇进,田雨欣,吴雨婷,等.WO₃/MCM-41 催化合成己二酸[J].广东化工,2021,48(17):22-24.
[4] 董建勋,冯晓燕,徐蓓蕾.己二酸工业化生产运行研究[J].河南化工,2020,37(10):38-40.

2.7 柠 檬 酸

柠檬酸(citric acid)又称枸橼酸、2-羟基丙三羧酸,分子式 $C_6H_8O_7$,相对分子质量 192.12。结构式为:

$$
\begin{array}{l}
CH_2COOH \\
| \\
HO-C-COOH \\
| \\
CH_2COOH
\end{array}
$$

1. 性能

纯柠檬酸为无色半透明晶体或白色颗粒或白色结晶性粉末,无臭,有强烈的令人愉快的酸味,稍有一点后涩味。它在温暖空气中渐渐风化,在潮湿空气中微有潮解性。根据结晶条件的不同,它的结晶形态有无水柠檬酸和含结晶水柠檬酸。商品柠檬酸主要是无水柠檬酸和一水柠檬酸。一水柠檬酸是由低温(低于 36.6℃)水溶液中结晶析出,经分离干燥后的产品,相对分子质量 210.14,熔点 70~75℃,相对密度 1.542。放置在干燥空气中时,结晶水逸出而风化。缓慢加热时,先在 50~70℃开始失水,70~75℃晶体开始软化,并开始熔化。加热到 130℃时完全丧失结晶水,最后在 135~152℃范围内完全熔化。一水柠檬酸急剧加热时,在 100℃熔化,结块变为无水柠檬酸。无水柠檬酸是在高于 36.6℃的水溶液中结晶析出的。一水柠檬酸转变为无水柠檬酸的临界温度为 36.6℃±0.5℃。

2. 生产方法

由淀粉类原料(如白薯粉、玉米、小麦等)或糖蜜(如甜菜、甘蔗、糖蜜、葡萄糖结晶母液等)经黑曲霉发酵、提取、精制而得。

3. 工艺流程

山芋干粉 →[灭菌]→[培养]→[压滤]→[中和]→[过滤]→[酸解]→[过滤]→[脱色]→[离子交换]→

接种：黑曲霉接种（培养上方）、CaCO₃（中和上方）、硫酸（酸解上方）、活性炭（脱色上方）

压滤下方：滤渣；过滤下方：滤液；过滤下方：CaSO₄

→[浓缩]→[结晶]→[离心]→[干燥]→[包装]→成品

14

4. 操作工艺

采用深层发酵工艺，发酵培养基为12%或16%山芋干粉（白薯干粉），菌种为黑曲霉，发酵温度为28～33℃，pH=1.5～2.8，发酵周期取决于溶液中糖的浓度，一般5～12天。发酵应通入无菌空气并搅拌，发酵完毕，滤去菌丝体及残存固体渣滓，滤液进入提取工序。

将滤液泵入中和槽中，通蒸汽升温，开动搅拌。直接加固体 $CaCO_3$ 时，先将料温升至70℃，$CaCO_3$ 逐步添加，注意勿使泡沫溢出，切不可中和过头。万一中和过头，应及时补加料液，以防形成过多胶体不溶物。中和终点用精密 pH 试纸测试，控制在6.0～6.8。pH 试纸测试合格后，还应滴定残留液酸度，蔗糖原料为0.05%～0.1%；薯干粉原料温度在85℃左右，搅拌0.5h，使硫酸钙充分析出，再放料到抽滤桶。在中和柠檬酸钙分离的整个过程中，温度皆不得低于85℃。这样可以减少柠檬酸损失，使草酸钙、葡萄糖酸钙的溶解度增大，以便除去。柠檬酸钙盐滤饼的洗涤也要用95℃的热水，间歇地进行，每洗涤一次后应抽滤干，翻料和消除裂缝后可进行下一次洗涤。

在酸解槽内加入2倍钙盐质量的稀酸液或水，开动搅拌，小心倒入柠檬酸钙盐，调成浓浆状，同时用蒸汽升温至40～50℃，以每分钟1～3L的速度加入30°Bé硫酸。当加到预定酸量的80%～85%时，用 pH 试纸检测，放慢加酸速度。当 pH 值达到2时，要用双管法检查终点。达终点后升温至85℃，搅拌数分钟后进行过滤，除去硫酸钙。

滤液用活性炭脱色，再通过阳离子和阴离子交换树脂以除去其他金属离子和杂质，然后送至浓缩工序。

柠檬酸溶液浓缩时，温度不能高，开始一般不超过70℃，当溶液浓缩至35%以上，酸度增高时，温度不超过60℃，否则柠檬酸会发生部分分解，溶液中的杂质也发生变化，色泽加深，黏度升高，产品质量下降。浓缩工艺有直接浓缩法和两段浓缩法。

直接浓缩是将溶液一次浓缩到所需浓度。在浓缩过程中，料液浓度达到50%以上时，体系的压力不要超过14kPa，浓缩后期要频繁测定浓缩液的密度，当达到1.37（39°Bé，含柠檬酸约80%），及时放料进行结晶。这种直接浓缩法适用于净化后，$CaSO_4$ 含量已符合要求的场合。

两段浓缩法是在第一段浓缩到30°Bé（含柠檬酸约45%）时，放入沉降槽中保温70℃，澄清1～2h，使所含 $CaSO_4$ 沉降出95%以上。抽出上清液继续浓缩。沉降槽中的石膏过滤除去，仔细洗下所附着的柠檬酸液，这种淡酸液可用作酸解时的调浆水。

当浓缩浓度约80%，温度55℃时，已呈过饱和状态。这时放料到冷却式结晶器中，开动搅拌，任其自然冷却，当温度降到40℃以下时可以刺激起晶或添加晶种，开始结晶。同时打开冷却水，小心控制使体系的温度不超过36℃，以保证柠檬酸以一水柠檬酸形式析出。

5. 质量标准

外观	无色半透明结晶，或白色颗粒或 白色结晶性粉末
柠檬酸含量（一水物）/%	≥99
草酸盐	符合规定
钙盐	符合规定
灼烧残渣/%	≤0.01
硫酸盐（以 SO_4^{2-} 计）/%	≤0.05
重金属（以 Pb 计）/%	≤0.001
砷/%	≤0.0001
铁/%	≤0.001

6. 用途

柠檬酸广泛用于食品工业、医药工业和其他行业。食品工业用作清凉饮料、糖果的酸味剂；医药工业用于制造补血剂柠檬酸铁铵或输血剂柠檬酸钠，也可用作碱性解毒剂；建筑工业用作混凝土缓凝剂；印染工业用作媒染剂；机械工业用作金属清洁剂；油脂工业用作油脂抗氧剂；电镀工业用于无毒电镀；涂料及塑料工业用于制造柠檬酸钡；日化工业代替磷酸酯生产洗涤剂。此外，还用作锅炉清洁剂、管道清洗剂、无公害洗涤剂等。

参 考 文 献

[1] 李齐，郭世堂. 柠檬酸发酵过程杂菌分析与防治[J]. 当代化工，2022，51(11)：2648-2652.

[2] 韩雪影，李露. 代谢工程改造大肠杆菌生产柠檬酸[J]. 青岛科技大学学报(自然科学版)，2022，43(04)：27-32.

2.8 柠檬酸钠

柠檬酸钠(sodium citrate)又称柠檬酸三钠、枸橼酸钠。二水柠檬酸钠分子式 $C_6H_5Na_3O_7 \cdot 2H_2O$，相对分子质量 294.10，结构式为：

$$\begin{array}{l} CH_2CO_2Na \\ | \\ HOC\!-\!\!CO_2Na \cdot 2H_2O \\ | \\ CH_2CO_2Na \end{array}$$

1. 性能

白色结晶颗粒或粉末。无臭，有清凉咸味，相对密度 1.857，无熔点。在空气中稳定，加热至 150℃ 失去结晶水，继续加热则分解。微溶于乙醇，易溶于水，25℃ 时水中可溶解 72%。5% 的水溶液 pH 值约为 8。大白鼠腹腔注射 LD_{50} 为 1549mg/kg。

2. 生产方法

由柠檬酸与氢氧化钠，或碳酸氢钠，或碳酸钠中和，得到柠檬酸钠。

一般将碱溶解于热水，然后于 85~90℃ 以下温度，加入柠檬酸中和至 pH 值为 6.8。再加入活性炭脱色，并趁热过滤。滤液经减压浓缩、冷却结晶、离心分离、洗涤、干燥得柠檬酸钠。

$$\begin{array}{l} CH_2CO_2H \\ | \\ HOCCO_2H \\ | \\ CH_2CO_2H \end{array} + 3NaHCO_3 \xrightarrow{H_2O} \begin{array}{l} CH_2CO_2Na \\ | \\ HOCCO_2Na \\ | \\ CH_2CO_2Na \end{array} \cdot 2H_2O + 3CO_2\uparrow + H_2O$$

3. 工艺流程

碳酸氢钠 → 溶解（水）→ 成盐（柠檬酸）→ 脱色（活性炭）→ 过滤 → 减压浓缩 → 冷却结晶 → 离心 → 干燥 → 成品

4. 操作工艺

在溶解成盐锅中，加入碳酸氢钠，搅拌下加热溶解，然后加热至 85~90℃，搅拌下加入柠檬酸，调整 pH 值为 6.8。加入适量活性炭脱色，搅拌加热 20min，趁热过滤，滤液转入浓缩锅中，减压浓缩，浓缩液冷却析晶。过滤，洗涤，干燥，得柠檬酸钠。可用 25% 食盐水重结晶。

5. 质量标准

指标名称	GB 6782	FCC
含量/%	99.0	99.0~100.5
氯化物(以 Cl⁻ 计)/%	0.01	—
硫酸盐(以 SO₄²⁻ 计)/%	0.05	—
钙盐或草酸盐/%	0.005	—
铁盐/%	0.001	—
重金属(以 Pb 计)/%	0.005	0.0010
砷/%	0.0001	—
干燥失重/%	10~13	—
水分(含 5.5 结晶水)/%	26~29	—
水分/%	—	10~13(二水物)
钙盐	合格	—
钡盐	合格	—
易炭化物	合格	—
酸碱度	合格	合格

6. 用途

用作食品加工调味剂、稳定剂、缓冲剂、乳化剂和螯合剂。我国 GB 2760 规定，可按生产需要适用于各类食品。用量 2~3g/kg。

作为 pH 调节剂，用于果酱、糖果等；作为乳化增强剂，用于冰淇淋、果冻等，与柠檬酸配合有缓和酸味的作用；作为稳定剂用于稀奶油和甜炼乳，还有络合金属离子的作用。

7. 安全与贮运

按食品添加剂规定贮运，不得与有毒、异味、有色粉末共运混贮。

参 考 文 献

[1] 荣玉凤. 氢钙母液色谱法提取柠檬酸钠生产工艺研究[D]. 北京化工大学，2016.

[2] 杨志远，张桂军. 柠檬酸钠生产工艺中脱色后的活性炭再生研究[J]. 广东化工，2011，38(02)：62-63.

[3] 陈维新. 食品添加剂柠檬酸钠生产工艺的研究[J]. 广东轻工职业技术学院学报，2003，(04)：11-13.

2.9 磷 酸

磷酸(phosphoric acid)又称正磷酸，分子式 H_3PO_4，相对分子质量 98.00。

1. 性能

无色透明、糖果浆状的液体，无臭。85% 的磷酸相对密度为 1.69。纯晶为无色结晶，熔点 42.35℃，相对密度 1.864(25℃)。极易溶于水和乙醇。150℃ 时成为无水物质，200℃逐渐变成焦磷酸，加热到 300℃ 以上则变为偏磷酸。在空气中易吸潮。

磷酸酸味较柠檬酸、苹果酸为大，酸味为柠檬酸的 2.5 倍左右，并有强烈的收敛味与涩味。在使用磷酸代替部分柠檬酸等有机酸时，使用量要相对减少。磷酸能参与机体正常代谢，磷最终从肾及肠道排出。

本品为强酸，有腐蚀性。大白鼠口服 LD_{50} 为 1530mg/kg。

2. 生产原理

黄磷氧化得到五氧化二磷后，用水吸收，脱砷制得食品级磷酸(热法)。

$$P_4+5O_2 \longrightarrow 2P_2O_5$$

$$P_2O_5+3H_2O \longrightarrow 2H_3PO_4$$

磷酸三钙与稀硫酸共热发生复分解反应，过滤，浓缩得磷酸。

$$Ca_3(PO_4)_2+3H_2SO_4 \longrightarrow 2H_3PO_4+3CaSO_4\downarrow$$

也可使用热法工业磷酸为原料，经降硫、除砷、脱色去浊得食用级磷酸。

3. 工艺流程

黄磷 →（空气）氧化 →（水）水化 →（氢氧化钡）降硫 →（硫化氢）除砷 → 过滤 →（活性炭）吸附 → 过滤 → 食品级磷酸

4. 操作工艺

在燃烧炉内，磷与空气发生氧化反应生成五氧化二磷，经气体冷凝器进入高压水化塔，于 230℃与水发生水化生成正磷酸。得到的粗磷酸加入降硫罐，加入沉淀剂氢氧化钡，搅拌加热至 95℃，并保温 20min，转入陈化罐陈化 26 天左右，下层含有 BaS 的浊液过滤回收磷酸，上层磷酸清液加热至 85℃泵入脱砷填充塔塔顶，与从塔底通入的硫化氢气体逆流接触，带有悬浮物(主要是硫化砷)的磷酸从塔底出料进入凝聚罐，加热至 90℃，过滤，滤液进入吸收罐，于 80℃加入活性炭、硅藻土，搅拌吸收 1h，于 55℃过滤，得食品级磷酸。

说明：

食品级磷酸是由工业磷酸精制而成。工业品与食用品的质量指标有相当大的差异，工业一级品砷含量为食品级的 80 倍，二级品则为 100 倍，切忌直接将工业品作为食品添加剂使用在食品工业上。因此，必须先用高质量的工业品加以精制，精制的方法将根据其指标的差异来确定。制药级的磷酸最接近食品级的磷酸，但必须补测缺少的项目，并采取合适的方法加以精制。

5. 质量指标

指标名称	GB 3149	FCC(IV)
色度	≤20 号	—
含量/%	≥85	不低于销售要求范围
砷/%	≤0.0001	≤0.0003
氟/%	≤0.001	≤0.001
重金属(以 Pb 计)/%	≤0.001	≤0.001
氯化物(以 Cl^- 计)/%	≤0.0005	—
硫酸盐(以 SO_4^{2-} 计)/%	≤0.005	—
易氧化物(以 H_3PO_3 计)/%	≤0.012	—

6. 用途

用作酸味剂和 pH 调节剂。我国 GB 2760 规定：在复合调味料、罐头、可乐型饮料、干酪、果冻中，按生产需要适量使用。用于可乐饮料，通常用量 200~600mg/kg，用于虾或对虾罐头 850mg/kg。可适量用于糖果、焙烤食品等。

7. 安全与贮运

本品为二级无机酸性腐蚀品。玻璃瓶或食用聚乙烯桶包装。贮运中避免与有毒物质、污染物质等共运混贮。

参 考 文 献

[1] 范佳利，李维，屈云，等. 食品磷酸及磷酸盐的食品安全法规标准现状[J]. 食品工程，2016，(03)：15-18.

2.10 乙 酸

乙酸（acetic acid）又称醋酸，分子式 $C_2H_4O_2$，相对分子质量 60.05。结构式为 CH_3CO_2H。

1. 性能

浓度为 99% 的乙酸，称冰乙酸、冰醋酸。无色透明液体，有强烈刺激气味，凝固点 16.75℃，相对密度（d_4^{20}）1.049，沸点 118℃。与水、乙醇、甘油、乙醚等能混溶。6% 水溶液 pH 值 2.4。乙酸蒸气极易着火，与空气混合的爆炸范围为 4%~5%。大白鼠经口服 LD_{50} 为 3310mg/kg。

2. 生产原理

（1）干馏法

木材干馏制得乙酸稀溶液，加入石灰，与乙酸生成乙酸钙，分离后再用硫酸分解得乙酸。

$$2CH_3CO_2H+Ca(OH)_2 \longrightarrow Ca(CH_3CO_2)_2+2H_2O$$
$$Ca(CH_3CO_2)_2+H_2SO_4 \longrightarrow 2CH_3CO_2H+CaSO_4\downarrow$$

（2）乙醛氧化法

在乙酸锰或乙酸钴催化下，乙醛与空气或氧气发生氧化反应，得到乙酸，经浓缩精制得成品。

$$2CH_3CHO+O_2 \xrightarrow{\text{催化剂}} 2CH_3CO_2H$$

（3）乙烯法

乙烯催化氧化得到乙醛，进一步氧化得到乙酸。

$$2CH_2CH_2+O_2 \xrightarrow{\text{催化剂}} 2[CH_2=CHOH] \longrightarrow 2CH_3CHO$$
$$2CH_3CHO+O_2 \longrightarrow 2CH_3CO_2H$$

（4）甲醇羰基合成法

以铑、钯、钴等金属的羰基化合物为催化剂，甲醇与一氧化碳发生羰化反应，得到乙酸。

$$CH_3OH+CO \xrightarrow[\triangle,\text{加压}]{\text{催化剂}} CH_3CO_2H$$

在不同的催化剂作用下，本法又分高压法和低压法。高压法的催化体系为羰基钴或羰基氢钴与碘化钴，该催化体系对羰化反应有较高的催化效能。

液态甲醇通过尾气洗涤塔，然后与 CO 和溶于二甲醚中的碘化钴一起连续加入立式反应器，反应在压力为 65MPa、温度为 250℃ 条件下进行。放出的反应热量由进入反应系统的冷原料(甲醇)喷淋吸收。从反应器的顶部引出粗乙酸及未反应的甲醇与 CO 气体，经冷凝后进入低压分离器，从低压分离器底部流出的粗乙酸被送至精馏系统，而从低压分离器顶部出来的尾气用进料甲醇洗涤以回收未转化气体的甲基碘，部分未被冷凝的甲醇不再经任何处理，与进料的其他组分合并，经预热器进入反应器。经过洗涤的尾气可用作燃气。

在精馏系统中，粗乙酸首先进入脱气塔，除去低沸点组分，然后在催化剂分离器中脱除碘化钴，碘化钴是在乙酸水溶液中作为塔底残余物脱去的。脱除催化剂的粗乙酸在共沸蒸馏塔中脱水，再行分馏，加工成纯度 99.8% 以上的冰乙酸。

低压羰基合成法以铑的羰基化合物为催化剂，碘甲烷为助催化剂，甲醇和一氧化碳在水–乙酸介质中于 175℃ 左右，3.4~4.0MPa 条件下进行均相反应生成乙酸，甲醇的转化率达 99%。

除了化学合成法外，乙酸也可通过发酵法制得。目前世界上 60% 的乙酸是采用甲醇羰基合成法制得的，在我国，乙醛法仍是生产乙酸的主要方法。这里具体介绍乙醛法。

3. 工艺流程

乙醛 乙酸锰 ┐→ 氧化 → 蒸馏 → 成品（空气 通入氧化）

4. 操作工艺

原料乙醛进入冷凝器与氧化塔上端出来的已反应的物料(含乙酸、乙醛等)混合后，循环地从氧化塔底部进入，同时补加新鲜的催化剂溶液。空气从氧化塔上中下分段通入，反应温度控制在 55~65℃，压力为 0.5MPa(若用氧气作氧化剂时，以降低氧化速度和避免深度氧化而产生过量的副产物)。塔顶通入适量氮气以防气相发生爆炸。

从氧化塔上部出来的液相反应物通过两只串联的冷凝器自上而下流出，与新鲜乙醛和催化剂再自下而上通过氧化塔，如此连续循环。氧化塔顶部出来的尾气经过洗涤塔，吸收夹带的极少量的乙酸和乙醛后放空。反应生成的粗乙酸从氧化塔上部出料，进入三个蒸馏塔进行精制。

粗乙酸从第一蒸馏塔的塔顶进入塔内，自上向下流，粗乙酸中的乙酐与水发生水解生成乙酸，大部分的乙酸和挥发物如乙醛、水、副产物乙酸甲酯、甲醛等从顶上蒸出。塔釜主要为含催化剂乙酸锰的乙酸残液。第一塔塔顶出来的是低沸点副产物及未反应的乙醛，并含有一定量的乙酸，从塔上侧进入第二蒸馏塔。第二塔塔顶馏出低沸馏分，其组成大约为乙酸 70%~80%，乙醛 10%~20%，水 10%，乙酸甲酯 1%，在此塔距顶上端约 2m 处侧线处馏出精成品乙酸。第三塔的作用是回收低沸物与乙酸。第三塔塔底排出的催化剂废液可灼烧，除去有机物后回收催化剂。

5. 质量标准

含量/%	≥99.0	蒸发残渣/%	≤0.01
高锰酸钾试验/min	≥90	砷/%	≤0.0001
结晶点/℃	≥14.5	重金属(以 Pb 计)/%	≤0.0002

6. 用途

酸度调节剂、酸化剂、增味剂、腌渍剂。乙酸被适当稀释后，作为酸味剂，用于番茄酱、蛋黄酱、辣酱油、泡菜、干酪、咸菜。用量为 0.1~0.3g/kg。

7. 安全与贮运

本产品有刺激性，其蒸气可刺激呼吸道，直接接触可灼伤皮肤。用食品级聚乙烯桶包装，避免日晒，不与碱类及有毒物品混运共贮。贮存于阴凉、通风、干燥处。

参 考 文 献

[1] 李凤娟. 甲醇羰基化生产醋酸技术分析[J]. 现代盐化工，2023，50(01)：4-6.

[2] 祁宏山，王治业，彭轶楠，等. 响应面法优化荞麦醋酸发酵工艺的研究[J]. 中国酿造，2022，41(06)：159-163.

[3] 姬玉丹. 青梅果醋优良醋酸发酵菌种筛选及工艺优化[D]. 江南大学，2022.

第3章 抗氧化剂

3.1 概　述

抗氧化剂是添加于食品中阻止或延迟食品氧化，提高食品质量的稳定性和延长贮存期的一类食品添加剂。

氧化是导致食品品质变质的重要因素之一。食品在贮藏、运输过程中除受微生物的作用而发生腐败变质外，还和空气中的氧发生化学作用，引起食品特别是油脂或含油脂的食品变质。这不仅降低食品营养，使风味和颜色劣变，而且产生有害物质，危及人体健康。防止食品氧化变质的方法有物理法和化学法。物理法是指对食品原料、加工和贮运环节采取低温、避光、隔氧或充氮密封包装等方法；化学法是指在食品中添加抗氧化剂。

食品的氧化是一个复杂的化学变化过程，在光、热、酶或某些金属的作用下，食品尤其是油脂或含油脂食品中所含易于氧化的成分与空气的氧发生自动氧化反应，将生成一系列能引起食品腐败的物质，如醛、酮、醛酸、酮酸等。

油脂的氧化反应历程主要是自由基反应，光、热、氧气、酶等因素都可引发油脂自动氧化反应。油脂自动氧化步骤通常分为三个阶段：①链的引发阶段，此阶段主要是吸收能量产生自由基，该阶段的作用缓慢，但在氧气、水、金属催化剂、光、热的作用下较易进行。②链传递阶段，这一阶段有多步反应，每一步都消耗一个自由基，同时又为下一步反应产生一个自由基。这个阶段的进行速度较快，主要是因为油脂的不饱和键过氧化物的存在，过氧化物可使别的不饱和键氧化，若有金属离子存在则进行得更快速。③链终止阶段，此阶段是两个自由基之间的相互结合。

油脂酸败除了自动氧化作用外，也有因脂肪氧化酶的作用而发生氧化的，也有由于其他催化作用而氧化的，但这些氧化作用大多与自动氧化作用一样产生自由基，使油脂氧化变质。

食用含有过氧化物脂肪的食品，会进一步促使人们的脂肪氧化。过氧化的脂肪可破坏生物膜，引起细胞功能衰退乃至组织死亡，诱发各种生理异常而引起疾病。研究表明，癌症的发生或人体的衰老也与过氧化脂肪或自由基有关。所以，油脂及食品中油脂过氧化严重影响到人体健康。

显然，凡能中断链传递反应进行(或能与链引发产生的自由基发生链终止反应)的物质，或将所生成油脂过氧化物分解为稳定物质的，即可作为抗氧化剂，达到阻止食品氧化或延长食品保存期的目的。

目前国内外使用的食用抗氧化剂分为两大类：供氢性抗氧化剂[丁基羟基茴香醚(BHA)，二丁基羟基甲苯(BHT)，没食子酸丙酯(PG)，维生素 E 等]和过氧化物中断剂(硫代二丙酸二月桂酯等)两大类。

对于氧化酶的酶促反应所引起食品的褐变，则通过添加还原性的抗氧化剂(如抗坏血酸及其钠盐、异抗坏血酸及其钠盐、抗坏血酸硬脂酸钠盐，以及若干天然物等)来抑制。此类抗氧化剂可以消耗食品物系中的氧和抑制酶的活性，达到延长食品保存期的目的。还原性抗氧化剂为水溶性物质，因而可用于肉、水产品加工以及啤酒、果蔬罐头等生产中。此类物质不仅可以防止食品因氧化造成的色变及质量方面的下降，还能阻止罐头容器壁镀铁板的腐蚀。

抗氧化剂依其溶解性大致可分为两类。①水溶性抗氧化剂，这类抗氧化剂大多用于食品护色，主要有：抗坏血酸及其盐类，异抗坏血酸及其盐类，二氧化硫及其盐类等。②油溶性抗氧化剂，该类抗氧化剂多用于含油脂食品类，主要有：丁基羟基苯甲醚，二丁基羟甲苯，没食子酸丙酯，维生素 E 等。

某些物质，其本身虽没有抗氧化作用，但与抗氧化剂混合使用，却能增强抗氧化剂的效果，这些物质统称为抗氧化剂的增效剂。增效剂主要有螯合增效和酸性增效两类，目前，广泛使用的增效剂有：柠檬酸、磷酸、酒石酸、苹果酸、抗坏血酸等。这些物质之所以具有增强抗氧化的效果，是由于增效剂与油脂中存在的金属离子(微量)能形成金属盐，使金属不再具有催化功能。有些增效剂可与抗氧化剂作用，而使抗氧化剂获得再生。一般酚型抗氧化剂，可用其使用量的 1/4~1/2 的柠檬酸、抗坏血酸或其他有机酸作为增效剂，由于用量很少，必须充分地分散在食品中，才能较好地发挥作用。从应用要求说，一种抗氧化剂很难满足食品的抗氧化要求，当两种抗氧化剂混合使用时，不仅会扩展食品抗氧化范围，而且会有一定的增效作用。

食品抗氧化剂的发展趋势是开发和应用天然抗氧化剂，如从茶叶中提出的茶多酚、由微生物发酵法得到的异抗坏血酸。同时，应重视复配型产品的开发，以减少单一抗氧剂在食品中的含量，同时提高抗氧效果。

参 考 文 献

[1] 左玉，张国娟，惠芳，等. 食品抗氧化剂的研究进展[J]. 粮食与油脂，2018，31(05)：1-3.
[2] 张雅楠，梁鹏，谢静仪，等. 天然食品抗氧化剂的研究进展[J]. 中国食物与营养，2019，25(01)：67-71.
[3] 夏雪芬. 国内外天然食品抗氧化剂的应用研究[J]. 现代食品，2019，(22)：26-28.
[4] 吕双双，李书国. 植物源天然食品抗氧化剂及其应用的研究[J]. 粮油食品科技，2013，21(05)：60-65.
[5] 陈小强，张莹，于雪莹，等. 植物源食品抗氧化剂的筛选与研发趋势[J]. 特产研究，2011，33(01)：72-75.

3.2　叔丁基对苯二酚

叔丁基对苯二酚又名特丁基对苯二酚、叔丁基氢醌，简称 TBHQ，分子式为 $C_{10}H_{14}O_2$，相对分子质量 166.22。结构式为：

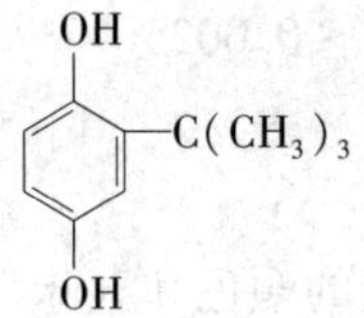

1. 性能

白色或浅黄色的结晶粉末，微溶于水(<1%)，不与铁或铜形成络合物。在许多油和溶

剂中它都有足够的溶解性。溶于乙醇（60%）、丙二醇（30%）和油酸单甘酯（10%）。熔点126.5～128.5℃。对高温稳定，挥发性比 2,6-二叔丁基对甲酚小。

2. 生产方法

对苯二酚(又称氢醌)与叔丁醇或异丁烯进行等摩尔反应，得到叔丁基对苯二酚。

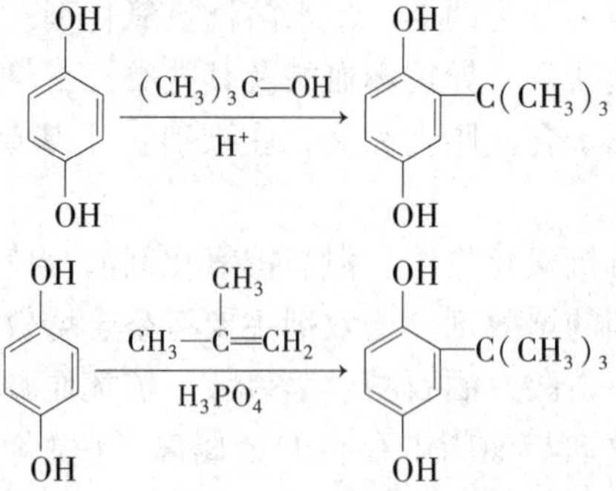

3. 工艺流程

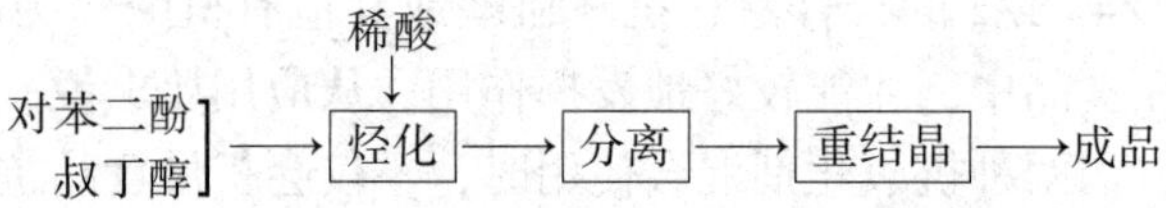

4. 操作工艺

① 等摩尔的对苯二酚和叔丁醇在磷酸催化下发生烃化反应制得 TBHQ。在反应瓶中，加入 300mL 的甲苯、112g 的对苯二酚和 400mL 85% 的硫酸一起加热到 92℃，75g 叔丁醇在 0.5h 之内加入。反应完毕，热的甲苯层被分出，经蒸汽蒸馏除去溶剂，含水的剩余物进行热过滤，滤液冷却后析晶得到 TBHQ。粗品用热水重结晶得纯品。

② 等摩尔的对苯二酚和异丁烯在磷酸的存在下进行反应。147g 对苯二酚、250g 85% 的磷酸、500mL 甲苯的混合物被加热到 105℃，在搅拌下于 1h 之内加入 55g 异丁烯。加料完毕，保温反应 1h，静置，分出甲苯层，冷却后得到叔丁基对苯二酚粗品。用热水进行重结晶得到纯 TBHQ。

5. 质量标准

指标名称	FAO/WHO	FCC（W）
含量/%	≥99.0	≥99.0
砷含量/%	<0.0003	—
叔丁基对苯醌含量/%	—	≤0.2
2,5-叔丁基对苯二酚含量/%	≤0.2	≤0.2
重金属(以 Pb 计)含量/%	≤0.001	≤0.0010
对苯二酚含量/%	≤0.1	≤0.1
熔点/℃	126.5～128.5	126.5～128.5
甲苯含量/%	≤0.0025	≤0.0025
紫外吸收	—	合格

6. 用途

可用作食品抗氧化剂。对稳定油脂的颜色和气味没有作用。它的溶解性能与 BHA 相当，超过 BHT 和 PG。在焙烤食品中它没有"携带进入"能力，但是在油炸食品中具有这种能力。TBHQ 对其他的抗氧化剂和螯合剂有增效作用，例如对 PG、BHT、BHA、维生素 E、抗坏血酸棕榈酸酯、柠檬酸和乙二胺四乙酸（EDTA）等。TBHQ 最有意义的性质是，在其他的酚类抗氧化剂都不起作用的油脂中，它还是有效的。柠檬酸的加入可增强它的活性。

参 考 文 献

[1] 李家林，张雪飞，李昊力. 特丁基对苯二酚的研究现状[J]. 广东化工，2014，41(22)：92-93.

3.3 豆 磷 脂

豆磷脂（lecithin）是从大豆中制备的磷脂，又称大豆磷脂。它是卵磷脂、脑磷脂、肌醇磷脂等的混合物，且含有相当数量的甘油三脂肪酸酯、游离脂肪酸及糖类化合物。

1. 性能

浅黄色至棕色透明或半透明的黏稠状液态物质，或白色至浅棕色粉末或颗粒。豆磷脂中约含 24%卵磷脂、25%脑磷脂、33%肌醇磷脂。相对密度（d_4^{25}）1.0305。部分溶于水，但易以水合物形成乳浊液。部分溶于乙醇，易溶于乙醚、石油醚、苯及氯仿。乳化作用强。

2. 生产方法

大豆含磷脂 1.5%~3.0%，其他含油的种子（如菜籽，棉籽，向日葵籽等）也含有磷脂，大豆炼油的下脚料分离出粗磷脂，经脱脂、提取、脱色等处理得成品。

3. 工艺流程

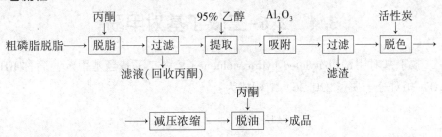

4. 操作工艺

① 将粗豆油加热至 60~80℃，加入其量 2%~3%的清水，充分搅拌得胶状物，离心分离得湿胶（内含 40%豆磷脂，40%水和 20%大豆油），于 80~100℃/(20~60)×133.3Pa 下干燥得粗磷脂（含豆磷脂 60%~70%，35.5%~40%大豆油，1%~5%水分）。

② 将粗磷脂放入搪瓷锅中，加入 15 倍的工业丙酮，搅拌脱脂，静置分层后，吸去上层丙酮液（供回收丙酮）。沉淀再加 10 倍工业丙酮，充分搅拌，静置 20min，吸去上层丙酮液，再按同法重复脱脂 5 次，至洗液用滤纸检查无油迹时为止。将沉淀物滤干。

③ 将滤干的磷脂移入回流锅中，加入 95%的乙醇（加乙醇量为粗磷脂量的 1.5 倍），加热至 50℃左右回流提取 1h，冷却后，吸出上层提取液，沉淀再按同法提取 3 次，合并 3 次提取液于另一搪瓷桶中。

④ 将提取液于-5℃冷库中静置过夜。次日取出，加热至室温，搅拌下加入氧化铝（按 1kg 粗磷脂加 0.8g 氧化铝投料），加热回流 1~1.5h，冷却后滤除氧化铝（吸附有降压物质），收集滤液于反应锅中。

⑤ 在滤液中加入药用活性炭（按 1kg 粗磷脂加 60g），加热至 70℃左右回流搅拌 40min 以上，过滤回收活性炭，收集脱色液于另一反应器中，减压浓缩至原体积的 1/3，再加入活性炭（按每千克粗磷脂加 20g 投料），加热回流搅拌 40min，滤除活性炭，滤液真空减压蒸馏

至干。将蒸干的磷脂加 1~2 倍化学纯丙酮搓洗 5~6 次，滤除丙酮，干燥后即得豆磷脂纯品装入棕色瓶中，于低温下保存。

5. 质量标准

丙酮不溶物/%	≥95.0	碘值/(gI₂/100g)	60~80
水分及挥发物/%	≤1.5	过氧化值/(meq/kg)	≤50
苯不溶物/%	≤1.0	砷/%	≤0.0003
酸值/(mgKOH/g)	≤38	重金属(以 Pb 计)/%	≤0.001

6. 用途

用作乳化剂、抗氧化剂。我国 GB 2760 规定，可用于人造奶油、饼干、面包、糕点、方便面、通心面、巧克力、糖果和肉制品，用量按正常生产需要。也可用作浸渗剂、黏度调整剂、润湿剂等。豆磷脂有优良的营养作用，健全神经系统功能和防治高血压功用。

参 考 文 献

[1] 王文高，朱天仪，陈凤香，等. 大豆磷脂(供口服用)真空冷冻干燥工艺研究[J]. 粮食与油脂，2021，34(11)：110-112.

[2] 陈圳. 新型改性大豆磷脂的制备及性能研究[D]. 南京理工大学，2016.

[3] 赵金星，徐昕. 豆磷脂的制备与测定[J]. 沈阳师范学院学报(自然科学版)，1998，(02)：64-67.

3.4 2,6-二叔丁基对甲酚

2,6-二叔丁基对甲酚(butylated hydroxytoluene)又称二丁基羟基甲苯，简称 BHT。分子式 $C_{15}H_{24}O$，相对分子质量 220.36。结构式为：

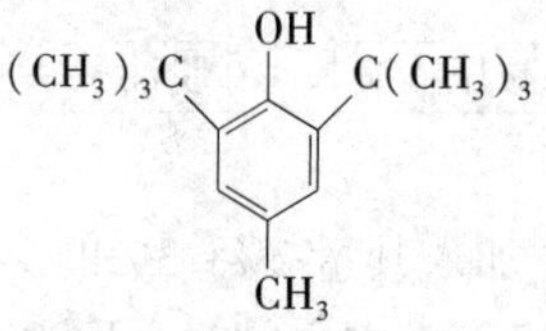

1. 性能

无色晶体或白色结晶性粉末。熔点 69.5℃，沸点 265℃，相对密度(d_4^{20})10.84。在许多性质方面与丁基羟基茴香醚(BHA)相同。然而 BHT 不如 BHA 有效，主要是因为两个叔丁基的存在，比 BHA 的空间位阻更大。BHT 易溶于油脂，不溶于水。它不溶于丙二醇，在油酸单甘酯中的溶解度居中(油酸单甘酯是一般抗氧化剂配方的溶剂)。BHT 是一种白色结晶固体，具有微弱的酚味。它比 BHA 更易挥发，"携带进入"能力比 BHA 弱。在食品中或包装材料中含有铁离子时，BHT 变成浅黄色。

2. 生产方法

在催化剂存在下，对甲酚与异丁烯发生烃化反应制得。

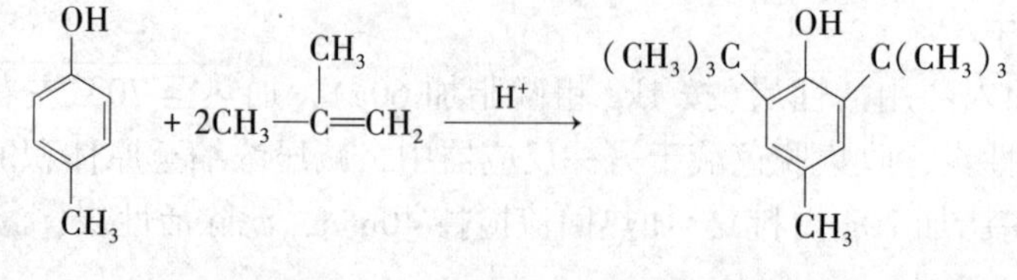

3. 工艺流程

4. 操作工艺

在反应锅中，108 份对甲酚和 121 份异丁烯反应，加少量浓硫酸作催化剂(约为反应物总质量的 2%)，反应温度为 70℃，异丁烯的分压约为 0.1MPa，反应进行约 5h。在 70℃用水洗涤反应混合物以除去酸，粗产品用乙醇-水混合溶剂进行结晶、重结晶，可得到纯 BHT。作为催化剂的硫酸可以用四聚磷酸、甲烷二磺酸或甲烷三磺酸代替，这样可提高产品收率。另一种方法是，用 2,6-二叔丁基酚与甲醛缩合，生成 4,4'-亚甲基二(2,6-二叔丁基酚)，然后与氢氧化钠和甲醇一起加热到 200℃，生成 BHT，产率为 80%。

5. 质量标准

指标名称	GB 1900	FAO/WHO
含量/%	—	≥99
熔点/℃	69.0~70.0	69~72
水分含量/%	≤0.1	—
灼烧残渣含量/%	≤0.01	≤0.005
硫酸盐(以 SO_4^{2-} 计)含量/%	≤0.002	—
重金属(以 Pb 计)含量/%	≤0.0004	≤0.0003
砷含量/%	≤0.0001	≤0.0003
游离酚(以对甲酚计)含量/%	<0.02	<0.5
凝固点/℃	—	≥69.2

6. 用途

抗氧化剂。我国 GB 2760 规定，可用于油脂、油炸食品、干鱼制品、饼干、快餐面、罐头、腌腊肉制品。最大用量 0.2g/kg。BHT 在某些食品中使用量(质量分数,%)如下：

食品	用 量①	食品	用 量①
动物油	0.001~0.01	脱水豆浆	0.001
植物油	0.002~0.02	香精油	0.01~0.1
焙烤食品	0.01~0.04②	口香糖基质	达到 0.1
谷物食品	0.005~0.02	食品包装材料	0.02~0.1

① 通常与 BHA、没食子酸酯、柠檬酸配合使用。
② 按脂肪的量计算。

BHT 对丁基羟基茴香醚和柠檬酸等螯合剂有增效作用，而对没食子酸酯无增效活性。BHA 没有最适宜的浓度，随着 BHT 浓度的提高，油脂的稳定性也提高，但是在较高的浓度时，稳定性提高的速率变低。在浓度达到 0.02%以上，BHT 会给油脂引入酚的气味。

参 考 文 献

[1] 李永强，陈福新，陈琦. 食品级抗氧化剂 BHT 国内市场应用情况[J]. 现代食品，2020，(09)：68-69.
[2] 李国亮，张进恒. 试析抗氧剂 BHT 工业生产中残焦油的回收利用[J]. 中国石油和化工标准与质量，2019，39(14)：117-118.

3.5 丁基羟基茴香醚

丁基羟基茴香醚(butylated hydroxyanisole)又称叔丁基对羟基茴香醚,简称 BHA。是 2-叔丁基-对羟基茴香醚和 3-叔丁基对羟基茴香醚的混合物。分子式 $C_{11}H_{16}O_2$,相对分子质量 180.25。结构式为:

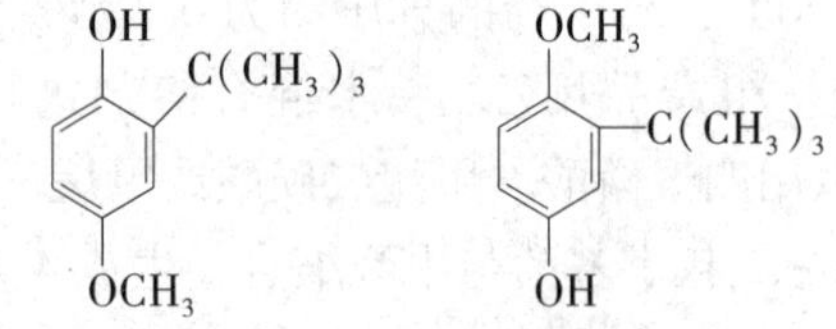

3 - BHA   2 - BHA

1. 性能

无色至浅黄色蜡状固体,略有特殊气味。熔程 48~63℃。沸点 264~270℃(97.7kPa)。BHA 易溶于油脂和乙醇,不溶于水,熔点低,在油炸温度时挥发。然而,残留在焙烤食品和油炸食品中的 BHA 显示出"携带进入"能力。在食品中有碱金属存在时,BHA 也可能是深红色。3-BHA 抗氧化效果优于 2-BHA 1.5~20 倍。

2. 生产方法

在酸催化下,对羟基苯甲醚与叔丁醇发生烃化反应制得。

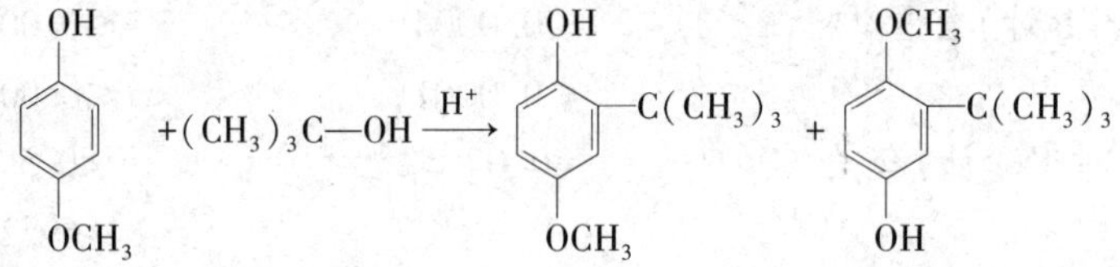

也可由对苯二酚先烃化,再与硫酸二甲酯单醚化制得。

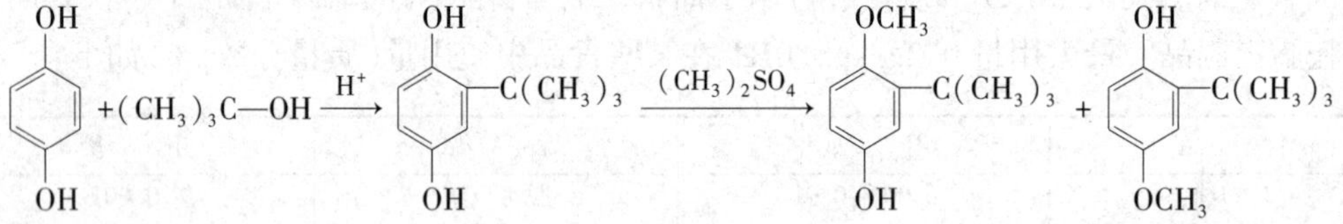

3. 工艺流程

4. 操作工艺

(1)醚烃化法

在三口反应瓶中加入 124g 对羟基苯甲醚、300mL 85% 的磷酸、1L 环己烷的混合物,在搅拌下加热到 50℃,然后将 56g 的异丁烯或 73g 的叔丁醇在 1.5h 之内加入,通过中和和蒸汽蒸馏回收到烷基化的产物。选择好溶剂可提高一烷基化产物的收率,减少二烷基化产物的生成,较好的溶剂是环己烷和正庚烷。通过各种方法得到的是两种异构体的混合物,3-BHA 占 43.7%,2-BHA 占 56.3%。在一个不与水混溶的溶剂中,如正戊烷,用与酚等摩尔的氢氧化钠水溶液提取,经蒸发,在不与水混溶的溶剂中主要是 3-BHA。

28

（2）烃化-甲基化法

将对苯二酚、磷酸和溶剂投入反应器中，然后加入叔丁醇，烃化反应生成叔丁基对苯二酚（TBHQ）。然后，在惰性的氮气中将 32g 的 TBHQ 和 1g 锌粉与水混合，将温度提到回流温度，加入 85g 的氢氧化钠，在 45min 之内将 140g 的硫酸二甲酯加入，将反应物回流 18h。冷却之后，经蒸发，可得到粗品 BHA，为黏稠的液体或低熔点的固体。分馏后可得 271g 的产品，其中 3-BHA 为 79.4%，2-BHA 为 17.6%。

5. 质量标准

指标名称	GB 1916	FAD/WHO
总含量/%	—	≥98.5(其中 3-BHA ≥85%)
熔点/℃	48~63	—
灼烧残渣含量/%	≤0.05	≤0.05
砷含量/%	≤0.0002	≤0.0003
重金属(以 Pb 计)含量/%	≤0.005	≤0.001
苯酚类杂质含量/%	—	≤0.5
硫酸盐(以 SO_4^{2-} 计)含量/%	—	≤0.019
澄清度	—	合格
对羟基茴香醚	—	合格

6. 用途

BHA 广泛用于各种食品，如油脂、含油食品和食品包装材料。商品 BHA 中含有高比率的 3-BHA。随着浓度的增加其抗氧化活性提高，浓度提高到 0.02% 以后，其抗氧化活性不再增加。BHA 是没食子酸酯、维生素 E、BHT、TBHQ、硫代二丙酸、柠檬酸和磷酸的增效剂。BHA 在食品中的用量(质量分数,%)如下:

食品	用量[1]	食品	用量[1]
动物油	0.001~0.01	精炼油	0.01~0.1
植物油	0.002~0.02	口香糖基质	达到 0.1
焙烤食品	0.01~0.04	糖果	达到 0.1[2]
谷物食品	0.005~0.02	食品包装材料	0.02~0.1
脱水豆浆	0.001		

[1] 一般 BHA 与没食子酸酯、柠檬酸结合使用。
[2] 按脂肪计算。

参 考 文 献

[1] 肖菁, 吴卫国, 彭思敏. 食用油抗氧化剂及其安全性研究进展[J]. 粮食与油脂, 2021, 34(09): 10-13.
[2] 夏英姿, 蔡可迎, 冯长君. 丁基羟基茴香醚的合成[J]. 精细石油化工进展, 2001, (08): 28-30.

3.6 三羟基苯丁酮

三羟基苯丁酮(THBP)又称 2,4,5-三羟基苯基丙基酮，结构式为:

1. 性能

棕黄色的粉末，微溶于水，溶于脂肪和油。在有金属离子存在时，产生棕黄至褐色的颜色，加入柠檬酸和其他螯合剂可以抑制这种情况。熔点 149~153℃。

2. 生产方法

1,2,4-三羟基苯在无水三氯化铝存在下与丁酸酐发生酰化反应制得。

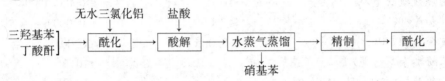

3. 工艺流程

无水三氯化铝　　盐酸

三羟基苯 丁酸酐 → 酰化 → 酸解 → 水蒸气蒸馏 → 精制 → 酰化
　　　　　　　　　　　　　　　　↓
　　　　　　　　　　　　　　硝基苯

4. 操作工艺

三羟基苯丁酮是通过 1,2,4-三羟基苯的酰基化反应制备的。在 2000mL 硝基苯中加入 127.5g 98% 1,2,4-三羟基苯，再在这溶液中加 280g 无水 AlCl₃，将混合物加热到 25℃，加 161.0g 丁酸酐，将混合物加热 60℃，维持 45min。冷却以后，加入 1500mL 10%冰冷的 HCl。通过蒸汽蒸馏除去硝基苯，得的粗品经精制得到三羟基苯丁酮约 125g。

5. 质量标准

外观	棕黄色粉末
含量/%	≥98
熔点/℃	149~153

6. 用途

抗氧化剂。主要用于食品包装材料中。在猪油初期的稳定中，THBP 的抗氧化效果大约等于或稍好于没食子酸丙酯(PG)，效果比丁基羟基茴香醚(BHA)效果好。

参 考 文 献

[1] 林杰，廖金华，唐源胜，等. 2,4,5-三羟基苯丁酮结晶工艺研究[J]. 广东化工，2009，36(11)：42-43+46.

[2] 唐源胜，赵丽冰，林杰，等. 2,4,5-三羟基苯丁酮的合成研究[J]. 广东化工，2007，(04)：34-36.

3.7　茶　多　酚

茶多酚(tea polyphenols)又称(一)-表儿茶素没食子酸酯、维多酚，简称为 TP。主要化学成分为儿茶素类(黄烷醇类)、黄酮及黄酮醇类、花青素类、酚酸及缩酚酸类、聚合酚类等化合物的复合体。其中儿茶素类化合物为茶多酚的主体成分，约占茶多酚总量的 65%~80%。儿茶素类化合物主要包括儿茶素(EC)、没食子儿茶素(EGC)、儿茶素没食子酸酯(ECG)和没食子儿茶素没食子酸酯(EGCG)4 种物质。以绿茶为原料提取的多酚类物质中，茶多酚含量大于 95%，其中儿茶素类 70%~80%，黄酮化合物 4%~10%，没食子酸 0.3%~

0.4%，氨基酸 0.2%~0.5%，总糖 0.5%~1.0%，叶绿素（以脱镁叶绿素为主）0.01%~0.05%。结构式为：

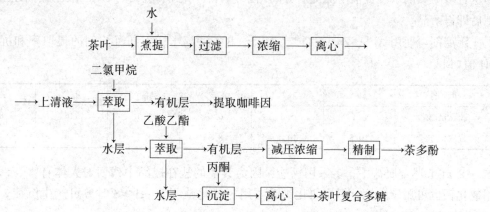

	R	R′
儿茶素	H	H
没食子儿茶素	OH	H
儿茶素没食子酸酯	H	(没食子酰基)
没食子儿茶素没食子酸酯	OH	(没食子酰基)

1. 性能

纯品为白色无定形粉末，从茶中提取的茶多酚抗氧化剂为白褐色粉末，易溶于水、甲醇、乙醇、丙酮、乙酸乙酯、冰醋酸等。难溶于苯、氯仿和石油醚。对酸、热较稳定。160℃油脂中 30min 降解 20%，pH=2~8 稳定，pH>8 时和光照下氧化聚合，遇铁生成绿黑色络合物。小白鼠经口服 LD_{50} 为 10g/kg。

茶多酚的抗氧化性能优于生育酚混合浓缩物，为 BHA 的数倍。茶多酚中抗氧化的作用成分主要是儿茶素。表儿茶素（EC）、表没食子儿茶素（EGC）、表儿茶素没食子酸酯（ECG）和表没食子儿茶素没食子酸酯（EGCG）等 4 种儿茶素具有很强的抗氧化能力。它们的等摩尔浓度抗氧化能力的顺序为：EGCG>EGC>ECG>EC。茶多酚与苹果酸、柠檬酸和酒石酸等配合使用，具有明显的增效作用，与生育酚、抗坏血酸也有很好的协同增效作用。

2. 生产方法

茶多酚是茶叶中所含的一类多羟基酚类化合物，从茶叶中提取茶多酚的生产方法，主要有离子沉淀萃取法、溶剂萃取法、吸附分离法、低温纯化酶提取法、盐析法和综合提取法等。

3. 工艺流程

（1）综合提取法

（2）沉淀萃取法

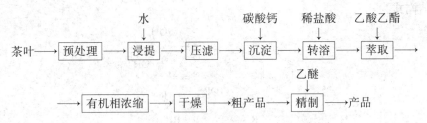

（3）溶剂萃取法

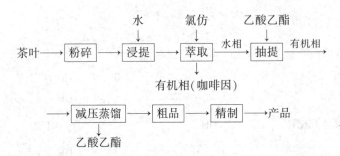

4. 操作工艺

（1）沉淀萃取法

茶叶或茶末经除杂后粉碎，加入10倍的100℃沸水中，搅拌浸提0.5h，过滤后提取液中加入茶叶量1/2的氯化钙，用5%的氨水调pH值至7.0~8.5，使茶多酚沉淀完全，离心分离沉淀。在沉淀中加6mol/L盐酸或稀磷酸转溶，至沉淀完全溶解，制得酸化液。酸化液中加入活性炭，硅藻土混合吸附剂（质量比1：1），然后，用等体积的乙酸乙酯萃取，重复萃取2次，分离，合并萃取相，脱去溶剂后真空干燥，即可制得有效成分含量>98%的近乎白色的茶多酚粗品。

精制：先将粗品溶于水，用乙醚萃取，乙醚层减压回收溶剂后，真空干燥或冷冻干燥即得较纯的茶多酚。水层用乙酸乙酯反复萃取，除去水层，收集乙酸乙酯后减压浓缩，最后真空干燥，可得到初级氧化聚合茶多酚。

说明：

① 沉淀萃取法的基本原理是：先用水溶液将茶多酚等物质浸提出来，利用茶多酚物质可与Ca^{2+}、Al^{3+}、Zn^{2+}、Ba^{2+}、Ag^+、Mg^{2+}、Fe^{3+}等金属离子产生络合沉淀的现象，先使茶多酚从含多酚类的水浸提液中沉淀后分离出来，然后用酸转溶，最后用乙酸乙酯抽提出来，精制后即得产品。

沉淀剂可使用Al^{3+}、Zn^{2+}、Fe^{3+}、Mg^{2+}、Ba^{2+}等离子，不同沉淀剂的提取率和沉淀最低pH值如下。

沉淀剂	Al^{3+}	Zn^{2+}	Fe^{3+}	Mg^{2+}	Ba^{2+}	Zn^{2+}
最低pH值	5.1	5.6	6.6	7.1	7.6	8.5
提取率/%	10.5	10.4	8.6	8.1	7.4	7.0

② 在上述金属盐中，多采用钙盐，因为其他的盐在成品中残留对人体有害。钙盐既可用氯化钙也可用碳酸钙，但用氯化钙时要用氢氧化钠调节pH≥8时方可产生沉淀。用碳酸

钙或石灰，则无须调节 pH 值就能直接与茶多酚产生沉淀。

（2）溶剂萃取法

将茶叶粉碎后过 0.75mm 筛，加入 10 倍量的清水，于 90℃下搅拌浸提 100min。趁热过滤后，滤渣再浸提 2 次。合并 3 次滤液，加入等体积的氯仿搅拌萃取 30min。静置分层后，有机层用于制取咖啡因。分取水相，加入 3 倍量的乙酸乙酯，先后抽提 3 次，每次 20min。静置分层，水相可用于提取茶叶复合多糖。收集有机相，减压蒸馏回收乙酸乙酯。残液浓缩至干，冷却后冷冻干燥得白色粉状品。

溶剂萃取法中还可以用乙醇、丙酮等溶剂，但此类方法产品含量只能达到 50%～70%，若需制得含量>90%的产品，可进一步采用色谱柱分离精制。

说明：

第一步的浸提也可使用 30%～90% 的乙醇代替水进行浸提：将茶叶研磨粉碎后过 0.75mm 筛，加入浸提锅中，加入 5 倍量 30%～95%乙醇，在 35～40℃温度下浸提 20min，浸提过程中搅拌数次。过滤，滤渣再用 2～3 倍含水乙醇重复浸提一次。合并两次滤液，在 45℃左右减压浓缩至乙醇基本除去为止。浓缩液用 1 倍量的氯仿分两次萃取以除去色素、咖啡因等杂质。氯仿层可提取咖啡因。收集含有茶多酚的水相，用 1～2 倍量的乙酸乙酯分 3 次萃取茶多酚，然后 45℃左右减压浓缩，回收乙酸乙酯。残余物真空干燥，得茶多酚粗制品。

5. 质量标准

指标名称		液态	粉态	粗晶体
含量/%	≤	8	40	90
干燥失重/%	≤	90.0	5.0	3.0
灼烧残渣/%	≤	—	0.5	0.5
铅/%	≤	—	0.002	—
砷/% ≤		—	0.0004	—

6. 用途

茶多酚常作为抗氧化剂及防腐剂广泛用于动植物油脂、水产品、饮料、糖果、乳制品、油炸食品、调味品及功能性食品的抗氧化、防腐保鲜、护色、保护维生素、消除异味及改善食品风味等。另外，茶多酚具有抗氧化作用和抗衰老、降血脂等一系列很好的药理功能。其抗氧化作用比 BHA 和维生素 E 强，与维生素 E 和抗坏血酸并用效果更好。我国规定可用于油脂、火腿、糕点馅，最大使用量为 0.4g/kg；用于含油脂酱料，最大使用量为 0.1g/kg；用于肉制品和鱼制品，最大使用量为 0.3g/kg；用于油炸食品和方便面，最大使用量为 0.2g/kg(以油脂中的儿茶素计)。

7. 安全与贮运

生产中使用有机溶剂提取，车间内加强通风，注意防火。产品按食品添加剂要求包装贮运。

参 考 文 献

[1] 左小博，孔俊豪，杨秀芳，等. 茶多酚产业现状与发展展望[J]. 中国茶叶加工，2019，(04)：14-20.

[2] 李大刚，王志文，陈晓玲，等. 固相络合反应法提取茶叶中茶多酚[J]. 中国食品添加剂，2019，30(07)：73-78.

[3] 刘智慧，陆玮，刘国英，等. 绿茶中茶多酚提取的工艺研究[J]. 酿酒，2018，45(06)：36-38.

3.8 没食子酸丙酯

没食子酸丙酯(propyl gallate)化学名称为 3,4,5-三羟基苯甲酸丙酯,分子式 $C_{10}H_{12}O_5$,相对分子质量 212.21。结构式为:

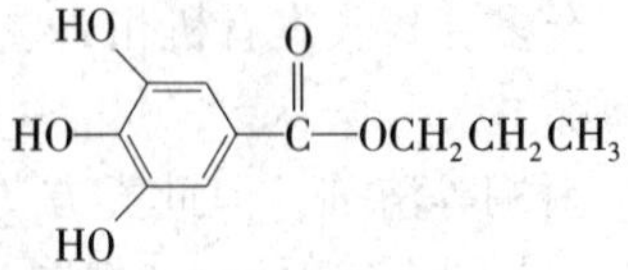

1. 性能

白色至淡黄褐色结晶性粉末或乳白色针状结晶,无臭,稍有苦味。熔点 150℃。对热较稳定,遇光易促进其分解,遇铜、铁离子呈紫色或暗绿色。有吸湿性。难溶于冷水 (0.35g/100mL,20℃),易溶于热水、乙醇(103g/100mL,25℃)、乙醚(83g/100mL,25℃)、丙二醇(67g/100mL,25℃)、甘油(25g/100mL,25℃)、棉籽油(1.2g/100mL,20℃)、猪油(1.14g/100mL,45℃)和花生油(0.5g/100mL,20℃)。0.25%的水溶液 pH 值约为 5.5。具有抗氧化性,抗氧化作用比 BHA、BHT 强。大白鼠经口服 LD_{50} 为 2600mg/kg。

2. 生产方法

五倍子酸性水解制得没食子酸,没食子酸在硫酸催化下,与丙醇发生酯化,得到没食子酸丙酯。

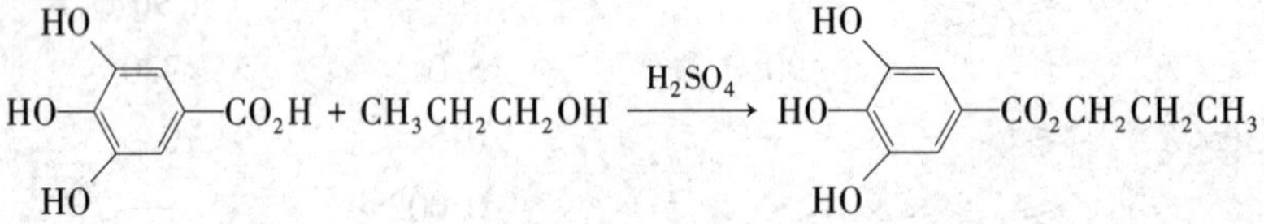

3. 工艺流程

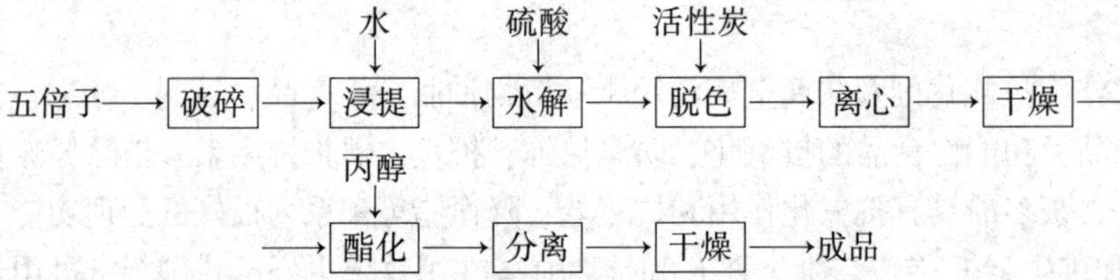

4. 操作工艺

将五倍子除杂后破碎,用 4 倍的水浸提,水浴加热至 50℃,搅拌浸提 18h,采用逆循环法共浸提 4 次,每次 18h。过滤,滤液加入 5%活性炭,于 60℃保温 4h 脱色,趁热过滤,滤渣洗 2~3 次,合并滤液洗液,浓缩至含单宁 20%以上。

单宁经水解或酶解制得没食子酸。常压水解液中单宁浓度 18%~20%,硫酸浓度 18%~20%,在回流状态下水解 8h,水解率可达 95%以上。加压水解是将 150kg 95%的硫酸加入 1670kg 20%的单宁溶液中,133~135℃和 0.18~0.20MPa 下搅拌反应 2h。反应物冷却至 10℃,析出结晶,分离得粗品。将粗品溶解于 70~80℃的水中,加入总液量 5%的活性炭,保温搅拌 10min,趁热过滤。滤液冷却至室温,静置 12h,结晶,分离得第一次脱色精品。将其用同样的方法重结晶一次得第二次脱色精品,并于 70℃以下干燥,可得 200kg 没食子酸。

酶解法是将浸提液减压下于 60℃进行浓缩,至单宁含量达 30%~35%。冷至室温后接入总液量 2%的黑曲霉种子,在 30℃左右发酵 8~9 天,没食子酸沉在下面。以清水洗涤沉淀物，得粗没食子酸。粗品溶解于热水，重结晶得没食子酸。

在酯化反应釜中，加入没食子酸和过量的丙醇，用硫酸为催化剂，加热回流反应 4h。然后蒸馏回收未反应的丙醇。残余物用活性炭脱色，用乙醇重结晶得没食子酸丙酯。

说明：

① 没食子酸丙酯的酯化反应目前大多选用硫酸作催化剂，尽管硫酸的催化活性较高，但硫酸有一定的氧化性，降低了反应的收率。若反应中使用非氧化性的酸如对甲苯磺酸、十二烷基苯磺酸等作为催化剂，同时使用苯、石油醚或正己烷等作为带水剂，不仅可以提高收率，加速反应，而且可以提高产品品质，降低产品纯化成本。

例如，使用对甲苯磺酸为催化剂，收率可达 87%～89%。将 68g 没食子酸、72g 丙醇、80mL 苯或 60～80℃石油醚和 8～15g 对甲苯磺酸加入装有分水器的烧瓶中，加热回流至无明显水分出时止。反应混合物(呈浅紫红色)先常压后减压蒸出过量的丙醇和带水剂。在不断地搅拌下，趁热将剩余物倒入冷水中。抽滤，滤饼用稀碱液和水洗至中性，再用活性炭脱色、水重结晶，于 80℃烘干得没食子酸丙酯白色针状结晶。

② 也可使用强酸性阳离子交换树脂为催化剂，将聚苯乙烯型强酸性阳离子交换树脂(凝胶 732，大孔 D61 和 D72 等)加入 3mol/L 的盐酸中搅拌、浸泡 3 次，每次 1h，制得酸型阳离子交换树脂，用此酸型树脂为催化剂，将没食子酸和丙醇搅拌，回流反应 5h，过滤，蒸出丙醇，用活性炭脱色、结晶，得没食子酸丙酯。

由于树脂与产物易于分离，故催化剂可以重复使用，但由于催化剂同反应物接触有限，反应速度较慢。

5. 质量标准

指标名称	GB 3263	FCC(Ⅳ)
含量(干基)/%	98～102	98.0～102
熔点/℃	146～150	146～150
干燥失重/%	≤0.5	≤0.5
灼烧残渣/%	≤0.1	≤0.1
重金属(以 Pb 计)/%	≤0.001	≤0.001
砷/%	≤0.0003	—

6. 用途

抗氧化剂。按我国 GB 2760 规定，可用于食用油脂、油炸食品、干鱼制品、饼干、方便面、速煮米、罐头等。最大使用量 0.1g/kg。是广泛使用的油溶性抗氧化剂。对猪油的抗氧化能力较 BHA 或 BHT 强些，加增效剂柠檬酸时则更强些。与 BHA 和 BHT 混用时抗氧化作用还要强一些，混用时加增效剂抗氧化作用最强。但对面制品的抗氧化作用不如 BHA 和 BHT 强。

7. 安全与贮运

棕色瓶包装，贮存于阴凉、干燥处，注意防潮、防热。严禁与有毒、有害物质共运混贮。

参 考 文 献

[1] 董刚，刘兰香，孙彦琳，等. 树脂催化合成没食子酸丙酯及工艺优化[J]. 化学工业与工程，2021，38(01)：27-35.

[2] 娄兴维. 高水溶性没食子酸丙酯的制备及特性研究[D]. 贵州大学，2020.

3.9 D-异抗坏血酸钠

D-异抗坏血酸钠(sodium D-isoascorbate)又称赤藻糖酸钠、异维生素 C 钠,化学名为D-2,3,5,6-四羟基-2-己烯酸-γ-内酯钠盐。分子式 $C_6H_7NaO_6 \cdot H_2O$,相对分子质量216.13。结构式为:

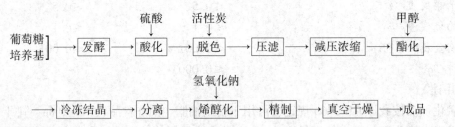

1. 性能

白色有光泽颗粒结晶体或结晶粉末。熔点 218℃(分解),无臭,味酸。光线照射下逐渐发黑。干燥状态下,在空气中相当稳定,但在溶液中并有空气存在下迅速变质。本品是抗坏血酸的异构体,化学性质类似于抗坏血酸,但几乎无抗坏血酸的生理活性作用(仅约 1/20)。抗氧化性较抗坏血酸佳,但耐热性差。有强还原性,遇光则缓慢着色并分解。重金属离子会促进其分解。极易溶于水(40g/100mL),溶于乙醇(5g/100mL),微溶于甘油,不溶于乙醚和苯。2%水溶液 pH=6.5~8.0。

2. 生产方法

以 D-葡萄糖或淀粉为原料,通过荧光极毛杆菌或球状节杆菌使葡萄糖或淀粉发酵(28℃,50h),得 α-酮葡萄糖酸钙,用硫酸或草酸酸化后,滤去沉淀,浓缩,然后在硫酸存在下与甲醇发生酯化反应得相应的甲酯,最后与甲醇、氢氧化钠溶液进行烯醇化反应,得到 D-异抗坏血酸钠。

3. 工艺流程

葡萄糖
培养基 →[发酵]→[酸化]→[脱色]→[压滤]→[减压浓缩]→[酯化]→

硫酸   活性炭   甲醇

→[冷冻结晶]→[分离]→[烯醇化]→[精制]→[真空干燥]→成品

氢氧化钠

4. 操作工艺

首先以球状节杆菌 K1022 或荧光假单胞菌 K1005 发酵 D-葡萄糖产生 2-酮基-D-葡萄糖酸钙盐。发酵培养组成(%):葡萄糖 18,酵母膏 0.3,$K_2HPO_4 \cdot 3H_2O$ 0.05,KH_2PO_4 0.05,$MgSO_4 \cdot 7H_2O$ 0.025,$CaCO_3$ 4.5。控制发酵温度在 30~35℃,发酵周期 30h,发酵转化率79.9%。发酵完毕,将发酵液加硫酸、活性炭以酸化和脱色,用板框压滤机压滤得清液。净化的发酵液经减压浓缩,浓缩液在硫酸存在下与甲醇回流发生酯化反应 5h,得到 2-古罗酮糖酸甲酯,转入冷冻结晶罐,冷冻结晶,离心甩滤得甲酯。甲酯用甲醇、氢氧化钠的甲醇溶液在回流条件下进行转化,冷冻结晶,干燥得 D-异抗坏血酸钠粗品。粗品用水加热溶解后,加活性炭脱色,趁热压滤。清液经冷冻结晶,离心甩滤,洗涤,真空干燥得成品 D-异抗坏血酸钠。

5. 质量标准

指标名称	GB 8273	FAO/WHO
含量(干基)/%	≥98	≥99
10%水溶液 pH 值	5.5~8.0	—
澄清度(1g/10mL)	澄明	—
草酸盐试验	合格	—
重金属(以 Pb 计)/%	≤0.002	≤0.002
砷/%	≤0.003	≤0.0003
硫酸盐灰分/%	—	≤0.3
干燥失重(硅胶上负压3h后)/%	—	≤0.4

6. 用途

我国 GB 2760 规定，可用于一般食品的抗氧化、防腐，也可作为食品的发色助剂。广泛用于肉食品、鱼食品、果汁、果汁晶、啤酒、果酱、葡萄酒、乳制品、糕点中。用于防止肉制品、鱼类制品、鲸油制品、鱼贝腌制品、鱼贝冷冻品等变质，或与亚硝酸盐、硝酸盐合用提高肉类制品的发色效果(如 pH 值在 6.3 以上，则与柠檬酸、乳酸等合用)。可防止保存期间色泽、风味的变化，以及由鱼的不饱和脂肪酸产生的异臭。冷冻鱼类常在冷冻前浸渍于 0.1%~0.6%的 D-异抗坏血酸钠水溶液中。防止果汁、啤酒等饮料中因溶存氧引起氧化变质。防止果蔬罐头褐变。防止奶油、干酪等的脂肪氧化变质。

参 考 文 献

[1] 刘明霞，周强，陈卫平. D-异抗坏血酸的生产应用现状及前景[J]. 食品工业科技，2013，34(02)：376-381.

[2] 周强，魏转，孙文敬，等. D-异抗坏血酸生产技术研究进展[J]. 食品科学，2008，(08)：647-651.

3.10 L-抗坏血酸

L-抗坏血酸(L-ascorbic acid)又称抗坏血酸、维生素 C。分子式 $C_6H_8O_6$，相对分子质量 176.13。结构式为：

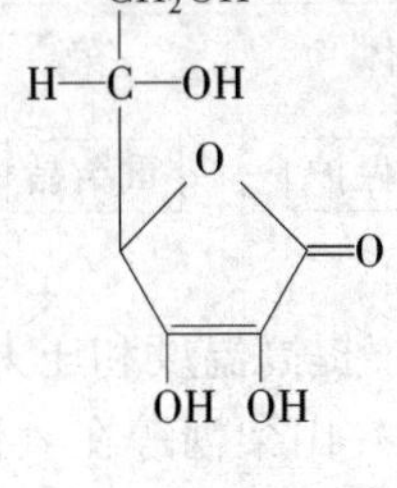

1. 性能

白色或浅黄色晶体或结晶性粉末，无臭，有酸味。熔点约 190℃。1g 本品溶于约 5mL 水和 30mL 乙醇，不溶于氯仿、乙醚和苯。干燥状态下在空气中稳定，受光照则逐渐变褐，在空气存在下于溶液中迅速变质，pH = 3.4~4.5 时较稳定。本品广泛存在于新鲜果实及蔬菜中。

抗坏血酸与糖的结构相似，有些性质也与糖相似(如非酶促褐变)。由于分子中具有烯二醇的结构，表现一些非常独特的、有意义的性质。解离常数是 $pK_1 = 4.17$，$pK_2 = 11.57$。抗坏血酸是中等强度的还原剂，它可形成稳定的一价盐，它的钠盐在工业上有重要意义。

在水溶液里抗坏血酸对氧有强的亲和力，很容易被氧化成脱氢抗坏血酸，这一反应受重金属的催化。脱氢抗坏血酸又可被还原成抗坏血酸。在氧存在下脱氢抗坏血酸不可逆地降解为二酮古罗糖酸，最终的分解产物是草酸和苏糖酸。

2. 生产方法

以葡萄糖为原料，在镍催化下加氢生成山梨醇，再经乙酸杆菌发酵氧化成 L-山梨糖，然后在浓硫酸催化下与丙酮发生缩合生成双丙酮缩 L-山梨糖，再在碱性条件下用高锰酸钾氧化成 L-抗坏血酸。

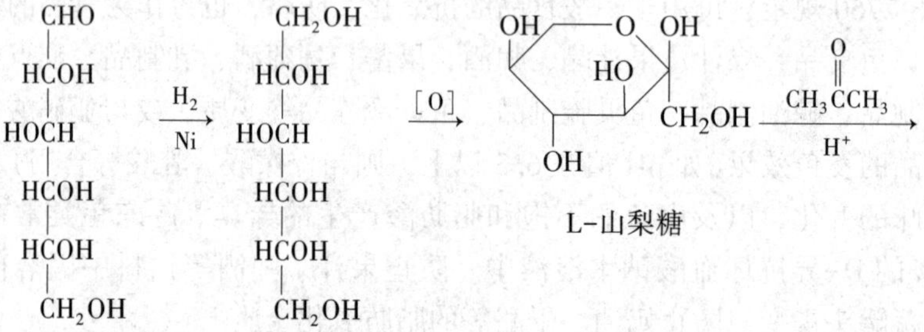

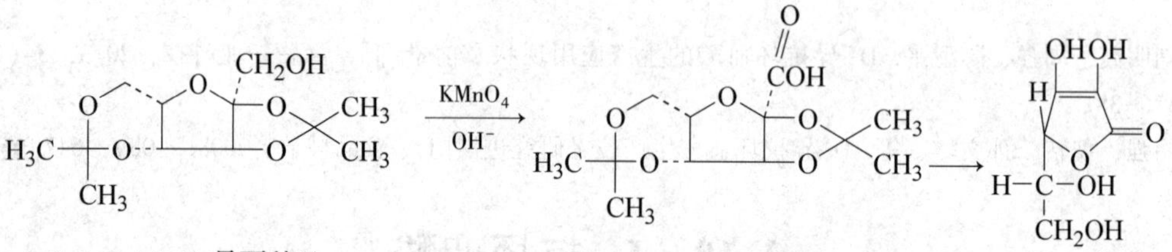

3. 操作工艺

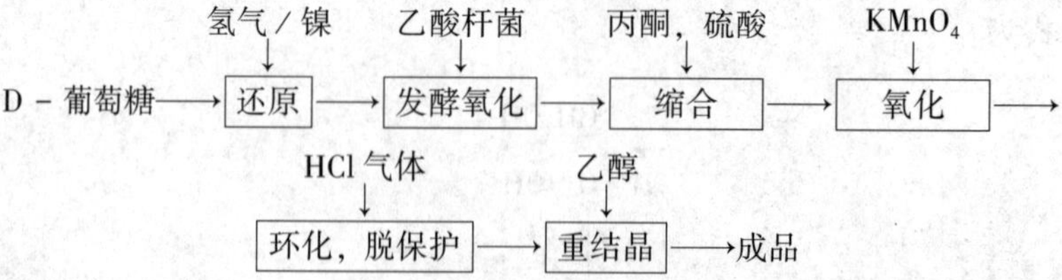

4. 操作工艺

D-葡萄糖催化氢化用镍作催化剂。提高温度和压力，可将 D-葡萄糖定量氢化成山梨糖醇，这一步的得率大于 97%。无菌的 D-山梨糖醇在氧化葡萄糖酸杆菌作用下被氧化发酵成 L-山梨糖，得率超过 90%。再通过结晶法分离出 L-山梨糖。这个过程可以连续地大规模地进行。

以硫酸为催化剂，用丙酮处理 L-山梨糖可将其转变成 2,3-O-异丙基叉-α-山梨糖和

2,3;4,6-二-*O*-异丙基叉-*α*-L-呋喃山梨糖的混合物。将溶液中和,通过蒸馏除去丙酮,用甲苯萃取产品。也可以用氯化铁或溴化铁代替催化剂硫酸。

在稀氢氧化钠溶液中,提高温度,用次氯酸钠作氧化剂,用氯化镍作催化剂,可将 2,3;4,6-二-*O*-异丙基叉-*α*-L-呋喃山梨糖氧化成 2,3;4,6-二-*O*-异丙基叉-2-氧代-L-古罗糖酸。得率可达到 90% 以上。这步氧化反应也可在碱性条件下用高锰酸钾氧化。在碱性溶液中直接用电化学方法,或者在镍或钯的存在下用氧进行催化氧化,也可以完成该氧化反应。

使 2,3;4,6-二-*O*-异丙基叉-2-氧代-L-古罗糖酸脱去丙酮保护基和直接环化的方法有几种。方法之一是在水游离的氯仿-乙醇混合溶液中,用氯化氢气体处理古罗糖酸。在反应结束时,将粗 L-抗坏血酸过滤,得率大于 80%,用稀乙醇重结晶进一步提纯得抗坏血酸成品。

5. 质量标准

指标名称	FAO/WHO
含量(干燥后)/%	≥99
pH 值(2%溶液)	2.4~2.8
干燥失重/%	≤0.4
砷含量/%	≤0.0003
重金属含量(以 Pb 计)/%	≤0.002

6. 用途

营养增补剂,抗氧化剂。抗坏血酸在许多食品中用作抗氧化剂,包括加工过的水果、蔬菜、肉、鱼、干果、软饮料和饮料。添加于纯果汁可长期保持风味并强化维生素 C,添加量 0.02%~0.04%。添加于罐头糖浆中可防止桃、杏、樱桃等罐装时变色变味,添加量 0.03% 以下。可添加于啤酒、碳酸水(0.003%),防止氧化和风味恶化。用作小麦粉改良剂,添加量 0.001%~0.01%。乳制品中添加 0.001%~0.01% 可保持良好风味。肉制品浸渍于抗坏血酸的 0.02%~0.09% 水溶液中冷藏,可防止变色。

参 考 文 献

[1] 楼佳明. 维生素 C 的生产工艺发展刍议[J]. 化工管理, 2019, (03): 101.

[2] 户延峰, 勾丽莉, 闫世良. 维生素 C 的生产工艺发展[J]. 低碳世界, 2018, (05): 369-370.

[3] 李振华. 维生素 C(L-抗坏血酸)的生物合成研究进展[J]. 中国现代药物应用, 2014, 8(23): 210-211.

3.11 左旋抗坏血酸硬脂酸酯

左旋抗坏血酸硬脂酸酯(L-ascorbyl stearate)也称 L-抗坏血酸硬脂酸酯、维生素 C 硬脂酸酯。分子式 $C_{24}H_{42}O_7$,相对分子质量 442.6。结构式为:

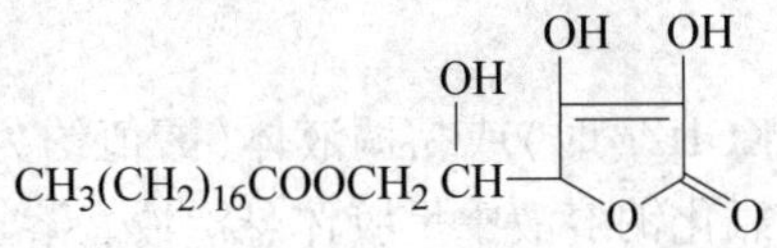

1. 性能

微带光泽的白色结晶性粉末,不溶于水,溶于油脂中。

2. 生产方法

由硬脂酸和抗坏血酸在浓硫酸的催化下进行酯化反应而制得。

$$C_{17}H_{35}COOH + \underset{\text{HOCH}_2\text{CH}}{\overset{\text{OH}}{|}} \overset{\text{OH \quad OH}}{\underset{\text{O}}{\text{⟍}}}\overset{\text{浓 H}_2\text{SO}_4}{\longrightarrow} C_{17}H_{35}COOCH_2\text{CH} \overset{\text{OH \quad OH}}{\underset{\text{O}}{\text{⟍}}}$$

3. 工艺流程

$$\begin{array}{c} \text{硫酸} \\ \downarrow \\ \left.\begin{array}{c}\text{抗坏血酸}\\\text{硬脂酸}\end{array}\right] \longrightarrow \boxed{\text{酯化}} \longrightarrow \boxed{\text{析晶}} \longrightarrow \boxed{\text{洗涤}} \longrightarrow \boxed{\text{重结晶}} \longrightarrow \text{成品} \end{array}$$

4. 操作工艺

将抗坏血酸和硬脂酸加入酯化反应釜中,搅拌下缓缓加入浓硫酸进行酯化反应。酯化反应完成后,将物料析晶、过滤,洗涤滤饼,再进行重结晶,即制得左旋抗坏血酸硬脂酸酯成品。

5. 质量标准

外观	白色结晶性粉末
熔点	115~117℃

6. 用途

本品为油溶性抗氧化剂,主要用于油脂、奶油、食用油或其炼制品、小麦粉、水果类制品中作抗氧化剂。

参 考 文 献

[1] 赵红霞,崔凤杰,李云虹,等. 维生素酯化衍生物的合成研究进展[J]. 中国食品添加剂,2013,(06):176-183.

[2] 雷琳. L-抗坏血酸硬脂酸酯的合成条件探索[J]. 广东化工,2009,36(06):72-73.

3.12 卵 磷 脂

卵磷脂(lecithin)又称磷脂酰胆碱,由硬脂酸、棕榈酸及油酸的二甘油酯与磷酸胆碱酯组成:

$$\begin{array}{l} CH_2OCOR \\ | \\ CHOCOR \quad O \\ | \qquad \quad \| \\ CH_2-O-P-OCH_2CH_2\overset{+}{N}(CH_3)_3 \\ \qquad \quad | \\ \qquad \quad O \end{array}$$

1. 性能

蜡状物(当酸值约为 20mgKOH/g 时)或黏稠液体(酸值约为 30mgKOH/g 时)。相对密度 1.0305。遇水不溶但膨胀,在氯化钠溶液中呈胶体悬浮液。溶于氯仿、乙醚、石油醚,难溶于丙酮。具有良好的乳化作用。

2. 生产方法

动物脑提取胆固醇后,得到的滤饼用有机溶剂提取然后浓缩,精制得卵磷脂。

3. 工艺流程

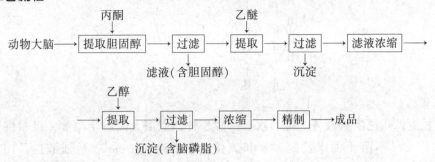

4. 操作工艺

选取新鲜羊大脑，除杂后绞碎，置提取锅中加 3 倍量工业丙酮，搅拌浸渍过夜，然后滤出滤液；滤渣再加 2.5 倍量的工业丙酮浸渍过夜滤出滤液（可供制备胆固醇），收集滤饼。

将滤饼于搅拌下加入 3 倍体积的乙醚，过夜，滤出提取液；滤渣再加 2.5 倍量的乙醚，过夜，滤出提取液；滤渣再加 1.5 倍量乙醚，过夜，滤出提取液，合并 3 次提取液于浓缩锅中，真空浓缩至干。

将浓缩物加入 3 倍量的 95% 乙醇，加热至溶解，然后于 10℃ 条件下沉淀过夜，收集沉淀物，再加 95% 乙醇浸渍 4 次，加热溶解，冷却、沉淀 24h，沉淀供制备脑磷脂，收集以上 5 次乙醇清液，真空浓缩。

将以上浓缩物加 1/2 乙醚，搅拌 2h，然后过滤出清液，急速搅拌下加入 2 倍量的丙酮，分层后，滤除丙酮、乙醚混合物（供回收乙醚和丙酮），沉淀用丙酮洗 1~2 次，干燥即得产品。

5. 质量标准

丙酮不溶物（磷脂）/%	≥60	砷/(mg/kg)	≤3
干燥失重/%	≤2	铅/(mg/kg)	≤10
苯不溶物/%	≤0.3	重金属（以 Pb 计）/(mg/kg)	≤40
酸值/(mgKOH/g)	≤36		

6. 用途

卵磷脂的最大用途是作食品添加剂，用以生产奶油、巧克力及一般食品。其次是作饲料添加剂。还用于医药、化妆品以及皮革的乳化剂、水果保鲜剂等。

参 考 文 献

[1] 黄瑾，王鑫，吴海虹，等. 卵磷脂的提取、鉴定与应用的研究进展[J]. 食品工业科技，2020，41 (24)：338-343.

3.13 植 酸

植酸（phytic acid）又称肌醇六磷酸酯，分子式 $C_6H_{18}O_{24}P_6$，相对分子质量 660.04。结构式为：

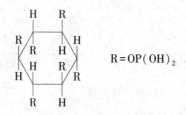

R=OP(OH)$_2$

1. 性能

淡黄色至淡褐色浆状液体。能与水、乙醇、甘油混溶，能溶于丙酮，极微溶于无水乙醇和甲醇，几乎不溶于无水乙醚、苯和氯仿。密度 1.58g/cm³。呈强酸性，10% 水溶液 pH=0.86。植酸具有很强的酸性和螯合能力，能与许多金属离子形成螯合物，且其螯合能力适用的 pH 值很宽，尤其在酸性、中性条件下，植酸具有 12 个可离解的酸性氢离子，它们可分三步电离。受热会分解，但在 120℃ 以下短时间内较稳定。植酸对光也很稳定。植酸对微生物不稳定，能被植酸酶分解成肌醇和磷酸。植酸对酵母很敏感，易发酵破坏。

2. 生产方法

植酸在自然界以钙、镁的复盐存在于植物的种芽、米糠中。工业制备以米糠、麦麸或玉米为原料，经稀酸浸泡后，过滤，用石灰和氢氧化钠中和、沉淀，再用离子交换树脂进行酸化、交换、脱色、减压浓缩、过滤制得成品。

$$C_6H_6O_{24}P_6Ca_xMg_yK_2+2HCl \longrightarrow C_6H_6O_{24}P_6Ca_xMg_yH_2+2KCl$$

$$C_6H_6O_{24}P_6Ca_xMg_yH_2+10HCl \longrightarrow C_6H_6O_{24}P_6H_{12}+xCaCl_2+yMgCl_2$$

$$(x+y=5)$$

3. 工艺流程

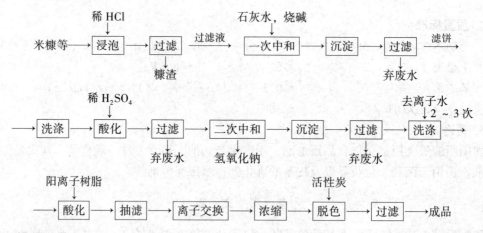

4. 操作工艺

将米糠饼粉碎，加入浸泡池中，按 1∶(6～8)加水，搅拌均匀后加盐酸至物料 pH 值为 2～3。浸泡 2～4h(夏秋 2h，冬春 4h)，每 30min 搅拌 1 次。浸泡完毕，用压滤机过滤，糠渣再按上述方法浸泡 1h，过滤后合并滤液。制得淡黄色透明植酸萃取液。糠渣可用于提取干酪素或作饲料。

将植酸萃取液在搅拌下加入饱和石灰水或石灰乳。调 pH 值至 3.5～4.5，再加入氢氧化钠溶液。调 pH 值为 6.5～7，搅拌均匀。静置 2h，过滤，滤饼用自来水洗涤，除去可溶性无机盐，制得植酸钙镁钠复盐。

将复盐用 20% 的硫酸酸化，调 pH 值为 4，酸化完成后过滤，除去硫酸钙等沉淀杂质。滤液用 20% 氢氧化钠调 pH 值为 7~7.5 中和，过滤。滤饼用自来水洗涤 1~2 次，再用去离子水洗涤 2~3 次，洗至无氯化物和硫酸盐，即得合格的植酸钠。

氯化物和硫酸盐的检测方法：①氯化物的测定：取洗涤过滤水 10mL 于 25mL 比色管中，加 2 滴 5mol/L 硝酸溶液，2 滴 0.1mol/L 硝酸银溶液，摇匀，不出现白色混浊即合格。②硫酸盐的检测：取洗涤过滤水 10mL 于 25mL 比色管中，加 1mL 3mol/L 盐酸，再加 3mL 20% 的氯化钡溶液，摇匀，不出现白色混浊即合格。

在合格的植酸钠中，按 1∶1 量加入再生好的阳离子交换树脂，进行酸化溶解，边加树脂边轻轻搅拌，充分酸化后，过滤。滤出树脂进行再生，重复使用。滤液用活性炭过滤，即制得澄清透明的稀植酸。将稀植酸溶液通过再生好的 732 型强酸性阳离子树脂交换柱（无氯化物），交换流速控制在 500~1000mL/min（交换柱 φ300mm×2000mm）。经过 1~2 次交换，除去稀植酸中的金属离子，取样测钙离子，至稀植酸中无钙离子，即得合格的稀植酸。钙离子的测定：取 15mL 稀植酸于 25mL 比色管中，用 10% 氨水调至中性，加入 1mL 冰乙酸，5mL 4% 草酸铵，加水至刻度，摇匀，10min 不出现混浊为合格。

将合格的稀植酸装入搪瓷玻璃减压浓缩罐，控制真空度为 10665.76~99991.5Pa，温度 70℃ 左右，进行减压浓缩。当浓度达 50% 时，将液体温度降至 60℃，继续浓缩，直至液体浓度达 70% 为止。把活性炭加至浓植酸中，间接加热至 60℃，脱色。趁热过滤，即制得无色或淡黄色浆状透明的成品植酸。

说明：

① 直接从米糠中提取：将米糠粉碎后，用 pH 值为 2 的稀盐酸于 50~60℃ 浸泡 4~6h，过滤后滤渣再浸泡 2h，并过滤弃渣。合并 2 次滤液，静置 10h，吸取上清液。上清液中加入适量的 $Ca(OH)_2$ 和 $Mg(OH)_2$，并用 NaOH 溶液调 pH 值从 3.4 升至 7.0，搅拌 15min 后静置 2~3h。弃上清液，过滤沉淀，滤渣依次用 pH 值为 7.5 的碱水溶液和蒸馏水洗涤，得植酸钙镁盐。

将植酸钙镁盐溶解于 pH 值为 3 的盐酸稀溶液，于 75℃ 浸泡搅拌 1h，维持 pH 值 3.5~4.5，使植酸钙镁盐溶解，而蛋白质析出。加入硅藻土，搅拌静置抽滤去除蛋白质等沉淀物。滤液依次通过强酸性阳离子交换树脂和强碱性阴离子交换树脂，可得植酸稀溶液。于 75℃ 减压蒸发浓缩至含量 55%~65% 为止。向浓缩液中加入多元醇溶剂（乙二醇、丙二醇或甘油等），于 130~150℃ 加热回流水解 3~4h。水解液于 100℃±10℃ 调节 pH 值 8~9，然后保温搅拌 1h，静置过滤。滤液加热至 135℃ 脱水，然后加入 3 倍量的无水乙醇，静置析出结晶。

② 实验室常以植酸钙为原料制植酸：将植酸钙悬浮于 3 倍量的蒸馏水中，加入草酸的饱和溶液，调节溶液的 pH 值至 3.5，使植酸钙转化为草酸钙沉淀，过滤除去草酸钙。滤液（如颜色太深需用活性炭脱色）先通过阳离子交换树脂柱（732 型或 Amberlite 2R-120 树脂），除去 NH_4^+、Na^+、Ca^{2+}、Mg^{2+} 等阳离子。流出液再通过阴离子交换树脂柱（用 704 树脂或 AG2-X$_8$ 型树脂），除去 SO_4^{2-}、Cl^-、PO_4^{3-}，并使流出液的 pH 值保持在 1.5 以下。流出液在水浴上蒸发浓缩，先于 75℃ 蒸发除去大量水，再于 50℃ 减压浓缩至植酸含量达 70%，即得成品植酸。

③ 由环己六醇与无机磷酸反应制得。

5. 质量标准

外观	淡黄色或浅褐色黏稠液体
含量/%	≥50.0
无机磷(P)/%	≤0.02
氯化物(以 Cl⁻ 计)/%	≤0.02
硫酸盐(以 SO_4^{2-} 计)/%	≤0.02
钙盐(Ca)/%	≤0.02
重金属(以 Pb 计)/%	≤0.003
砷/%	≤0.0003

6. 用途

作螯合剂、抗氧化剂、水的软化剂、金属防蚀剂、防锈剂、保鲜剂。主要用作食品、饲料添加剂和医药原料。工业上用于防锈、防静电、清洗和金属表面处理。也用于除去微量重金属离子。还用于营养剂等。我国 GB 2760 规定可用于食用油脂、果蔬制品、果蔬汁饮料类及肉制品的抗氧化，最大使用量为 0.2g/kg；也可用于对虾的保鲜，按生产需要适量使用，残留量 20mg/kg。

7. 安全与贮运

生产中使用强酸、强碱等腐蚀性化学品，操作人员应穿戴劳保用具。

产品用聚乙烯塑料桶密封包装。按食品添加剂要求贮运。

参 考 文 献

[1] 张书文, 李志云, 于春慧. 高纯度植酸的新制备工艺[J]. 中国医药工业杂志, 2003, 34(03)：122.

[2] 陈佳悦, 范蓓, 刘贵巧, 等. 食品中植酸及其降解产物的研究进展[J]. 食品科学, 2023, (02)：1-16.

[3] 赵红宇, 景志刚, 周盛华, 等. 外源酶法降解发芽糙米中植酸的工艺研究[J]. 农产品加工, 2022, (10)：62-66.

3.14　硫代二丙酸二月桂酯

硫代二丙酸二月桂酯(dilauryl thiodipropionate)简称 DLTP，分子式 $C_{30}H_{58}O_4S$，相对分子质量 514.82。结构式为：

$$CH_3(CH_2)_{11}O_2CCH_2CH_2SCH_2CH_2CO_2(CH_2)_{11}CH_3$$

1. 性能

白色片状结晶或絮状结晶固体，有特殊甜香、类酯气味。熔点 40℃，相对密度(固体，25℃)0.975。不溶于水，溶于甲醇(9.1g/100g)、丙酮(20g/100g)和苯(133g/100g)。易着色，在油脂中溶解度小。具有抗氧化性，对过氧化物具有分解作用。与 BHQ 和 BHT 等酚类抗氧化剂有协同效应。在生产中加以利用既可提高抗氧化性能，又能降低毒性和成本。具有极好的热稳定性，200℃下 300min 损失率只有 0.7%，更适合于焙烤及油炸食品。大白鼠经口服 $LD_{50} > 2500mg/kg$。

2. 生产方法

(1) 丙烯酸法

丙烯酸与 15%硫化钠及氢氧化钠的混合液回流反应，然后，加入硫酸至 pH=1，冷却到

20℃以下，滤去母液，得硫代二丙酸。硫代二丙酸与月桂醇在浓硫酸存在下，真空反应至无水分抽出为止，得硫代二丙酸二月桂酯。

$$2CH_2 =\!=\!CH_2COOH+NaS \longrightarrow S(CH_2CH_2COONa)_2$$

$$S(CH_2CH_2COONa)_2+H_2SO_4 \longrightarrow S(CH_2CH_2COOH)_2+Na_2SO_4$$

$$S(CH_2CH_2COOH)_2+2C_{12}H_{25}OH \longrightarrow S(CH_2CH_2COOC_{12}H_{25})_2+2H_2O$$

丙烯酸与硫化钠缩合时有如下副反应：

$$CH_2 =\!=\!CH_2COOH+Na_2S \longrightarrow CH_2 =\!=\!CH_2COONa+H_2S\uparrow$$

（2）丙烯腈法

由丙烯腈和硫化钠缩合生成硫代二丙腈，再水解成硫代二丙酸后，与月桂醇进行酯化反应而制得。

$$2CH_2 =\!=\!CHCN+2H_2O+Na_2S \longrightarrow S(CH_2CH_2CN)_2+NaOH$$

$$S(CH_2CH_2CN)_2+H_2SO_4+H_2O \longrightarrow S(CH_2CH_2COOH)_2+(NH_4)_2SO_4$$

$$S(CH_2CH_2COOH)_2+2C_{12}H_{25}OH \xrightarrow{\text{浓}H_2SO_4} S(CH_2CH_2COOC_{12}H_{25})_2+2H_2O$$

3. 工艺流程

丙烯腈法：

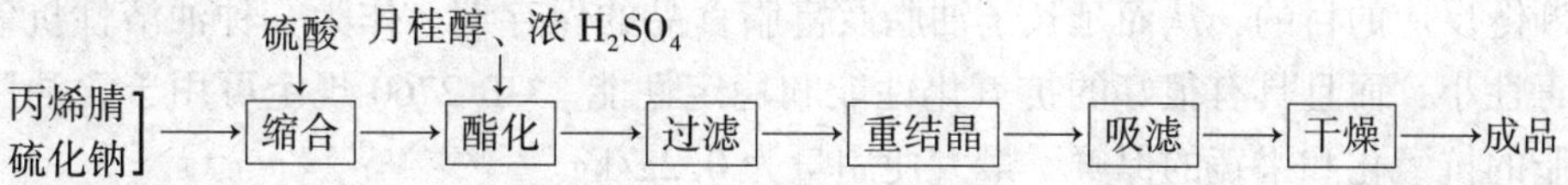

丙烯腈、硫化钠 → 缩合 →（硫酸 月桂醇、浓 H_2SO_4）酯化 → 过滤 → 重结晶 → 吸滤 → 干燥 → 成品

4. 操作工艺

先将硫化钠 175kg 溶于水，配成 15%的水溶液，过滤，除去杂质。在配有冷却装置的搅拌反应釜内，加入丙烯腈 119kg，通冷水冷至 18℃。搅拌下滴加硫化钠水溶液，温度控制在 20～22℃之间。加完硫化钠后，保温反应 4～6h。缩合反应完毕后，将物料静置分层，除去水层得硫化二丙腈。在耐酸搪瓷反应釜中，加入所制得的硫代二丙腈，在搅拌下缓缓滴加 50%的硫酸（将浓硫酸 22.5kg 配成浓度为 30%硫酸溶液，在搅拌下冷却至室温），进行水解。硫酸滴加完后，继续搅拌水解至反应完全。再将物料送至结晶槽，冷却结晶，离心脱水。将晶体用水洗后，再离心脱水，制得硫代二丙酸。将硫代二丙酸投入酯化反应釜，加热使晶体熔化。搅拌下加入月桂酸 261kg、催化剂浓硫酸 3.75kg 和活性炭 2.5kg。加热升温，不断搅拌，抽真空，真空度大于 0.97MPa，将生成的水及时排出，反应温度控制在 110℃左右，待体系中无水排出时，即为终点。酯化反应完毕，趁热过滤，除去活性炭，冷却结晶。将晶体送入重结晶釜，加入 480kg 丙酮，加热升温使晶体溶解。搅拌下加入纯碱 5.75kg 中和，使物料呈中性。趁热过滤，滤液送入结晶槽，缓缓搅拌并冷却，降温至 12℃，使晶体充分析出。物料经吸滤后，滤液蒸馏回收丙酮，滤饼于真空干燥，得到硫代二丙酸二月桂酯。

实验室制法：

将 35g 50%硫化钠加水配成 15%水溶液，过滤，滤液备用。在反应瓶中，加入 24g 丙烯腈，冰水冷却下，滴加硫化钠溶液，控制在 18～22℃之间。滴完后于 20℃下反应 4h，静置分层，除去水层得到硫代二丙腈。

将硫代二丙腈投入反应瓶，搅拌下滴加 87.2g 50%的硫酸。水解完毕，冷却结晶，得硫代二丙酸。

将硫代二丙酸投入反应瓶中，加热熔化，加入 76g 硬脂醇和 0.8g 浓硫酸及适量的活性炭，于真空条件下加热酯化。反应完毕，趁热过滤，冷却析晶。粗品用丙酮溶解，纯碱中和，过滤，析晶，干燥得硫代二丙酸二月桂酯。

丙烯酸法与丙烯腈法的操作工艺类似：

将含 NaOH 的 Na₂S 水溶液在搅拌下加热至 50℃，然后滴加丙烯酸，控制滴加速度使温度不超过 75℃。滴加完毕后，加热至沸，回流 1.5h。待溶液稍冷后，加入 50% 的硫酸至 pH=1,冷却使硫代二丙酸析出，过滤得硫代二丙酸粗品。在硫酸催化下，硫化二丙酸与月桂醇在真空下发生酯化反应，反应终点温度为 110℃，真空度大于 0.097MPa。向混合物中加入水，使产物析出。用碳酸钠溶液洗至碱性，再用水洗至中性。经真空干燥得成品，熔点 39~40℃。

5. 质量标准

含量/%	≥99.0	重金属(以 Pb 计)/%	≤0.002
酸度(以硫代二丙酸计)/%	≤0.2	砷盐(以 As 计)/%	≤0.0003
铅/%	≤0.001		

6. 用途

作为抗氧化剂，在我国允许用于食品的硫醚类抗氧化剂仅有硫代二丙酸二月桂酯一种。作为一种过氧化物分解剂，它能有效地分解油脂自动氧化链反应中的氢过氧化物（ROOH），达到中断链反应的目的，从而延长了油脂及富脂食品的保存期。作为一种油溶性抗氧化剂，它不仅毒性小，而且具有很好的抗氧化性能和稳定性能。GB 2760 规定可用于含油脂食品、食用油脂的抗氧化和果蔬的保鲜，最大使用量为 0.2g/kg。

7. 安全与贮运

原料丙烯腈极毒！可经皮肤吸收中毒，工作场所最高容许浓度为 45mg/m³。生产设备应密闭，操作人员应穿戴防护用具，车间内加强通风。

产品按食品添加剂要求包装、贮运。

参 考 文 献

[1] 张学平. 硫代二丙酸二月桂酯纯度分析方法的研究[J]. 天津化工，2009，23(04)：53-55.
[2] 李铭新，杨秀英. 硫代二丙酸二月桂醇酯的合成[J]. 青岛化工学院学报，1994，(03)：215-217.

3.15 4-己基间苯二酚

4-己基间苯二酚（4-hexylresorcinol）又称 4-己基-1,3-苯二酚、1,3-二羟基-4-己基苯、己雷锁辛。分子式 C₁₂H₁₈O₂，相对分子质量 194.27。结构式为：

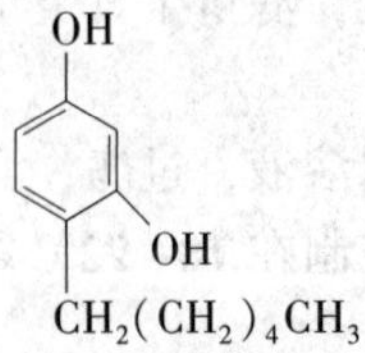

1. 性能

白色或黄白色结晶。熔点 68~70℃；沸点 333~335℃，198~200℃/1.733~1.867kPa。溶于乙醇、甲醇、丙酮、醚、氯仿、苯及植物油，微溶于石油醚和水。有刺激性臭味，收敛性极强，置于舌头上能使之失去感觉。大白鼠经口服 LD_{50} 为 550mg/kg。

2. 生产方法

在 Lewis 酸催化下，间苯二酚首先与己酸发生酰化反应，然后与锌汞齐发生 Clemmensen 还原反应，制得 4-己基间苯二酚。总收率达 51%。

3. 工艺流程

4. 操作工艺

在溶解锅中，加入己酸总量的一半，同时加入无水氯化锌，加热升温搅拌，使混合物在 120℃左右溶解。将另一半己酸投入酰化反应釜内，并加入间苯二酚，搅拌升温溶解，在 120℃左右滴加上述氯化锌和己酸溶液，减压至 93kPa，于 120℃下保温反应 3h，同时蒸出反应生成的水。反应结束后，将温度降至 80℃，加水洗涤 5 次，移入蒸馏釜中，先后经常压脱水、减压脱水，再回收未反应的己酸，残余物为己酰基间苯二酚。将己酰基间苯二酚加入还原反应釜中，加入锌汞齐，再加入工业盐酸，搅拌升温至 75~80℃，自然升温至 104~110℃，保温反应 1.5~2.0h。降温至 80℃，检查反应终点。反应完成后，降温至 40℃以下，分出还原物，水洗后减压蒸去水分，再收集 145~152℃/133~266Pa 馏分，得 4-己基间苯二酚粗品。粗品经石油醚重结晶即得纯品。

5. 产品标准

含量(以干基计)/%	≥98.0	镍/%	≤0.0002
熔程/℃	62~67	间苯二酚及其他酚类	正常
酸度/%	≤0.05	铅/%	≤0.0005
硫酸盐灰分/%	≤0.1	重金属(以 Pb 计)/%	≤0.002
汞/%	≤0.0003	砷盐(以 As 计)/%	≤0.0003

6. 用途

主要用于海产品保鲜，是一种能抑制褐变的新型抗氧护色剂。我国 GB 2760 规定可用于防止虾类褐变，按生产需要适量使用，残留量不大于 1mg/kg。本品也是一种驱肠虫药。

7. 安全与贮运

生产中使用间苯二酚、浓盐酸等，车间内应加强通风，操作人员应穿戴劳保用品。按食品添加剂要求进行包装和贮运。

参 考 文 献

[1] 简杰，杨晖，许文东，等. 4-己基间苯二酚的合成工艺改进[J]. 中国医药工业杂志，2016，47(06)：685-686.

[2] 张兰，郑永华. 4-己基间苯二酚最新研究进展[J]. 食品科技，2005，(02)：36-38.

3.16 焦亚硫酸钠

焦亚硫酸钠(sodium pyrosulfite, sodium metabisulfite)又称偏重亚硫酸钠、二硫五氧酸钠。分子式 $Na_2S_2O_5$,相对分子质量 190.11。

1. 性能

白色或微黄色结晶粉末或粒状粉末,带有二氧化硫气味。密度为 $1.4g/cm^3$,溶于水和甘油,微溶于乙醇。在水中的溶解度随温度升高而增大。焦亚硫酸钠溶于水后,生成稳定的亚硫酸氢钠,水溶液显酸性,1%水溶液 pH 值为 $4.0 \sim 5.5$。与硫酸反应时放出二氧化硫,与烧碱或纯碱反应时生成亚硫酸钠。暴露于空气中,焦亚硫酸钠极易被氧化变质,并不断放出二氧化硫,久置变成硫酸钠。加热至 150℃ 即分解放出二氧化硫。焦亚硫酸钠与亚硫酸氢钠呈可逆反应。

$$2NaHSO_3 \underset{+H_2O}{\overset{-H_2O}{\rightleftharpoons}} Na_2S_2O_5$$

2. 生产方法

硫黄粉碎后送入燃烧炉,与空气于 $600 \sim 800$℃ 自燃。空气加入量为理论量的 2 倍左右,气体中 SO_2 的浓度为 $10\% \sim 13\%$(体积)。经冷却除尘和水洗后,送入多级反应器,与碳酸钠溶液进行逆向吸收。吸收液温度控制在 45℃ 左右,多级反应流出的物料经离心分离,得到的亚硫酸氢钠于 160℃ 以下干燥即为成品。

$$S+O_2 \longrightarrow SO_2$$
$$SO_2+Na_2CO_3+H_2O \longrightarrow Na_2SO_3+H_2O+CO_2 \uparrow$$
$$Na_2SO_3+SO_2+H_2O \longrightarrow 2NaHSO_3$$
$$2NaHSO_3 \longrightarrow Na_2S_2O_5+H_2O$$

实际生产中有干法和湿法。干法是将纯碱和水按摩尔比约 $1:2.5$ 搅拌均匀,待生成 $Na_2CO_3 \cdot nH_2O$ 呈块状时,送入反应器内,注意块与块之间要保持一定空隙,然后通入二氧化硫,直到反应终了,取出块状物,经粉碎即得成品。湿法是使焦亚硫酸钠从溶液中结晶出来,结晶方法有:蒸发亚硫酸氢钠溶液;用二氧化硫气饱和亚硫酸钠晶浆,后者是固体亚硫酸钠在其饱和水溶液中的悬浮液;用二氧化硫气饱和由碳酸钠与亚硫酸氢钠组成的浆液。生成的焦亚硫酸钠结晶,经离心分离,干燥即得成品。

3. 工艺流程(湿法)

纯碱、亚硫酸氢钠

硫黄 压缩空气 → 燃烧 → 除尘、洗气 → 反应 → 离心 → 干燥 → 成品

4. 操作工艺

将硫黄粉碎成粉状,用压缩空气喷入燃烧炉内燃烧,炉内温度控制在 $850 \sim 900$℃,空气加入量是理论需氧量的两倍左右,生成气体中 SO_2 含量为 $10\% \sim 13\%$。通过沉降、冷却、洗涤等方法除去升华硫及其他杂质。SO_2 气体温度降低至 50℃ 左右后,通入串联反应器中。也可采用中等块状的硫黄制备 SO_2,将硫黄投入溶硫槽,用蒸汽间接加热,使之成为液态,经泵输送,通过喷嘴喷入焚硫炉,与空气接触燃烧,生成二氧化硫气体。但熔融硫易结疤、堵塞。

纯碱溶于分离机返回的亚硫酸氢钠母液(含 $NaHSO_3$ 40%,$pH = 3 \sim 4$)中,注意应缓慢加

纯碱，以防止 CO_2 逸出过快而造成溢料，直至浆液不再有 CO_2 放出为止，此时浆液的 pH 值约为 7~8。为使纯碱充分溶解，温度应保持在 40~50℃。制备得到合格的碱液由泵输入三级串联反应器内。将 SO_2 气体通入盛有碱液或亚硫酸氢钠悬浮浆液的反应器中，经逆流吸收，生成焦亚硫酸钠结晶。

该复分解反应为放热反应，为保持良好的反应条件，通常采用间接冷却的方法，将反应热移去。反应温度控制在 45℃ 左右。反应器的大小一般由设备结构和反应率来决定。通常采用鼓泡反应槽。从第三级反应器排出的晶浆送入离心机分离。在分离过程中有大量 SO_2 气逸出，可采用抽风的方法，经吸收后排除。分离后的母液返回碱液制备槽继续使用。湿焦亚硫酸钠结晶送入气流式干燥器，经热风干燥后得焦亚硫酸钠成品。

说明：

① 湿法生产中易出现的问题是硫黄燃烧气中因升华硫凝结造成堵塞，SO_2 气体管道中因带入母液也会产生焦亚硫酸钠结晶堵塞，三氧化硫和酸雾对母液成分恶化速度快，系统泄漏严重等。在硫黄燃烧过程中产生升华硫和 SO_3 是不可避免的，主要应该控制好空气量和炉温，尽量减少其生成量，严格保证 SO_2 气体的质量。

② 从三级反应器中因复分解反应排出的 CO_2 及少量 SO_2 气体，经尾气塔用碱液吸收后排空。从干燥工序尾部排出的废空气中含有少量焦亚硫酸钠粉尘，采用水洗或其他干法进行回收。从水洗塔下部排出的低浓度硫酸及亚硫酸混合液可回收利用或经碱中和后排放。

③ 湿焦亚硫酸钠的热稳定性较差，应采用气流式干燥器干燥，一般控制出口温度 60~70℃。

5. 质量标准

指标名称	GB 1893	FCC 1981
含量/%	≥65.0(以 SO_2 计)	≥90.0
水不溶物/%	≤0.05	—
pH 值	4.0~4.6	—
重金属(以 Pb 计)/%	≤0.002	≤0.002
砷/%	≤0.0002	≤0.0003
铁/%	≤0.005	≤0.002
硒/%		≤0.003
铅/%		≤0.001

6. 用途

焦亚硫酸钠具有较强的还原性，作用同亚硫酸钠。用作食品漂白剂、防腐剂、抗氧化剂、护色剂。我国 GB 2760 规定可用于蜜饯、饼干、葡萄糖、食糖、冰糖、饴糖、糖果、液体葡萄糖、竹笋、蘑菇和蘑菇罐头，最大使用量 0.45g/kg。竹笋、蘑菇及蘑菇罐头的残留量(以 SO_2 计)<0.05g/kg；饼干、食糖、粉丝及其他品种的残留量<0.1g/kg；液体葡萄糖不得超过 0.2g/kg；蜜饯、葡萄、黑加仑浓缩汁残留量 0.05g/kg；其他品种中不得超过 0.1g/kg。

7. 安全与贮运

生产中必须按环保要求严格处理废气和废液。产品按食品添加剂的要求包装贮运。

参 考 文 献

[1] 李斌革，胡晶，王熠，等. 利用二萘酚副产亚钠生产焦亚硫酸钠的研究[J]. 山西化工，2023，43
(01)：71~72.

[2] 吴家禹，刘大华，许芸，等. 锅炉烟气中回收 SO_2 制焦亚硫酸钠技术的应用[J]. 辽宁化工，2023，52
(01)：41-44.

[3] 周飚，戴如康. 焦亚硫酸钠生产工艺的改进与提高[J]. 硫酸工业，2002，(04)：30.

3.17 焦亚硫酸钾

焦亚硫酸钾(potassium pyrosulfite)又称重亚硫酸钾、二硫五氧酸钾，分子式 $K_2S_2O_5$，相对分子质量 222.32。

1. 性能

白色结晶或结晶性粉末，有二氧化硫臭味，密度为 $2.34g/cm^3$；通常为无水物，有时带 $2/3H_2O$；易溶于水及稀乙醇，不溶于乙醚。水溶液呈酸性，1%水溶液的 pH 值为 3.5~4.5。加热至190℃分解，遇酸生成二氧化硫。

2. 生产方法

硫黄与空气燃烧生成二氧化硫，将二氧化硫通入碳酸氢钾溶液中，经结晶干燥得焦亚硫酸钾。

$$S+O_2 \longrightarrow SO_2$$
$$SO_2+KHCO_3 \longrightarrow KHSO_3+CO_2$$
$$2KHSO_3 \longrightarrow K_2S_2O_5$$

3. 工艺流程

$$\begin{array}{c} \text{碳酸氢钾} \\ \downarrow \end{array}$$
$$\left.\begin{array}{c}\text{硫黄}\\\text{空气}\end{array}\right] \rightarrow \boxed{\text{燃烧}} \rightarrow \boxed{\text{反应}} \rightarrow \boxed{\text{离心}} \rightarrow \boxed{\text{干燥}} \rightarrow \text{成品}$$

4. 操作工艺

将硫黄粉碎成粉状，用压缩空气送入燃烧炉，于600~800℃自燃，空气压入量为理论需氧量的2倍。燃烧产生的气体含二氧化硫为10%~13%(体积)。气体中升华硫和其他杂质经净化器(冷却除尘)和洗气塔(水洗除杂)除去。

将碳酸氢钾配制成相对密度1.45(45°Bé)的水溶液，于80℃下通入 SO_2 气体，使溶液浓度达相对密度1.39~1.41(41~42°Bé)，此时溶液中含 $K_2S_2O_5$ 60%~62%。溶液冷却至20℃以下结晶，经离心分离后干燥，得到焦亚硫酸钾。

说明：

上述生产方法为湿法，工业上常用此法。也可采用干法生产。干法是将含 SO_2 的气体或浓 SO_2，在转炉内与碳酸氢钾或硫酸钾作用而得。此法节省热量，产品不需干燥；但反应比较难控制。

5. 产品标准

含量/%	≥90.0	砷/%	≤0.0003
水不溶物	阴性	铁/%	≤0.0005
硫代硫酸盐/%	≤0.1	硒/%	≤0.003
重金属(以 Pb 计)/%	≤0.001		

6. 用途

用作漂白剂、防腐剂和抗氧化剂。我国 GB 2760 规定，作为防腐剂，可用于葡萄酒、果酒，最大用量 0.25g/kg，二氧化硫残留量不得超过 0.05g/kg。焦亚硫酸钾对食品有漂白作用，对植物性食品内的氧化酶有强烈的抑制作用和更强烈的还原性。可用于啤酒，最大使用量 0.01g/kg；也可用于蜜饯、饼干、葡萄糖、食糖、冰糖、饴糖、糖果、液体葡萄糖、竹笋、蘑菇和蘑菇罐头，最大使用量 0.45g/kg。竹笋、蘑菇及蘑菇罐头的残留量(以 SO_2 计) <0.05g/kg；饼干、食糖、粉丝及其他品种的残留量 <0.1g/kg；液体葡萄糖不得超过 0.2g/kg；蜜饯、葡萄、黑加仑浓缩汁残留量 ≤0.05g/kg。

7. 安全与贮运

生产中对废气、废液应按环保要求严格处理，达标后方能排空和排放。食品级的焦亚硫酸钾应按食品添加剂的要求包装和贮运。

3.18 连二亚硫酸钠

连二亚硫酸钠(sodium hydrosulfite)又名次硫酸钠、低亚硫酸钠、保险粉。分子式 $Na_2S_2O_4$，相对分子质量 174.11。

1. 性能

通常有无水物和二水物两种。无水物为白色粉末，易溶于水，稳定性差，具有强还原性，在空气中易被氧化成亚硫酸氢钠和硫酸钠。二水物是浅黄色粉末，比无水物更不稳定。由于含有少量的二氧化硫和其他硫化物杂质，连二亚硫酸钠常有特殊臭味。在碱性溶液和乙醇溶液中，连二亚硫酸钠的溶解度比水中低。连二亚硫酸钠在酸性溶液中不稳定，极易分解成亚硫酸和硫代硫酸钠盐。在碱性溶液中比在中性和酸性溶液中稳定。干燥时比潮湿时稳定。250℃能自燃。由于连二亚硫酸钠性质很不稳定，通常在成品中加入一定量的纯碱作稳定剂，密闭贮存。

2. 生产方法

（1）锌粉法

二氧化硫与锌粉-水悬浮液于 35~45℃反应，生成连二亚硫酸锌，反应终点 pH 值为 3.0~3.5。然后加入18%的碳酸钠(或氢氧化钠)溶液中，于 28~35℃反应生成低亚硫酸钠和氢氧化锌悬浮液。反应物经压滤除去氢氧化锌沉淀(回收制氧化锌)，然后往滤液中加入氯化钠，并冷却至20℃，使低亚硫酸钠结晶析出，过滤后用乙醇脱水干燥而得。

$$2SO_2 + Zn \longrightarrow ZnS_2O_4$$
$$ZnS_2O_4 + NaOH \longrightarrow Na_2S_2O_4 + Zn(OH)_2\downarrow$$

（2）甲酸钠法

将二氧化硫、甲酸钠和纯碱在甲醇溶液中反应生成无水连二亚硫酸钠：

$$2HCOONa + 4SO_2 + Na_2CO_3 \longrightarrow 2Na_2S_2O_4 + H_2O + 2CO_2\uparrow$$

3. 工艺流程(锌粉法)

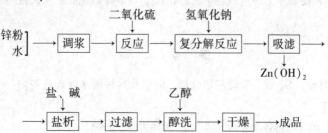

4. 操作工艺

将水加入锌浆槽中，在搅拌条件下加入锌粉，调成锌浆，锌浆用泵送入通气反应器，用泵驱动，使锌粉在反应器中不断循环，同时在循环水冷却下通入二氧化硫，反应生成连二亚硫酸锌。反应控制在45℃以下，待 pH 值达到 3.0~3.5 时停止通气，此时溶液中连二亚硫酸锌含量为 400~500g/L。将连二亚硫酸锌溶液徐徐送入盛有预先配制的18%烧碱溶液的反应器中，在冷却和搅拌条件下，反应得连二亚硫酸钠，反应温度控制在 28~35℃。终点时，溶液中含游离碱 5~10g/L，连二亚硫酸钠 170~190g/L。将复分解得到的连二亚硫酸钠溶液过滤，加入 42%的烧碱溶液中，在冷却和搅拌下加入食盐，进行盐析，并使温度降到20℃，连二亚硫酸钠结晶析出，过滤，后用乙醇进行醇洗脱水，再经 120~140℃热风干燥。

说明：

① 锌粉法投资较高，生产流程较长，但产品纯度高。甲酸钠法投资相对较少，生产流程较短，但产品纯度不及锌粉法。甲酸钠法是将甲酸钠与碱液按一定的比例投入到装有乙醇的反应釜中，在常温和搅拌下，通入二氧化硫至所需量，升温到 70~83℃，保持 0.1~0.2MPa 的压力，维持 pH 值为 4~6，反应 5~8h，反应结束后，快速降温到 45~55℃，无水连二亚硫酸钠结晶析出，过滤，滤饼用 90%以上的乙醇洗涤，热风干燥，降温后得成品，加入 1%的纯碱作为稳定剂。

② 锌粉法醇洗的母液经蒸馏回收乙醇，循环使用。

5. 质量标准

外观	白色结晶粉末
含量($Na_2S_2O_4$)/%	≥90
水不溶物/%	≤0.1
重金属(以 Pb 计)/%	≤0.002
砷/%	≤0.0001
锌/%	≤0.008
硫化物	符合规定

6. 用途

连二亚硫酸钠比一般亚硫酸盐具有更强烈的还原性，是亚硫酸盐类漂白剂中还原力和漂白力最强的。用作漂白剂、防腐剂、抗氧化剂。我国 GB 2760 规定，作为漂白剂，可用于食糖、冰糖、蜜饯、干果、干菜、粉丝、葡萄糖、饴糖、糖果、液体葡萄糖、竹笋、蘑菇及蘑菇罐头，最大使用量 0.40g/kg。薯类淀粉残留量(以 SO_2 计)<0.03g/kg。

7. 安全与贮运

生产中使用二氧化硫、乙醇，设备注意密闭，车间内加强通风，注意防火。产品按食品添加剂要求包装贮运。

参 考 文 献

[1] 孙凌，陈文雅，赵姝，等. 连二亚硫酸钠合成、应用及其污废水处理进展[J]. 应用化工，2018，47 (10)：2242-2247.

[2] 蒋巍. 连二亚硫酸钠现场制备及分析方法[D]. 天津大学，2009.

3.19 无水亚硫酸钠

无水亚硫酸钠(sodium sulfite)分子式 Na_2SO_3，相对分子质量 126.04。

1. 性能

无色至白色六方晶系结晶或粉末。相对密度(d_4^{15})2.633。无臭或几乎无臭，具有清凉咸味或亚硫酸味。易溶于水，水溶液显碱性。1%水溶液 pH 值8.4~9.4。微溶于乙醇，不溶于液氨，受潮后易被空气中的氧所氧化，是一种还原剂。无水亚硫酸钠遇高温分解成硫化钠和硫酸钠。小白鼠经口服 LD_{50} 为 600~700mg/kg(以 SO_2 计)。

2. 生产方法

（1）碱吸收法

碱吸收法的主要原料为硫黄和纯碱(Na_2CO_3)，硫黄在空气中燃烧生成二氧化硫，再经碱液吸收得到亚硫酸钠。

$$S+O_2 \longrightarrow SO_2$$
$$Na_2CO_3+2SO_2+H_2O \longrightarrow 2NaHSO_3+CO_2\uparrow$$
$$2NaHSO_3+Na_2CO_3 \longrightarrow 2Na_2SO_3+H_2O+CO_2\uparrow$$

（2）转化法

用纯碱或氢氧化钠吸收二氧化硫气体，在较低温度下冷却结晶，得到七水亚硫酸钠。七水亚硫酸钠在80℃熔化脱水，得到无水亚硫酸钠。

工业生产上广泛采用碱吸收法。

3. 工艺流程

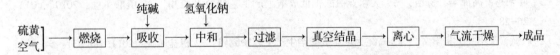

4. 操作工艺

将硫黄加入熔硫池中，加热熔融，用泵喷入燃烧炉内，与空气燃烧。燃烧温度控制在700~800℃，空气加入量为理论需氧量的两倍。制得含量为10%~12%(体积)的二氧化硫气体。二氧化硫气体经冷却旋风分离除尘和水洗去杂。

纯碱在搅拌和加热条件下用水溶解，配成密度1.88g/cm³、浓度为20%的溶液，再加入19%的烧碱溶液和少量对苯二胺，沉降除去杂质。

将20%的纯碱溶液用泵送入鼓泡器溢流进入吸收塔，与自塔底进入的二氧化硫气体经逆流吸收，反应生成亚硫酸氢钠。pH 值控制在5.2~5.6。吸收得到的亚硫酸氢钠溶液从塔底放入中和槽，用20%纯碱中和至 pH 值=10，使亚硫酸氢钠全部转化成亚硫酸钠。并加入少量硫化钠，沉淀铁及重金属离子，加活性炭脱色，然后过滤除杂质。滤液加入真空结晶器中，于26.4kPa下蒸发结晶、分离。结晶经250~300℃的气流干燥后得成品。母液可循环使用。

5. 质量标准

指标名称	GB 1894	FAO/WHO
含量/%	≥96.0	≥95(SO₂，48%)
铁/%	≤0.01	≤0.005

水不溶物/%	≤0.03	—
游离碱(以碳酸钠计)/%	≤0.60	—
重金属(以Pb计)	≤0.001	≤0.001
砷/%	≤0.0002	≤0.0003
澄清度	通过试验	—
硒/%	—	≤0.003
硫代硫酸钠/%		≤0.1
pH值(10%溶液)	—	≤8.5~10.0

6. 用途

用作漂白剂、疏松剂、抗氧化剂。我国 GB 2760 规定，亚硫酸钠是允许使用的还原性漂白剂。对食品有漂白作用和对植物性食品内的氧化酶有强烈的抑制作用。可用于葡萄糖、食糖、冰糖、饴糖、糖果、液体葡萄糖、竹笋、蘑菇和蘑菇罐头、葡萄、黑加仑浓缩汁，最大使用量为 0.60g/kg；也可用于蜜饯，最大使用量为 2.0g/kg。竹笋、蘑菇及蘑菇罐头的残留量(以 SO_2 计)<0.05g/kg；饼干、食糖、粉丝及其他品种的残留量<0.1g/kg；液体葡萄糖不得超过 0.2g/kg；蜜饯、葡萄、黑加仑浓缩汁残留量<0.05g/kg(以 SO_2 计)。

7. 安全与贮运

生产中应按环保要求严格处理废水、废气。车间内加强通风。产品采用食品级塑料袋为内包装，中间为双层牛皮纸、外层为食品级乳胶袋包装。按食品添加剂要求贮运。

参 考 文 献

[1] 叶新军，高泽磊，贾苗，等. 无水亚硫酸钠低成本生产工艺研究及应用[J]. 硫酸工业，2020，(01)：26-28.

[2] 耿斌，丁小兵，朱学文，等. 高纯无水亚硫酸钠生产工艺研究[J]. 无机盐工业，2014，46(03)：54-56.

3.20　复配方型食品抗氧化剂

配方一

没食子酸	2.0	单甘油酯	2.0
维生素E(生育酚)	2.0	食用明胶	适量
维生素C(抗坏血酸)	16.0	蒸馏水	44.6

将各组分混合制成乳状液得油脂食品抗氧化剂。用于防止和控制含油脂的食品的氧化变质和褪色。用量1%~3%。

配方二

天然生育酚	68.8	蔗糖酯	0.4
抗坏血酸	11.2	乙醇(95%)	40.0

将各物料分散于乙醇中得油脂食品抗氧化剂。

配方三

没食子酸	95.0	维生素C	5.0

配方四

维生素 C 钠盐	20.0	烟酰胺	20.0

配方五

二叔丁基羟基甲苯	80.0	蔗糖脂肪酸酯	4.4
乳酸钙	15.6		

配方六

丁基羟基茴香醚	30.0	柠檬酸	15.0
二叔丁基羟基甲苯	30.0		

配方七

没食子酸丙酯	10.0	乙醇(95%)	30.0
柠檬酸	5.0		

配方八

维生素 C	40.0	多磷酸钠	30.0
偏磷酸钠	10.0	苹果酸	20.0

将各物料混合均匀得果蔬抗氧防变色剂。用作食品抗氧化剂。用量 0.4%~2%。

3.21 液体食品抗氧稳定剂

1. 性能

该食品抗氧稳定剂主要适用于液体食品，能有效防止食品变色和变质。引自前联邦德国专利3622726。

2. 工艺配方

焦亚硫酸钾($K_2S_2O_5$)/%	20~34	酒石酸/%	3~6
无水柠檬酸/%	30~40	抗坏血酸/%	10~20

3. 操作工艺

将 34kg 焦亚硫酸钾、38kg 柠檬酸、6kg 酒石酸、20kg 抗坏血酸在相对湿度小于60%的氮气保护下混合，加热 50℃，保温 1h 即得。

4. 用途

用作液体食品(如饮料、酱油等)抗氧稳定剂。

第4章 着 色 剂

4.1 概 述

着色剂是使食品着色和改善食品色泽的添加剂。美食强调色、香、味、形，色是食品质量的重要参数，与食品的风味、品质同等重要。食品的颜色也是消费者选择食品的重要依据。视觉信息是最直接的信息，人们往往首先通过色泽直接判断食品的优劣以决定"取舍"。因此，赋予食品鲜明、悦目、逼真、和谐的色彩，对于提高食品的市场价值有重要意义。

人类很早就采用香辛料、莓类和草药来增强食品的香气和颜色。1856 年，William Perkin 首次发明合成色素，进而将其应用于染料工业，到了 20 世纪，则发明了纯食用色素，应用于食品工业中。国际上使用合成色素最多时曾达 100 多种，但由于合成食用色素的安全问题，现允许使用的合成色素品种逐渐减少。现今的食用色素可分为合成色素、仿天然色素和天然色素三大类。

合成色素是指自然界不存在、需用化学合成制造的色素，如日落黄、胭脂红、亮蓝。仿天然色素是指天然存在的色素结构，但由化学合成方法或经化学修饰制成，如 β-胡萝卜素、核黄素、4,4-二酮-β-胡萝卜素、叶绿素铜钠盐。天然色素是由天然可食用原料，经萃取等加工方法生产的有机色素，如姜黄素、红曲红、栀子蓝、甜菜红等。所谓的天然色素也包含"仿天然色素"和"天然色素"两类，所以，一般将食用色素按来源分为食用合成色素与食用天然色素两大类。

合成色素的优点是色泽鲜艳，着色力强，不易褪色，用量较低而且性能稳定。由于合成色素易于获取和价格低廉，其用量持续增加，但人们对其安全性有所质疑。的确，曾经有部分合成色素有损健康，许多国家现在已经陆续禁用，如 1976 年，美国和挪威都禁用了食用红色 2 号。美国 1907 年至 1971 年先后批准使用的合成色素有 24 种，而从 1976 年至今只保留了 9 种，有的国家甚至禁止使用任何合成色素。因此，许可使用的食用合成色素逐渐减少。

我国 GB 2760 中允许使用的合成色素有 9 种，苋菜红、胭脂红、诱惑红、新红、柠檬黄、日落黄、靛蓝、亮蓝、赤藓红，前 6 种属于偶氮类化合物。合成色素因多以芳香氧化合物等为起始原料，且在合成过程中可能受铅、砷等物质所污染，所以不被消费者欢迎。因此，各国对合成色素的研究、开发和使用方面都极为谨慎。

天然色素主要来自动、植物体和微生物，相对来说，其安全性更高一些。但可惜的是天然色素在原料中含量过低，提取制备过程繁杂，导致价格过高，而且应用性能较差，因而限制了它的推广和应用。

天然色素按来源的不同可分为：植物色素，如蔬菜的绿色(叶绿素)，胡萝卜的橙红色(胡萝卜素)，草莓、苹果的红色(花青素)等；动物色素，如血红素、虾蟹的表皮颜色(类胡萝卜素)等；微生物色素，如红曲色素等。

近年来，我国批准使用的天然着色剂品种从 20 多种增加到 40 多种，是目前世界上批准使用天然着色剂最多的国家之一。很多天然色素具有防病抗病功能，如姜黄有抗癌作用；红花黄有降压作用；辣椒红、菊花黄、高粱红、沙棘黄具有抗氧化作用；玉米黄有抗癌、抗氧化作用；红曲米有降血脂作用；桑葚红有降血脂作用；花生黄有抗癌、抗氧化作用；花生衣红有凝血作用；葡萄皮红、茶绿素有调节血脂作用；紫草红有抗炎症作用等。这些天然色素具有一定的促进健康的功能，而且有些品种的用量不受限制。值得一提的是两个发展较快的天然色素品种，即红曲米和叶黄素。红曲米虽然是食用着色剂中的老品种，但由于发现它含有调节血脂的功能，其应用也得到重视。我国有着丰富的动植物资源，大力开发研制食用天然色素和食用仿天然色素有着广泛的发展前景和市场潜力，也是我国食品着色剂的发展重点。

参 考 文 献

[1] 葛建鸿，魏雪涛，肖潇，等. 我国批准使用的食品着色剂理论风险评估[J]. 中国食品卫生杂志，2022，34(01)：98-104.

[2] 谢赛. 饮料中合成着色剂的研究进展[J]. 现代食品，2021，(17)：11-18.

[3] 张家意，罗珮妍. 合成着色剂在食品中的应用及分析技术研究进展[J]. 食品安全导刊，2021，(22)：74-75.

[4] 王钰，宁欢，卢笑雨，等. 食品着色剂研究进展[J]. 农业科学研究，2019，40(02)：52-56.

4.2　食用色素红 3 号

食用色素红 3 号又称赤藓红(erythrosine)、樱桃红、四碘荧光素，化学名称为 9-(邻羧苯基)-6-羟基-2,4,5,7-四碘-3-异氧杂蒽酮二钠盐。染料索引号 C. I. Acid Red 51 (45430)。分子式 $C_{20}H_6I_4Na_2O_5 \cdot H_2O$，相对分子质量 897.88。结构式为：

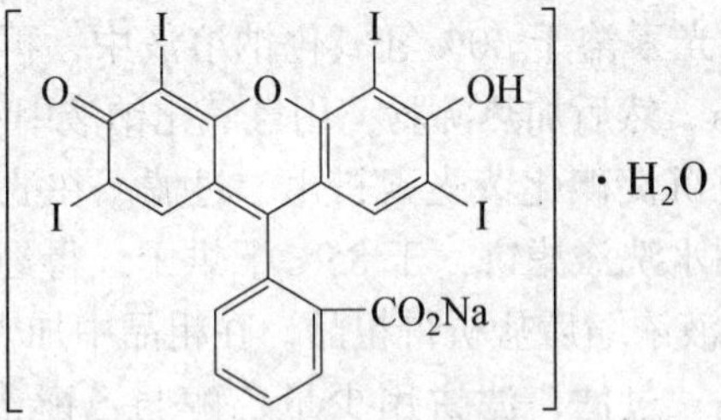

1. 性能

红色至红褐色粉末或颗粒，无臭，吸湿性强。不溶于油脂，微溶于乙醇，溶于甘油、丙酮和水。25℃ 时溶解度为 9.0%(水)、1.0%(50%乙醇)、6.0%(50%丙酮)、16.0%(50%甘油)。最大吸收波长 526nm±2nm。染着力强，耐热性、耐碱性、耐氧化还原性和耐细菌性均好，但耐光性、耐酸性很差。在中性和碱性条件下稳定，在 pH=3 时产生黄棕色沉淀。对蛋白质染色性好。

2. 生产方法

间苯二酚和邻苯二甲酸酐在无水氯化锌存在下发生缩合反应，得到荧光素，进一步碘化得到食用红色素 3 号。

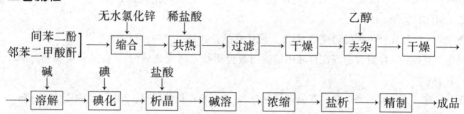

3. 工艺流程

间苯二酚 邻苯二甲酸酐 → 缩合（无水氯化锌）→ 共热（稀盐酸）→ 过滤 → 干燥 → 去杂（乙醇）→ 干燥 →

→ 溶解（碱）→ 碘化（碘）→ 析晶（盐酸）→ 碱溶 → 浓缩 → 盐析 → 精制 → 成品

4. 操作工艺

将间苯二酚加入缩合反应釜中，加热至55℃熔融，再加入邻苯二甲酸酐，逐渐加热至185℃，保温反应0.5h，生成深黄色的间苯二酚酐。在搅拌下加入粉末状无水氯化锌，搅拌至完全溶解，并逐步升温至210~215℃，加热2h至反应物完全固化。冷却、粉碎。将反应物与稀盐酸加热共沸，浸出氯化锌和残留的间苯二酚。过滤，滤液为氯化锌废液，滤饼经水洗后干燥，再用乙醇提取未反应的间苯二酚酐，过滤，产物经干燥即得荧光素。

在碘化反应锅中，将荧光素溶于30%氢氧化钠溶液中，再加入氢氧化钠碘溶液中，充分搅拌下加入乙酸，搅拌1h。然后加热沸腾，用氢氧化钠液中和，加少量的水和30%盐酸，回流1h。静置冷却，有红色沉淀碘化荧光素析出，过滤。在滤饼中加水和30%盐酸，煮沸1h。冷却至40℃，过滤。用水洗涤滤饼，于85℃下烘干，得红色粉末。用等物质的量的氢氧化钠溶液溶解，过滤，滤液浓缩后盐析得粗品。在粗品中加入乙醇，加热到60~70℃后过滤，静置数小时后析出结晶。过滤，滤饼用少量乙醇与乙醚混合液（1∶1）洗涤，在40~50℃下干燥，即得产品食用色素红3号。

5. 产品标准

总色素含量/%	≥87.0
干燥失重/%	≤13
氯化物和硫酸盐(以钠盐计)/%	≤13
无机碘化物(以碘化钠计)/%	≤0.1
水不溶物/%	≤0.2
副色素(除荧光素外)/%	≤4
荧光素/%	≤0.002
三碘间苯二酚/%	≤0.2

2-(2,4-二羟基-3,5-二碘苯甲酰基)/%	≤0.2
乙醚可萃取物/%	≤0.2
铅/%	≤0.001
锌/%	≤0.005
重金属(以Pb计)/%	≤0.004
砷/%	≤0.0003

说明:

食用色素红3号水溶液与氢氧化铝(硫酸铝与纯碱制取)反应得到食用色素红3号铝色淀。

6. 产品用途

可单独或与其他食用色素配合用于糕点、农产与水产加工品(樱桃、鱼糕、什锦八宝酱菜)等食品中,作为食品着色剂。我国GB 2760规定可用于调味酱、果汁(味)饮料类、碳酸饮料、配制酒、糖果、糕点上彩装、青梅,最大使用量0.05g/kg;也可用于红绿丝、染色樱桃罐头(系装饰用),最大使用量为0.10g/kg。

参 考 文 献

[1] 李建晴. 赤藓红合成色素稳定性的研究[J]. 运城学院学报, 2022, 40(03): 41-45.
[2] 陈宏炬, 郭平, 林惠真, 等. 饮料中合成色素赤藓红的快速检测[J]. 生物加工过程, 2020, 18(04): 457-461.

4.3 食用靛蓝

食用靛蓝(food indigo blue)又称酸性靛蓝,食品蓝1号(C. I. food blue 1,73015)。化学名称为:5,5'-靛蓝素二磺酸钠。分子式$C_{16}H_8N_2Na_2O_8S_2$,相对分子质量466.36。结构式为:

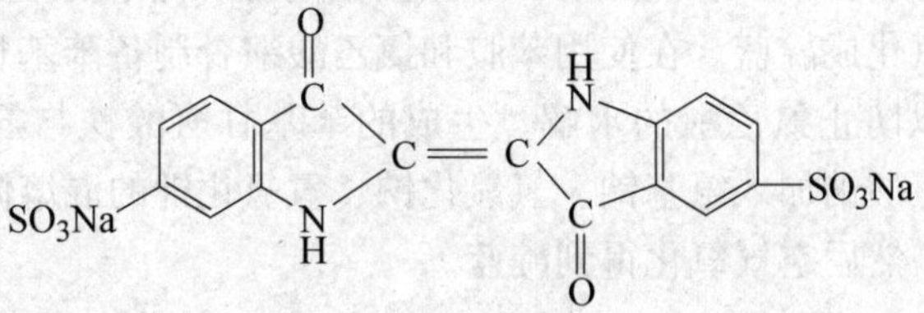

1. 性能

蓝色粉末,无臭。熔点390~392℃。能升华。为还原性色素。0.05%的水溶液呈深蓝色。不溶于油脂,微溶于乙醇、甘油、丙二醇和水。25℃时溶解度为:1.6%(水)、0.5%(25%乙醇)、0.6%(25%丙二醇)。最大吸收波长610nm±2nm。耐热性、耐酸性、耐光性、耐碱性、耐细菌性、耐盐性、耐氧化性都差,还原时褪色,但染着力好。为还原性色素,中性或碱性水溶液能被亚硫酸钠还原,形成无色母体,在空气中氧化后又复色。大白鼠经口LD_{50}为2.0g/kg。

2. 生产方法

靛蓝与浓硫酸磺化后,用纯碱中和得到食用靛蓝。

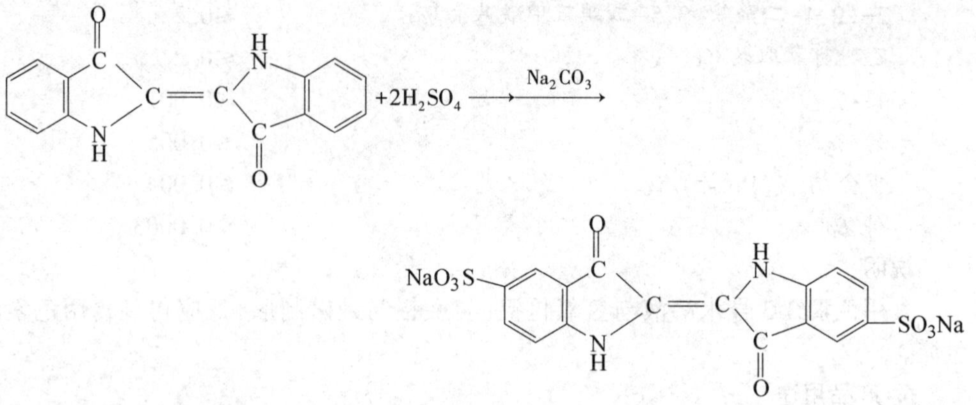

其中靛蓝有多种方法制得：

（1）邻氨基苯甲酸法

邻氨基苯甲酸和氯乙酸缩合为邻甘氨酸基苯甲酸，在氢氧化钠存在下脱水环化，得3-氧-2-吲哚羧酸钠，脱羧，氧化，精制得靛蓝。

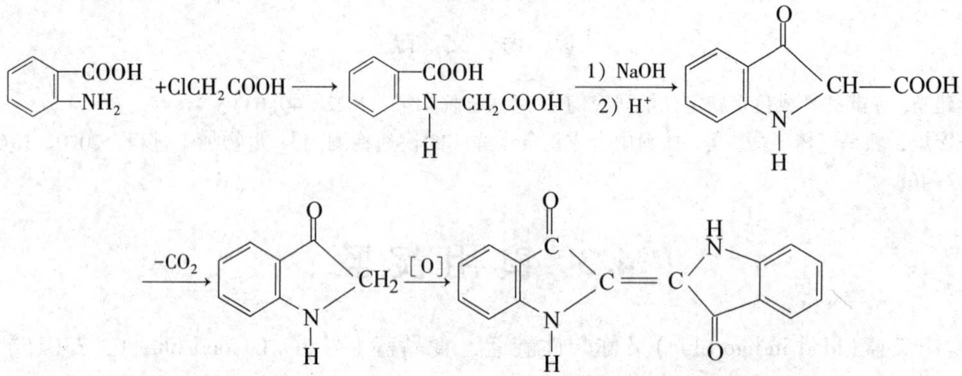

（2）苯基甘氨酸法

苯胺与氯乙酸缩合制备苯基甘氨酸盐，经氨基钠高温碱熔环化生成羟基吲哚的碱熔物，再在碱溶液中经空气氧化成靛蓝。在使用苯胺和氯乙酸缩合制备苯基甘氨酸盐时，通常使用氢氧化铁作为缩合剂以防止氯乙酸的水解。生成的苯基甘氨酸铁与氢氧化钠反应，反应完毕，将生成的苯基甘氨酸钠加入氨基钠、氢氧化钠、氢氧化钾的混熔体中，在200℃反应2h制得羟基吲哚碱熔物。然后空气氧化得到靛蓝。

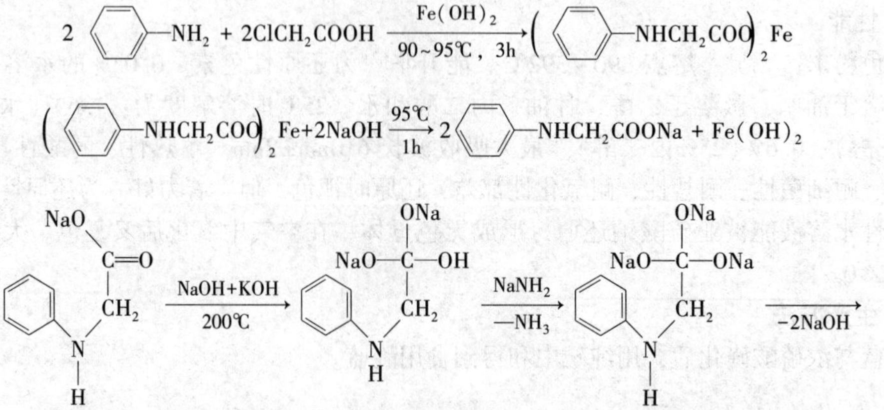

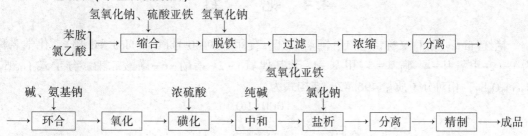

（3）由靛草等植物中提取

将自然界中含靛蓝原始成分的靛苷或蓝苷的植物（如美洲靛蓝草、日本蓝草、印度蓝小灌木，我国的槐蓝、靛草等）的叶茎浸入水中，在酶作用下水解，就可形成吲哚酚，然后在空气中氧化，发生双分子缩合即得靛蓝。

3. 工艺流程（苯基甘氨酸法）

```
苯胺                氢氧化钠、硫酸亚铁  氢氧化钠
氯乙酸  ┐→  缩合  →  脱铁  →  过滤  →  浓缩  →  分离  →
                                    ↓
                                 氢氧化亚铁
```

```
碱、氨基钠            浓硫酸      纯碱       氯化钠
  ↓                   ↓          ↓          ↓
→ 环合  →  氧化  →  磺化  →  中和  →  盐析  →  分离  →  精制  →成品
```

4. 操作工艺

在缩合反应釜中，以氢氧化亚铁为催化剂，苯胺与氯乙酸于 90～95℃下，反应 3h，得到苯基甘氨酸亚铁，然后加入氢氧化钠，于 95℃下反应 1h，生成的氢氧化铁沉淀经过滤弃去，得到的苯基甘氨酸钠溶液经浓缩、析晶分离后干燥。收率 80%～83%。

在熔化环合反应釜中，加入氨基钠、氢氧化钠和氢氧化钾，加热熔化后，加入苯基甘氨酸钠，于 200～200℃下保温 1h。冷却后得 3-羟基吲哚盐。溶于水中，用空气氧化，经后处理得到靛蓝。

在磺化反应釜中，加入浓硫酸和精制靛蓝，加热到 120℃，保温搅拌 3h，至磺化完全为止。反应物冷却至室温，用水稀释，加纯碱使溶液由强酸性变为弱酸性，再加入氯化钠，并用磺酸钠中和到 pH=4～5，磺化靛蓝结晶析出，过滤、洗涤、干燥得靛蓝二磺酸钠。

食品级靛蓝，需要有较高的纯度，纯化工艺可以在 3-羟基吲哚的碱水溶液进行氧化成靛蓝之前进行，用蒸馏、通水蒸气或惰性气体汽提的方法，在无氧的条件下，将其杂质汽提掉，然后用稀的过氧化氢溶液处理，再氧化纯化过的 3-羟基吲哚钠溶液，沉淀出靛蓝。靛蓝纯化也可采用如下方法：制备羟基吲哚盐后，其碱水溶液立即充入氮气覆盖，尽快冷却（约 5～15min）至 65℃，然后于 65℃在 5～10min 内用惰性有机溶液提取。相分离后，按常规方法将提取过的羟基吲哚碱溶液用空气氧化，得到靛蓝，其纯度为 96%～97%。

5. 质量标准

含量/%	39.0~41.0	乙醚萃取物/%	≤0.5
色调	与标准品近似	砷/%	≤0.0001
挥发物/%	≤5	重金属(以 Pb 计)/%	≤0.001
水不溶物/%	≤0.5	动物试验	无急性中毒现象

说明：

由氯化铝、硫酸铝等铝盐与纯碱作用反应得到氢氧化铝，将氢氧化铝与食用靛蓝作用，得到靛蓝色淀。

6. 用途

食用蓝色素，按我国 GB 2760 规定可用于浸渍小菜，最大使用量为 0.01g/kg；也可用于果汁(味)饮料类、碳酸饮料、配制酒、糖果、糕点上彩装、染色樱桃罐头(系装饰用)、青梅，最大使用量 0.1g/kg；还可用于红绿丝，最大使用量为 0.20g/kg。

7. 安全与贮运

生产中使用苯胺、氯乙酸、浓硫酸等有毒、腐蚀性原料，操作人员应穿戴劳保用品，原料与产品应严格分开贮运。产品按食品添加剂规定包装、贮运。

4.4 艳 红

艳红(fancy acid)又称诱惑红、阿洛拉红、食用赤色 40 号(C.I. food red 40)。化学名称为 1-(2-甲氧基-4-磺基-5-甲基-1-苯基偶氮)-2-萘酚-6-磺酸二钠。分子式 $C_{18}H_{14}N_2Na_2O_8S_2$，相对分子质量 496.42。结构式为：

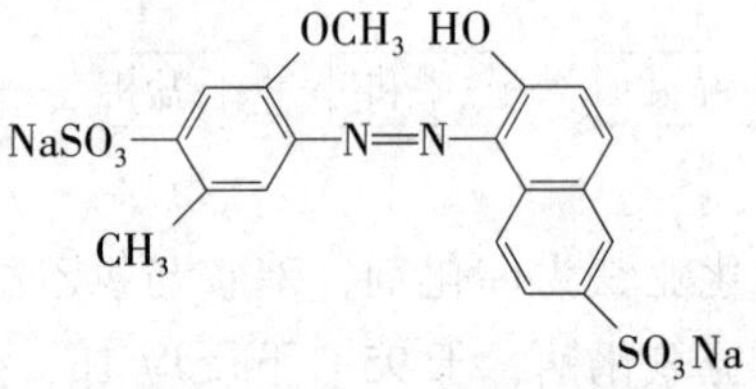

1. 性能

暗红色粉末，无臭。溶于水、甘油和丙二醇，微溶于乙醇，不溶于油脂。中性和酸性溶液中呈红色，碱性条件下显暗红色。耐光、耐碱，耐氧化还原性差。小白鼠经口 LD_{50} 为 10g/kg。

2. 生产方法

在强酸性条件下，2-甲基-4-氨基-5-甲氧基苯磺酸钠与亚硝酸发生重氮化反应后，与 2-萘酚-6-磺酸钠在碱性条件下偶合，得到艳红。

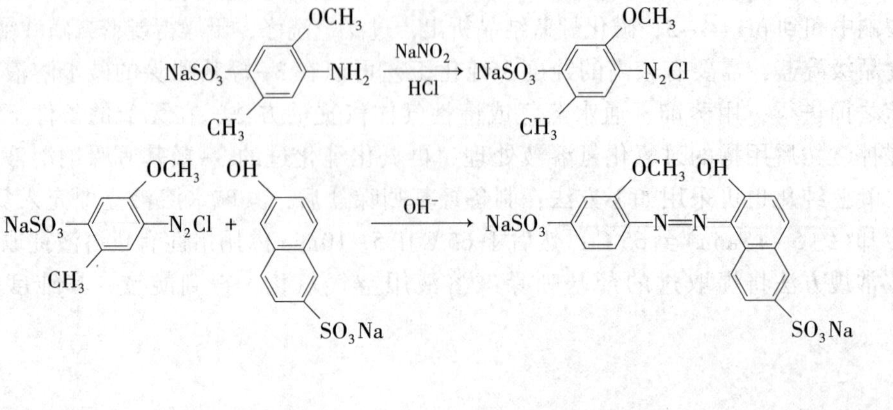

3. 工艺流程

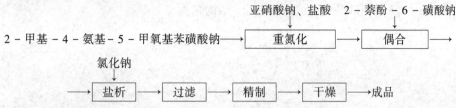

4. 生产工艺

将水加入重氮化锅中，搅拌下加入2-甲基4-氨基-5-甲氧基苯磺酸钠和30%盐酸，溶解后，加入26%亚硝酸钠溶液进行重氮化反应。控制温度低于5℃，反应时间1~2h，反应结束，得到重氮盐溶液。

将水、碳酸钠和30%氢氧化钠加入偶合锅中，溶解后，加入2-萘酚-6-磺酸钠，搅拌下分批加入上述制得的重氮盐溶液，并加入冰，以控制偶合温度在5℃以下，加碳酸钠或液碱维持在碱性条件下偶合。反应时间4~5h。反应结束后，加入物料体积17%的精盐进行盐析1h。过滤、水洗、精制后干燥，得到艳红(诱惑红)。

5. 质量标准

含量(总色素)/%	≥85.0
干燥失重与氧化物硫酸盐总和/%	≤14
水不溶物/%	≤0.02
副色素/%	≤3
非色素有机物/%	
6-羟基萘磺酸及钠盐	≤0.3
4-氨基-5-甲氧基-2-甲苯磺酸	≤0.2
6,6-二氧代-2-萘磺酸二钠盐	≤1.0
未磺化芳族伯胺	≤0.01
乙醚萃取物/%	≤0.2
重金属(以Pb计)/%	≤0.004
砷/%	≤0.0003
铅/%	≤0.001

说明:

将艳红水溶液加入由氧化铝、硫酸铝水溶液与碳酸钠作用形成的氢氧化铝中，使之吸附、沉淀得到艳红铝色淀(诱惑红铝色淀)。

6. 用途

用作食品红色着色剂。我国 GB 2760 规定可用于糖果包衣，最大使用量为 0.085g/kg；也可用于冰淇淋，最大使用量 0.07g/kg；还可用于炸鸡调料，最大使用量为 0.04g/kg。

7. 安全与贮运

生产中的原料与产品必须严格分别贮运。按食品添加剂规定进行包装和贮运。

4.5 胭 脂 红

胭脂红(Ponceau 4R，food red T)又称丽春红4R(食用)，染料索引号：C.I. food red T

（16255）。用作织物染料时称酸性大红 3R，相应染料索引号 C. I. 酸性红 18（16255）。分子式 $C_{20}H_{11}N_2Na_3O_{10}S_3$，相对分子质量 604.46。结构式为：

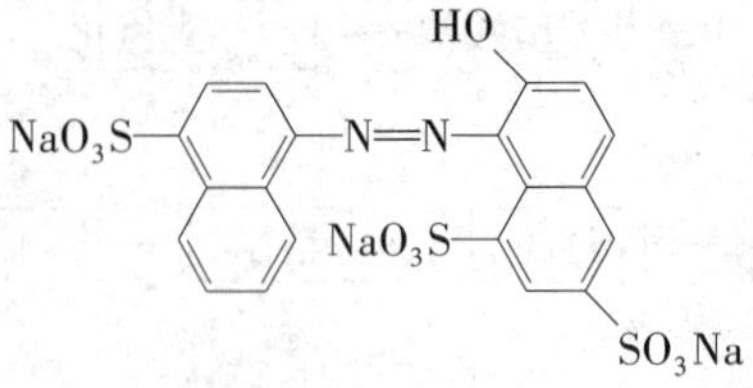

1. 性能

红色至深红色粉末或颗粒。无臭。溶于水呈红色，微溶于乙醇，少量溶于甘油，几乎不溶于植物油。遇浓硫酸呈紫色，稀释后呈红光橙色；遇浓硝酸呈黄色溶液。其水溶液加浓盐酸呈红色，加液碱呈棕色。最大吸收值为 508nm。

2. 生产方法

1-氨基萘-4-磺酸钠经重氮化后与 2-萘酚-6,8-二磺酸钠（G 盐）偶合后，经后处理得成品。

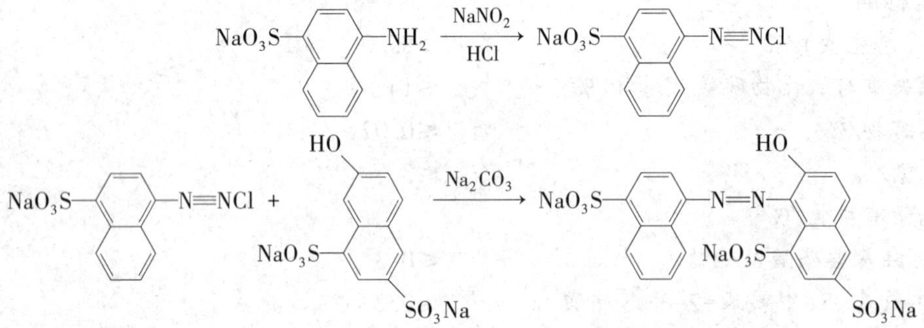

3. 工艺流程

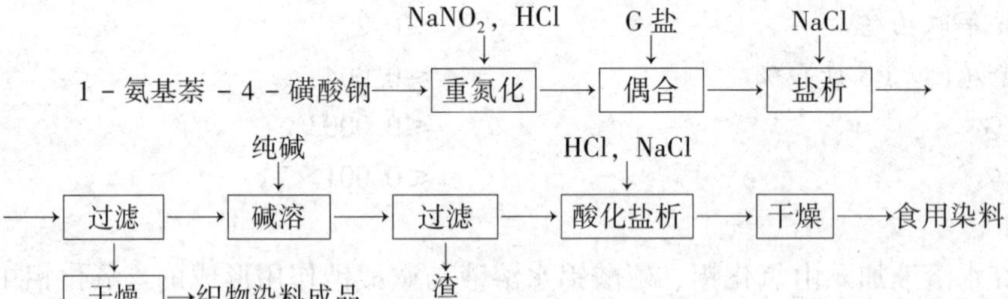

4. 操作工艺

将 98kg 100%计的 1-氨基萘-4-磺酸钠加入已盛有 850L 水的溶解锅中，加热搅拌溶解，然后过滤除去不溶性杂质。滤液冷至 0℃，加入 130kg 30%盐酸，混匀，冷至 5℃以下。将 28.6kg 98%的亚硝酸钠配成的 40%溶液从料液下注入，进行重氮化反应，反应温度控制在 3~5℃为宜；反应完毕后料液对刚果红试纸呈强酸性（现蓝色），重氮化物料液成微黄色糊状物；于 5℃以下保存备用。

将 158kg 100%计的 2-萘酚-6,8-二磺酸钠加入 1600L 的水中，搅拌，加热至 60~65℃，加入 21kg 碳酸钠，充分搅拌，使 2-萘酚-6,8-二磺酸钠溶解完全。过滤除去不溶物，把滤液投入反应釜内。再投入 80kg 碳酸钠，搅拌溶解，冷却至 5~8℃。将 1-氨基萘-4-磺酸钠

64

的重氮化溶液慢慢加入其中，于 10~15℃和 pH 值为 8 的条件下，搅拌数小时。经检查，反应完毕后(2-萘酚-6,8-二磺酸钠略为过剩)加热至 50~60℃。

将 1500kg 精盐投入偶合物料中，充分搅拌，使之溶解完全。再继续搅拌，使物料液自然降至室温，静置，析出结晶。待结晶完全后，离心分离，得固体粗品。

把粗品溶于约 15 倍量(质量)的 70℃左右的洁净热水中，搅拌，待溶解完全后，加入适量的碳酸钠，使溶液呈微碱性。过滤去除不溶性杂质后，把 1140kg 精盐加入滤液中，充分搅拌，溶解混匀，加入适量盐酸使 pH＝6.5~7.0。静置，结晶。待结晶完毕后，离心分离，再经干燥，得到胭脂红(食用)。

5. 质量标准

指标名称	高浓级	特浓级
外观	红色至深红色粉末	
含量/%	≥60	≥82
挥发度(135℃)/%	≤10	≤10
水不溶物/%	≤0.5	≤0.3
异丙醚萃取/%	≤0.5	≤0.3
副染料/%	≤3	≤3
砷/%	≤0.0001	≤0.0001
重金属(以 Pb 计)/%	≤0.001	≤0.001

6. 用途

食用红色色素。按我国 GB 2760 规定，可用于果味水、果味粉、果子露、汽水、配制酒、糖果、糕点裱花、红绿丝、青梅、罐头、浓缩果汁等着色。最大使用量 0.05g/kg。

4.6　食用柠檬黄

食用柠檬黄(food yellow)的染料索引号 C. I. food yellow 4(19140)。分子式 $C_{16}H_9N_4Na_3O_9S_2$，相对分子质量 534.39。结构式为：

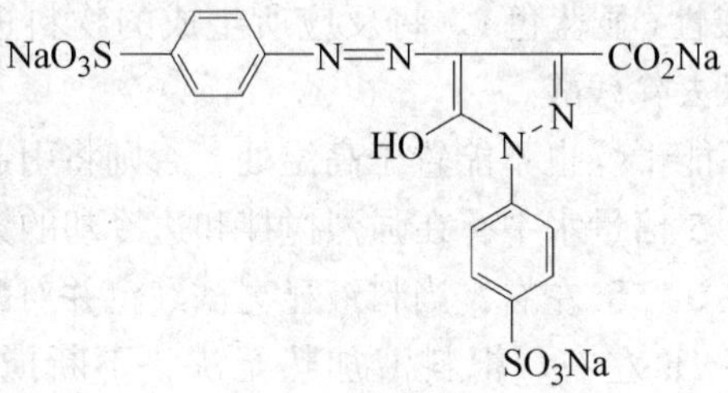

1. 性能

橙黄色粉末，无臭。易溶于水呈黄色，溶于甘油、丙二醇，微溶于乙醇，不溶于其他有机溶剂。最大吸收值为 428nm±2nm。遇浓硫酸呈黄色，稀释后为黄色溶液，遇浓硝酸呈黄色。其水溶液加盐酸色泽不变，加浓氢氧化钠色泽稍转红。

2. 生产方法

由双羟基酒石酸与苯肼对磺酸缩合得到。

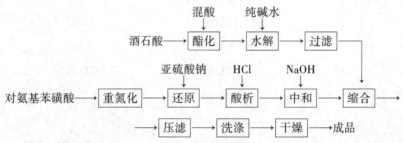

3. 工艺流程

```
                      混酸        纯碱水
                       ↓           ↓
       酒石酸 ──→ 酯化 ──→ 水解 ──→ 过滤 ──┐
                                              │
        亚硫酸钠    HCl        NaOH          │
          ↓        ↓          ↓             │
  对氨基苯磺酸 ──→ 重氮化 ──→ 还原 ──→ 酸析 ──→ 中和 ──→ 缩合 ←─┘
                                              │
       ──→ 压滤 ──→ 洗涤 ──→ 干燥 ──→ 成品
```

4. 操作工艺

（1）双羟基酒石酸制备

把硝酸、硫酸和发烟硫酸混合。在不断搅拌和边冷却的条件下，慢慢加入酒石酸，加料过程中温度控制在20℃左右。加完酒石酸后，温度维持在20℃，并搅拌0.5h。加水并继续搅拌，于20℃维持48h。在不超过20℃和搅拌条件下，加入碳酸钠直至中和。过滤得固体双羟基酒石酸钠，经水洗，烘干备用。

（2）苯肼对磺酸的制备

把碳酸钠溶于13倍量的热水中，把对氨基苯磺酸加入其中，搅拌，溶解后让其冷却。不断搅拌，徐徐加入浓硫酸，冷却至5℃下。把亚硝酸溶解于2倍量左右的水中，然后从料液下把亚硝酸钠溶液慢慢注入，进行重氮化反应，期间温度应控制在3~5℃为宜。反应完毕后料液对刚果红试纸呈强酸性（显蓝色）。将反应所生成的物料进行离心分离（去除液体），并用少量洁净冷水淋洗，以去除残酸。

注意：所得重氮化物不能干燥也不能置于高温处，否则将引起爆炸！

把结晶亚硫酸钠溶于1.5倍量水中，在强烈搅拌和边冷却的条件下，把重氮化物慢慢加入其中，期间温度应控制在0~5℃左右，当料液显亮橘红色并对酚酞试液呈弱碱性时，再于5℃以下的条件下继续搅拌1h左右。把料液加热至沸，不断搅拌，慢慢加入盐酸，约0.5h内加毕，料液颜色逐渐变浅，最后呈微黄色。继续搅拌，缓慢加入锌粉直至料液无色为止，此时即有白色片状结晶的苯肼对磺酸析出，让其冷却过夜，结晶。离心过滤，并用洁净冷水淋洗，再经干燥备用。

（3）柠檬黄的制备

把双羟基酒石酸钠加入1.5倍量的水中，充分搅拌，慢慢加入盐酸，加热至30℃左右，直至溶解完全，得透明的双羟基酒石酸溶液。把苯肼对磺酸加入3倍量的水中，并加入氢氧化钠溶液，充分搅拌，使其完全溶解，得苯肼对磺酸钠溶液。在不断搅拌条件下，把苯肼对磺酸钠溶液加入双羟基酒石酸溶液中，于80℃加热反应约1h。于室温下静置12h左右，析出黄色沉淀，过滤得粗制品。把粗制品经重结晶后，于60℃水中加入适量碳酸钠溶液，使显微碱性。经过滤后再盐析即得食用柠檬黄。

5. 质量标准

指标名称	高浓级	特浓级
含量/%	≥60	≥85
挥发物(135℃)/%	≤10	≤10
水不溶物/%	≤0.5	≤0.3
异丙醚萃取物/%	≤0.5	≤0.3
副染料/%	≤1	≤1
砷/%	≤0.0001	≤0.0001
铅/%	≤0.001	≤0.001
外观	橙黄色粉末	

6. 用途

食用黄色色素。按我国GB 2760规定，可用作食用色素。广泛用作食品、药物及日用化妆品的色料。食品工业用于汽水、果子露、果汁、果冻、冰淇淋、香肠、糕点、酒等各类食品的着色；药物方面用于药用片剂、酊剂、糖衣、胶丸和药用油膏等药物的着色；在化妆品方面，用于化妆用香精、牙膏、花露水、面霜、发蜡等的着色。

参 考 文 献

[1] 姜彬，李冬梅，冯志彪. PEG/盐双水相萃取食用色素柠檬黄的研究[J]. 中国调味品，2014，39(04)：98-101.

[2] 丁秋龙，乐一鸣，王丽斌，等. 高纯度柠檬黄的研制[J]. 上海化工，2006，(10)：16-19.

4.7 姜 黄 色 素

姜黄色素(curcumin)分子式$C_{21}H_{20}O_6$，相对分子质量368.37。结构式为：

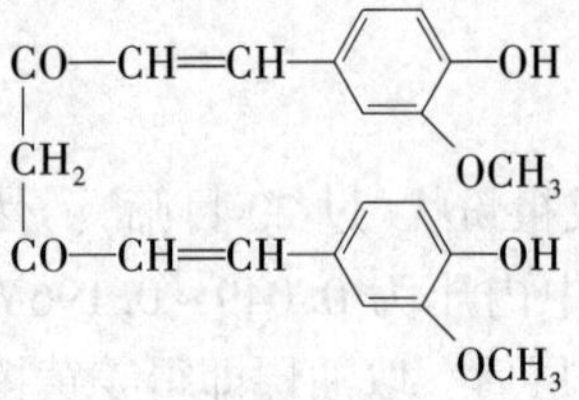

1. 性能

为橙黄色或棕黄色结晶性粉末。有特殊臭气。溶于冰醋酸、乙醇、丙二醇，不溶于水。熔点179~182℃。在碱性溶液中呈红褐色，酸性溶液中呈浅黄色。与氢氧化镁形成色淀，呈黄红色。与重金属离子，尤其是铁离子，形成螯合物，导致变色。约5mg/kg铁离子就开始影响色素，10mg/kg以上时变为红褐色，染色能力降低，因此除需选择适当容器外，最好与螯合剂六偏磷酸钠、酸式焦磷酸钠共同使用。耐光性、耐铁离子性较差，耐热性较好。着色力较好，特别对蛋白质的着色力较强。无毒，无副作用。

67

2. 生产方法

由天然原料姜黄块中提取而制得。

3. 工艺流程

方法一

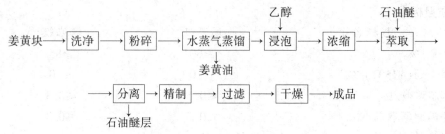

方法二

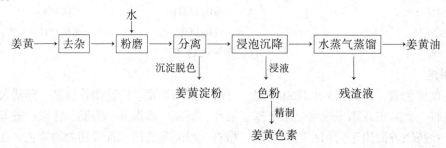

方法三

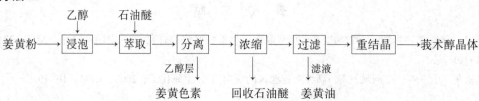

方法四

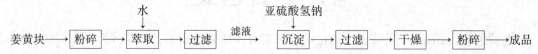

4. 操作工艺

方法一

将姜黄洗净、去杂后，粉碎成粗粉状(过20目筛)。然后将姜黄粗粉装入蒸馏器中，通入水蒸气进行蒸馏，保持蒸馏器中内压为0.049~0.196MPa，一般水蒸气蒸馏时间为8~12h。收集馏出物，静置2h，待分层后，取油层即得姜黄挥发油。

将提取过姜黄挥发油剩下的粉料，稍晾干后于10~25℃条件下，按1：(4~10)份的比例浸泡于乙醇中，浸泡约10h后，滤取乙醇提取液，用常压回收乙醇，得棕红色浓缩液。将浓缩液按1：(4~12)份的比例与石油醚充分混合均匀后，沉降，分去上层石油醚层；其下层混悬物，用酸、碱法常规精制，将物料过滤后，滤饼在低于60℃条件下干燥，即制得姜黄色素成品。

方法二

将鲜姜黄洗净，除去杂质，加水粉磨，得生料浆，再经淀粉分离后，得姜黄粗淀粉和去粉料浆。将粗淀粉洗涤，于60℃条件下干燥，得黄色姜黄淀粉，于50℃条件下，将粗淀粉置于0.1%~10%氢氧化钠或氢氧化钾水溶液中脱色，再经洗涤、干燥得白色的姜黄淀粉。

将除去淀粉后的料浆用1:(1~10)份的水调拌，加入生料质量0.1%~10%的氢氧化钠，于50℃下浸泡4~12h，间断搅拌，经过滤得浸液和浸渣。在浸液中加氯化钠(用量为生料的5%~30%)，用盐酸调节pH值为5~7，于90℃下静置沉降10h左右，经过滤得沉淀物，经洗涤、干燥、粉碎而制得姜黄色粉。将姜黄色粉用1:10份的比例用食用乙醇在室温条件下，除去醇不溶物和辛辣味，得液态姜黄色素，再精制可得试剂级姜黄色素。

将浸渣按1:(3~10)的比例加入水，置水蒸气蒸馏装置于100℃左右温度下，蒸馏10h，将浸渣溶液调节pH值为7~8，以回收浸渣中的挥发油，收集回流液中轻油得姜黄油。

蒸馏残渣经水洗多次压干，可得姜黄粗纤维。

方法三

根据姜黄色素、姜黄油均溶于乙醇的性质，采用乙醇同时提取姜黄色素、姜黄油。又由于姜黄油溶于石油醚，而姜黄色素不溶的性质，则采用石油醚作萃取剂分离姜黄油和姜黄色素。其操作工艺如下：

将姜黄粉碎，过40~80目筛，用占原料总量的6~10倍的食用乙醇回流提取1h左右，分离后，浓缩回收部分乙醇，再加入食品级石油醚，用量占总原料量的15%~30%，搅拌0.5~1h，静置分层，上层石油醚层加热蒸出石油醚，得姜黄油粗品，过滤得姜黄油精品和莪术醇粗品，再经分离重结晶得莪术醇晶体。

方法四

将姜黄洗净、除杂、晒干后粉碎，过40目筛。在粉料中加入3~4倍量的水溶液(含萃取助剂1%)进行萃取，萃取时间60~75min，萃取温度70~80℃，共萃取二次。用离心机分离过滤，在滤液中加入相当于滤液量0.8%的亚硫酸氢钠，用1:1的盐酸调pH值为3.5，避光静置。虹吸上层清液，将下层沉淀过滤，于60~70℃条件下干燥，即得姜黄色素成品。

5. 产品质量

外观	棕黄色粉末	总灰分/%	≤7
pH值	5~6.5	铅/(mg/kg)	≤3
干燥失重/%	≤10	粒度/目	≥120

6. 用途

主要用于果味水、果味糖、果子露、汽水、糖果、糕点及罐头等食品的染色、调味和直接滴加使用。也可用于咖喱粉、萝卜干等的着色。

参 考 文 献

[1] 张娜，翁伟锋. 天然可食用姜黄色素的研究进展[J]. 山东化工，2017，46(21)：72-73.
[2] 冯甜华. 姜黄素的提纯、稳定性及抗氧化性研究[D]. 重庆大学，2016.

4.8 日 落 黄

日落黄(sunset yellow FCF)也称晚霞黄。染料索引号 C. I. 食品黄3(15985.1975)。分子式 $C_{16}H_{10}N_2Na_2O_7S_2$，相对分子质量452.36。结构式为：

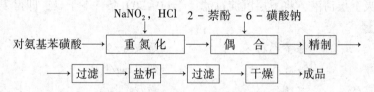

1. 性能

橙红色粉末或颗粒。无臭。吸湿性强。耐光耐热性强。在柠檬酸和酒石酸中稳定。遇碱变为带褐的红色。易溶于水(水溶液呈橙色)、甘油、丙二醇,微溶于乙醇。

2. 生产方法

由对氨基苯磺酸经重氮化后,与2-萘酚-6-磺酸盐偶合,生成的色素用氯化钠盐析,再精制而得。

3. 工艺流程

NaNO₂,HCl 2-萘酚-6-磺酸钠

对氨基苯磺酸 ─→ 重氮化 ─→ 偶　合 ─→ 精制 ─→

─→ 过滤 ─→ 盐析 ─→ 过滤 ─→ 干燥 ─→成品

4. 操作工艺

在除杂质反应釜中将对氨基苯磺酸加入11~12倍量(质量)的水中,搅拌并加热至60~65℃,逐渐加入碳酸钠(对氨基苯磺酸量的1/3左右),充分搅拌,使其溶解完全。过滤,除去不溶性杂质。

将滤液加入重氮化反应釜中,冷却至3~5℃,搅拌,加入盐酸(对氨基苯磺酸量的1.5~1.8倍)析出细微结晶,冷却至5℃以下。在另一容器中,将亚硝酸钠溶于2倍量(质量)的水中,制得亚硝酸钠水溶液。把亚硝酸钠水溶液缓慢地从对氨基苯磺酸的盐酸溶液(上述已配制好的溶液)的液面下注入,进行重氮化反应,反应期间使温度维持在3~5℃。反应至反应液对刚果红试纸呈强酸性(现蓝色),重氮化物料液显白色,将物料保持5℃以下备用。

将2-萘酚-6-磺酸钠加入约20倍量(质量)的水中,加热至75~80℃,搅拌,再加入碳酸钠(总量1/6左右),充分搅拌,待溶解完全后,过滤除去不溶物,把滤液转入偶合反应

釜内。再加入碳酸钠(总量2/3左右),搅拌使其溶解完全。将上述已制备好的对氨基苯磺酸重氮盐物料慢慢加入其中,于10~15℃条件下,pH值为8~9,搅拌数小时。反应完成后,将物料加热至50~60℃。将精盐(总量的4/7左右)投入其中,充分搅拌,使之溶解完全。继续搅拌,使料液自然降至室温,静置,析出结晶。待结晶完全后,离心分离,得固体粗品。

将粗品溶于约15倍量(质量)的70℃去离子水中,搅拌,待溶解完全后,加入适量的碳酸钠,使溶液呈微碱性,过滤,除去不溶性杂质。在滤液中加入全量精盐,搅拌均匀,加入适量盐酸,使pH值为6.5~7.0。静置结晶,离心分离,干燥后得日落黄成品。

5. 质量标准

外观	橙红色粉末或颗粒
含量/%	≥85
水不溶物/%	≤0.2
副染料/%	≤5
干燥失重/%	≤15
氯化物和硫酸盐(以钠盐计)/%	≤15
砷/(mg/kg)	≤3
铅/(mg/kg)	≤10

6. 用途

作食用黄色色素。可用于果味水、粉、果子露、汽水、配制酒、糖果、糕点等多种食品中作色素,最大使用量0.1g/kg。还可用于调味酱、果酱、果冻,最高限量200mg/kg。

参 考 文 献

[1] 刘宇. 食用合成色素日落黄和胭脂红的分析方法研究[D]. 西北大学,2013.
[2] 王俊. 食用合成色素日落黄和柠檬黄荧光光谱的研究[D]. 江南大学,2009.

4.9 栀子蓝色素

1. 性能

栀子蓝色素(gardenia blue)是由栀子果实中提取的食用天然色素。蓝色粉末。易溶于水、含水乙醇及含水丙二醇,呈鲜明蓝色。无臭、无味。吸湿性小。pH值在3~8范围内色调无变化,120℃加热1h不褪色。耐光性差。着色力强,色调鲜艳,明快自然,使用安全。

2. 生产方法

由天然产物栀子果中提取而制得。

3. 工艺流程

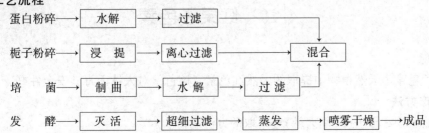

71

4. 操作工艺

将栀子果清洗、去杂、晒干,再进行粉碎,粉碎至 20~60 目。辅料植物蛋白粉碎到 15 目以上。另用常规法培菌制曲。

将粉碎后的栀子果按 1:(3~15)的比例加入水,于常温下浸提 8~12h,至所含栀子黄素全部浸出,过滤,收集滤液。另将培菌曲与水按 1:(2~8)的比例混合,在常温下浸提酶解 4~8h,过滤,收集滤液。再将植物蛋白粉与水按 1:(2~10)的比例混合,浸提水解 10~14h,过滤,收集滤液。

将所收集到的栀子浸提液、曲酶浸提液、蛋白浸提液,按 10:5:3(均按投料量计)比例,体积比为 10:3:4 左右混合,搅拌均匀。将混合液用蒸汽加热升温至 45℃,在恒温条件下发酵,根据微生物生长情况,1h 后逐步升温至 55~65℃,继续恒温发酵,发酵时间 1~8h。发酵完成后的液体转为深蓝色,经升温 105~110℃,保温 15~20min 灭活。然后将灭活后的液体在超细过滤器上过滤,将滤液转入蒸发器中进行蒸发浓缩。蒸发后合格的蓝色素液,按标准要求进行调整,加入载体赋型剂 W、抗氧化剂维生素 C(加量 0.3‰~0.5‰),经均质机均质后,制得液状栀子蓝色素。在无菌条件下,真空充氮包装成品。如生产粉状色素,则在加入载体赋型剂 W、维生素 C 后,经高压均质输送至喷雾干燥中干燥成粉状,再进行真空充氮包装,即制得粉状成品。

5. 质量标准

外观(固体)	蓝色粉末	黄曲霉毒素 B_1	不得检出
水分/%	≤7	砷/(mg/kg)	≤1
灰分/%	≤10	重金属(以 Pb 计)/(mg/kg)	≤5
色价($E_{1cm}^{1\%}$ 590nm)	≥5		

6. 用途

用于一般食品的着色。可作为天然色素三原色之一,与辣椒红、姜黄色素可调配出不同色调,直接用于硬糖、果胶、琼脂等的凝胶软糖,布丁、饼干、蛋糕的预制粉,稀奶油、冰淇淋、乳制品,蔬菜、青豆等罐头,饮料,果汁等。

参 考 文 献

[1] 李永斌,张红萍,谭洋岚. 酶催化壳聚糖与栀子苷水解同步制备栀子蓝色素[J]. 邵阳学院学报(自然科学版),2016,13(01):114-120.

[2] 陈峰,陈剑锋. 膜分离-溶剂萃取法联用分离纯化栀子蓝色素[J]. 食品研究与开发,2013,34(21):33-37.

[3] 耿宇. 栀子蓝色素制备的工艺研究[D]. 郑州大学,2010.

4.10　红果子色素

1. 性能

红果子色素为天然植物中提取的天然红色素。该色素对人体无毒,安全性好。

2. 生产方法

由天然植物红果子(又称火棘)经萃取的方法制得。

3. 工艺流程

稀盐酸 → 浸泡；稀碱液 → 萃取；稀盐酸 → 析晶

红果子⟶[浸泡]⟶[过滤]—滤渣→[萃取]⟶[抽滤]⟶[滤液]⟶[浓缩]⟶[析晶]⟶

⟶[离心分离]⟶[干燥]⟶[粉碎]⟶成品

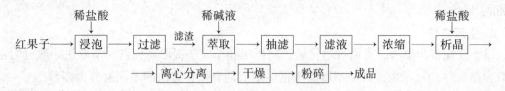

4. 操作工艺

将红果子晒干，取干果 1kg，洗净后置于耐酸容器中，加入 5kg 的 0.7%食用盐酸溶液，煮沸 1.5h(或置于 50℃左右的温水浴中保温 20h)，过滤后除去滤液。将过滤后的红果子用水冲洗后，加入 5kg 0.8%氢氧化钠溶液，于室温下浸泡 24h 后进行抽滤，如此重复浸抽 4 次。将每次浸提液合并后煮沸浓缩，在浓缩液中加入食用盐酸 2%(或柠檬酸 3%)，产生沉淀，离心分离，干燥，粉碎后即制得红果子色素成品。

5. 用途

用于多种食品加工中作天然红色素。

参 考 文 献

[1] 梁先长，李加兴，黄寿恩，等. 火棘色素与果胶综合提取工艺优化[J]. 食品科学，2011，32(02)：88-92.

[2] 蒋利华. 野生火棘果中色素的提取、纯化与理化性质研究[D]. 湖南农业大学，2008.

4.11 辣 椒 红

辣椒红(paprika red)又称辣椒红色素。主要成分为辣椒红素和辣椒玉红素。辣椒红素分子式 $C_{40}H_{56}O_3$，相对分子质量 584.85。辣椒玉红素分子式 $C_{40}H_{56}O_4$，相对分子质量 600.85。结构式：

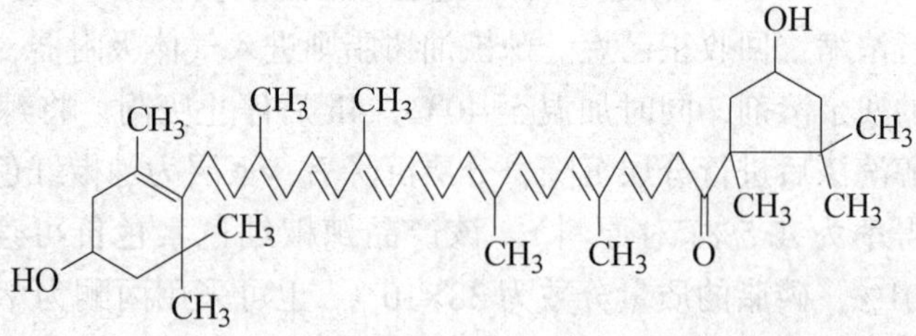

辣椒红素

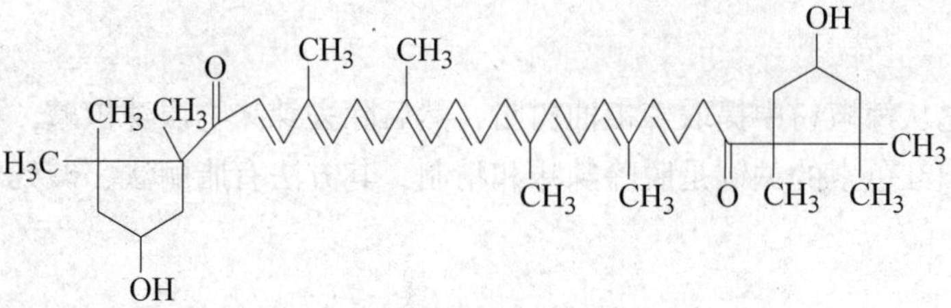

辣椒玉红素

1. 性能

具有特殊气味和辣味的深红色黏性油状液体或膏状物。主要香味物质为辣椒素。溶于大多数非挥发性油，几乎不溶于水，部分溶于乙醇(油分离)，不溶于甘油。乳化分散性、耐热性、耐酸性均好，耐光性稍差。对金属离子稳定。水分散性制品，100℃，60min，残存 95%。Fe^{3+}、Cu^{2+}、CO^{2+}等促使褪色，遇铅离子形成沉淀。在 pH 值为 3~12 间颜色不变，本品加热至 200℃ 时，颜色仍然不变。在丙酮中最大吸收波长 470nm。小白鼠经口 $LD_{50} >$ 1700mg/kg。

2. 生产方法

以干红辣椒为原料，可通过皂化法、层析法和萃取法提取辣椒红。萃取法一般分为常压萃取和超临界 CO_2 萃取。常压萃取法根据使用溶剂和操作方法的不同又分为多种。

（1）超临界萃取法

红干辣椒去籽后碎成 40 目颗粒后，加入超临界萃取装置的萃取罐中，采用高压气体压缩机，压缩纯净的二氧化碳气体进入萃取罐，逐步加压升至 26.0MPa，调整萃取温度为 45~50℃。4h 后将其减压送进分离罐，降低压力至 7.5MPa。2h 后将二氧化碳气体减压送出，进入回收装置，以备重复使用，分离罐恢复常压，得到辣椒红色素产品。超临界法所产色素，得率 4%，色价可达 220，色调比 1.0，磷脂的质量分数 $12×10^{-6}$，无不溶物。

（2）常压萃取法

① 乙醇萃取法　将筛选后的干辣椒去籽后粉碎，投入萃取罐中，加入萃取剂乙醇。萃取后静置、沉降、压滤、除渣后，将上层清液导入蒸发罐蒸去乙醇，得到的浓缩液转入分离器，用石油醚和烧碱作分离剂，分离后，上层为色素，下层为辣椒素。用乙醇反复清洗色素，进一步除去辣椒素，再经减压蒸馏除去溶剂和挥发物，即获色素产品。

② 石油醚萃取法　将筛选后的干辣椒去籽后粉碎，以石油醚为溶剂进行抽提处理，得到含有辣椒红色素和辣椒素的提取液。用食盐水溶液和丙酮进行盐析、萃取处理，静置液-液分离，得到含有色素和辣椒素的两相液体。对含有色素相液体进行皂化纯化处理，得辣椒红色素产品。此工艺简单，色素与辣椒素收率皆高于其他工艺方法。也可使用 6 号溶剂油代替石油醚。

③ 正己烷萃取法　将红干辣椒去籽后，粉碎成 40 目，加入盛有正己烷的萃取罐中，溶剂与料粉比为 3:1。于 50~55℃ 常压抽提 1~2h。过滤，滤渣重复抽提 2 次，合并滤液，沉淀分离后进入蒸发釜进行浓缩，回收正己烷。辣椒油树脂则进入气体吸附器，采用二氧化碳作吸附载体，脱除其中的残余溶剂，同时加温至 40℃，4h 后停止吸附。将辣椒油树脂加入圆锥式沉降器，加入乙醇洗涤后进行分层沉降，分层沉降后，下层为辣椒红色素产品，上层为以辣素为主的产品，得率为 4.5%（对原料）。该产品辣椒红色素色价可达 140，色调比 0.9955，己烷不溶物 0.01%，磷脂的质量分数为 $38×10^{-6}$。也可采用丙酮为萃取剂，于室温下浸泡 3 天。

说明：

常压法萃取一般先从辣椒粉中提取辣椒油树脂，然后除去辣味物质辣椒碱，再经精制得辣椒红色素。提取辣椒红色素的关键是脱除辣味和精制，其方法有脂酶法、碱处理法、酯交换法和溶剂法。

（1）脂酶法

将 36g 脂酶（活力 3 万单位）和 3kg 色值 10 万的辣椒油树脂加入 1500mL 水中，加热，在 40℃ 下混合搅拌 12h，然后于 90℃ 下加热 1h 以灭酶。静置一夜，分出油层，于 133.3~666.6Pa 下减压，蒸馏除去水分及低沸点物质，得含油色素 2895g。加入 300g 精制橄榄油，用离心式薄膜分子蒸馏装置在真空度 0.1066Pa、170℃ 下进行蒸馏，馏出特异味成分和脂肪酸，得到色值 22.6 万的基本无异味的色素 1260g。

（2）碱处理法

将 100g 20% 的 NaOH 溶液加入 1000g 色值 10 万的辣椒油树脂中，加热于 95℃下搅拌 2h。然后加入 4L 水，用 10% 的盐酸调 pH 值至 5。静置分层后取油层，并加入 8kg 乙醇。油层溶解后，慢慢加水至乙醇浓度为 20%，于室温下搅拌 30min。静置一夜后，用倾析的方法分离出色素。用 500g 2% 的 NaOH 溶液洗涤 2 次，再用水洗至中性，减压干燥得无辣味、色值 50 万的辣椒红色素 130g。

（3）酯交换法

在酯交换反应器中加入 1500mL 甲醇、20g 金属钠，再加入 750g 色值 10 万的辣椒油树脂，回流 3h，进行酯交换反应。然后馏出过量的甲醇，残留物倾入 2.5L 温水中，并用稀盐酸调 pH 值至 4~5。静置分层后取油层，并加入 3.7L 己烷，析出色素，过滤得色值 65 万的无辣味的高纯度辣椒红色素 77g。也可在辣椒油树脂中加入脂肪醇与碱性物质如甲醇-甲醇钠、乙醇-乙醇钠、正丙醇-正丙醇钠、异丙醇-异丙醇钠、丁醇-丁醇钠等，这些碱性物质可作为催化剂，促使辣椒油树脂中的脂肪成分发生酯交换反应，然后蒸除过量的醇，残渣中加入水或食盐水，用酸调至中性，分层，油层中加入非极性或低极性溶剂（如正己烷、石油醚、二氯乙烷、乙醚、二硫化碳等）析出固体，过滤，得到辣椒红素。该法是利用酯交换反应除去辣椒红素中的杂质，产品质量上乘，基本无异味。

（4）溶剂法

将去除坏椒杂质的干辣椒磨成粉后，用有机溶剂如丙酮、乙醇、乙醚、氯仿、三氯乙烷、正己烷等进行浸提，将浸提液浓缩得到粗辣椒油树脂，减压蒸馏得产品。但此法所得产品含杂质多，同时还带有辣椒特有的异味，使其应用范围大大减小，为此，需采用多种改进方法以消除其杂质和异味。先将所得的粗辣椒油树脂进行水蒸气蒸馏，以馏出其辣椒异臭味，再用碱水处理、有机溶剂提取、蒸馏，得到辣椒红素。或先用碱水处理辣椒油树脂，然后用溶剂提取，浓缩，添加与油溶法相同的食用油，再用水蒸气蒸馏以除去异味。

对常压溶剂萃取方法生产的产品，可用超临界 CO_2 萃取装置进行精制处理，从而得到无杂质、无异味、高品质的辣椒红色素。主要工艺条件为：萃取压力为 18MPa，萃取温度 40℃，第一分离塔压力为 8MPa，第二分离塔压力为 6MPa，溶剂流量为 200L/h，处理时间 3h。

3. 质量标准

色价	≥500	丙酮/%	≤0.03
砷/%	≤0.0003	异丙醇/%	≤0.005
铅/%	≤0.001	甲醇/%	≤0.005
重金属(以 Pb 计)/%	≤0.004	乙醇/%	≤0.005
溶剂残留(多氯甲烷总和)	≤0.003	己烷/%	≤0.0025

4. 用途

用作食用红色色素。按我国 GB 2760 规定，可用于糕点上彩装、冰棍、冰淇淋、雪糕、饼干、熟肉制品、人造蟹肉、酱料和糖果，按生产需要适量使用。

5. 安全与贮运

生产中使用大量溶剂，车间加强通风，注意防火。按食品添加剂规定进行包装贮运。

参 考 文 献

[1] 彭书练. 辣椒功能成分的综合提取技术研究[D]. 湖南农业大学, 2007.

[2] 刘思杨, 贺稚非, 贾洪锋. 辣椒红色素的研究进展[J]. 四川食品与发酵, 2005, (03)：17-22.

4.12 苋 菜 红

苋菜红(amaranth)又称鸡冠花红、蓝光酸性红、食用色素红色 2 号，化学名称 1-(4-磺基-1-萘基偶氮)-2-萘酚-3,6-二磺酸三钠盐。染料索引号 C. I. 酸性红 27；食品红 9 (16185)。分子式 $C_{20}H_{11}N_2Na_3O_{10}S_3$。相对分子质量 604.49。结构式为：

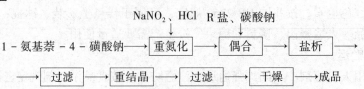

1. 性能

红褐色粉末。无臭。水中溶解度为 7.20g/100mL (26℃)，水溶液为品红色。溶于 30% 乙醇、甘油和稀糖浆中。微溶于纯乙醇，不溶于其他有机溶剂。遇浓硫酸呈紫色，遇浓硝酸呈亮红色，遇浓盐酸呈棕色，遇浓氢氧化钠溶液呈红棕色。遇铜、铁易褪色。耐光、耐热性强，耐氧化还原性差。对柠檬酸、酒石酸稳定。染色力较弱。

2. 生产方法

由 1-氨基萘-4-磺酸钠经重氮化后，与 2-萘酚-3,6-二磺酸钠(R 盐)在碱性介质中偶合而制得。

3. 工艺流程

1-氨基萘-4-磺酸钠 → 重氮化 → 偶合 → 盐析 →

→ 过滤 → 重结晶 → 过滤 → 干燥 → 成品

4. 操作工艺

先将1-氨基萘-4-磺酸钠加入8~9倍量(质量)的水中,加热,升温至75~85℃,使其完全溶解,过滤,除去不溶性杂质,将滤液加至带搅拌和冷却装置的反应釜中,并冷却至0~5℃。向反应釜内加入1-氨基萘-4-磺酸钠1.2~1.5倍量(质量)的盐酸(31%),搅拌均匀,静置析出微细的1-氨基萘-4-磺酸结晶,维持温度5℃以下。将亚硝酸钠水溶液[由亚硝酸钠溶于约2倍量(质量)的水中配得]从反应釜中的料液下缓慢注入,进行重氮化反应,反应温度控制在3~5℃。料液对刚果红试纸呈强酸性(显蓝色)为反应终点,重氮化溶液为微黄色糊状物。于5℃以下保温备用。另将2-萘酚-3,6-二磺酸钠加至9~10倍量(质量)的水中,加热至60~65℃,搅拌下加入碳酸钠(总量的1/5)。充分搅拌,待溶解完全后,过滤,除去不溶性杂质。将滤液加入缩合反应釜内,再加入碳酸钠(总量的3/4),搅拌溶解,冷却至5~8℃。再将制好的重氮化溶液慢慢加至缩合反应釜中,控制温度10~15℃,pH=8,搅拌数小时,进行偶合反应。反应完成后,将物料加热至50~60℃。加入精盐(总量的4/7)。充分搅拌,使其溶解完全后,再继续搅拌数小时,使物料自然降至室温,静置,析出结晶。将结晶离心分离,得固体粗品。

将粗品溶于15倍量(质量)的70℃的纯净热水中,搅拌,待溶解完全后,加入适量的碳酸钠,使溶液呈微碱性。过滤,除去不溶性杂质,在滤液中加入适量精盐,充分搅拌,溶解混合均匀,再加入适量盐酸,使溶液pH值为6.5~7.0。将溶液静置,结晶;待结晶完全后,离心分离。最后经干燥即得成品。

5. 质量标准

指标名称	高浓级	特浓级
外观	褐色粉末	
含量/%	≥60	85
水不溶物	≤0.5	0.5
挥发物(135℃)/%	≤10	10
异丙醚萃取物/%	≤0.5	0.5
副染料/%	≤3	3
砷/%	≤0.0001	0.0001
铅/%	≤0.001	0.001

6. 用途

食品着色添加剂,用于食品、医药及日用化妆品着色。我国GB 2760规定可用于果味水、果味粉、果子露、汽水配制酒、糖果、糕点裱花、红绿丝、罐头、浓缩果汁,最大用量0.05mg/kg,红绿丝用量可加倍。

参 考 文 献

[1] 张小曼,马银海,鄢胜波,等. 超滤-树脂法分离提取苋菜红色素的工艺[J]. 食品研究与开发,2010,31(06):97-100.

[2] 王改萍,王翠红,阎福林. 鸡冠花红色素的提取及其性质研究[J]. 河南化工,2000,(08):8-9.

4.13 甜 菜 红

甜菜红(beet red)又称甜菜根红,主要成分为甜菜红苷。分子式$C_{24}H_{26}N_2O_{13}$,相对分子质量 550.48。结构式为：

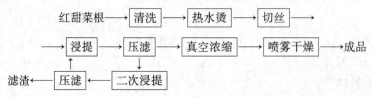

1. 性能

红色至红紫色膏状或粉末。可溶于水、50%乙醇或丙二醇的水溶液，水溶液呈红色至红紫色，色泽鲜艳，在波长 535nm 和 480nm 附近有吸收峰。几乎不溶于无水乙醇、丙二醇和乙酸，不溶于乙醚、丙酮、氯仿和苯等有机溶剂。在 pH＝3.0~7.0 时较稳定，其中在 pH＝4.0~5.0 时稳定性最好，在碱性条件下则呈黄色。染着性好，耐热性差。其降解速度随温度上升而迅速增加，pH＝5.0 时，色素的半衰期为 1150min±100min（25℃）和 14.5min±2min（100℃）。漂白粉、次氯酸钠等可使甜菜红苷褪色，抗氧化剂如抗坏血酸对它有一定的保护作用。光和氧也可促进降解，金属离子的影响一般较小，但如果 Fe^{3+}、Cu^{2+} 含量高时可发生褐变。

2. 生产方法

从红甜菜的根提取。红甜菜根切成丝状，用温水浸提，减压浓缩，真空干燥得甜菜红。

3. 工艺流程

红甜菜根 ⟶ 清洗 ⟶ 热水烫 ⟶ 切丝 ⟶

⟶ 浸提 ⟶ 压滤 ⟶ 真空浓缩 ⟶ 喷雾干燥 ⟶成品

滤渣 ⟵ 压滤 ⟵ 二次浸提 ⟵

4. 生产工艺

① 将红甜菜根在氮气保护下进行切削、粉碎、压滤分离，絮凝沉降分离杂物后，将红甜菜的汁液进行减压浓缩，可溶性固性物含量达到 10% 时，用柠檬酸调节 pH＝4~5，加入干燥助剂蔗糖，调整溶液浓度至可溶性固性物含量为 25%，进行喷雾干燥，得深红色粉末产品。收率约 6%，每 100kg 鲜红甜菜根可制得甜菜红色素约 6kg。

② 将红甜菜根修整洗净，于 80℃ 水中浸烫 10min，切成 3~5mm 的细丝，在室温下加水浸泡 40min，间歇搅拌，将浸提物放入压滤机进行压榨过滤，滤渣再用水浸提一次，第二次滤液作为第一次浸提用。滤液中加入一定量的食用乙醇，在 55~65℃ 下进行真空减压浓缩。待达到规定的色价，合格后进行防霉处理，得液体成品，最后真空包装。

5. 质量标准

指标名称		GB 8271	FAO/WHO
含量/%	液态（以甜菜红苷计）	—	≥1.0
	粉状	—	≥4.0
吸光度，$E_{1cm}^{1\%}$ 535nm		≥3.0	≥3.0
pH 值（1%）		≤4.8~5.8	≤4.8~5.8

干燥失重/%	≤10	≤10.0
灼烧残渣/%	≤14	≤14.0
砷/%	≤0.0002	≤0.0002
铅/%	≤0.0005	≤0.0005
重金属(Pb 计)/%	—	≤0.004
碱及其酸性染料试验	—	阴性

6. 用途

天然红紫色食用色素。我国 GB 2760 规定本品可在果味型饮料(液、固体)、果汁型饮料、汽水、配制酒、糖果、糕点上彩装、红绿丝、罐头、浓缩果汁、青梅、冰淇淋、雪糕、甜果冻、威化饼干等,按生产需要适量使用。

本品耐热性差,不宜用于高温加工的食品,而用于冰淇淋等冷食较好;本品的稳定性随食品水分活性的增加而降低,故在汽水、果汁等饮料中应用时要注意。

参 考 文 献

[1] 殷登科,陈涛,张世坤,等. 响应面法优化红甜菜中甜菜红素提取工艺[J]. 贵州农业科学,2023,51(04):117-123.

[2] 何敏,苗侨伟,刘伟,等. 甜菜红素的提取优化及稳定性研究[J]. 中国调味品,2023,48(01):187-190.

4.14 紫 胶 红

紫胶红(lac dye red)又称紫胶色素、虫胶红、虫胶红色素。由紫胶酸 A、B、C、D、E 5 个组分组成。紫胶酸 A 分子式为 $C_{26}H_{19}N_{16}O_{12}$,相对分子质量 537.44。紫胶酸 A 占 85%。紫胶酸 B 分子式为 $C_{24}H_{16}O_{12}$,相对分子质量 496.38。紫胶酸 C 分子式为 $C_{24}H_{17}NO_{13}$,相对分子质量 539.14。紫胶酸 D 分子式为 $C_{16}H_{10}O_7$,相对分子质量 314.25。紫胶酸 E 分子式为 $C_{24}H_{17}NO_{11}$,相对分子质量 495.40。它们的结构式为:

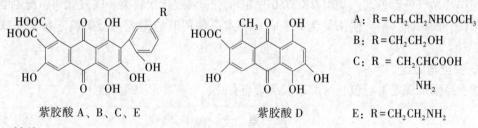

紫胶酸 A、B、C、E   紫胶酸 D

A:$R=CH_2CH_2NHCOCH_3$

B:$R=CH_2CH_2OH$

C:$R = CH_2CHCOOH$
               |
              NH_2

E:$R=CH_2CH_2NH_2$

1. 性能

紫胶红为紫红色至鲜红色液体或粉末。最大吸收波长 488nm。易溶于碱液,微溶于水,且纯度越高,在水中的溶解度越小。20℃时的溶解度为:0.0335%(水),0.916%(95%乙醇)。不溶于棉籽油。在酸性条件下对光、热稳定,但色调随 pH 值不同而改变。在 pH 值小于 4.5 时显橙黄色,pH 值等于 4.5~5.5 时呈橙红色,pH 值大于 5.5 时为紫红色,pH 值大于 12 时褪色。遇铜、铁等金属离子会产生沉淀。对维生素 C 稳定。

2. 生产方法

紫胶红是寄生于蝶形花科、梧桐科等植物上的紫胶虫的雌虫分泌物(紫胶原胶)中所含的红色素。主要产于云南、四川、台湾等地。提取紫胶色素的原料有两种，一是虫胶粒加工过程中的洗色废水，因为在胶粒加工的水洗工序中，水溶性的紫胶酸几乎全部溶于水中。其二是紫胶虫的虫尸。

洗色水提取是将洗色水酸化、沉降除杂后，用饱和氯化钙沉淀，沉淀物经酸解后，分离、干燥得紫胶红。

以虫尸为原料的提取也是用水萃取，萃取液经除杂后用硫酸酸化，经分离、干燥得紫胶红。

3. 工艺流程

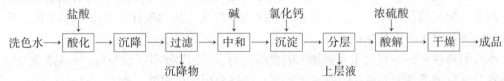

4. 操作工艺

在虫胶生产中，将前三次洗色水收集于酸化池中，加稀盐酸对水进行酸化处理，并调至pH值为4~4.5，沉淀6h以上，使蛋白质沉降后，酸化的色液先用涤纶布过滤，再用250目绢丝网过滤。将过滤后的滤液收集在中和池中，加适量氢氧化钠调至pH值为5.5~6.0，然后加适量的饱和的氯化钙溶液，至色液中有明显的颗粒状色素沉淀为止，沉淀8h以上。上层清液弃去，下层色素进行吊滤，吊滤脱水后的色素加入适量的浓硫酸，进行充分搅拌，均匀后静置20h以上，结晶。结晶色素用水洗至pH值为3~3.5止。于60℃下烘干，至含水10%以下，得紫胶红。得率为原胶质量的0.3%左右。

5. 质量指标

干燥失重/%	≤10	砷/%	≤0.0002
灼烧残渣/%	≤0.8	铅/%	≤0.0005
饱和水溶液 pH 值	3.0	重金属(以 Pb 计)/%	≤0.003
吸光度，$E_{0.5cm}^{0.01\%}$488nm	≥0.65		

6. 用途

用作食品红色着色剂，我国 GB 2760 规定可用于果蔬汁饮料类、碳酸饮料、配制酒、糖果、果酱、调味酱，最大使用量为 0.50g/kg。本品使用时应避免与金属离子特别是铁离子接触。

7. 安全与贮运

按食品添加规定进行包装与贮运，严禁与有毒、有害物品共运混贮。

参 考 文 献

[1] 卢禁，段宝忠. 紫胶中紫胶红色素的化学成分研究[J]. 沈阳药科大学学报，2022，39(02)：134-138.
[2] 张弘. 紫胶红色素提取技术及理化性质研究[D]. 中国林业科学研究院，2013.
[3] 张弘，房桂干，郑华. 超声波辅助提取紫胶红色素的研究[J]. 食品科学，2010，31(20)：116-120.

4.15 红曲色素

红曲色素(monascus colours)又称红曲红、红曲素、红曲红素。由红斑素($C_{21}H_{22}O_5$)、红曲红素($C_{23}H_{26}O_5$)、红曲红胺($C_{23}H_{27}NO_4$)、红曲素($C_{21}H_{26}O_5$)、红曲黄素($C_{23}H_{30}O_5$)、红斑胺($C_{21}H_{23}NO_4$)组成。结构式分别为：

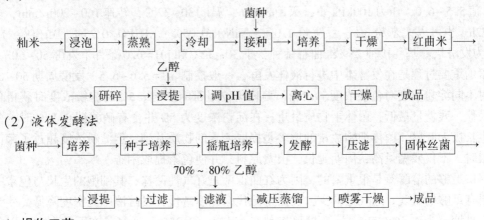

R＝C_5H_{11}，红斑素($C_{21}H_{22}O_5$)　　R＝C_4H_{11}，红曲素($C_{21}H_{26}O_5$)　　R＝C_5H_{11}，红斑胺($C_{21}H_{23}NO_4$)

R＝C_7H_{15}，红曲红素($C_{23}H_{26}O_5$)　　R＝C_7H_{15}，红曲黄素($C_{23}H_{30}O_5$)

R＝C_7H_{15}，红曲红胺($C_{23}H_{27}NO_4$)

1. 性能

暗红色粉末，略带异臭，易溶于中性及偏碱性水溶液。在 pH 值 4.0 以下介质中，溶解度降低，极易溶于乙醇、丙二醇、丙三醇及它们的水溶液。不溶于油脂及非极性溶剂。乙醇溶液最大吸收峰波长为 470nm，有荧光。对环境 pH 值稳定，几乎不受金属离子（Ca^{2+}、Mg^{2+}、Fe^{2+}、Cu^{2+} 等）和氧化剂、还原剂的影响。耐热性及耐酸性强，但耐光性差，经阳光直射可褪色。对蛋白质着色性能极好，一旦染上，虽经水洗，也不掉色。几乎无毒。

2. 生产方法

（1）从红曲米中提取红曲素

红曲米系米（籼米或糯米）用水浸湿，蒸熟，打散，冷却到 45℃ 以下，将红曲霉菌种撒在其上，在室温（30℃）下培养约 20 天，菌体在整个培养基上繁殖，生成深红色，然后，将菌体干燥即得红曲米。红曲米粉碎后用乙醇浸提，经过滤、浓缩、干燥得红曲红素。

（2）发酵法

在发酵培养基上接种 2.5% 的红曲霉菌种，于 31℃±1℃ 下发酵 50~60h。发酵液经压滤，滤渣用水洗后，加入 5~6 倍体积 70%~80% 的乙醇浸提 0.5~1h，滤渣再浸提 3 次，合并滤液，减压回收乙醇，并将溶液浓缩，经喷雾干燥得红曲色素。

3. 工艺流程

（1）从红曲米中提取法

籼米→浸泡→蒸熟→冷却→接种（菌种）→培养→干燥→红曲米→

→研碎→浸提（乙醇）→调 pH 值→离心→干燥→成品

（2）液体发酵法

菌种→培养→种子培养→摇瓶培养→发酵→压滤→固体丝菌→

→浸提（70%~80% 乙醇）→过滤→滤液→减压蒸馏→喷雾干燥→成品

4. 操作工艺

（1）从红曲米中提取

斜面试管培养基组成：可溶性淀粉 5%，蛋白胨 3%，琼脂 3%，冰乙酸 0.2%。在

100kPa 下灭菌 30min。接种红曲霉菌后，在 28~30℃恒温箱内培养两周左右。将糯米或籼米蒸熟，放入试管约 1/4 高度。另取三角瓶盛入 0.2%的冰乙酸溶液，同时进行蒸汽灭菌，在常压下灭菌 60min 或 100kPa 下灭菌 30min，隔天再在相同条件下灭菌一次。接入斜面菌种。接种时先将 5mL 0.2%的醋液注入斜面试管中，摇匀，吸取 0.2mL 注入试管熟籼米内，充分摇匀，置于 30~34℃，培养 12 天左右，并经常摇动得红曲种子。

将籼米浸泡 40~60min，使其吸水 60%~65%，淘洗，沥干，用蒸汽蒸 50min，出锅，待温度降至 40~45℃时，将研细的红曲种子 0.5%~1%、乙酸 1%、冷开水 10%（均对大米而言）混合调匀，拌入大米中，并分装成塔形，堆积保温发酵。

发酵室内保持 33℃左右，室内保持相对湿度 80%左右，曲堆上盖以湿布。经 3 天培养后，温度自动升至 35~37℃，待米粒上出现白色菌丝时，将湿布揭去，进行翻曲降温，室内喷水，保持温度不得超过 40℃。如升至 38~39℃，可翻曲降温。4~5 天时，将曲装入干净麻袋中，浸在净水中 5~10min，使其充分吸水，并使米粒中的菌丝破碎，待水沥干，重新放入曲盘中制曲。此时注意不超过 40℃及翻曲保温操作。米粒渐变红色，7~8 天温度开始下降，发酵趋于完全。

将制好的红曲于 70℃左右干燥约 12~14h。将红曲米粉碎后放入陶瓷缸内，加入 4 倍量 70%的乙醇浸泡 24h。过滤后滤渣按上法进行第二次、第三次和第四次浸泡并过滤。合并第三次、第四次滤液作为第二批红曲的浸泡料液。合并第一次、第二次滤液于陶瓷缸中静置 4h。吸出上清液，下层沉淀过滤，滤渣用清水洗涤 2 次。合并清液和洗液，90℃下蒸馏回收乙醇，并加热至 100℃，将其浓缩成胶体状（滴入水中不扩散为止）。经真空干燥得成品，也可喷雾干燥。

（2）液体发酵法

选取外观完整、色泽鲜艳的红曲米，用酒精消毒后，在无菌条件下研磨粉碎，加入盛有无菌水的小三角瓶中，用灭菌脱脂棉过滤，滤液在 20~32℃下使菌活化 24h。稀释后在培养皿上于 30~32℃下培养，再将红曲霉菌移至斜面培养基上（平板与斜面培养基组成：可溶性淀粉 3%，饴糖水 93%，蛋白胨 2%，琼脂 2%；pH=5.5，压力 0.1MPa，灭菌时间 20min）。斜面培养繁殖 7 天后，再将无菌水加入斜面，吸取菌液移接于旋转式摇瓶中。

旋转式摇瓶培养基：淀粉 3%，硝酸钾 0.15%，KH_2PO_4 0.15%，$MgSO_4 \cdot 7H_2O$ 0.10%。在 pH 值 5.5~6.0，压力 100kPa 下，灭菌 30min，温度 30~32℃，转速 160~200r/min，培养周期 72h。也可以大米粉 3%、豆饼粉 1.0%、$NaNO_3$ 0.05%、KH_2PO_4 0.25%、$MgSO_4 \cdot 7H_2O$ 0.1%为发酵培养基，接种 25%红曲霉菌种，于 30~32℃和 pH=6.0 条件下发酵 50~60h。生产色素的重要过程是在发酵罐中进行液体发酵，一般控制 pH=5.6~6.5，发酵周期 50~60h。发酵时不同淀粉浓度对色素浓度、残糖、菌体干物量都有影响。5%的淀粉浓度时获得色素浓度最佳，残糖量最低，菌体干物质最重。在淀粉浓度为 5%并含有硝酸钠 0.15%时，菌体细胞生长极为旺盛，菌体细胞数量的增多是提取色素的物质基础，但淀粉浓度超过了菌体生长极限时，不仅残糖量高，周期延长，浪费原料，并使色素提取困难。

提供足够的溶解氧是很重要的，因为红曲霉菌是好气性菌株，其细胞的生长与色素的形成都要有足够的氧气。通气量减少，红曲霉菌代谢速度减慢，发酵液中光密度降低，残糖量增多。总糖分为 4.5%~5.5%，残糖可控制在 0.13%~0.25%。通气量亦不宜太大，以免动力消耗。为避免铁离子的影响，发酵应采用不锈钢或陶瓷衬里罐。

发酵完毕，将发酵液压滤，滤渣用水洗，然后加入 5~6 倍体积的 70%~80%酒精进行浸提，搅拌 0.5~1h，静置过滤，滤渣连续浸提 3 次，每次浸提后压滤，将得到的紫红色的滤液合并。减压回收酒精并使溶液浓缩，浓缩液经干燥得成品。

5. 质量指标

指标名称	固体培养		液体培养
	膏状	粉状	
水分/%	≤ ——		
灼烧残渣/%	≤ 1	7.4	——
吸光度 E(505nm)	≥ 20	90	50
铅/%	≤ 0.0003	0.001	0.0005
砷/%	≤ 0.0002	0.0005	0.0001
菌落总数/(个/g)	≤ 20		
大肠菌群/(个/g)	≤ 30		

6. 用途

我国古代就已应用红曲米染制各种食品。GB 2760 规定可用于配制酒、糖果、熟肉制品、腐乳、冰棍、雪糕、饼干、果冻、膨化食品、调味酱，按生产需要适量使用。

参 考 文 献

[1] 王柯新，谭剑斌，黄振峰，等. 食用色素红曲红组分分析与初步安全性评价研究[J]. 中国食品卫生杂志，2023，35(02)：163-173.
[2] 刘心宇. 红曲色素的发酵生产、品质评价及功能成分表征[D]. 福州大学，2020.

4.16 焦 糖 色

焦糖色(caramel)又称焦糖、酱色。焦糖色可分为普通焦糖、氨化焦糖、苛性亚硫盐焦糖和亚硫酸铵焦糖。焦糖色是由蔗糖或饴糖等糖类物质在高温下脱水、分解和聚合而成的复杂混合物，其中有些为胶质聚集体，如焦糖烷 $C_{12}H_{18}O_9$(或 $C_{24}H_{30}O_{18}$)、焦糖烯 $C_{30}H_{48}O_{24}$、焦糖素 $C_{24}H_{20}O_{12}$(或 $C_{30}H_{102}O_{51}$)等缩合物和糖分解而产生的有机酸、酯等。

1. 性能

深褐至黑色的液体、胶状物或粉末状。无臭或略带异臭，具有焦糖香味和愉快苦味。溶于水和稀醇溶液。在玻璃板上均匀涂抹成一薄层，为透明的红褐色。1%水溶液呈透明棕色，在日光照射下至少能保持稳定6h。焦糖的色调受 pH 值及在大气中暴露时间的影响。pH 值在 6.0 以上容易发霉。具有胶体特性，有等电点，其 pH 值因生产方法和产品不同而异，通常在 3.0~4.5 左右。小白鼠经口 LD_{50}>10000mg/kg。

2. 生产方法

(1) 不加氨生产法

不加氨生产法生产普通焦糖。将蔗糖、饴糖、淀粉水解物等在碱或酸存下，在 160~180℃下加热焦化，然后用碱或酸中和得液体焦糖，经喷雾(或其他方法)干燥得粉状焦糖。国外采用挤压法生产，挤压机具有螺旋杆，运行速度 20r/min，机内温度 190~200℃，蔗糖在挤压机内完成焦化反应。也可用含水量25%的糊精，经1%硫酸调 pH 值至3，经挤压机加工喷出，完成焦化过程。

（2）亚硫酸铵法

亚硫酸铵法生产亚硫酸铵焦糖。糖蜜或淀粉水解物等在亚硫酸铵催化下，用或不用酸和碱高温脱水缩合得到的混合物，然后用碱和酸中和得液体焦糖。

（3）加氨生产法

加氨生产法生产氨化焦糖。将糖质(淀粉水解糖或糖蜜清液)浓缩至相对密度1.33~1.38，于140℃时通入糖液量0.1%的氨气于140℃下保温几个小时。冷却至90℃时出料过滤，38℃下贮存。

3. 工艺流程

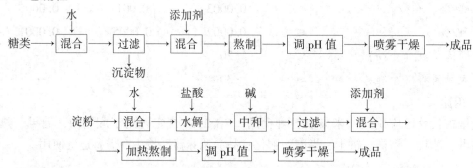

4. 操作工艺

（1）不加氨生产法

将白砂糖加入锅中，加入糖量5%的水和少量食品级硫酸或柠檬酸作催化剂，不断搅拌下，加热至160~180℃使之焦化，最后用碱中和制得液体焦糖，喷雾干燥得粉末状产品。

（2）亚硫酸铵法

将糖蜜用食品级硫酸调pH值至微酸性，与水以1∶(0.6~0.8)的体积比混合，加热分散均匀后，静置1h，过滤除去胶质沉淀。滤液中加入铵盐饱和溶液的1/2和糖蜜质量0.5%~0.7%的添加剂，然后升温熬制，至110℃时开始计时，并一边加入剩余的铵盐饱和溶液，加完后每1h用分光光度计检验色率，用pH计测pH值，直到色率合格。在100~120℃大约经过5~6h催化转化为焦糖。经喷雾干燥得粉状蜜糖。

若用淀粉为原料，先将淀粉水解制糖化液。一般将淀粉质原料乳中加入一定量的盐酸，在一定的压力下进行水解。不同原料进行水解，其水解液的糖度差别较大，木薯淀粉水解液的糖度达23%，甘薯淀粉水解液的糖度为20%，玉米淀粉水解液的糖度为12%。当淀粉水解完成后迅速降温，加碱中和、过滤，滤液浓缩至一定浓度。当温度达125~140℃时，加入亚硫酸铵饱和溶液，在140℃保温焦化0.5~1.0h，出料调pH值得液体焦糖。淀粉也可使用酶水解。将30%~40%的淀粉乳，调pH值至6.2~6.4，加入淀粉量0.2%的氯化钙和每克淀粉30~100活力单位的α-淀粉酶。然后在液化罐中于85~90℃下液化30~60min，至碘液试验不呈色。最后煮沸10min灭酶。液化液送入糖化罐，加入1%~2%活力为2500~3000单位/g的β-淀粉酶，调pH值至5.0~5.4，于60℃糖化3~4h。糖化过滤后，取清液蒸发浓缩。当温度达125~140℃时，加入糖液量0.5%~1.0%的铵盐(氯化铵、硫酸铵、亚硫酸铵或碳酸铵等)饱和溶液，于140℃下保温0.5~1.0h。出料后用碱中和至一定的pH值，喷雾干燥得粉状产品。

（3）铵盐生产法

在液化罐中，将淀粉或淀粉质原料加入水，调成30%~40%浓度的淀粉乳，用食品级盐酸调节pH=6.0~6.4，加入淀粉原料量0.2%的氯化钙及α-淀粉酶，酶用量视不同淀粉及淀粉乳浓度而定。薯类淀粉每克淀粉需要α-淀粉酶活力30单位。谷物淀粉约需70~100单位。将物料置于液化锅内，在搅拌下升温至85~90℃，保温液化30~60min，至碘液试验不呈色即为液化终点。液化完毕加热煮沸10min以灭酶。对于谷物淀粉则应在密闭的罐中加热至140℃保持数分钟，使蛋白质充分变性，便于糖化操作。

还可采用喷射液化法。该工艺淀粉乳受热均匀且迅速，黏度降低快，液化效果好，蛋白变性完全，便于糖化后过滤，是目前推广使用的工艺。将喷射泵预热至80~90℃后，使蒸汽通过喷射泵的蒸汽进口，用泵将淀粉乳（pH=6.2~6.4，并加有CaCl₂和淀粉酶）从喷射泵的淀粉乳进口打入喷射器中形成薄层，与喷入的蒸汽直接接触，使淀粉糊化及液化。保温45min或更长时间，直至液化完全。

也可以在调整好pH值和加入了CaCl₂的淀粉乳中加入总酶量1/3的α-淀粉酶，于85~90℃温度下液化15~30min，此时淀粉黏度迅速下降，迅速加热至140~150℃保持3~5min，快速冷到85℃，再加入总酶量2/3的α-淀粉酶，于85℃液化1~2h。该工艺称为酶-热-酶三段液化法。

将液化的淀粉溶液送入糖化罐中，降温至60℃，加入1%~2%活力达到2500~3000单位/g的β-淀粉酶，调整pH值为5.0~5.4，在60℃下搅拌保温3~4h，用无水酒精检验无糊精存在即为糖化终点。β-淀粉酶可以是麦芽、麸皮或酶制剂。将糖化的物料加酸进行酸解，增加糊精转化为单糖或双糖的机会，同时也促使蛋白质水解成氨基酸，有利于提高产品着色率。

酸解后过滤，滤液蒸发浓缩。随着浓度的增加，溶液沸点逐渐提高。当溶液沸点达到125~140℃时，搅拌下逐渐加入铵盐的饱和溶液，铵盐可以是氯化铵、硫酸铵、亚硫酸铵、碳酸铵等，铵盐用量为糖液的0.5%~1%。

维持物料温度在140℃左右，过0.5~1h即完成，焦糖浓度约为40°Bé。用碱中和至一定的pH值，出料得液体产品。将液体产品进行喷粉干燥得粉状产品。

说明：

① 焦糖的着色性能与所用的原料及制造方法有关。以砂糖为原料制得的焦糖对酸、盐稳定性较好，红色色度高，而着色力较低；以淀粉水解物、葡萄糖为原料，碱或盐类作催化剂所制得的焦糖，其耐碱性强，红色色度高，对酸和盐不稳定；用酸作催化剂制得的焦糖对酸、盐稳定，红色色度高，而着色力较低。焦糖具有胶体特性，在一般条件下均带有少量电荷。

② 铵盐法在反应过程中会产生4-甲基咪唑，它是一种惊厥剂，对人体健康不利，所以有些国家禁止使用铵盐法生产焦糖色素。

5. 质量标准

（1）亚硫酸铵法

吸光度，$E_{1cm}^{0\%}$（610nm）	≥0.1	二氧化硫（以SO_2^{2-}计）/%	≤0.1
pH值	≤2.5~3.5	砷/%	≤0.0001
黏度（25℃）/Pa·s	≤1000	铅/%	≤0.0002
电负试验	应澄明	重金属（以Pb计）/%	≤0.0025
氨态氮（以NH₃计）/%	≤0.5	4-甲基咪唑/%	≤0.02

（2）FAO/WHO

	I	II	III	IV
固形物含量/%	62～77	65～72	53～83	40～75
呈色强度	0.01～0.12	0.06～0.2	0.08～0.36	0.10～0.60
总氮/%	≤0.1	≤0.2	1.3～6.8	0.5～7.5
总硫/%	≤0.3	1.3～2.5	≤0.3	1.4～10.0
二氧化硫/%	—	≤0.2	—	≤0.5
氨态氮/%	—	—	≤0.4	—
砷/%		≤0.0001		
铅/%		≤0.0002		
重金属(以Pb计)/%		≤0.0025		

6. 用途

作为食品着色剂，我国规定可用于糖果、果汁（味）饮料类、冰淇淋、酱油、食醋、冰棍、雪糕、调味酱，按生产需要适量使用。

参 考 文 献

[1] 闵二虎，彭旭东，陈正荣，等. 焦糖色配方的工艺优化[J]. 现代食品科技，2020，36(03)：219-225.
[2] 任小青. 甘薯生产焦糖色的工艺研究[J]. 天津农学院学报，2004，(01)：18-21.

4.17 栀 子 黄

栀子黄（crocin，gardenia yellow）又称黄栀子、藏花素。分式为 $C_{44}H_{64}O_{24}$，相对分子质量976.97。结构式为：

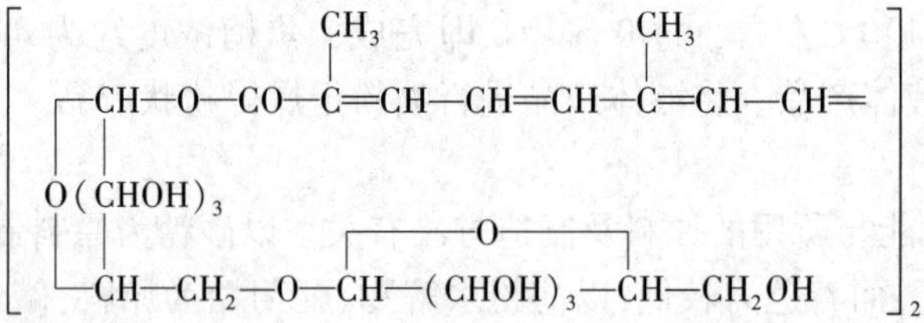

1. 性能

黄色至橙黄色粉末。易溶于水，在水中立即溶解形成透明黄色溶液，可溶于乙醇和丙二醇，不溶于油脂。pH 值对色调几乎无影响，在酸性介质（pH＝4～6）和碱性介质（pH＝8～11）中都比 β-胡萝卜素稳定。碱性时黄色更鲜明。最大吸收波长为440nm，耐盐性、耐还原性、耐微生物性均好，在酸性时耐热性和耐光性稍差。淀粉和蛋白质染着效果好。在水溶液中不够稳定。对铁有变黑的倾向，但对铝、钙、铅、铜、锡等金属离子相当稳定。纯品栀子黄为棕红色针状结晶，熔点186℃，溶于热水，形成橙色溶液，微溶于乙醇等有机溶剂。

2. 生产方法

由栀子果实提取。将栀子果实去皮后捣碎，用水或20%乙醇水溶液浸提、过滤、煮沸（杀菌），再过滤后得色素液体，将色素液再经浓缩、精制、真空干燥或喷雾干燥可制成粉末产品。

若采用热水作为溶剂浸提栀子黄色素，栀子果实中的一些果胶、植物蛋白质等水溶性杂质也同时被浸出，造成过滤和喷雾干燥操作困难。可向色素水溶液的浓缩液中加入酒精，使果胶等杂质成絮状沉淀，静置、分层，除去絮状物后再行过滤，清液用无极性的多孔树脂吸附以去除黏性杂质，以使喷雾干燥顺利进行。也可从香椿属植物的花、毛蕊花属植物的花以及番石花中提取。

3. 工艺流程

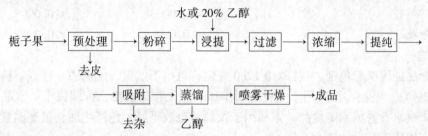

4. 操作工艺

将成熟的栀子果去皮后，粉碎，至粒度约 3mm。将粉碎的物料投入浸提罐中，采用 4～5 个串联罐进行逆流浸提。以水为浸提剂，料液比 1：6。水中的 Ca^{2+}、Mg^{2+} 硬度会降低浸提率及影响浸提液质量，应采用软化水。于 70～80℃下浸提。浸提设备必须采用不锈钢或陶瓷衬里，不宜使用铁质。浸提液浓度一般为含干物质 3%～5%。过滤后，浸提液经浓缩除去大部分水分，使其总固形物含量提高至 40% 左右。由于色素对高温敏感，浓缩应采取真空低温浓缩。浓缩液中含有果胶及植物蛋白质等水溶性杂质，这些杂质在以后的加工过程中形成沉淀，影响产品质量。向浓缩液中加一定量酒精，在一定的浓度下，果胶等杂质就会成为絮状沉淀，静置 2～3h 后过滤，除去沉淀，清液即为提纯液。将提纯后的色素溶液通过无极性多孔聚合树脂层，经过吸附作用后，进一步除去杂质，得到精制溶液。精制液采用真空蒸馏回收乙醇，得到浸膏状产品，浸膏产品可采用离心喷雾干燥法干燥。干燥进风温度为 200℃左右，出口排风温度 80～90℃，风量 80m³/h，离心盘转速 16000r/min。喷雾干燥得粉末状产品。

说明：

① 栀子黄可以藏红花为原料得到。将藏红花干燥后用乙醚热浸，再用 7% 乙醇冷浸，添加 95% 乙醇放置后析出油状物，然后再用乙醇、乙醚热溶液处理得到晶体。

② 栀子果实也可使用 20% 乙醇水溶液提取。选取成熟的栀子果实，破碎，拌入适量 $CaCO_3$ 粉末，用 20% 乙醇水溶液于 75℃ 的温度下浸提 4h，中间换两次浸提液，过滤。滤液流经多孔性吸附树脂，以 2.5% 乙醇水溶液淋洗树脂，再以 50% 乙醇水溶液淋洗树脂并收集该淋洗液，减压浓缩洗液，干燥得成品栀子黄，或者真空薄膜蒸发浓缩，喷雾干燥。

③ 栀子亦称黄栀子、山栀、黄果树、红枝子等，是茜草科的一种常绿灌木，生于山野间，适应性强。我国大部分地区均有栽培，以浙江、江西、云南、贵州等地区最多，9～11 月份成熟。它是中药材，味苦、性寒、无毒，有清热、利尿、止血的功能。栀子黄色素为栀子果实经水浸提、浓缩、干燥而成的黄色素。该色素安全性高、着色力强、色泽鲜艳、稳定性好，比合成色素柠檬黄性能稳定、安全性高、应用范围广。是一种理想的水溶性天然食用黄色素。

5. 质量标准

外观	粉末	浸膏
吸光度($E_{1cm}^{1\%}$ 440nm)	≥24	≥15
干燥失重/%	≤7	≤50
灰分/%	≤9	≤5
砷/%	≤0.0002	≤0.0001
铅/%	≤0.0003	≤0.0002
重金属/%	≤0.001	≤0.001

6. 用途

用作食品的天然着色剂。我国 GB 1760 规定，可用于饮料、配制酒、糕点、糖果等，最大用量 0.3g/kg。已被广泛应用于饮料的制作和蛋卷、着花蛋糕、杏圆饼干、水晶糖、果味汽酒、果味汽水及香槟酒等食品。本品用于饮料着色效果好，色泽艳丽，虽高温煮沸也不变化，但不宜使用于酸性饮料。

参 考 文 献

[1] 李榕，叶传财，袁琦虹，等. 栀子黄色素提取及其抗氧化等性能研究[J]. 云南化工，2022，49(07)：21-24.

[2] 汤丽琴. 栀子黄色素的制备、生物活性及稳态化研究[D]. 江西农业大学，2022.

[3] 汤丽琴，徐玉娟，吴继军，等. 栀子黄色素的纯化、理化特性及稳定性评价[J]. 食品与发酵工业，2023，49(03)：189-196.

4.18 姜 黄

姜黄(turmeric yellow，curcuma)又称姜黄粉。其中含有姜黄素 1%～5%，还含有脱甲氧基姜黄素、双脱甲氧基姜黄素、姜黄酮、姜烯以及非挥发性油、粗纤维等。

1. 性能

黄棕色至深黄棕色粉末，有胡椒样芳香，稍有苦味。易溶于冰醋酸和碱性溶液，溶于乙醇、丙二醇，不溶于乙醚和冷水。碱性溶液中呈深红褐色，酸性溶液中呈黄色。耐光性差，耐热性、耐氧化性较佳。遇三价铁盐、钼、钛、铌、钽和锆等金属离子，从黄色转变为红褐色。安全无毒，小白鼠经口 LD_{50} 大于 2g/kg。

2. 生产方法

将姜黄属植物姜黄的根茎洗净后干燥，粉碎后得姜黄。

3. 操作工艺

将姜黄根茎预处理精选去杂后，洗净，晒干(或干燥)后采用锤式粉碎机粉碎，过筛即得姜黄。

4. 质量指标

干燥失重/%	≤10.0	铬	不得检出
总灰分/%	≤7.0	铅/(mg/kg)	≤3
酸不溶灰分/%	≤1.5	人造色素物质	阴性

5. 用途

是我国民间传统的食品着色剂，可用于咖喱粉及黄色咸萝卜等食品的增香和着色；也常用于龙眼的外皮着色。我国 GB 2760 规定可用于果汁(味)饮料类、碳酸饮料、配制酒、糖果、糕点上彩装、红绿丝、调味类罐头、青梅、冰棍,可按生产需要适量使用;也可用于面包、糕点、酱腌菜,最大使用量为 0.01g/kg。

作为香料最高参考用量:布丁类 0.05mg/kg,调味品 760mg/kg,汤料 30~50mg/kg,腌菜 690mg/kg,肉类 200mg/kg。我国中医用于活血、通经、止痛、解毒、消食等。

参 考 文 献

[1] 代德财,闫浩,徐雪峰. 姜黄素的提取工艺及其生物活性的研究[J]. 中国调味品,2020,45(08):159-161.

[2] 吴妙鸿,强悦越,吴艺杰,等. 姜黄中姜黄素类化合物提取工艺研究[J]. 食品安全质量检测学报,2019,10(13):4328-4334.

[3] 陈钦,高俊杰,刘建福,等. 姜黄不同种质生物学特性及品质成分比较[J]. 云南农业大学学报(自然科学),2017,32(01):101-105.

4.19 红 花 黄

红花黄(carthamus yellow)又称红花黄色素,分子式 $C_{21}H_{22}O_{11}$,相对分子质量 450.39。结构式为:

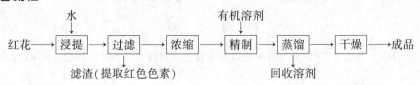

$C_6H_{11}O_5$ 为葡萄糖残基

1. 性能

外观为黄色或棕黄色均匀粉末。易吸潮,吸潮后呈褐色,并结成块状,吸潮后的产品不影响使用效果。易溶于水、乙醇、丙二醇,不溶于乙醚、石油醚、油脂和丙酮。在 pH=2~7 范围内几乎不变色,在碱性介质中带红色。对热稳定性差,耐微生物性较好,但遇铁离子(1mg/kg)变为黑色,而遇 Ca^{2+}、Sn^{2+}、Mg^{2+}、Al^{3+} 等则几乎无影响。耐光性好,pH 值为 7 时在日光下照射 8h,色素残留率 88.9%。耐盐性好,若添加聚合磷酸盐则可防止变色。对淀粉染色性能优良,而对蛋白质的染色性能稍差。0.02%水溶液呈鲜艳黄色,随着色素浓度增加,色调由黄色转向橙黄色。小白鼠经口服 LD_{50} 为 217mg/kg。

2. 生产方法

红花黄是菊科植物红花所含的黄色色素。我国各地均有红花栽培,主要产于河南、河北、浙江、四川、云南和新疆等地。夏天开花期间,摘取带黄色的花,用水浸泡抽提,经浓缩、精制、干燥得红花黄。水中不溶物加碱液可提取红色色素。

3. 工艺流程

红花 → 浸提 → 过滤 → 浓缩 → 精制 → 蒸馏 → 干燥 → 成品

（水、有机溶剂）
滤渣(提取红色色素)　回收溶剂

4. 操作工艺

工艺一

将原料投入浸提罐中，加入 10~15 倍量的水，浸提 10h，浸提完成后过滤。反复浸取 2~3 次，浸提液经过滤得到红花水浸提液。然后在浸提液中加等量的丙二醇或丙三醇，在 11~12kPa/48℃下进行减压蒸馏，完全蒸去水分。由于蒸发水分时红花黄色素转移到有机溶剂溶液中，不会因过热发生褐变分解，然后在残留的溶剂中，徐徐加入不溶解红花黄色素的有机溶剂，如丙醇或无水乙醇等，加量为溶液量的 4~5 倍。静置 30~50min，红花黄色素很快沉淀出来，离心分离，沉淀用溶剂洗涤 2~3 次，在真空减压条件下干燥，真空压力一般为 0.3~0.67kPa。得红花黄色素成品。

工艺二

红花经预处理后投入浸提罐，在室温下用水浸泡 8~20h，过滤。滤渣再浸提 5~6 次，直至大部分色素提出为止。也可用 4~5 只罐逆流浸提，浸提液浓度可达 3%~5%。浸提液经过滤，真空(87~97kPa)浓缩至相对密度 1.12~1.16(15~20°Bé)。最后于 90~100℃下烘干或喷雾干燥得粉状红花黄色素。

说明：

① 水提取红花黄色素后的残渣可提取红花红色素：将滤渣用 5%~10%碳酸钠溶液在室温下进行浸提，浸提时间 5~10h，浸提液用 1∶1 盐酸调 pH 值至 4~5，析出红色素。离心分离后，在低温下干燥可得红花红色素，一般得率 0.2%~0.5%。

② 若在提取剂水中按每克红花加入 80 单位纤维素酶，于 50℃、pH = 4.4 条件下酶解 1h，则红花黄提取率可达 9.4%~13.5%。

5. 质量指标

指标名称	GB 5176	FAO/WHO
干燥失重/%	≤10	≤10
灼烧残渣/%	≤14	≤14
吸光度($E_{1cm}^{1\%}$)	≤0.4	≤0.4
铅/%	≤0.0005	≤10mg/kg
砷/%	≤0.0001	≤3mg/kg
汞	≤0.00003	—
色素染料	—	不低于标准值
合成染料	—	阴性

6. 用途

用作食用黄色色素。我国 GB 2760 规定可用于果汁(味)饮料类、碳酸饮料、配制酒、糖果、糕点上彩装、红绿丝、罐头、青梅、冰淇淋、冰棍、果冻、蜜饯，最大使用量为 0.2g/kg，特别适宜含维生素高的饮料。红花黄与合成色素柠檬黄相比，不仅对人体无毒无害，而且有一定的营养和药理作用。它用于食品着色，具有清热、利湿、活血化瘀、预防心脏病等保健作用。

用于液体食品为提高其耐热性和耐光性，可与维生素 C 合用。

参 考 文 献

[1] 王义潮，李多伟，孙诗清，等. 从红花中提取红花黄色素最佳工艺条件的研究. 中国新医药，2004，3 (2)：27.

[2] 张翅，赵炳祥，徐慧燕，等. 红花黄色素纯化工艺研究及应用[J]. 中国食品添加剂，2022，33（06）：87-94.

4.20 β-胡萝卜素

β-胡萝卜素（β-carotene）又称胡萝卜色烯、前维生素 A。分子式 $C_{40}H_{56}$，相对分子质量536.89。结构式为：

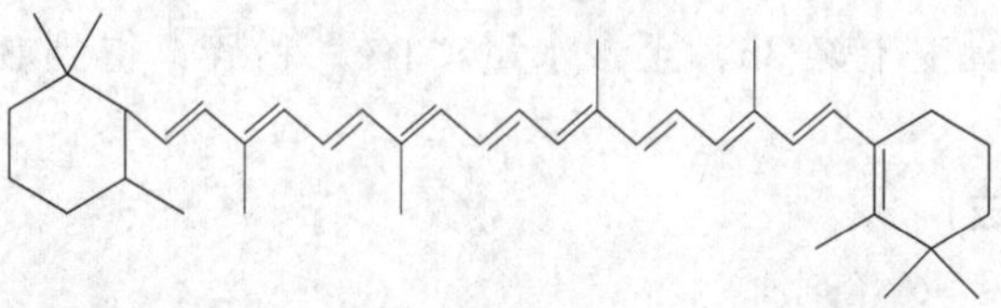

1. 性能

β-胡萝卜素为深红紫色至暗红色有光泽的板状或斜六面体微晶体或结晶性粉末。微具异臭和异味。熔点 176~180℃。具有较强的亲脂性。不溶于水、丙二醇和甘油，难溶于甲醇、乙醇，可溶于丙酮、氯仿、石油醚、苯和植物油。在橄榄油和苯中的溶解度均为0.1g/mL，在氯仿中的溶解度为 4.3g/100mL。高浓度时呈橙红色，低浓度时呈橙色至黄色。在 pH 值 2~7 的范围内较稳定，且不受抗坏血酸等还原性物质的影响，但对光和氧均不稳定，铁离子会促使其褪色。对油脂性食品着色性能良好。

2. 生产方法

（1）提取法

胡萝卜、辣椒、沙棘、苜蓿、盐藻、蚕沙等天然物中都含有大量的胡萝卜素，有着大量的天然资源。可用石油醚等有机溶剂从胡萝卜等天然物中提取。提取叶绿素时的汽油层不皂化物，用等量的 1%氯化钠溶液搅拌洗涤一次，除去可溶性类脂化合物，静置分层弃去下层水相。汽油层经减压蒸馏回收汽油，得黄色蜡状残渣。用石油醚溶解，迅速过滤。滤液通过活性氧化铝层析柱，用石油醚：丙酮=8：2 的体积比配制的混合液洗脱，减压蒸馏回收溶剂后得油状胡萝卜素粗品。再用蒽/乙醇进行重结晶得成品结晶。盐藻为单细胞藻，是生长在盐田的海洋浮游生物。在盐藻中添加含有二硫化碳或乙醇的石油醚，即析出粗品 β-胡萝卜素，精制后得到精品。

（2）发酵法

发酵以淀粉及豆饼粉为原料，植物油、部分表面活性剂及抗氧化剂等对胡萝卜素的产生具有促进作用。用溶剂油浸泡提取，然后减压回收溶剂，浓缩后脱胶，除去微生物代谢所产生的胶状物质。

菌种采用三孢布拉氏霉，产量一般可达到 1.4g/L 发酵液，最高可达到 1.88g/L 发酵液。在真菌中还有红酵母也具有产生 β-胡萝卜素的能力。以相对密度 1.06~1.07 的麦芽汁为培养基，经高温灭菌后接种 2%~3%的红酵母，于 26℃和 pH 值 5~6 的条件下通风培养 48h。发酵液经高速离心分离 15min，蒸馏水洗涤，并于 50℃下干燥得干酵母细胞。先用 2~3mol/L 的盐酸处理干细胞，然后于沸水中煮 2~3min。经高速离心分离，水洗 2 次得细胞碎片。用丙酮浸泡细胞干碎片，高速离心分离去细胞碎片得 β-胡萝卜素提取液。经后处理得到 β-胡萝卜素。

（3）合成法

化学合成法制备 β-胡萝卜素是以紫罗兰酮为原料，将紫罗兰酮的侧链延长为多烯型得

到对应衍生物 β-C_{19}醛，再将两分子的 β-C_{19}醛经 Grignard 反应结合成 β-C_{40}二醇，再经盐酸脱水缩合得 15,15′-脱氢-β-胡萝卜素，然后在石油醚悬浮液中部分加氢制得 β-胡萝卜素。

（4）水溶性 β-胡萝卜素

将 0.16kg β-胡萝卜素溶于 16kg 甘油中，充分搅拌后备用。在不锈钢反应釜中，加入 200kg 蔗糖和 200kg 麦芽糖，再加入 100L 水，搅拌，加热至 120~140℃，在达到 140℃时保温 5min。转入蒸发罐中蒸发至糖浓度 80%~95%。将 1kg 蔗糖脂肪酸酯溶于 4kg 乙醇中，加入上述糖中，搅拌均匀。冷却至 70℃以下，加入胡萝卜素甘油溶液，搅拌，由低速搅拌至高速搅拌。于 50~60℃真空干燥 3h，至含水量≤1%。粉碎，得到 β-胡萝卜素含量 0.5%~2.5% 的水溶性产品。

3. 生产流程（提取法）

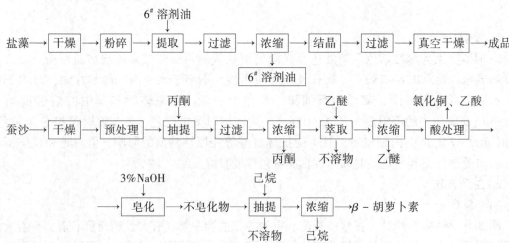

4. 操作工艺

将蚕沙干燥后预处理，然后用丙酮抽提，过滤，得到的抽提液，转入浓缩罐，浓缩回收丙酮。浓缩物用乙醚萃取，弃去不溶物。乙醚萃取液经浓缩回收乙醚。浓缩物用乙酸、氯化铜进行酸处理，然后加 3% 氢氧化钠皂化，分出不皂化物，用己烷抽提。抽提液浓缩回收己烷，浓缩物经干燥得 β-胡萝卜素。

5. 质量标准

指标名称	GB 8821（合成品）	GB 1414（天然品）
含量（以 $C_{40}H_{56}$ 计）/%	96.0~101.0	≥90
溶解试验（1g/100mL 氯仿）	澄清	澄清透明
吸光度比值 $A_{455}×10/A_{340}$	≥15	10
A_{455}/A_{483}	1.14~1.18	1.14~1.18
分解点（熔点）/℃	176~182	167~175
砷盐（As）/%	≤0.0003	≤0.0003
重金属（以 Pb 计）/%	≤0.001	≤0.0001
汞/%	—	≤0.00003
镉/%	—	≤0.00003
灼烧残渣/%	≤0.2	—
硫酸盐灰分/%	—	≤0.2

6. 用途

食用黄色色素。我国 GB 2760 规定其使用范围为奶油、人造黄油、冰淇淋、起酥油、饼干、面包，宝宝乐。目前本品在国外已广泛用于奶油、人造奶油、起酥油、干酪、焙烤制品、糖果、冰淇淋、通心粉、汤汁、饮料等食品中。现已广泛用作黄色素代替油溶性焦油系列色素。是 FAO/WHO 食品添加剂联合专家委员会确定的 A 类优秀食品添加剂。本品还可用于食用油脂的着色，以恢复其色泽，其用量可按正常生产需要添加。本品属油溶性色素，尤其适宜人造奶油、奶油、干酪等油溶性食品的着色。也可用作营养增补剂及抗氧化剂。

7. 安全与贮运

提取法使用大量可燃性溶剂，设备应密闭，车间内加强通风，注意防火。产品易被氧化，应密闭包装，阴凉干燥处保存。按食品添加剂规定包装和贮运。

参 考 文 献

[1] 金龙飞，柳凌艳. 天然胡萝卜素的制备及应用[J]. 山西食品工业，2002，(02)：6.
[2] 李青卓，张楠，梅兴国，等. 新鲜螺旋藻中 β-胡萝卜素提取与测定[J]. 湖北科技学院学报(医学版)，2022，36(04)：287-291.

4.21 叶绿素铜钠盐

叶绿素铜钠盐(sodium copper chlorophyllin)又称叶绿素铜钠。叶绿素铜钠盐产品，是叶绿素铜钠盐 a 和叶绿素铜钠盐 b 的混合物。a 盐，分子式 $C_{34}H_{30}O_5N_4CuNa_2$，相对分子质量 684.16。b 盐，分子式 $C_{34}H_{28}O_6N_4CuNa_2$，相对分子质量 689.15。结构式为：

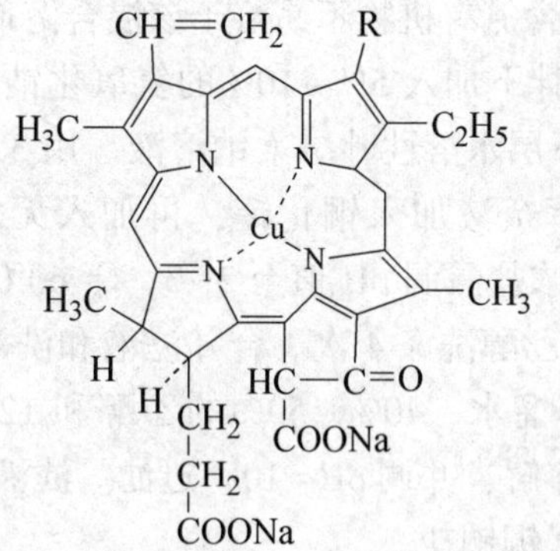

R=CH₃，a 盐
R=CHO，b 盐

1. 性能

叶绿素铜钠为黑绿色粉末，有金属光泽。无臭或略带氨臭。易溶于水，略溶于乙醇和氯仿，几乎不溶于油脂和石油醚。水溶液呈蓝绿色，透明，无沉淀，1% 水溶液 pH 值为 9.5～10.2。叶绿素铜钠的耐光性比叶绿素强得多。若有 Ca^{2+} 存在，则有沉淀析出。偏酸性(pH 值≤6.5)，不宜加入酸性饮料中，否则 pH 值<6 时易沉淀析出。加热至 110℃ 以上则分解。小白鼠经口服 $LD_{50}<10mg/kg$。

2. 生产方法

大多以植物(如菠菜、芭蕉叶、芦苇)或干燥的蚕沙为原料，提取叶绿素。叶绿素用氢氧化钠的甲醇溶液进行皂化，再与氯化铜或硫酸铜发生铜化，得到叶绿素铜钠。

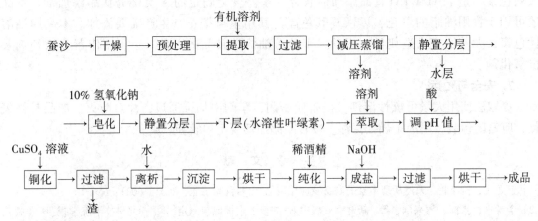

3. 工艺流程

蚕沙 → 干燥 → 预处理 → 提取 → 过滤 → 减压蒸馏 → 静置分层 →

（提取处上方标注：有机溶剂；减压蒸馏下方标注：溶剂；静置分层下方标注：水层）

10%氢氧化钠 → 皂化 → 静置分层 → 下层（水溶性叶绿素）→ 萃取 → 调 pH 值 →

（皂化处上方标注：10%氢氧化钠；萃取下方标注：溶剂；调 pH 值下方标注：酸）

CuSO₄溶液 → 铜化 → 过滤 → 离析 → 沉淀 → 烘干 → 纯化 → 成盐 → 过滤 → 烘干 → 成品

（铜化处上方标注：CuSO₄溶液；过滤下方标注：渣；离析处上方标注：水；纯化处上方标注：稀酒精；成盐处上方标注：NaOH）

4. 操作工艺

干蚕沙经除杂后，用 50～60℃的热水润湿至含水 35%左右，然后堆放 6h。再用 95%酒精浸泡一次，然后用丙酮于 45℃下搅拌浸提 4h，过滤后滤渣再浸提 3 次，抽出率可达 90%以上。浸提过程中，丙酮的浓度应控制在 85%～90%。合并 4 次提取液，于 60～70℃下减压蒸馏回收丙酮，最后可升温至 80℃蒸尽残留丙酮。出料，冷却至室温，静置分层，弃去下层黑褐色水相，得上层墨绿色膏状物，其中含叶绿素 10%、水分 25%以下。也可用 95%乙醇与石油醚（或 120#汽油）以 1∶5（体积比）混合溶剂，于 50℃下连续浸提 3 次，每次 4h，提取率可达 95%以上。非叶绿素的脂类含氮有机物不易溶于该混合溶剂。

在皂化锅中，加入叶绿素，在搅拌下加入 5%～10%的氢氧化钠乙醇溶液，于 60℃下反应 30～60min。冷却后静置分层，取下层水溶性叶绿素钠溶液。用 3 倍的 120#汽油分 3 次萃取皂化液，以除去植物醇等物质。萃余液加入铜化罐，再加入无水乙醇，使乙醇浓度达 80%，加入总液量 10%的硫酸铜，用浓盐酸调 pH 值至 2～3，于 60℃下保温搅拌 30～60min。铜化完毕，趁热过滤，滤渣用 95%的乙醇洗涤 4 次。合并滤液和洗液，加入等量的蒸馏水，析出叶绿素铜酸。过滤，并依次用蒸馏水、40%～50%的乙醇和 120#汽油各洗涤 4 次，抽干。滤饼用 5%的氢氧化钠乙醇溶液溶解，并调 pH＝10，过滤。滤液于 60℃下真空干燥，经球磨、过筛（0.16mm），得成品叶绿素铜钠盐。

说明：

① 叶绿素在热碱性条件下皂化，可水解为植酸、甲醇及水溶性的叶绿酸盐（绿色），即为皂化。理论上应检测浸提液中叶绿素含量，根据皂化反应计算加碱量，实际使用比较困难。一般加碱量以稍高于皂化值比较合适。通常用 4 体积浸提液加 1 体积 5%的氢氧化钠酒精溶液，在皂化罐中进行皂化。温度控制在 60℃，皂化约 1h，静置分层。上层汽油液含不皂化物，如 β-胡萝卜素及植酸等，下层为水溶性叶绿素皂化液。在分离上层汽油之前，应检查一下叶绿素是否完全皂化。方法是取皂化液少许，加入 2～3 倍的汽油，摇荡，静置，如上层汽油液呈绿色，即表示皂化不完全，需添加氢氧化钠酒精液继续皂化，以保证收率。

② 皂化的中间产物为叶绿酸镁钠盐，作为商品时不稳定，易褪色，而用铜置换镁后，

形成的绿色产物叶绿酸铜钠盐性质非常稳定，适合作着色剂。影响铜置换反应的因素很多。酒精浓度太高，硫酸铜不易溶解，置换不完全；酒精浓度太低，叶绿素铜酸析出，造成损失。所以一般把酒精浓度掌握在70%以上，不超过85%。

③ 产品也可利用喷雾干燥法制得粉状产品。

④ 绿色食品越来越受到人们的喜爱，以绿色素作为着色剂在食品中的使用已越来越多，但由于天然叶绿素稳定性差，因而不宜作为食品着色剂使用。将叶绿素转变为叶绿素铜钠，既增强了稳定性，又有较好的水溶性，而且还可用于肝病的辅助治疗。叶绿素铜钠可以作为补充微量元素铜的铜剂。

5. 质量标准

指标名称	GB 3262
pH 值(1%)溶液	9.0~10.7
吸光度($E_{1cm}^{1\%}$405nm)	≥568
吸光度比值	3.2~4.0
总铜(以 Cu 计)/%	4.0~6.0
游离铜(以 Cu 计)/%	≤0.025
砷/%	≤0.0002
铅/%	≤0.0005
干燥失重/%	≤4.0
硫酸灰分/%	≤36.0

指标名称	FAO/WHO
残留溶剂/(mg/kg)	
丙酮、甲醇、乙醇、异丙醇、己烷/(mg/kg)	≤50
二氯甲烷/(mg/kg)	≤10
砷/(mg/kg)	≤3
铅/(mg/kg)	≤10
游离离子态铜/(mg/kg)	≤200
总铜(总叶绿素铜钠计)/%	≤8
碱性染料	正常

6. 用途

用作食品绿色色素，也用作脱臭剂。我国 GB 2760 规定可用于配制酒、糖果、青豌豆罐头、果冻、冰淇淋、冰棍、雪糕、饼干和糕点上彩装，最大使用量 0.50g/kg。

7. 安全与贮运

生产中使用可燃性有机溶剂，车间内加强通风，注意防火。产品按食品添加剂的规定进行包装和贮运。

参　考　文　献

[1] 杨馥毓，丁小强，田芳，等. 叶绿素铜钠盐的研究进展[J]. 粮食与食品工业，2021，28(05)：35-39.

[2] 丁同英. 茭白叶中提取叶绿素制备叶绿素铜钠盐研究[J]. 齐鲁工业大学学报(自然科学版)，2017，31(01)：29-32.

[3] 韩敏. 直接皂化法制备叶绿素铜钠盐[J]. 应用化工，2014，43(04)：704-707.

第5章 乳化剂

5.1 概　述

　　乳化剂是能改善互不相容的组分之间的表面张力、形成均匀分散体或乳化体的添加剂。乳化剂能稳定食品的物理状态，改善食品的组织结构，改良风味、口感和外观，使食品的色、香、味、形构成一个和谐体，以提高食品的品质和保存性质，并能简化和控制食品加工过程、防止食品变质。食品乳化剂在食品生产和加工中占有重要的地位。

　　食品乳化剂实际就是表面活性剂。它的基本分子结构特征是在同一分子中既有亲水基团，又有亲油基团，即分子中同时有极性(亲水)和非极性(亲油)两类基团。当乳化剂与油、水混合时，乳化剂被吸附在油水界面上，乳化剂分子定向排列起来，亲水基团转向水层，亲油基团转向油层，形成吸附薄膜。由于乳化剂分子亲水性与亲油性强弱不同，在薄膜两侧的界面张力也不同。如果乳化剂具有较大的亲水性，可强烈地降低水的界面张力，而对油的界面张力则降低不多，此时油呈球形，因而得到水包油型乳状液(O/W，其中 O 代表油，W 代表水)。反之，如果乳化剂具有较大的亲油性，可强烈地降低油的界面张力，而对水的界面张力则降低不多，此时水呈球形，因而得到油包水型(W/O)的乳状液。水包油型乳状液中油以微小的油滴分散于水中，油滴为分散相，水为分散介质。油包水型乳状液则相反。

　　乳化剂中的亲水基团有—CO_2Na、—SO_3Na、聚乙烯醇基、聚醇基、磷酸盐、膦酸基等；亲油基一般为长链烷基或烃基。

　　乳状液由分散介质、连续相和乳化剂组成。乳状液的稳定性一般取决于系统的成分、成分之间的比例、乳化机械条件等。其中以乳化剂的作用最为重要。通常使用亲水亲油平衡值(简称 HLB 值)表示乳化剂的亲水、亲油性的大小。以石蜡的 HLB＝0、油酸的 HLB＝1、油酸钾的 HLB 值为 20 作为标准，HLB 值越大表示亲水性越大，HLB 值越小则表示亲油性越大。因此，为了得到稳定的乳状液，必须选择适当的乳化剂(基于 HLB 值)。当两种不同的乳化剂混合使用时，可按各组分的比例与各自的 HLB 值计算混合物的 HLB 值，混合的 HLB 值等于组成混合物的各乳化剂的加权平均值。

　　食品是一个非常复杂的系统，不可能仅由 HLB 值来判断乳状液的稳定性。但由 HLB 值则可知道乳化剂大致的使用范围。一般 HLB 值在 3~6 的乳化剂称为油包水类乳化剂，HLB 值大于 9 的乳化剂称为水包油类乳化剂。从化学结构看，食品乳化剂绝大多数为非离子型，只有少数为阴离子型。乳化剂品种很多，世界上生产和使用的食品乳化剂共约 65 类(种)，FAO/HWO 制订标准的有 34 种。我国食品添加剂使用标准(GB 2760)批准使用乳化剂品种有 30 种。目前国内外使用量最大的有：脂肪酸甘油酯、蔗糖脂肪酸酯、山梨醇酐脂肪酸酯、丙二醇脂肪酸酯、酪蛋白酸钠和磷脂等。特别是前两种，因为其安全性高、效果好、价格较便宜而得到广泛的应用。

　　乳化剂在食品工业中的主要功能有：乳化作用；湿润作用；调节黏度的作用；对淀粉食品具有柔软保鲜、对面团具有的调理作用；可作为脂溶性色素、香料、强化剂的增溶剂。此

96

外在食品加工中也可用作破乳剂。某些乳化剂(如蔗糖酯)还有一定的抗菌保鲜性,天然磷脂(卵磷脂等)还有抗氧化等作用。

目前,我国的食品乳化剂不论是总产量、质量、开发应用,还是标准法规的制定,生产技术管理等,与食品工业发达国家相比仍有相当大的差距。我国食品乳化剂的研制和发展的重点应放在下列几个方面:

(1) 大力开发营养性、多功能的乳化剂

大豆磷脂和蛋白质系列乳化剂,既具有丰富的营养功能,也具有良好的乳化作用,目前已得到广泛的重视与发展。辛癸酸甘油酯是一个典型多功能的食品乳化剂,由于它是中碳链脂肪酸甘油酯,作为脂肪代用品在体内吸收代谢速度快,不会引起肥胖,可用于调节脂肪代谢紊乱症,且能降低胆固醇,又可作为预防和治疗高血脂和脂肪肝的药物。由于它的口感近似脂肪,所以远胜于过去的变性淀粉或菊粉原料制取的脂肪代用品。有些类同于美国生产的低热卡脂肪 Benefat,这是一种长链脂肪酸(硬脂酸)酯和短链脂肪酸(丙酸、丁酸)酯混合的甘油酯,热量为 21kJ/g。近期发现,辛癸酸甘油酯还有对癌细胞的杀伤作用,可用于治疗肝癌,而不影响正常肝细胞。

很多乳化剂除了能改变食品的结构、性能和口感外,均兼具抑菌作用,例如蔗糖脂肪酸酯、木糖醇脂肪酸酯、辛酸甘油酯等。

(2) 发挥资源优势,大力开发天然食品乳化剂

我国盛产甘蔗和甜菜,广西、广东、云南、东北三省是我国的糖业基地,为以蔗糖为基础原料的蔗糖酯系列乳化剂生产提供了资源保障。大力发展蔗糖酯,不仅可大大提高其附加值,而且可以有效地扩展国际市场。大豆磷脂已被美国等西方国家和 FAO/WHO 列为九大长寿食品之一,美国大豆磷脂及衍生物的用量占总食品乳化剂的 30% 以上。大豆磷脂作为天然乳化剂,在我国的开发应用前景相当广阔。因此,建立大型大豆磷脂生产基地,采用先进的精制提纯生产技术,生产高纯度的大豆磷脂及其各种改性产品,满足日益增长的食品、营养保健品和医药行业的需求,可更加有效地利用我国丰富的大豆资源。

(3) 加快发展复配型乳化剂,加强复配技术理论研究并与实际应用相结合

当今,食品乳化剂正发展为具有系列化、多功能、高效率、使用方便等特点,乳化剂复合配方技术研究至关重要。复配技术主要发展方向有:①以蔗糖酯和大豆磷脂为基础材料的复配产品;②以单甘酯和蔗糖酯为主的复配乳化剂;③以 Span、Tween 和单甘酯为基础材料的复配制品;④由各种乳化剂和增稠剂、品质改良剂等食品添加剂复配成专用乳化剂。

参 考 文 献

[1] 苗攀登,李莹莹,刘钟栋.我国食品乳化剂现阶段发展的问题以及机理探究[J].中国食品添加剂,2017,(10):177-182.

[2] 徐宝财,王瑞,张桂菊,等.国内外食品乳化剂研究现状与发展趋势[J].食品科学技术学报,2017,35(04):1-7.

[3] 付红菊,刘玮.食品乳化剂复配在食品生产中的应用[J].黑龙江科技信息,2012,(03):76.

5.2 山梨糖醇酐单硬脂酸酯

山梨糖醇酐单硬脂酸酯(sorbitan monostearate)又称乳化剂 S-60、司本-60(斯盘-60,

Span-60)。分子式 $C_{24}H_{46}O_6$，相对分子质量 430。结构式为：

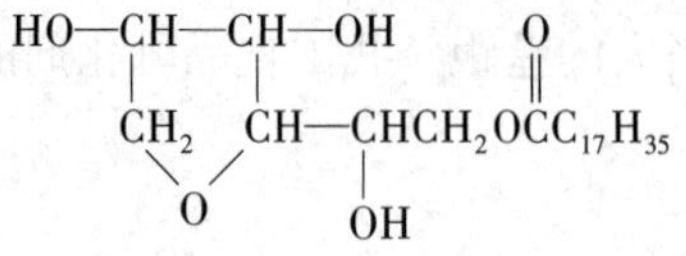

（1,4-酐的酯） 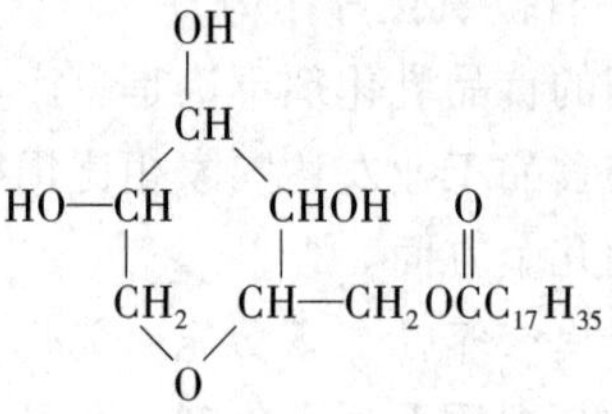   （1,5-酐的酯）

1. 性能

米黄色片状体。凝固点 60℃，相对密度 0.98～1.03。能溶于苯、含氯有机溶剂和热乙醇、热油，微溶于乙醚和石油醚，能分散于热水中。属非离子型表面活性剂，具有乳化、分散、润湿等性能。HLB 值 4.7。大鼠口服 LD_{50} 为 10g/kg。

2. 生产方法

在真空条件下，山梨糖醇发生分子内脱水生成环状山梨醇酐(或称失水山梨糖醇)，有五元环(1,4-酐)和六元环(1,5-酐)两种异构体。然后与硬脂酸发生酯化反应，生成山梨糖醇酐单硬脂酸酯。

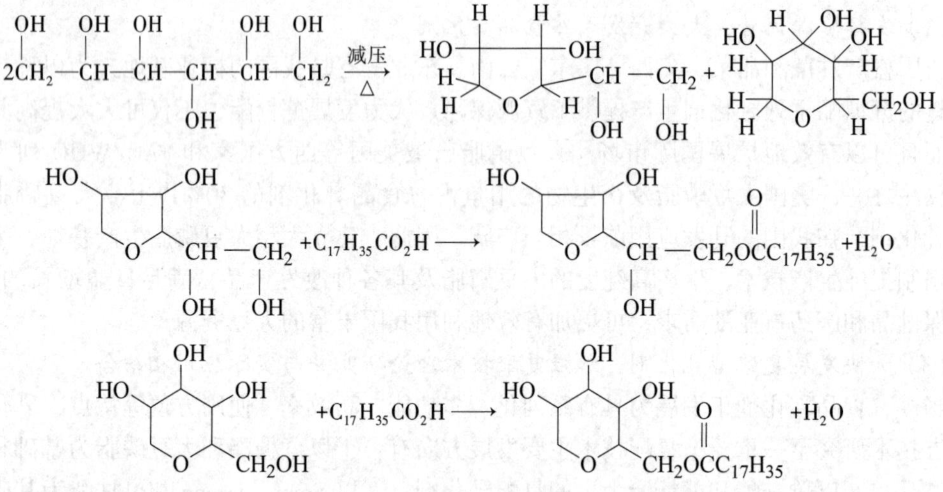

3. 工艺流程

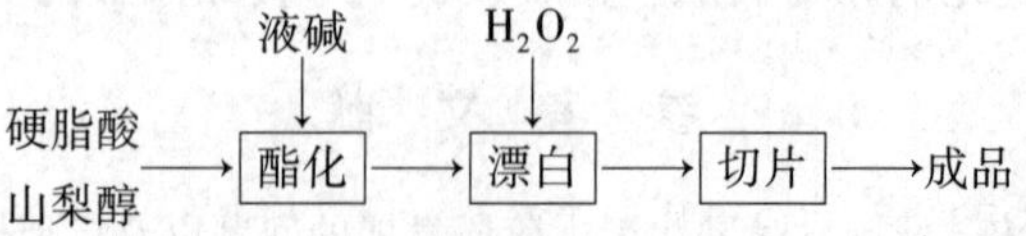

4. 操作工艺

将 320kg 50%左右的山梨醇投入搪瓷反应釜中，开启真空系统，在搅拌下，于 40×133.3Pa 压力下加热至 75～80℃脱水，至釜内翻起小泡为止。然后加入 290kg 已加热熔化的硬脂酸，搅拌，加入 1kg 50%的液碱，减压下于 2h 内升温至 170℃。然后控制每小时升温 10℃，保温 1h，直至 210℃。再于 210℃下保温反应 4h。抽样分析酸值，当酸值<8.5mgKOH/g 时，表示已达终点。静置过夜。除去底层焦化物，搅拌，于 75℃下逐渐加入 30%的双氧水 2kg，0.5h 加完。然后升温至 110℃，趁热搅拌。出料，切片成型，得到约 400kg 山梨糖醇酐单硬脂酸酯成品。

98

5. 质量标准

指标名称	GB 13481	FCC(IV)
多元醇/%	29.5~33.5	28.9~34.0
脂肪酸/%	71~75	68~76
酸值/(mgKOH/g)	≤10	5~10
羟值/(mgKOH/g)	235~260	235~260
皂化值/(mgKOH/g)	147~157	147~157
砷/%	≤0.0003	—
重金属(以 Pb 计)/%	≤0.0010	≤0.0010
水分/%	≤1.5	≤1.5

6. 用途

用作乳化剂、稳定剂。本品为优良的水/油型乳化剂，具有优良的乳化、分散和润湿作用，可与各种类型表面活性剂配合使用。用作聚丙烯纤维纺丝油的重要组分，对纤维有柔软、抗静电和平滑作用。在印染、涂料、皮革、日用化妆品、医药及食品工业中，广泛用作乳化剂和分散剂。我国 GB 2760 规定，可用于饮料、奶糖、面包、糕点、巧克力、固体饮料等，最大用量为 3g/kg。

5.3 山梨糖醇酐单油酸酯

山梨糖醇酐单油酸酯(sorbitan monooleate)又称乳化剂 S-80、司本-80(斯盘-80，Span-80)。分子式 $C_{24}H_{44}O_6$，相对分子质量 428。结构式为：

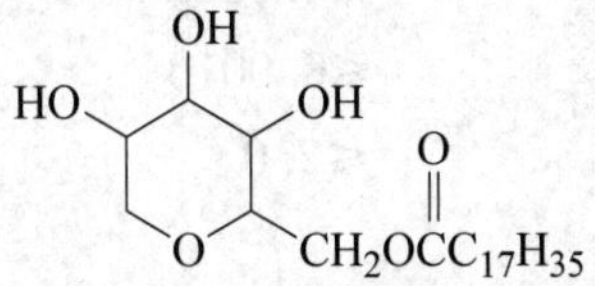

1. 性能

棕色油状或黏稠体，可分散于水中，溶于苯等多种有机溶剂。属于非离子型表面活性剂，是水/油型乳化剂，可与乳化剂 S-60、T-60、T-80 拼混使用，具有优良的乳化、分散和润湿性能。HLB 值 4.3。小鼠经口服 $LD_{50} \geqslant 10g/kg$。

2. 生产方法

山梨糖醇脱水后生成山梨糖醇酐(失水山梨醇)，再与油酸酯化，生成山梨糖醇酐单油酸酯。

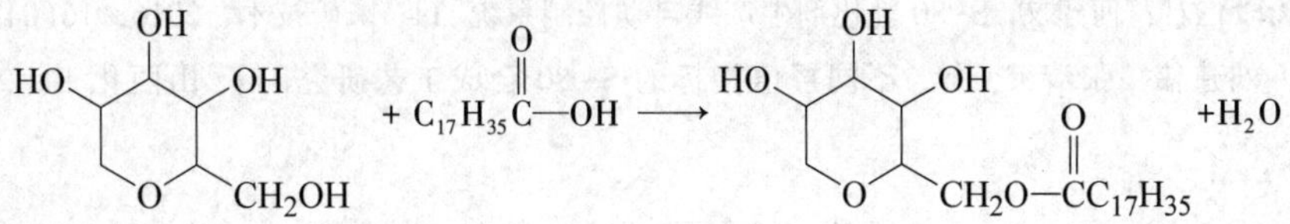

3. 工艺流程

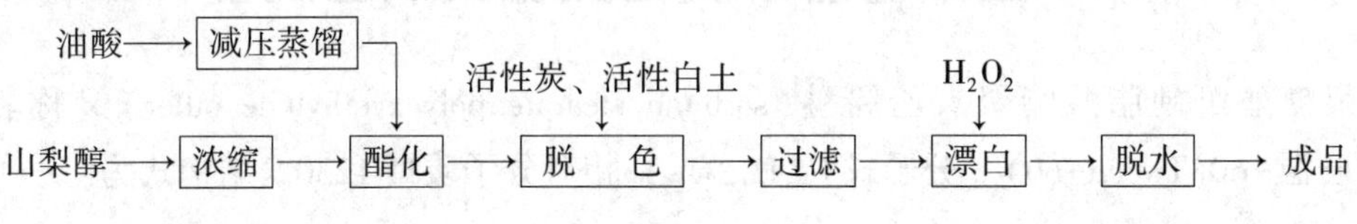

4. 操作工艺

将油酸投入减压蒸馏釜中，进行减压蒸馏精制，收集 190~235℃/100×133.3Pa 的馏分。100kg 工业油酸经精制可得淡黄色的精制油酸 84kg。山梨醇置于浓缩釜内，浓缩脱水，使浓度达到 70%~80%。

将 88kg(100%计)山梨醇投入搪瓷酯化反应釜中，加入精制油酸 130kg、氢氧化钾溶液(含 KOH 约 0.2kg)。搅拌下抽真空，并逐渐加热升温。于 700×133.3Pa/200~210℃下维持反应 7h。反应完毕，冷却并静置 24h。自然分层，分离掉下层黑色胶状物。将上层澄清液移入脱色釜内，加热至 65℃，加入活性白土 5kg、活性炭 5kg，搅拌，于 80℃下脱色 1h。过滤。在滤液中加入过氧化氢 1.3kg，于 60℃下漂白 0.5h，继续升温脱水，减压，于 105~110℃下保温脱水 5h，得到山梨糖醇酐单油酸酯约 200kg。

说明：

① 工业油酸含杂质较多，酯化前必须减压蒸馏进行精制，否则影响产品色泽和质量。

② 工业山梨醇若浓度低于 70%，必须浓缩脱水，以提高酯化反应产率，降低产品酸值。

5. 质量标准

指标名称	GB 13482	FAO/WHO
多元醇/%	29.5~33.5	—
脂肪酸/%	71~75	约 95
酸值/(mgKOH/g)	≤8	≤8
羟值/(mgKOH/g)	193~210	193~210
皂化值/(mgKOH/g)	145~160	145~160
砷/%	≤0.0003	≤0.0003
重金属(以 Pb 计)/%	≤0.0010	≤0.0010
水分/%	≤2.0	≤2
灰分/%	—	≤0.25

6. 用途

用作乳化剂、稳定剂。本品为优良的水/油型乳化剂，具有优良的乳化、分散和润湿作用，可与各种类型表面活性剂配合使用。在印染、涂料、皮革、日用化妆品、医药及食品工业中，广泛用作乳化剂和分散剂。我国 GB 2760 规定，可用于果汁型饮料、牛乳、奶糖、面包、糕点等。也用作聚丙烯纤维纺丝油的重要组分，对纤维有柔软、抗静电和平滑作用。

参 考 文 献

[1] 陈友民，段仁君，何建文. S-80 乳化剂生产线自动控制系统[J]. 采矿技术，2016，16(04)：70-72.

[2] 马忠平，刘建伟，张清爽，等. 不同羟值指标的 S-80 合成工艺研究[J]. 山西化工，2001，(02)：7-8.

5.4 山梨糖醇酐硬脂酸酯聚氧乙烯醚

山梨糖醇酐硬脂酸酯聚氧乙烯醚(sorbitan stearate polyoxyethylene ether)又称乳化剂 T-60、吐温-60(Tween-60)。分子式 $C_{64}H_{126}O_{26}$，相对分子质量 1230。结构式为：

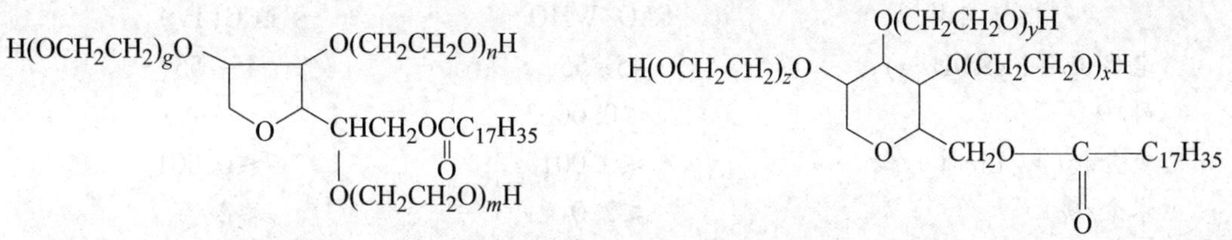

$$H(OCH_2CH_2)_gO-\overset{O(CH_2CH_2O)_nH}{\diagup}$$

以下图示结构

$$1,4-酐物 \qquad (m+n+g=x+y+z=20) \qquad 1,5-酐物$$

1. 性能

黄色膏状体。属非离子型乳化剂，是优良的油/水型乳化剂，具有扩散、乳化、润湿、起泡等性能。能溶于40℃温水以及多种有机溶剂，不溶于油。对人体无害。HLB 值 14.9。大鼠经口服 $LD_{50} \geqslant 10g/kg$。

2. 生产方法

将山梨糖醇酐单硬脂酸酯与环氧乙烷在 KOH 催化下发生加成反应，生成山梨糖醇酐硬脂酸酯聚氧乙烯醚。

$$C_6H_8O(OH)_3-O-CC_{17}H_{35} + 20CH_2-CH_2 \xrightarrow[160\sim180℃]{KOH} C_6H_8O\text{-}[O(CH_2CH_2O)_nH]_3\text{-}OCC_{17}H_{35} \quad (3n=20)$$

$$(S-60) \qquad\qquad (T-60)$$

3. 工艺流程

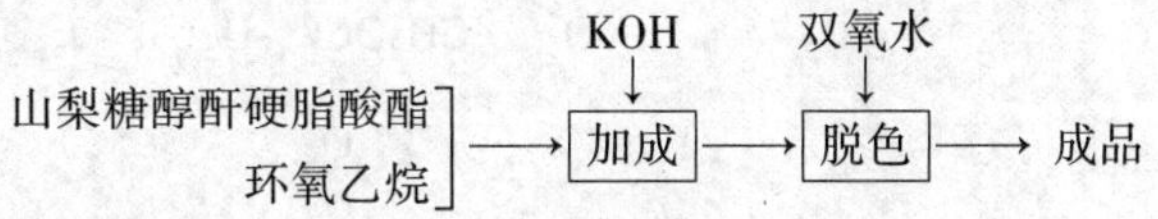

山梨糖醇酐硬脂酸酯 / 环氧乙烷 → [加成] ──KOH──→ [脱色] ──双氧水──→ 成品

4. 操作工艺

将山梨糖醇酐硬脂酸酯 360kg 加入不锈钢反应釜中，加热熔化，搅拌，将 4kg KOH 配成50%水溶液加入反应釜中，逐渐升温。密封，减压脱水。当温度上升至 110~120℃，釜视镜内表面无水珠或水雾时，压入氮气以驱除釜内空气，经数次压氮驱氧后升温至 140℃。开始通入环氧乙烷。控制反应温度 160~180℃，压力不超过 0.2MPa。当通入的环氧乙烷接近 800kg 时，取样测定终点。达终点后冷至 80~90℃，加冰乙酸调 pH 值至 5~7。然后滴加双氧水 10~11kg，进行漂白脱色。继续搅拌 1h，冷却，放料，得到山梨糖醇酐硬脂酸酯聚氧乙烯醚约 1100kg。

说明：

① 通环氧乙烷前，釜内空气必须驱尽。

② 加成反应终点用浊点测定法来判断：当 1% 物料在 10% 盐水中的浊点达到 58~62℃时，表示反应已达到终点。

③ 本品可与山梨糖醇酐硬脂酸酯以不同比例进行混配，从而获得具有不同 HLB 值的复合乳化剂，以满足不同用途的需要。

5. 质量标准

指标名称	FAO/WHO	FCC(Ⅳ)
氧乙烯含量/%	98.0~103.0	98.0~103.0
软脂酸和硬脂酸/%	—	21.5~26.0
酸值/(mgKOH/g)	≤2	≤2
羟值/(mgKOH/g)	81~96	81~96

指标名称	FAO/WHO	FCC（Ⅳ）
皂化值/（mgKOH/g）	45~55	45~55
砷/%	≤0.0003	—
重金属（以 Pb 计）/%	≤0.001	≤0.001
水分/%	≤2.0	≤2
灼烧残渣/%	≤0.25	≤0.25
1,4-二噁烷	合格	0.001

6. 用途

我国 GB 2760 规定，可用于乳化香精、面包等。广泛用于食品、医药、塑料、日用化工及化妆品工业的分散剂、乳化剂。常与乳化剂 S-60 混拼使用。也用作合成纤维（如聚丙烯腈）纺丝油剂组分（乳化剂组分）、纤维后加工柔软剂、润滑剂，能消除纤维静电并提高其柔软性。

5.5 山梨糖醇酐油酸酯聚氧乙烯醚

山梨糖醇酐油酸酯聚氧乙烯醚（sorbitan monooleate polyoxyethylene ether）又称乳化剂 T-80、吐温-80（Tween-80）。分子式 $C_{64}H_{124}O_{26}$，相对分子质量 1228。结构式为：

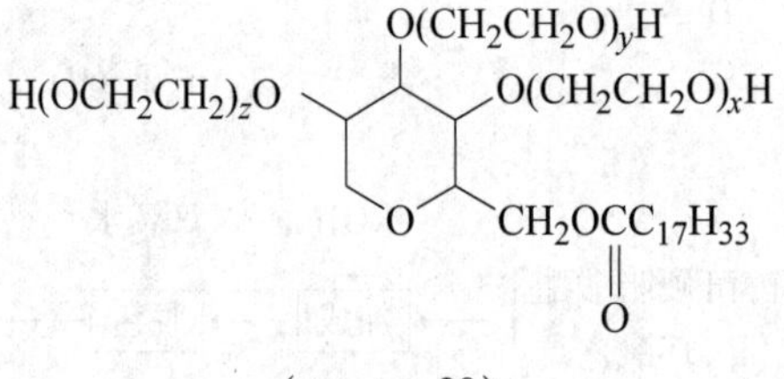

$$H(OCH_2CH_2)_zO \quad O(CH_2CH_2O)_yH \quad O(CH_2CH_2O)_xH$$

$$CH_2OCC_{17}H_{33}$$

$$O$$

$$(x+y+z-20)$$

1. 性能

棕色膏状物或黏稠液体。属非离子表面活性剂，是油/水型乳化剂。可与各种类型的表面活性剂混用，特别适用于与乳化剂 S-80 混用。不溶于油，溶于水及多种有机溶剂。小鼠经口服 LD_{50} 为 25g/kg。

2. 生产方法

油酸与山梨醇酯化、脱色后得到的乳化剂 S-80 与环氧乙烷加成，经脱色得到山梨糖醇酐油酸酯聚氧乙烯醚。

$$C_6H_8O(OH)_3OCC_{17}H_{33} + 20CH_2—CH_2 \xrightarrow{KOH} C_6H_8O\left[O(CH_2CH_2O)_nH\right]_3OCC_{17}H_{33} \quad (3n = 20)$$

（S-80）　　　　　　　　　　　　　　　（T-80）

3. 工艺流程

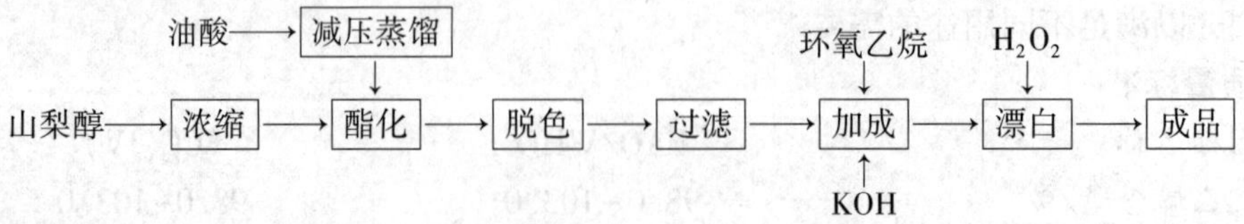

4. 操作工艺

（1）乳化剂 S-80 制备

将油酸减压蒸馏精制后与浓缩的山梨醇发生酯化反应，静置分去下层黑色胶油，上层经脱色、过滤、漂白、脱水后得乳化剂 S-80，具体操作参见乳化剂 S-80 操作工艺。

（2）乳化剂 T-80 制备

将 330kg 乳化剂 S-80 加入不锈钢反应釜内，加热熔化，搅拌。将 4kg KOH 配成 50% 的水溶液，加入反应釜中，逐渐升温，真空脱水，升温至 110～120℃（水基本脱尽），压入氮气以驱除釜内空气。经数次压氮驱空气后，升温至 140℃，开始通入环氧乙烷。控制反应温度 160～180℃，压力不超过 0.2MPa。当压入 700～740kg 环氧乙烷时，测定反应终点。达终点后，冷却至 80～90℃，加入冰乙酸调物料 pH 值至 5～7。然后在搅拌下，滴加双氧水 10～15kg，进行漂白，滴完后继续搅拌 1h，冷却，放料，得到山梨糖醇酐油酸酯聚氧乙烯醚约 1000kg。

说明：

① 通环氧乙烷前反应釜内的空气必须通氮驱尽。

② 加成反应终点用浊点测定法判断：当 1% 的反应物料在 10% 盐水中的浊点达 58～62℃时，表明反应达到终点。

5. 质量标准

指标名称	FAO/WHO	FCC（Ⅳ）
含量/%	96.5～103.0	96.5～103.0
酸值/（mgKOH/g）	≤2	≤2
羟值/（mgKOH/g）	65～80	65～80
皂化值/（mgKOH/g）	45～55	45～55
砷/%	≤0.0003	—
重金属（以 Pb 计）/%	≤0.001	≤0.001
水分/%	≤3.0	≤3.0
灼烧残渣/%	≤0.25	≤0.25
1,4-二噁烷	合格	0.0010
油酸	—	22～24

6. 用途

我国 GB 2760 规定，可用于乳化天然色素、雪糕、冰淇淋、牛奶等。广泛用作食品、医药、塑料、日用化工及化妆品工业的分散剂、乳化剂、稳定剂。

5.6 甘油单硬脂酸酯

甘油单硬脂酸酯（glycerol monostearate）又称单十八酸甘油酯、单硬脂酸甘油酯。分子式 $C_{21}H_{42}O_4$，相对分子质量 358.56。结构式为：

$$CH_2—OH$$
$$|$$
$$CH—OH$$
$$|$$
$$CH_2OOC(CH_2)_{16}CH_3$$

1. 性能

纯白色或淡乳色蜡状固体。无毒，可燃。略有刺激性的脂肪气味。熔点 58～59℃。密度 0.97g/cm³。溶于热乙醇、石油和烃类中，不溶于水，热水中可乳化。普通品为淡黄色蜡状固体，熔点 55℃。

2. 生产方法

甘油和脂肪酸反应生成的甘油脂肪酸酯，有单酯、二酯、三酯，三酯就是油脂，完全没有乳化能力。一般可利用单酯、二酯的混合物，也可蒸馏精制得到单酯含量约为90%的产品。

采用的脂肪酸，可以是硬脂酸、棕榈酸、肉豆蔻酸、油酸、亚油酸等。但在多数情况下采用以硬脂酸为主要成分的混合脂肪酸。

由硬脂酸和甘油在碱性催化剂作用下加热酯化制得硬脂酸单甘油酯。

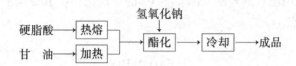

3. 工艺流程

硬脂酸 → 热熔
甘油 → 加热
氢氧化钠 → 酯化 → 冷却 → 成品

4. 操作工艺

向酯化反应釜中加入158kg硬脂酸、47kg甘油和11.5kg氢氧化钠，加热熔融后开动搅拌，通入氮气。加热，在185℃反应7h，反应结束时pH值应小于5。降温出料，得甘油单硬脂酸酯。如果希望得到较纯的产品，可出料后用水洗涤，分出废水后减压蒸馏。

5. 质量标准

外观	淡黄色蜡状固体物	碘值/(gI$_2$/100g)	≤3.0
熔点/℃	≥54	重金属(以Pb计)/%	≤0.0005
游离酸/%	≤2.5	砷/%	≤0.00001
水分散液pH值	9.3~9.7		

6. 用途

主要用作乳化剂。在食品添加剂的应用方面，以面包、饼干、糕点等的使用量最大，其次是人造奶油、黄油、冰淇淋。在医药制品中作为赋形剂，用于中性药膏的配制；在日用化学品中，用于配制雪花膏、冷霜、蛤蜊油等。还用作油类和蜡类的溶剂，吸湿性粉末保护剂和不透明遮光剂。

参 考 文 献

[1] 王雪志，缪志毅，王情英，等. 硫酸镍催化硬脂酸甘油酯的合成工艺研究[J]. 药品评价，2021，18（19）：1183-1186.

[2] 张军城，洪郑，史立文，等. 油脂甘油醇解法合成硬脂酸单甘酯合成条件研究[J]. 中国洗涤用品工业，2021，（09）：29-35.

5.7 聚甘油单油酸酯

聚甘油单油酸酯（polyglycerol monooleate）属于聚甘油脂肪酸酯类食品乳化剂。其结构通式为：

$$\text{RCO} \underset{}{\left[\text{OCH}_2 - \text{CHOH} - \text{CH}_2 \right]_n} \text{OH}$$

1. 性能

浅黄色黏稠液体，无臭，味微甜。可溶于热的乙醇、丙二醇、甘油、苯和冷的乙酸乙酯，不溶于冷水，但在热水中搅拌可分散成乳浊液。HLB 值为 8~14.5(四聚至十聚物)。聚甘油单油酸酯是以聚合甘油为亲水基团，以油为疏水基团的非离子型乳化剂。工业生产中，可以根据聚合甘油碳链的长度、酯化程度及所用脂肪酸的性质不同，制备多种不同性质、不同 HLB 值和不同用途的脂肪酸聚甘油酯。聚甘油酯中甘油聚合度越高，酯化程度越低，则亲水性越低;反之，则亲油性越强。聚甘油酯具有良好的充气作用，可用作面团调节剂。亲油性的聚甘油酯具有抑制结晶形成的作用，而高 HLB 值的聚甘油酯可用作不溶于水的亲油性质的助溶剂。

2. 主要品种及 HLB 值

类 别	名 称	HLB 值	外 观	熔 点
油酸酯	四聚甘油单油酸酯	8	液体	
	四聚甘油五油酸酯	2	液体	
	六聚甘油单油酸酯	10.5	液体	
	六聚甘油五油酸酯	4	液体	
	八聚甘油单油酸酯	13	液体	
	八聚甘油八油酸酯	3	液体	
	十聚甘油单油酸酯	14.5	液体	
	十聚甘油倍半油酸酯	11.9	液体	
	十聚甘油十油酸酯	3.5	液体	
硬脂酸酯	二聚甘油单硬脂酸酯	5.5	薄片	55℃
	三聚甘油单硬脂酸酯	6.2	薄片	
	四聚甘油单硬脂酸酯	8.0	薄片	
	四聚甘油三硬脂酸酯	4.5	薄片	52℃
	四聚甘油五硬脂酸酯	2.6	薄片	
	六聚甘油单硬脂酸酯	10.5	薄片	
	六聚甘油倍半硬脂酸酯	9.9	薄片	
	六聚甘油三硬脂酸酯	7.0	薄片	
	六聚甘油五硬脂酸酯	4.5	薄片	
	八聚甘油单硬脂酸酯	13	薄片	
	八聚甘油八硬脂酸酯	3	薄片	
	十聚甘油单硬脂酸酯	12	薄片	48℃
	十聚甘油五硬脂酸酯	4.5	薄片	51℃
月桂酸酯	四聚甘油单月桂酸酯	10	液体	
	六聚甘油单月桂酸酯	13	液体	
	八聚甘油单月桂酸酯	15	液体	
	十聚甘油单月桂酸酯	15.6	液体	46℃

3. 生产方法

(1) 甘油聚合酯化法

在碱性催化剂(如 NaOH、KOH、LiOH 等)存在下，甘油在 200~300℃高温脱水生成聚合甘油。反应温度、压力和时间等是控制聚合度的重要因素。

$$n\underset{\overset{|}{\text{OH}}}{\text{CH}_2}-\underset{\overset{|}{\text{OH}}}{\text{CH}}-\underset{\overset{|}{\text{OH}}}{\text{CH}_2} \xrightarrow[\text{高温}]{\text{碱催化剂}} \text{H} \left[\text{O}-\text{CH}_2-\underset{\overset{|}{\text{OH}}}{\text{CH}}-\text{CH}_2 \right]_n \text{OH} + n\text{H}_2\text{O} \qquad n=2\sim4$$

在甘油受热时，也会发生脱水生成失水甘油，但失水甘油可以在此反应体系中再参与水合，继续进行缩合反应。聚合甘油和油酸或脂肪酸进行直接酯化反应，或者与油脂(甘油三酸酯)进行酯交换反应即得到相应的聚甘油酯。

在催化剂存在下，脂肪酸与聚合甘油在搅拌反应器中，220~230℃加热反应2h，反应后在 CO_2 气流中冷却，未反应的聚合甘油经静置与酯分离。反应后将粗品加热进行脱色、脱臭及脱除催化剂等精制操作可得聚甘油脂肪酸酯。

（2）表氯醇聚合酯化法

表氯醇在氢氧化钠溶液中反应得到聚合甘油，然后与油酸反应得聚甘油单油酸酯。

$$n\underset{\overset{|}{\text{Cl}}}{\text{CH}_2}-\underset{\overset{|}{\text{OH}}}{\text{CH}}-\underset{\overset{|}{\text{OH}}}{\text{CH}_2} \xrightarrow{\text{NaOH}} \text{H}\left[\text{OCH}_2-\text{CHOH}-\text{CH}_2\right]_n\text{OH} + n\text{NaCl} + n\text{H}_2\text{O}$$

$$\text{H}\left[\text{OCH}_2-\text{CHOH}-\text{CH}_2\right]_n\text{OH} + \text{RCO}_2\text{H} \longrightarrow \text{RCO}\left[\text{OCH}_2\text{CHOHCH}_2\right]_n\text{OH}$$

4. 工艺流程

甘油 →(水, NaOH) 溶解 → 蒸馏(水) → (二氧化碳) 缩合(水) → 减压蒸馏(甘油) → (氮气) 冷却 → (油酸) 酯化 → (氮气) 冷却 → 脱色 → 成品

5. 生产工艺

甘油可用活性炭、酸性白土或离子交换树脂脱色精制。将精甘油 500kg，溶解 5kg NaOH，蒸去水分后，于 260℃、24h 吹入 CO_2，加热，搅拌，缩合，除去生成的水分，在 0.26kPa 压力下，通入惰性气体，在 220~225℃下蒸去甘油，最后在氮气流下冷却得到暗琥珀色黏稠的聚甘油。将 450kg 油酸和 485kg 聚甘油加入反应釜中，搅拌下于 220~230℃加热 2h，反应后在 CO_2 气流中冷却，未反应的少量聚甘油混合物经静置与酯分离。生成的酯含游离脂肪酸在 0.3% 以下，无不愉快气味，呈浅黄色，冷后为黏稠液体。如果色泽较深，可用活性炭脱色处理。

6. 质量标准（参考指标）

酸值/(mgKOH/g)	≤12.0	砷/%	≤0.0003
皂化值/(mgKOH/g)	91	重金属(以 Pb 计)/%	≤0.001
羟值/(mgKOH/g)	457	聚氧乙烷	合格
灼烧残渣/%	≤1.5		

7. 用途

用作 W/O 型食品乳化剂，具有良好乳化、分散作用。我国规定可用于乳酸菌饮料、植物蛋白饮料、冰淇淋、雪糕、冰棍，最大使用量 10.0g/kg。

聚甘油脂肪酸酯的使用方法：在饮料、冰淇淋等制品中，三聚甘油单脂肪酸酯可与其他原料同时投料，在约 70℃ 或更高的温度溶解、搅拌、乳化，然后依法制成各种产品。三聚甘油单脂肪酸酯易溶于油脂，因此可将其与油脂一起加热溶解，混合，再投料。也可将 1 份聚甘油单脂肪酸酯加入 3~4 份水中，加热(70℃ 或更高)，搅拌，待溶解完后再在搅拌下逐渐冷却，即可生成乳白色膏体，用作乳化剂直接使用。

参 考 文 献

[1] 沈俊, 肖小峰, 呼酩杰, 等. 系列十聚甘油单脂肪酸酯的合成及应用研究[J]. 中国洗涤用品工业, 2020, (08): 28-34.

5.8 硬脂酸聚甘油酯

1. 性能

硬脂酸聚甘油酯是聚合甘油与硬脂酸形成的酯, 与甘油单硬脂酸相比, 其亲水性强, 从而提高了乳化性能和与淀粉的复合性能, 在食品加工中有独特的用途。

2. 生产方法

甘油在碱性条件下聚合, 得到的聚合甘油与硬脂酸酯化。

3. 工艺流程

$$\text{甘油} \longrightarrow \boxed{\overset{\text{氢氧化钠}}{\text{聚合}}} \longrightarrow \boxed{\overset{\text{硬脂酸}}{\text{酯化}}} \longrightarrow \boxed{\text{分离}} \longrightarrow \text{成品}$$

4. 操作工艺

将精甘油 1000kg, 溶解 10kg NaOH, 蒸去水分后, 于 260℃下, 24h 吹入 CO_2, 加热, 搅拌, 缩合, 除去生成的水分, 在 0.26kPa 压力下, 通入惰性气体, 在 220~225℃下蒸去甘油, 最后在氮气流下冷却得到暗琥珀色黏稠的聚甘油。450kg 硬脂酸与 485kg 聚甘油加入反应釜中, 搅拌下于 220~230℃加热 2h, 反应后在 CO_2 气流中冷却, 未反应的少量聚甘油混合物经过静置与酯分离。生成的酯含游离脂肪酸在 0.3% 以下, 无不愉快气味, 呈浅黄色, 冷后为脆状固体物。

5. 用途

用作食品乳化剂。在面包中添加 0.1%~0.3% 可改良保存性。在巧克力制品中添加 0.2%~0.5%, 可防止砂糖结晶和油水分离, 增加细腻感。泡泡糖中加入基料的 5%~15%, 奶糖以油脂计, 添加 5%~10% 可防止油脂分离, 增加光泽及防止食用时粘牙。人造奶油中添加 0.3%~0.5%, 可防止油水分离。冰淇淋中加入 0.1%~0.2%, 可防止冰晶生成或扩大, 并可增大体积。罐头中加入 0.8% 左右, 可防止油水分离。

参 考 文 献

[1] 朱爱娣, 姜春鹏. 聚甘油脂肪酸酯类乳化剂乳化性能的研究[J]. 中国洗涤用品工业, 2019, (10): 41-45.

5.9 蛋 白 酶

1. 性能

蛋白酶(protease)为近乎白色至浅棕黄色的无定形粉末或液体。几乎不溶于乙醇、氯仿和乙醚, 溶于水, 水溶液一般呈淡黄色。由黑曲霉 3350 和蜡状芽孢杆菌制得者称酸性蛋白酶, 最适合 pH 值为 2.5, 最适合温度 45℃。主要作用是使蛋白质水解为低分子蛋白胨、胨、多肽及氨基酸。

2. 生产方法

黑曲霉变种、米曲霉变种或弗雷德氏链霉曲在受控条件下于固体或液体培养基中培养繁殖后，用硫酸铵盐进行盐析，经脱色、脱盐、干燥得蛋白酶。

3. 工艺流程

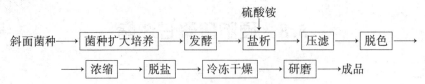

4. 操作工艺

工艺一

发酵种子罐培养采用由豆饼粉 3.65%、玉米粉 0.625%、鱼粉 0.625%、NH₄Cl 1.0%、CaCl₂ 0.5%、Na₂HPO₄ 0.2%，及豆饼粉或蚕蛹粉水解液 10% 组成的培养基，初始 pH = 5.5，培养温度 31℃±1℃，搅拌转速 230r/min，每分钟通气量为 1∶0.3（体积比），培养时间为 26h。发酵培养基成分与种子培养基相同，发酵培养基的初始 pH 值为 5.5，发酵温度为 31℃±1℃，搅拌转速 180r/min，通气量 0~24h 1∶0.25、24~48h 1∶0.5、48h 后至发酵结束 1∶10（体积比），发酵周期 72h，酶活性一般可达 2500~3200U/mL。

豆饼粉或蚕蛹粉水解液制备，取豆饼粉或蚕蛹粉 100 份，石灰 6 份和水 600 份，在 $9.8×10^4$Pa 表压下加热水解 1h。

工艺二

工业用的粗制酶用盐析法提取。将培养物滤去菌体，用盐酸调节 pH 值至 4.0 以下，加入硫酸铵使浓度达 55%，静置过夜，倾去上清液，将沉淀通过压滤除去母液，于 40℃ 干燥 24h，烘干后进行磨粉与包装，即可得工业用粗酶制品。本法盐析收率在 94% 以上，干燥后总收率在 60% 以上，每克酶活力为 20 万单位左右。也可以在发酵液滤去菌体后用刮板式薄膜蒸发器于 40℃ 浓缩 3~4 倍，直接作为商品。

医用或啤酒工业用酶，必须进一步精制，其方法是：将压滤所得的酶泥溶于 pH=2.5 的 0.005mol/L 乳酸缓冲液中，用脱色树脂（收率 93%）、真空薄膜蒸发器于 40℃ 浓缩 2 倍以上（收率 90%）；再通过离子交换树脂（732.701 树脂混合床）脱盐（收率 90%）；喷雾干燥或冷冻干燥、磨粉，即可得淡黄色乃至乳白色的粉状酶制品，酶活性为每克 40~60 万单位。

说明：

① 发酵液预处理如果目的酶是胞外酶，在发酵液中加入适当的絮凝剂或凝固剂并进行搅拌，然后通过分离（如用离心沉降分离机、转鼓真空吸滤机和板框过滤机等）除去絮凝物或凝固物，以取得澄清的酶液。如果目的酶是胞内酶，先把发酵液中的菌体分离出来，并使其破碎，将目的酶抽提至液相中，然后再和上述胞外酶一样处理，以取得澄清酶液。

② 盐析常用的中性盐有 MgSO₄、(NH₄)₂SO₄、Na₂SO₄ 和 NaH₂PO₄，其盐析蛋白质的能力因蛋白质种类不同而不同，一般以含有多价阴离子的中性盐盐析效果较好。但是由于 (NH₄)₂SO₄ 的溶解度在低温时也相当高，故在生产上普遍应用 (NH₄)₂SO₄，一般使各种酶盐析的盐析剂用量通过实验来确定。

以中性盐盐析蛋白酶时，酶蛋白溶液的 pH 值对盐析的影响不大。在高盐溶液中，温度高时酶蛋白的溶解度低，故盐析时除非酶不耐热，一般不需降低温度。如酶蛋白不耐热，一般需冷却至30℃盐析。

同一中性盐溶液对不同的酶或蛋白质的溶解能力是不同的。利用这一性质,在酶液中先后添加不同浓度的中性盐,就可以将其中所含的不同的酶或蛋白质分别盐析出来,这就是分段盐析法。分段盐析是一种简单而有效的酶纯化技术,采用此法分离不同的酶与蛋白质,必须先通过实验求出液体中各种酶或蛋白质的浓度与盐析剂浓度的关系。

盐析法的优点:不会使酶失活;沉淀中夹带的非蛋白质性杂质少;沉淀物在室温长时间放置不易失活。缺点是沉淀物中含有大量盐析剂,盐析法常作为从液体中提取酶的初始分离手段。

5. 质量标准

酶活力为所标值占比/%	85~115	砷/(mg/kg)	≤3
大肠杆菌数/(个/g)	≤30	铅/(mg/kg)	≤10
沙门氏菌阴性/g	25	重金属(以 Pb 计)/(mg/kg)	≤40
总杂菌数/(个/g)	≤5×10^4		

6. 用途

可用作消化剂、啤酒澄清剂。用于水解蛋白的生产(如浓缩鱼蛋白、氨基酸调味料之类)、烘烤食品改性、肉类软化(水解肌肉蛋白和胶原蛋白,使肉类嫩化)。

参 考 文 献

[1] 陈思羽. 蛋白酶工业化生产中产量及质量的影响因素分析[J]. 生物化工,2021,7(04):164-167.

[2] 叶思帆,赵媛. 微生物源碱性蛋白酶的生产及其应用[J]. 青海科技,2018,25(02):73-76.

[3] 王浩,卢梓荧,谭颖斯,等. 响应面法优化米曲霉液体发酵生产中性蛋白酶工艺[J]. 中国酿造,2017,36(12):40-45.

5.10 硬脂酰乳酸钠

硬脂酰乳酸钠(sodium stearyl lactate)又称硬脂酰-2-乳酸钠。分子式 $C_{24}H_{43}O_6Na$,相对分子质量450.6。结构式为:

$$C_{17}H_{35}CO_2CHCO_2CHCO_2Na$$

1. 性能

为白色或微黄色粉末或脆性固体,略带焦糖味,易吸湿成块状,不溶于水,能分散在热水中,能溶于热动植物油及乙醇、丙酮和氯仿等有机溶剂。它能与淀粉和蛋白质相结合,形成络合物,从而可以改善食品内部的组织结构,具有优越的乳化、安定及增强面包面筋的作用。其 HLB 值8.3,可以配制 O/W 和 W/O 型乳状液。

2. 生产方法

(1) 乳酰乳酸法

先分别制成硬脂酰氯和乳酰乳酸,然后将硬脂酰氯与乳酰乳酸进行酰化,再中和制得。

$$C_{17}H_{35}COOH + 2HOCHCOOH \longrightarrow C_{17}H_{35}CO(OCHCO)_2OH \xrightarrow{NaOH} C_{17}H_{35}COOCHCOOCHCOONa$$

也可以将乳酸在低真空下先缩合生成乳酰乳酸，然后通入氮气或二氧化碳，恢复到常压，以硫酸作为催化剂，加热与硬脂酸进行酯化，酯化后再用碳酸钠溶液中和，离心分离，将母液在真空下浓缩、干燥可制得粉状产品。

（2）直接酯化法

用浓硫酸为催化剂，乳酸与硬脂酸直接酯化，经中和制得硬脂酰乳酸钠。

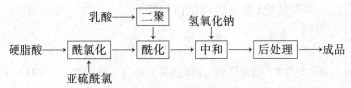

将乳酸和硬脂酸按摩尔比2：1投入反应釜，加入硬脂酸质量1.5%的浓硫酸，于105℃下反应4h，至无水分蒸发为止。反应结束后降温，缓缓加入氢氧化钠溶液中和，可制成固体含量10%的乳剂产品。

也可将乳酸用氢氧化钠中和，得到的乳酸钠与硬脂酸按摩尔比2：1进行酯化。

$$CH_3CH(OH)CO_2H + NaOH \longrightarrow CH_3CH(OH)CO_2Na + H_2O$$

$$CH_3CH(OH)CONa + C_{17}H_{35}CO_2H \longrightarrow C_{17}H_{35}COO(CH(CH_3)CO)_2ONa$$

3. 工艺流程

（1）乳酰乳酸法

```
                乳酸 ──→ 二聚        氢氧化钠
                           │           │
硬脂酸 ──→ 酰氯化 ──→ 酰化 ──→ 中和 ──→ 后处理 ──→ 成品
            │
          亚硫酰氯
```

（2）直接酯化法

```
            乳酸、硫酸  氢氧化钠
               │         │
硬脂酸 ──→ 酯化 ──→ 中和 ──→ 成品
```

4. 操作工艺

在酯化反应釜中，加入60kg 95%的硬脂酸和38kg 95%乳酸，搅拌下加热，溶混后加入0.9kg 98%硫酸，搅拌下于105℃酯化反应4h左右。反应结束后，降温。缓慢加入氢氧化钠溶液中和，直接制成10%固含量的乳剂型产品。

5. 质量标准（FAO/WHO，1995）

钠含量/%	2.5~5.0	酯值/（mgKOH/g）	90~190
总乳酸/%	15.0~40.0	砷/%	≤0.0003
酸值/（mgKOH/g）	60~130	重金属（以Pb计）/%	≤0.001

6. 用途

用作 W/O 型食品乳化剂。可与小麦粉中的面筋结合，增加面筋的弹性和稳定性，使面团蓬松柔软，同时具有保鲜、延缓食品老化的效果。用于糕点和面包，最大使用量2.0g/kg。

参 考 文 献

［1］祝一锋，胥洪原．硬脂酰乳酸钠合成新工艺［J］．精细化工，1998，15（01）：16.
［2］徐怀义，杨佳，闵菊平．硬脂酰乳酸钠的工业化合成新工艺［J］．中国食品添加剂，2017，（10）：130-134.

5.11 硬脂酰乳酸钙

硬脂酰乳酸钙(calcium stearyl lactylate)也称乳酸十八碳酰钙。分子式 $C_{48}H_{86}CaO_{12}$，相对分子质量895.3。结构式为：

$$\left[C_{17}H_{35}-\overset{O}{\overset{\|}{C}}O\overset{CH_3}{\underset{}{C}}H-\overset{O}{\overset{\|}{C}}-O\overset{CH_3}{\underset{}{C}}H-\overset{O}{\overset{\|}{C}}O \right]_2 Ca$$

1. 性能

白色到黄白色粉末或薄片状、块状固体。具有特异的类似淡的焦糖气味。难溶于冷水，微溶于热水，但强烈搅拌混合则可完全分散于水中。2%水悬浮液的 pH 值为4.7。易溶于乙醇，热时溶于植物油、猪油、起酥油，冷却时析出，属疏水性乳化剂。

2. 生产方法

由乳酸与硬脂酸、氢氧化钙反应制得。

$$2C_{17}H_{35}COOH + 4CH_3\overset{OH}{\underset{}{C}}HCOOH + Ca(OH)_2 \longrightarrow \left[C_{17}H_{35}-\overset{O}{\overset{\|}{C}}O\overset{CH_3}{\underset{}{C}}H-\overset{O}{\overset{\|}{C}}-O\overset{CH_3}{\underset{}{C}}H-\overset{O}{\overset{\|}{C}}O \right]_2 Ca$$

3. 工艺流程

硬脂酸，氢氧化钙

乳酸 → 浓缩 → 酯化 → 固化 → 粉碎 → 成品

4. 操作工艺

将乳酸加入反应釜中，在轻度减压下在100~110℃条件下加热浓缩生成重合乳酸，然后向反应釜内加入硬脂酸和氢氧化钙，再于惰性气体 CO_2 保护下，保温190~200℃条件下进行酯化反应，经数小时后完成酯化反应。将物料冷却，产品固化，经粉碎或轧片后，即制得硬脂酰乳酸钙成品。

5. 质量标准

外观	白色至黄白色粉末	干燥失重/%	≤2
酸值/(mgKOH/g)	50~86	灼烧残渣/%	≤14.3~17.7
酯值/(mgKOH/g)	125~164	砷/(mg/kg)	≤3
钙含量/%	4.2~5.2	重金属(以 Pb 计)/(mg/kg)	≤10
总乳酸量/%	32~38		

6. 用途

主要用作面包品质改良剂，加入量为小麦粉的0.5%，可改进面团耐混捏性，提高面包柔软度。还可作为糕点、面包的乳化剂，最大用量2.0g/kg；面团调节剂；稳定剂；起泡剂。

参 考 文 献

[1] 张亚丽. 硬脂酰乳酸钙的制备工艺研究[J]. 食品工业科技，2005，(05)：140-142.

5.12　脂肪酸丙二醇酯

脂肪酸丙二醇酯(propylene glycol esters of fatty acid)又称丙二醇脂肪酸酯、丙二醇单双酯。结构式为：

$$
\begin{array}{c}
CH_3 \\
| \\
CH-OR_2 \\
| \\
CH_2-OR_1
\end{array}
$$

R_1 和 R_2 其中一个为脂肪酸基团，另一个为氢时，为脂肪酸丙二醇单酯；R_1 和 R_2 均为脂肪酸基团时，为脂肪酸丙二醇双酯。

1. 性能

白色至浅黄色液体或固体，因脂肪酸种类和酯化程度不同而异。如脂肪酸为硬脂酸、软脂酸时为白色固体；若为油酸、亚油酸等不饱和酸时，则为浅黄色液体；而月桂酸酯则为半流体。丙二醇脂肪酸酯不溶于水，与热水激烈搅拌混合可乳化，溶于乙醇、乙酸乙酯、氯仿等有机溶剂。在热水中搅拌可分散成乳浊液。属 W/O 型乳化剂。大白鼠经口 LD_{50} 为 10g/kg。

2. 生产方法

(1) 直接酯化法

将丙二醇、脂肪酸、碳酸钾、生石灰和催化剂一起进行酯化。降温后经中和并除去未反应物，再冷却固化、粉碎得成品。

$$RCO_2H + CH_3CH(OH)CH_2OH \longrightarrow CH_3CHCH_2OCR$$
$$\qquad\qquad\qquad\qquad\qquad\qquad\quad | \qquad\quad \|$$
$$\qquad\qquad\qquad\qquad\qquad\qquad\quad OCOR \quad O$$

(2) 酯交换法

丙二醇与油脂进行酯交换，制得丙二醇单酯或双酯。

$$
\begin{array}{l}
CH_2OCR \\
| \quad\; \| \\
\; \; \; O \\
CHOCR + CH_3CHCH_2OH \longrightarrow CHOCR + CHOH \\
| \quad\; \| \qquad\qquad | \qquad\qquad\qquad\qquad | \qquad\quad | \\
\; \; \; O \qquad\qquad OH \\
CH_2OCR \qquad\qquad\qquad\qquad\qquad CH_2OCR \quad CH_2OH \\
| \quad\; \| \qquad\qquad\qquad\qquad\qquad\qquad | \quad\; \| \\
\; \; \; O \qquad\qquad\qquad\qquad\qquad\qquad\qquad O
\end{array}
$$

(3) 环氧丙烷法

在氢氧化钾催化下，脂肪酸与环氧丙烷反应，得到脂肪酸丙二醇酯。

$$CH_3CH-CH_2 + RCO_2H \xrightarrow{KOH} CH_3CH-CH_2OH + CH_3CH-CH_2OCOR$$
$$\qquad \diagdown O \diagup \qquad\qquad\qquad\qquad\qquad | \qquad\qquad\qquad\qquad | $$
$$\qquad\qquad\qquad\qquad\qquad\qquad\qquad\quad OCOR \qquad\qquad\quad OCOR$$

3. 工艺流程

(1) 直接酯化反应

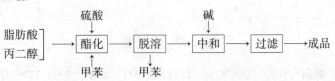

112

（2）酯交换法

（3）环氧丙烷法

4. 操作工艺

（1）直接酯化法

在硫酸、磷酸或对甲基苯磺酸等催化剂的作用下，将丙二醇和脂肪酸在150~180℃下直接酯化，反应时间6~10h，经中和、冷却、过滤。将滤饼用蒸馏水洗涤、干燥得到丙二醇脂肪酸单酯、二酯混合物产品，经蒸馏可得脂肪酸丙二醇单酯。为了加速反应可以加入己烷、甲苯等作为带水剂，使酯化生成的水蒸出。也可在真空条件下进行。

（2）酯交换法

将油脂与丙二醇按一定摩尔比投入酯交换反应釜，搅拌均匀，加入碱性催化剂，加热于120~180℃下反应3~5h，经中和分离得脂肪酸丙二醇酯。混合的脂肪酸丙二醇酯采用分子蒸馏（真空度7≤kPa，蒸发温度130℃，冷凝温度≤50℃），得到含单酯90%以上的脂肪酸丙二醇酯。

5. 质量指标

酸值/（mgKOH/g）	≤4	重金属（以Pb计）/%	≤0.001
游离丙二醇/%	≤1.5	羟值、碘值、皂化值	符合要求
灼烧残渣/%	≤0.5	单酯总含量/%	符合要求
砷/%	≤0.0003	脂肪酸盐（以硬脂酸钾计）/%	≤7

6. 用途

用作食品乳化剂，具有乳化、起泡和泡沫稳定性。可用作烘烤食品和奶油蛋糕的发泡剂。还用作防止人造奶油和起酥油飞溅的乳化稳定剂。脂肪酸丙二醇酯的乳化、发泡能力取决于其单酯的含量，含量越高则乳化、发泡性能越好。但硬脂酸丙二醇单酯的 HLB 值为3.4，乳化能力不强，很少单独使用，常与脂肪酸甘油单酯复配使用，以提高乳化效果。我国 GB 2760 规定可用于糕点，最大使用量 2.0g/kg。

参 考 文 献

[1] 宋慧颖. 不同脂肪酸丙二醇单酯的酶法合成及性质比较[D]. 江南大学，2012.

5.13　蔗糖脂肪酸酯

蔗糖脂肪酸酯（sucrose ester of fatty acids）又称脂肪酸蔗糖酯、蔗糖酯，是蔗糖与食用脂肪酸的酯类。该乳化剂是以蔗糖的剩余羟基为亲水基，脂肪酸的烃基为亲油基。所用的脂肪酸有硬脂酸、棕榈酸、油酸等高级脂肪酸，也有乙酸、异丁酸等低级脂肪酸。结构式为：

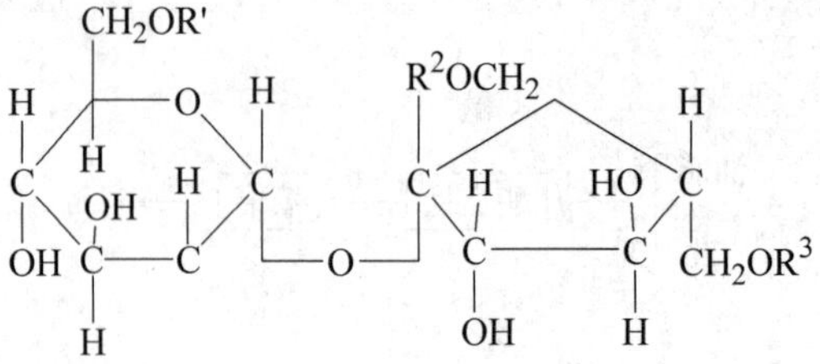

R^1、R^2、R^3 为脂肪酰基

1. 性能

稠厚凝胶，软质固体或白色至浅灰白色粉末，具体视脂肪酸的种类和酯化度而异。微溶于水。单酸溶于温水，双脂难溶于水。水溶液有黏性，并有湿润性，有表面活性，对油和水有良好的乳化作用。软化点 50~70℃。有旋光性。HLB 值 3~15，单酯含量愈多，则 HLB 值愈高。由于 C_{12} 以下饱和或不饱和脂肪酸的蔗糖酯常有苦味或辛辣味，故一般 C_{12} 以下脂肪酸蔗糖酯不做食用。

2. 生产方法

（1）酯交换法

脂肪酸甲酯或乙酯与蔗糖发生酯交换得蔗糖脂肪酸酯。

（2）酯化法

脂肪酸酐或酰氯与蔗糖发生酯化得蔗糖脂肪酸酯。

3. 操作工艺

（1）Snell 法

以二甲基甲酰胺(DMF)为溶剂，在 K_2CO_3 催化剂存在下，使脂肪酸和非蔗糖醇形成的酯与蔗糖进行酯交换反应。蔗糖一般过量 2~3 倍，在 90℃和残压 9.2~13.2kPa 下进行酯化，反应生成的甲醇(用甲酯时)不断排出，反应时间为 2~3h。未反应的蔗糖需用甲苯分离除去。

（2）无溶剂法

硬脂酸乙酯(甲酯)和表面活性剂水溶液加热至 100℃，搅拌使其形成微乳，均匀地加入 100 目以上的糖粉。加表面活性剂的目的是防止蔗糖颗粒变大。反应过程中不断抽真空逐渐蒸出水，全部水分蒸出后，加入碱性催化剂碳酸钾粉末，升高温度进行酯交换反应，反应的最佳温度为 90~160℃，在真空下将乙醇(甲醇)蒸出。粗蔗糖酯用 15%食盐水溶液将其中催化剂和蔗糖溶解，沉入底部分出。用乙醇纯化蔗糖酯，除去未反应的硬脂酸甲酯。

（3）微乳胶法

以丙二醇作溶剂，制得蔗糖溶液，在催化剂无水碳酸钾存在下以硬脂酸钠为乳化剂，与硬脂酸乙酯作用，生成透明的乳胶。反应在 100~140℃下进行，在 21.1~14.5kPa 的压力下，反应时间 6~8h。反应中不断蒸出乙醇和丙二醇。物料体积比为：蔗糖：硬脂酸乙酯：无水碳酸钾：硬脂酸钠：丙二醇=1：0.6：0.01：0.5：900。粗产物溶在丙酮里，滤去过量的蔗糖和硬脂酸钠。滤液用酸酸化冷却至 5~10℃，结晶析出过滤后，真空干燥，即得纯净蔗糖酯。

4. 质量标准

含量/%	≥80	砷/(mg/kg)	≤3
游离蔗糖/%	≤5	铅/(mg/kg)	≤10
硫酸盐(以 SO_4^{2-} 计)/%	≤2	重金属(以 Pb 计)/(mg/kg)	≤20
酸值/%	≤6		

114

5. 用途

用作食品乳化剂。按我国 GB 2760 规定，可用于肉制品、香肠、乳化香精和鸡蛋。一般用量：面粉制品（0.2%～1.0%），人造奶油（油脂量 2%～5%），巧克力（油脂量的 5%～10%），冰淇淋（0.1%～0.3%），调味料（0.5%），制糖（1%）。

参 考 文 献

[1] 刘伟康，蓝平，陈龙. 蔗糖脂肪酸酯的制备及应用研究进展[J]. 中国油脂，2022，47(03)：32-37.

[2] 梁敏怡. 蔗糖、葡萄糖和乳糖脂肪酸酯的合成及性质研究[D]. 暨南大学，2020.

[3] 李媛，陈佳志，麦裕良，等. 研磨强化无溶剂法合成蔗糖脂肪酸酯[J]. 精细化工，2019，36(01)：118-123.

[4] 朱锡忠，曹凌峰，朱霄鹏，等. 蔗糖脂肪酸酯纯化工艺研究[J]. 浙江化工，2017，48(06)：32-35.

5.14 酪蛋白酸钠

酪蛋白酸钠（sodium caseinate，casein-sodium）又称干酪素钠、酪朊酸钠。属多肽类高分子化合物。

1. 性能

白色至淡黄色微粒或粉末，无臭或略带乳香味。可溶于水（有时发生混浊），水溶液 pH 值为 7.0 左右，水溶液加酸会沉淀析出酪蛋白。酪蛋白是牛乳中最主要的蛋白质，含量约 26g/L，占牛乳中蛋白质总量的 80%。酪蛋白主要有 4 种，即 αs_1-酪蛋白、αs_2-酪蛋白、β-酪蛋白和 κ-酪蛋白，这些酪蛋白都是含磷的蛋白质，含有较多的脯氨酸残基，其中的 κ-酪蛋白和 αs_2-酪蛋白分子中有两个半胱氨酸残基。热稳定性比其他蛋白质好，94℃加热 10s 或 121℃加热 5s 不凝固。

2. 生产方法

以牛奶或脱脂牛奶为原料，采用酸法或凝乳酶法制取酪蛋白。先将脱脂牛乳加热，加入酸或凝脂酶使粗蛋白沉淀下来，分离，将粗酪蛋白沉淀物洗涤、脱水，并将其磨成浆分散在水中。加入氢氯化钠或碳酸钠、碳酸氢钠水溶液成盐，加热搅拌下生成可溶性的酪蛋白酸钠，浓缩后经喷雾干燥得酪蛋白酸钠。

3. 工艺流程

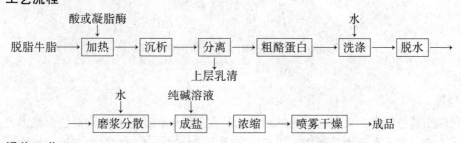

4. 操作工艺

以牛奶为原料，先用离心机使牛奶脱脂，加热灭菌，冷却至 34℃，用盐酸将脱脂奶的 pH 值调至 4.6（等电点），酪蛋白就会沉析出来，分离弃去上层乳清（液）。将沉淀物用 10～15℃的无菌水洗涤两次，离心脱水得酪蛋白。将酪蛋白分散于水中（50%～55%），在搅拌下加入碳酸钠或氢氧化钠，保持数小时。最后将反应物喷雾干燥或冷冻干燥即得产品。

5. 质量指标

蛋白质(以干基计)/%	≥90.0	溶解度	几乎全溶
脂肪/%	≤2.0	砷/%	≤0.0002
乳糖/%	≤1.0	重金属(以 Pb 计)/%	≤0.002
灰分/%	≤6.0	细菌总数/(个/g)	≤30
水分/%	≤6.0	大肠杆菌/(个/g)	≤40
pH 值	6.0~7.5	致病菌	不得检出

6. 用途

具有乳化、增稠的作用，并有增黏、发泡、稳泡作用。由于含有人体所需的氨基酸，具有很高营养价值。我国 GB 2760 规定可用于各类食品，按生产需要适量使用。因其为水溶性，用途比酪蛋白广。可用于冰淇淋、肉类及水产品肉糜制品及饼干、面包、面条等谷物制品。因酪蛋白是完善的蛋白质，可与谷物制品配合制成高蛋白谷物食品、婴幼儿食品、老年食品和糖尿病人食品。

参 考 文 献

[1] 胡涛，丁波，顾利，等. 曲拉制酪蛋白酸钠的工艺研究及功能性评价[J]. 食品工业科技, 2019, 40 (19)：61-66.
[2] 马凌云，赵亮. HACCP 体系在酪蛋白酸钠生产中的应用研究[J]. 现代食品科技, 2005, (03)：131-133.

5.15 羟基化卵磷脂

羟基化卵磷脂(hydroxylated lecithin)又称改性大豆磷脂。其结构式为：

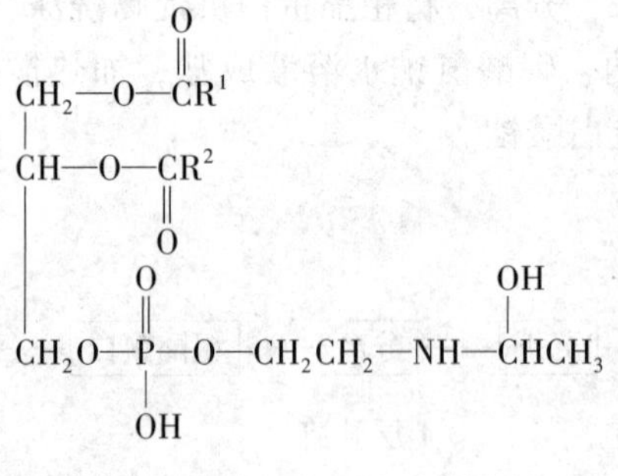

1. 性能

黄色或棕黄色粉末，无臭。白色的新鲜制品在空气中被迅速氧化为黄色至棕褐色。吸湿性极强，不溶于水，在水中分散膨润成胶体溶液。部分溶于乙醇，易溶于动、植物油。酸值 20~30mgKOH/g，碘值 78~90gI$_2$/100g。

2. 生产方法

大豆磷脂在乳酸存在下，用过氧化氢或过氧化苯甲酰处理，当碘值达 70~90gI$_2$/100g 时，用氢氧化钠中和，经离心分离，真空干燥、丙酮萃取后真空干燥得羟基化卵磷脂。

3. 工艺流程

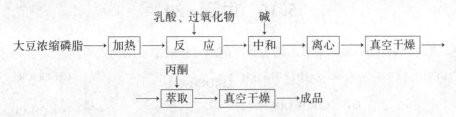

4. 操作工艺

大豆磷脂是大豆油加工的副产物，是天然的表面活性剂。主要由磷脂酰胆碱、磷脂酰乙醇胺、磷脂酰肌醇及少量其他磷脂和糖脂等组成。将浓缩的大豆磷脂投入反应锅中，在乳酸或乙酸存在下，磷脂与过氧化氢或过氧化苯甲酰反应，当碘值低于原料大豆磷脂10%时，用氢氧化钠中和，离心分离，真空干燥后用丙酮萃取，再真空干燥得羟基化卵磷脂。

说明：

① 大豆磷脂的亲水亲油平衡值较低，不饱和程度较高，使其应用受到限制，通常将大豆浓缩磷脂进行改性处理。除了羟基化改性外，还有酰化改性、生化改性及物理方法改性。

② 酰化改性是利用大豆磷脂中的伯胺和仲胺与乙酰氯或乙酐作用生成 N-取代酰胺，反应时氮原子上的氢原子被乙酰基所取代，从而改进了它的乳化性能。乙酰化的方法是在装有回流冷凝器的反应器中，加入磷脂，水浴加热至反应温度74℃，恒温20min，在0.095MPa下搅拌脱水至水分全部脱除，将乙酐缓慢滴加并剧烈搅拌，滴加完毕后再反应至完全，然后在减压并通空气的条件下脱酸得改性产品。

5. 质量标准

丙酮不溶物/%	≥95	碘值/(gI_2/100g)	60~80
水分及挥发物(烘箱法)/%	≤1.5	过氧化值	≤50
苯不溶物/%	≤1.0	砷/%	≤0.0003
酸值/(mgKOH/g)	≤38	重金属(以 Pb 计)/%	≤0.001

6. 用途

用作各类食品的乳化剂。还用作甜菜加工和酵母生产中的消泡剂。磷脂具有优良的表面活性和生理活性，通过改性使脂肪酸的组成和含量得到调整，从而使其生理活性得到加强。磷脂改性后，HLB 值增大，亲水性和稳定性也得到提高。羟基化改性后的磷脂可用于速溶食品，具有润湿、分散、乳化等性能；用于烘焙食品中具有改善面团筋性、乳化性、抗氧化性、抗老化等作用；用于巧克力制品具有降低黏度、抗氧化、抗出油等功能；用于乳品工业，可加速制品速溶；用于膳食可强化营养，促进脂质代谢；用于冰淇淋的生产，可提高乳化性，防止冰晶的生成。乙酰化和羟化磷脂，其水分散性、溶解性和乳化性更好，可用于多种食品中。按生产需要适量使用。

参 考 文 献

[1] 陈圳. 新型改性大豆磷脂的制备及性能研究[D]. 南京理工大学, 2016.

[2] 李红，孙东弦，徐苹，等. 超声波作用下大豆磷脂的羟基化改性研究[J]. 中国粮油学报, 2015, 30(11): 110-114.

5.16 吐温-20

吐温-20(Tween-20)又称聚氧乙烯山梨醇酐单月桂酸酯。结构式为：

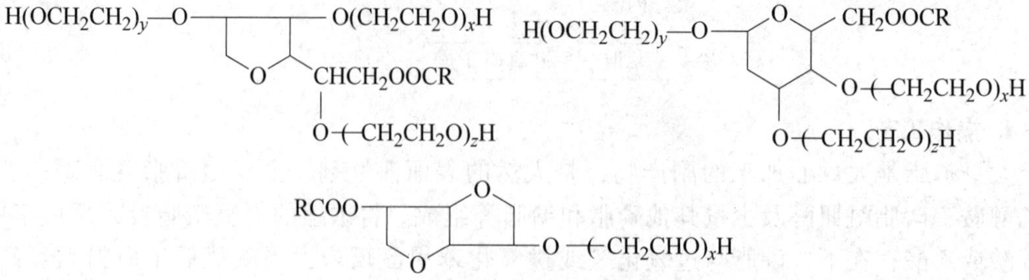

$$(R=C_{11}H_{23}, \quad x+y+z=20)$$

1. 性能

琥珀色黏稠油状液体，有轻微特殊臭味，味微苦。沸点321℃，相对密度1.08~1.13。溶于水、乙醇、乙酸乙酯、甲醇及二噁烷，不溶于矿物油和石油醚。HLB值为16.9。大白鼠经口LD_{50}为37g/kg。

2. 生产方法

将山梨醇单双酐与月桂酸部分酯化(单酯化)，生成的山梨醇酐单月桂酸酯与环氧乙烷以摩尔比1:20进行缩合，得到吐温-20。

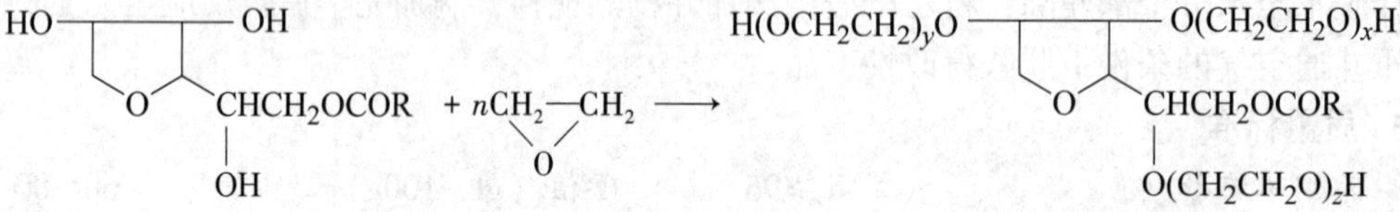

$$(R=C_{11}H_{23}, \quad x+y+z=20)$$

通过调节环氧乙烷的物质的量，可以自由调节亲水基。选用不同的脂肪酸和控制酯化程度，可以改变亲油基，这样就能制得多种性能的品种。

一般情况下，同一产品中不同分子的乙氧基化程度并不一样，即都有一个分布系数，如果分布系数太大，对产品的某些应用性质不利。选择适当的催化剂和工艺条件，可以使产品的乙氧基化程度分布变窄，从而提高产品质量。

3. 工艺流程

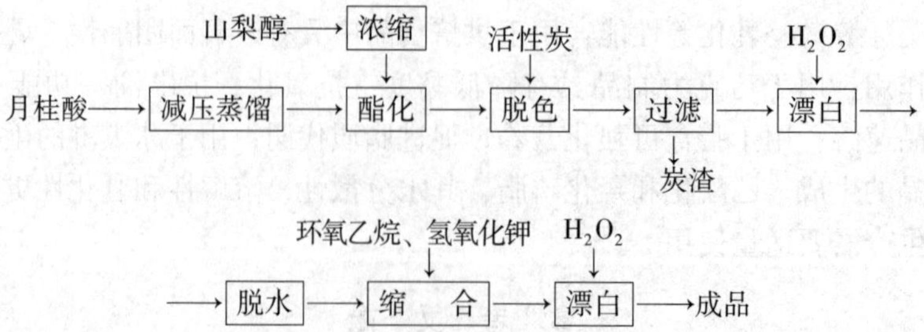

4. 操作工艺

将月桂酸投入减压蒸馏釜中，进行减压蒸馏精制。100kg工业月桂酸经精制可得淡黄色的精制油酸83~88kg。山梨醇加于浓缩釜内，浓缩脱水，使浓度达到70%~80%。

将88kg（100%计）山梨醇投入搪瓷酯化反应釜中，加入精制的月桂酸55kg、氢氧化钾溶液（含KOH约0.2kg）。搅拌下抽真空，并逐渐加热升温。于93.3kPa/200~210℃下维持反应7h。反应完毕，冷却并静置24h。自然分层，分离掉下层黑色胶状物。将上层澄清液移入脱色釜内，加热至65℃加入活性白土4kg、活性炭4kg，搅拌，于80℃下脱色1h。过滤。在滤液中加入过氧化氢1.0kg，于60℃下漂白0.5h，继续升温脱水，减压，于105~110℃下保温脱水5h，得到山梨醇酐单月桂酸酯约130kg。

将山梨醇酐单月桂酸酯加入不锈钢反应釜中，加热，搅拌，将KOH配成50%水溶液加入反应釜中，逐渐升温。密封，减压脱水。当温度上升至110~120℃，釜视镜内表面无水珠或水雾时，压入氮气以驱除釜内空气，经数次充氮驱氧后升温至140℃。开始通入环氧乙烷。控制反应温度140~170℃，压力不超过0.2MPa。按酯与环氧乙烷摩尔比1：20的比例通入环氧乙烷，取样测定缩合反应终点。达终点后冷至80~90℃，加冰乙酸调pH值至5~7。然后滴加双氧水，进行漂白脱色。继续搅拌1h，冷却，放料，得到吐温-20。

说明：

① 工业月桂酸含杂质较多，酯化前必须减压蒸馏进行精制，否则影响产品色泽和质量。

② 工业山梨醇若浓度低于70%，必须浓缩脱水，以提高酯化反应产率，降低产品酸值。

③ 通环氧乙烷前，必须通过充入氮气驱尽釜内空气。

④ 缩合反应终点用浊点测定法来判断：当1%物料在10%盐水中的浊点达到58~62℃时，表示反应已达到终点。

5. 质量标准

氧乙烯含量（以C_2H_4O计）/%	70.0~74.0	砷/%	≤0.0003
酸值/（mgKOH/g）	≤2	重金属（以Pb计）/%	≤0.001
水分/%	≤3	皂化值/（mgKOH/g）	40~45
硫酸盐灰分/%	≤0.25	羟值/（mgKOH/g）	96~108

6. 用途

作为O/W型食品乳化剂、稳定剂和分散剂，单独使用或与Span-60、Span-80、Span-65混合使用。我国规定可用于月饼，最大使用量为0.5g/kg；也可用于雪糕，最大使用量为1.5g/kg；还可用于果汁饮料，最大使用量为0.75g/kg。

5.17 吐温-40

吐温-40（Tween-40）又称聚山梨酸酯、聚氧乙烯山梨醇酐单棕榈酸酯。结构式为：

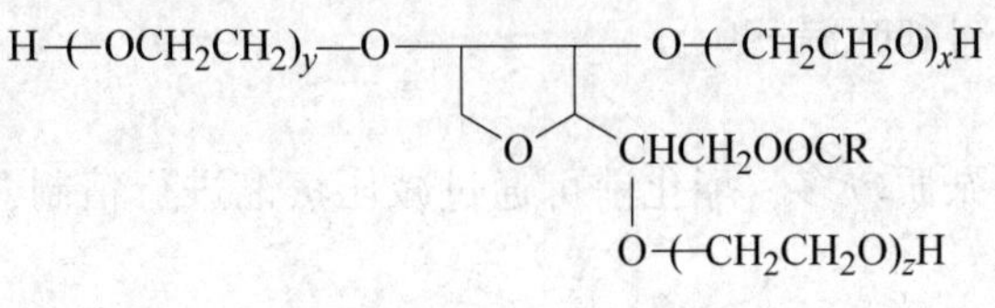

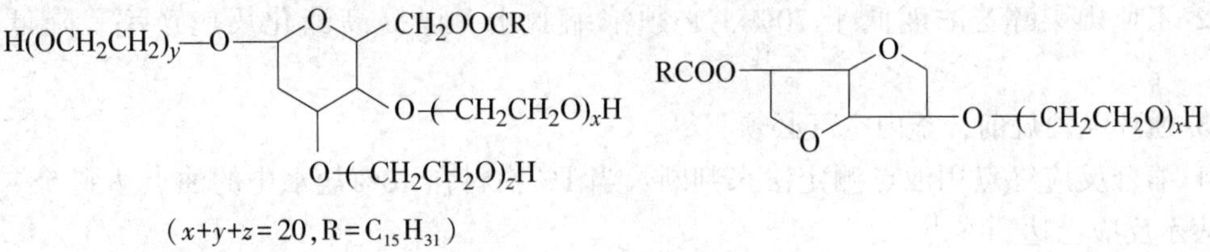

$(x+y+z=20, R=C_{15}H_{31})$

119

1. 性能

柠檬至柑橘色油状黏稠液体，稍有特殊臭味，味微苦。溶于水、乙醇、甲醇、乙酸乙酯、乙二醇、丙酮和棉籽油，不溶于矿物油和石油醚。HLB 值为 15.6，酸值 ≤2mgKOH/g，皂化值 4~52mgKOH/g，羟值 90~107mgKOH/g。大白鼠经口 LD_{50} 为 10g/kg。

2. 生产方法

山梨糖醇及其单、双酐(酸值 ≤7mgKOH/g，含水量 ≤2%)与棕榈酸发生部分酯化(单酯化)，得到的山梨醇酐单棕榈酸酯与环氧乙烷以摩尔比 1∶20 比例进行缩合，得到吐温-40。

3. 工艺流程

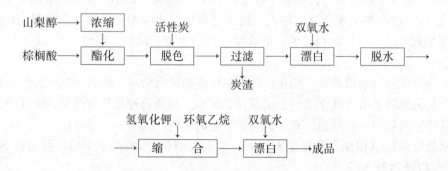

4. 操作工艺

棕榈酸必要时可进行减压蒸馏精制。将山梨醇置于浓缩釜内，浓缩脱水，使浓度达到 70%~80%。

将山梨醇投入搪瓷酯化反应釜中，加入棕榈酸、氢氧化钾溶液。搅拌下抽真空，并逐渐加热升温。于 93.3kPa/190~210℃下维持反应 7h。反应完毕，冷却并静置 24h。自然分层，分去下层黑色胶状物。将上层澄清液移入脱色釜内，加热 65℃，加入活性白土、活性炭，搅拌，于 80℃下脱色 1h。过滤。在滤液中加入过氧化氢，于 60℃下漂白 0.5h，继续升温脱水，减压，于 105~110℃下保温脱水 5h，得到山梨醇酐单棕榈酸酯(Span-40)。将 Span-40 加入不锈钢反应釜中，加热，搅拌，将 KOH 配成 50% 水溶液加入反应釜中，逐渐升温。密封，减压脱水。当温度上升至 110~120℃，釜视镜内表面无水珠或水雾时，压入氮气以驱釜内空气，经数次压氮驱氧后，升温至 140℃。开始通入环氧乙烷。控制反应温度 130~180℃，压力不超过 0.2MPa。当通入的环氧乙烷接近理论值时，取样测定缩合反应终点。达终点后，冷却至 80~90℃，加冰乙酸调 pH 值至 5~7。然后滴加双氧水进行漂白脱色。继续搅拌 1h，冷却，放料，得到吐温-40。

说明：

① 工业棕榈酸若含杂质较多，酯化前可通过减压蒸馏进行精制，否则影响产品色泽和质量。

② 工业山梨醇若浓度低于 70%，必须浓缩脱水，以提高酯化反应产率，降低产品酸值。

③ 通环氧乙烷前，釜内空气必须驱尽。

④ 缩合反应终点用浊点测定法来判断：当 1% 物料在 10% 盐水中的浊点达到 58~62℃时，表示反应已达到终点。

5. 质量指标

氧乙烯含量(以 C_2H_4O 计)/%	66.0~70.5(相当于吐温-40
	无水物含量97.0%~103.0%)
酸值/(mgKOH/g)	≤2
水分/%	≤3
硫酸盐灰分/%	≤0.25
砷/%	≤0.0003
重金属(以 Pb 计)/%	≤0.001
皂化值/(mgKOH/g)	≤41~52
羟值/(mgKOH/g)	90~107

6. 用途

用作 O/W 型食品乳化剂和分散剂，单独使用或与 Span-60、Span-80、Span-65 混合使用。我国 GB 2760 规定可用于植物蛋白饮料，最大使用量为 2.0g/kg。

5.18　乙酸脂肪酸甘油酯

乙酸脂肪酸甘油酯(acetic and fatty acid ester of glycerol)又称乙酰化单甘酯。结构式为：

$$CH_2—CH—CH_2$$
$$| \quad\quad | \quad\quad |$$
$$OR \quad OR' \quad OR''$$

R、R′、R″分别为脂肪酰基、乙酰基和氢

1. 性能

白色至浅黄色黏稠液体或蜡状固体，稍有乙酸臭味。不溶于水，溶于乙醇、丙醇等有机溶剂。HLB 值为 2~3。溶解等性能取决于酯化程度。大白鼠经口 LD_{50} 为 4g/kg。

2. 生产方法

① 甘油与脂肪酸以摩尔比 1∶1 比例酯化，得到的脂肪酸甘油单酯与乙酐发生乙酰化，得乙酸脂肪酸甘油酯。

$$CH_2OHCHOHCH_2OH+RCO_2H \longrightarrow CH_2OHCHOHCH_2OCOR$$
$$CH_2OHCHOHCH_2OCOR+(CH_3CO)_2O \longrightarrow CH_3CO_2CH_2CHOHCH_2OCOR$$

② 油脂与甘油三乙酸酯和甘油经催化酯交换得乙酸脂肪酸甘油酯。

$$RCO_2CH_2CH(O_2CR)CH_2O_2CR+CH_3CO_2CH_2(O_2CCH_3)CH_2O_2CCH_3+CH_2OHCHOHCH_2OH \longrightarrow$$
$$\longrightarrow CH_3CO_2CH_2CHOHCH_2OCOR$$

3. 工艺流程

4. 操作工艺

将甘油与脂肪酸以摩尔比 1∶1 投入酯化反应釜，加入催化量的硫酸，加热，搅拌反应 3~4h。酯化完成后，加入碱中和，经分离，得到脂肪酸甘油单酯。然后与乙酐发生乙酰化，经后处理得到乙酸脂肪酸甘油酯。

在实际生产中，由于是多官能团分子参与反应，故其产物也远比单甘酯复杂，除单脂肪酸甘油酯、二脂肪酸甘油酯及少量的甘油、三脂肪酸甘油酯、脂肪酸和乙酸之外，还可能存

在各种异构体。工业产品一般按其乙酰化度(或已参与反应的羟基百分率)来区分。

乙酸脂肪酸甘油酯的熔点比甘油脂肪酸单酯大约低20~30℃。其熔点高低主要取决于乙酰化程度和甘油脂肪酸单酯类型。用碘值大于$40gI_2/100g$的不饱和甘油酯。乙酰化生成的产品在室温是液态产品(熔点近10℃)。

5. 质量标准

酸值/(mgKOH/g)	≤6	重金属(以 Pb 计)/%	≤0.001
砷(As)/%	≤0.0003	水溶性挥发脂肪酸值/(mgKOH/g)	75~150

6. 用途

用作食品乳化剂、包覆剂、润滑剂。由于其具有抗臭性和在零度以下保持液态或塑化态的性能,可用作食品薄膜、食品容器的涂料、设备润滑剂以及食品乳浆。乙酸脂肪酸甘油酯单独使用或与植物纤维等物质配成的溶液被广泛用作香肠涂层,阻止香肠因失水氧化而使风味和色泽破坏,维持和增加香肠的光滑、褐红色悦目的外观。乙酸脂肪酸甘油酯用作涂层时可采用浸渍、淋涂、喷雾等方法。浸渍法用于冷冻鸡脯时,溶液温度为20℃左右,浸泡时间6~10s;喷雾法用于冰淇淋、饼干、面包、干燥水果、糖果等。

5.19　复合乳化剂

1. 性能

食品乳化剂可使食品中多种体系(如油相、水相)各组分相互形成稳定、均匀的乳浊形态,改善其内部结构,提高食品质量。国内外使用的乳化剂有40余种,其中最大量使用的有甘油脂肪酸酯及衍生物、蔗糖脂肪酸酯、山梨醇脂肪酸酯、大豆卵磷脂、丙二醇脂肪酸酯等。乳化剂是食品工业用量最大的添加剂。

2. 工艺配方

配方一

乙氧基化甘油单双酯	2.0	硬脂酸-2-乳酸钠	2.0
甘油单油酸酯	36.0		

将各物料混合制得面包用乳化剂。乳化剂用量为面粉的0.5%。

配方二

蔗糖酯	0~30.0	脂肪酸山梨糖醇醛酯	15~50.0
脂肪酸单甘油酯	45~70.0		

将各物料混匀得烘烤食品用乳化剂。

配方三

甘油单脂肪酸酯	2.0	蔗糖脂肪酸酯	1.0
D-山梨醇	6.0	脱水山梨醇脂肪酸酯	1.0

配方四

脱水山梨醇脂肪酸酯	2.0	藻朊酸丙二醇酯	98.0

将各物料混合均匀得乳化稳定剂,用作一般食品乳化剂。

配方五

蔗糖酯	20.0	甘油单脂肪酯	40.0
脱水山梨醇脂肪酸酯	35.0	大豆卵磷脂	5.0

将各物料混合制得乳化稳定增稠剂。

配方六

硬脂酰乳酸钙	40.0	酪朊酸钠	1.0
甘油单硬脂酸酯	20.0	淀粉	37.5
蔗糖脂肪酸酯	1.5		

将各物料混合均匀得面包乳化剂。用量为面粉的0.5%，先溶于水，再加入。

配方七

单脂肪酸甘油酯	20.0	丙二醇单脂肪酸酯	15.0
琥珀酰单甘油酯	15.0	硬脂酸钾	9.0

将各物料混合均匀得面包乳化剂。用量为面粉的0.5%~4.0%。

配方八

山梨醇	85.0	甘油亚油酸酯	10.0

将山梨醇加热至95℃，加入甘油亚油酸酯，搅拌得均匀混合物。经冷却、析晶，制成35目以下粉末。作为鱼、肉制品胶体乳化剂。

参 考 文 献

［1］程宝宝. 食品乳化剂复配在食品生产中的应用［J］. 食品安全导刊，2021，(24)：133+135.

［2］黄鸿志. 食品乳化剂复合配方的设计［J］. 食品工业，1998，(03)：32.

第6章 增味剂与甜味剂

6.1 概 述

增味剂也称鲜味剂或风味增强剂，是补充或增强食品风味或鲜味的添加剂。它可使食品美味可口，促进食欲。味精是我们最常用的也是用量最大的增味剂。

食品的味是一种综合的感觉，它与色、香、形一起构成食物的风味，味感是风味中最为重要的项目。味感包括心理、物理和化学味感。心理味感是由食品的色、光泽和形态决定的；物理味感是由食品的软硬度、黏度、冷热、咀嚼感与口感的综合反映决定的；而化学味感则是呈味物质的分子作用于感受器官的客观反映。调味剂正是能赋予或加强食品的甜、酸、苦、辣、鲜、咸、涩等特殊味道的一类添加剂。增味剂按其化学性质不同分为两类：氨基酸类和核苷酸类。氨基酸类以 L-谷氨酸钠(味精)为主，世界上年产量超过 40 万吨。核苷酸类主要品种有 5′-肌苷酸二钠和 5′-鸟苷酸二钠等。两类增味剂并用，有显著的增效作用，一般可增加鲜味 10~20 倍。

增味剂和其他的食品添加剂一样，在食品加工中多以复配的方式使用。复合调味品的特点是在科学的调味理论指导下将各种基础调味剂，按照一定的配比进行调配制作，从而得到满足不同调味需要的调味品。复合调味品所使用的原料种类很多，常用的原料主要有：咸味剂、鲜味剂、鲜味增强剂、甜味剂、酵母精、动植物蛋白水解物、辛香料、辅助剂等。我国目前批准使用的增味剂有味精(L-谷氨酸钠)、5′-肌苷酸二钠、5′-鸟苷酸二钠、5′-呈味核苷酸二钠、琥珀酸二钠和 L-丙氨酸共 6 种。目前国内外消费量最大的仍是第一代鲜味剂——味精(L-谷氨酸一钠)。第二代鲜味剂为 5′-肌苷酸二钠以及用 5′-鸟苷酸二钠、5′-肌苷酸二钠和谷氨酸一钠复配的强力味精等。第三代鲜味剂即风味或营养味精，是以牛肉、鸡肉、蔬菜等的冷冻干燥产物或其提取物为基料与其他呈味物质(鲜、甜味剂等)、香料香精等复配而成的新型鲜味剂或其他带有更为接近天然的风味的鲜味剂。近年来，随着科学技术的进步，生物技术在食品领域中的应用不断深入，出现了许多新型调味品的风味基料，如植物蛋白为原料经酸或酶水解后开发出的植物蛋白水解物或动物蛋白水解物；以酵母细胞为原料，通过其自溶作用而开发的酵母提取物，正受到越来越多的关注。将不同增味剂调配成复合增味剂，因其风味独特，深受消费者欢迎。

甜味剂是赋予食品甜味的添加剂，甜味剂分为营养甜味剂和非营养型甜味剂，按来源可分为人工合成甜味剂和天然甜味剂。

按甜味剂化学结构及来源可将甜味剂分为糖类与非糖类两大类，见图 6-1。

糖类甜味剂中的蔗糖和淀粉糖浆通常不列为食品添加剂，而作为食品原料。果糖、葡萄糖和麦芽糖尽管在工业上全部是酶法或酸法制造，但习惯上仍作为天然甜味剂。

合成甜味剂如糖精、阿力甜等一般都有很高的甜度，因此，即使这些甜味剂可以为人体吸收，其总量也是很小。合成甜味剂的使用安全性一直为人们所关注，这在一定程度上限制了合成甜味剂的应用。

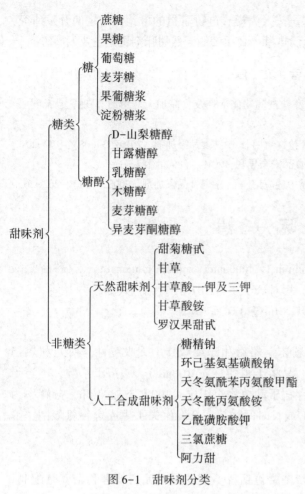

合成甜味剂的共同特征是热值低、没有发酵性，对糖尿病患者、心血管病患者有益。

营养性甜味剂是每单位质量赋予甜能力的发热值大于蔗糖相应热值的2%的甜味剂，包括除了异构糖和L-糖外所有的低甜度甜味剂中的所有甜味剂，其中糖醇类甜味剂的热值和发酵性普遍低于蔗糖，在血液中代谢不受胰岛素控制。非营养性甜味剂是每单位质量赋予甜能力的发热值小于蔗糖相应热值的2%的甜味剂，包括高甜度甜味剂和异构麦芽酮糖、L-糖。有些非营养甜味剂人体不能吸收利用，有些热值与蔗糖相比极低。

人们长期以来习惯认为，甜味物质就是高热量物质，其实甜味物质所含热量并不比脂肪和蛋白质类物质的热量高。但由于人类对甜味物质的单位时间摄取量和消化吸收量远远高于脂肪和蛋白质类物质，所以甜味物质容易造成"过食"，因而引起人们的误解。但无论如何，对于要防止肥胖和糖尿病的人来说，应尽量少吃或不吃营养性甜味剂。

图6-1　甜味剂分类

常见甜味剂的甜度(以蔗糖的甜度为1.00)为基准：

蔗糖	1.00	乳糖	0.39
麦芽糖	0.46	D-甘露糖	0.59
D-山梨糖醇	0.51	半乳糖	0.63
D-木糖	0.67	转化糖	0.95
D-果糖	1.14	葡萄糖	0.69
糖精	300~500	甜精	30~40
甜味菊	150~300	天冬甜素	100~200
环己基氨基磺酸钠	40~50	麦芽糖醇	0.75~0.95
阿力甜	2.00	三氯蔗糖	600
甘草	200~250	甘草酸铵	50~100

一种理想的甜味剂必须同时具备以下特点：绝对的安全性，必须经过严格的毒理试验证实其安全无毒；具有良好的味觉特性；具备适当的溶解性和稳定性，以便应用在食品工业上；低廉的价格。

随着高新技术时代的到来，甜味剂的传统研究生产工艺也面临着挑战，甜味剂的开发研究已经进入利用电子计算机技术进行设计制造的时代，这样可以变偶然发现甜味剂为主动研究甜味剂分子结构模型，从而设计分子结构。按人为模式进行有目的可预见的定向开发研究，新型甜味剂的研究与开发仍将十分活跃。而低热量、高甜度的天然甜味剂仍是主要发展方向。

参 考 文 献

[1] 成圆，王宇加，樊梓鸾，等. 几种典型天然甜味剂的功能活性及食品加工应用[J]. 现代食品科技：1-8.
[2] 张洁，刘元涛，郝武斌. 食品增味剂模块化理论探讨[J]. 中国食品添加剂，2019，30(08)：172-176.
[3] 王继荣，申淑琦. 食品甜味剂及其应用[J]. 食品安全导刊，2019，(09)：183.
[4] 彭家泽，彭玉婷. 复合食品增味剂在成味食品中的应用[J]. 中国食品添加剂，2008，(S1)：262-265.

6.2 味 精

味精的化学名称为谷氨酸单钠(monosodium L-glutamate，sodium glutamate)，又称谷氨酸钠、麸氨酸钠。分子式 $C_5H_8NNaO_4 \cdot H_2O$，相对分子质量 187.13。结构式为：

$$HO_2C—CH_2—CH(NH_2)CH_2CO_2Na \cdot H_2O$$

1. 性能

无色至白色棱柱状结晶或白色结晶性粉末。略有甜味或咸味。无吸湿性。对光和热稳定。10%水溶液 pH 值为 6.9。熔点 195℃。易溶于水(71.7g/100mL)，微溶于乙醇，不溶于乙醚。以蛋白质组成成分或游离状态广泛存在于动植物组织中。100℃下加热 3h，分解率为0.3%。120℃时失去结晶水，在 155~160℃或长时间受热，会发生失水生成焦谷氨酸钠，鲜味下降。

2. 生产方法

首先由发酵法制得谷氨酸。谷氨酸生产主要包括谷氨酸发酵的原料处理和培养基配制；种子培养；发酵工艺条件；谷氨酸的提取。谷氨酸与纯碱成盐后精制得到味精。

3. 工艺流程(见图 6-2)

4. 操作工艺

(1) 原料处理、培养

原料处理和培养基配制谷氨酸发酵生产中的培养基包括：斜面培养基，种子培养基和发酵培养基。已知所有谷氨酸生产菌株都不能直接利用淀粉或糊精，必须先水解成葡萄糖，又称水解糖。制取水解糖的方法有酸水解法和酶水解法。糖蜜中因含有丰富的生物素，必须先将它处理掉才行，或在发酵液中加入 Tween-60 或青霉素。

生物素是谷氨酸生产菌的必需生长因子，但又必须控制在适当的浓度才能使菌体正常生长，且利于积累大量谷氨酸。一般需经摇瓶试验后才能确定其合适用量。谷氨酸分子中含氮量为 9.5%，所以培养基中必须提供充足的氮源物质。硫酸铵、氯化铵、氨水、尿素、液氨和液氮等都可作为谷氨酸生产菌的氮源。

(2) 发酵

谷氨酸发酵生产包括斜面种子培养、摇瓶扩大培养、种子罐培养和发酵等阶段。

斜面种子培养，菌种需活化培养后方可供生产应用。培养温度 32℃，时间为 18~24h。

摇瓶种子培养：一般用 1000mL 三角烧瓶装培养液 200mL，100kPa 灭菌 20min。32℃往复式摇瓶机振荡培养 12h。

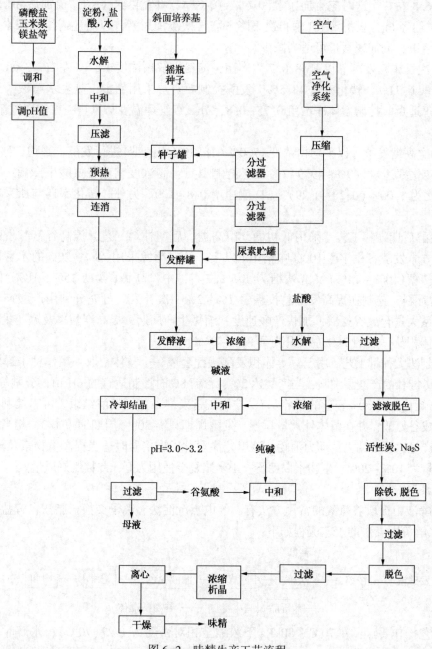

图 6-2 味精生产工艺流程

　　种子罐(二级)种子培养：种子罐的接种量通常为 0.5%~1.0%，培养温度 30~32℃，时间 7~10h，罐压 100kPa，通气比为 1：0.25~0.5(VVM)。

　　发酵阶段培养条件为接种量 0.5%~1.0%，发酵罐装料比 0.7，培养温度前期(0~12h)为 30~32℃，中后期 34~37℃，通气比 1：(0.11~0.13)(VVM，50t 罐)。溶氧系数，国内认为以控制 $K_d = (1 \sim 2) \times 10^{-6}$ mol 氯/(mL·min·atm)左右为好，罐压 50~100kPa，培养 12h 后，开始流加尿素及消泡剂。

　　谷氨酸发酵过程氮源流加和 pH 值控制：在谷氨酸发酵的中后期，还必须根据 pH 值的变化情况流加尿素。发酵约 12h 后菌体已分裂完成，光密度不再上升，pH 值出现短暂升高后下降至 6.8 左右，这时应流加尿素(0.6%~0.8%)，补充供给经 NH_4^+ 流加后 pH 值上升至 7.0 以上。约经 6h，发酵液 pH 值再次下降，需再次流加尿素，以后还需流加尿素 1~3 次。临近发酵结束，流加尿素量可适当减少。

① 一次性中糖发酵 以 FM820.7 生产菌，淀粉水解糖浓度 15.5% 左右，$3×10^4$L，生产 65 罐，产酸 6.71%，转化率达 43.5%。发酵控制要点：采用糖蜜，麸麦水解液，玉米浆复合生物素正适量。控制菌体净增殖 0.75~0.8，分三级管理温度与风量，控制尿素流加及 pH 值等。

② 一次高糖发酵 以平均糖浓度 17.0%~18.3%(水解糖)进行发酵，平均产酸 7.65%~8.04%，转化率达 44.69%~49.94%。工艺控制要点：高浓度驯养谷氨酸生产菌，控制发酵液 C:N 比为 1.00:(0.28~0.29)。OD 值净增 0.8~1.0。另外，转化率还与所采用的菌种有关。

③ 发酵后期补料工艺 采用低初糖、中高糖、后期补料工艺，提高谷氨酸发酵生产水平，每立方米发酵容积年产 100% 味精 10t 以上。补料糖源采用 18%~20% 的木薯淀粉水解糖，待低初糖(10%~14%)发酵残糖为 1.5% 左右，中、高糖(含糖 15%~18%)发酵残糖 2.5% 左右补料，控制在提高发酵总投糖量 1%~2% 一次补入。可充分利用产酸期菌体细胞原有的酶系大量合成谷氨酸，加快产酸速度，缩短生产周期，提高产酸率及罐产量，还可以使放罐总体积从一般的 75% 左右升高到 80%~84%。

④分割法大种量工艺 用三只等体积发酵罐配套成一个整体，取一罐作种子罐(母罐)专门培养足量健壮的产酸型细胞，当产酸达 2%、含糖 8% 时控制适宜的 pH 值，分别等量压入 2 只子罐(子罐内已装 50% 容量的培养基)，控制正常发酵条件至发酵结束。可直接利用罐中的葡萄糖合成谷氨酸，并在菌体外大量积累，发酵周期只需 20h。周期缩短 1/3，相当于用 4 只发酵罐的产量，可节约大量动力消耗。该工艺注意种子罐培养时适当提高生物素及磷盐用量，比正常用量大 10%~20%，生物素以糖蜜、玉米浆复合使用为好，并控制好风量。

(3) 提取

从发酵液中提取谷氨酸的常用方法有：等电点沉淀法，离子交换树脂法，锌盐法等。

① 水解等电点法的工艺流程如下：

本工艺操作要点：在 70℃、80kPa 下浓缩至相对密度为 1.27(70℃)；水解时工业盐酸的用量为浓缩液体积的 0.8~0.85 倍，在 130℃ 下水解 4h；滤液的脱色可用活性炭，也可用弱酸性阳离子交换树脂 122#；为了除尽氯化氢，可先浓缩至相对密度为 1.25，然后再调回至 1.23，接着用碱液中和，先中和至 pH=1.2 左右，加入 1.5% 活性炭搅拌脱色 40min，滤液再中和至 pH=3.2，搅拌 48h 后，低温放置，待谷氨酸结晶析出。离心分离得谷氨酸。

② 离子交换树脂法 将发酵液稀释至 2~2.5°Bé，然后调节 pH 值至 5~6，测定上柱液中的谷氨酸离子和 NH_4^+ 的量，计算出上柱量；上柱交换时，上柱流速以 2.0~3.0m³ 上柱液 1h/m³ 湿树脂为宜，注意在操作结束前，时时检验终点，以防谷氨酸流失；由于正上柱会造成离子交换柱堵塞，所以国内大多数工厂都采用反上柱，洗脱前先用水冲去杂质，再用 70℃ 热水洗柱，然后才用 60℃ 左右 4.5%NaOH 溶液进行洗脱；碱用量以 100%NaOH 溶液

计，大致是树脂全交换量的 0.75~0.85 倍；pH 值在 2.5 以下的洗脱液为初流分，收集后重新上柱或作反冲水用；pH 值在 2.5~8.0 这部分，波美度为 4.5 左右，谷氨酸约 6%，称高流分，可直接用于等电点法提取谷氨酸，注意 pH 值在 4 以上时上升得很快；pH 值在 8.0~10.0 这部分，称后流分，经加热除氨后，可重新上柱，也可直接上柱作洗脱剂。

③ 低温等电点法　低温等电点法工艺流程如下：

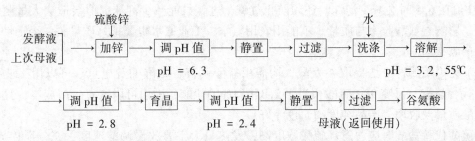

④ 锌盐法　工艺流程如下：

本工艺操作要点：用 NaOH 溶液调 pH 值制备谷氨酸锌时，要尽可能做到一次调到，加碱速度不宜过慢，要求在 10min 内将碱液加完；硫酸锌质量的好坏，不仅关系到谷氨酸的提取收率和谷氨酸的纯度，而且对后道精制也有影响；由锌盐制备谷氨酸时，需要提高温度和调节 pH 值，先使谷氨酸锌全部溶解，此时 pH 值不能超过 3.2，然后才缓慢调 pH 值到 2.4±0.2，使谷氨酸析出；育晶时为防止晶体黏结要进行搅拌，搅拌速度为 25~30r/min。

⑤ 新浓缩等电点法　该法工艺要点：一次蒸发液制备是将 40% 的发酵液减压蒸发（87kPa，85℃四效蒸发）使发酵液中谷氨酸从 5.5% 浓缩到 32%；发酵浓缩液制备是将其余 60% 的发酵液减压蒸发（73.3kPa，35℃四效蒸发），使谷氨酸从 5.5% 提高到 32%；二次蒸发液制备是将一次蒸发液与 HCl 以 1：0.8（体积）混合，加热（120~130℃）水解 4h，压力为 390kPa，使蒸发液中菌体蛋白、谷氨酰胺及焦谷氨酸等水解，然后降温到 70℃，过滤脱色；谷氨酸中和是以二次蒸发液为底料，加热 60℃，发酵浓缩液作中和剂，快速中和到 pH=3.2，沉降，冷却，分离。

操作工艺流程如下：

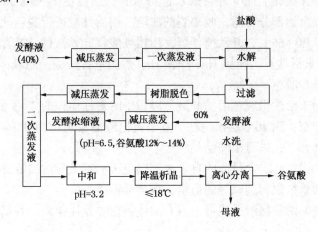

新等浓缩电点工艺提取收率≥82%，含量≥95%（谷氨酸），收率比一般等电点收率提高8%~10%。每吨谷氨酸耗盐酸比一般浓缩等电点法降低55.2%，耗碱降低66.4%。周期缩短，生产稳定。

⑥ 说明

（a）等电点法工艺中，等电母液用 NaOH 溶液洗脱离子交换柱上的谷氨酸，可改用 NaCl 与 NaOH 钠离子相等的混合洗脱液代替，有较好的效果。

（b）对锌盐法提取工艺，原用液碱将谷氨酸制成谷氨酸锌，可以改用工业氨水代替液碱提取谷氨酸，氨水与液碱用量相同（指30%的碱浓度与18%以上的氨水浓度）。此法对正常发酵液比较适用，不影响提取收率。

用氨水代液碱提取要解决泡沫问题，发酵液质量好，氨水质量好，糖液质量好，并始终掌握 pH 值在 6.5 时会减少泡沫。还须防止过碱，过碱虽能减少泡沫，但会造成大量菌体蛋白沉淀，影响谷氨酸收率与质量。不能用农用氨水，工业氨水也要把好质量关，否则将严重影响生产收率与质量。

（c）无论用哪种方法提取谷氨酸，均需用盐酸调节谷氨酸的等电点。可以用工业硫酸（98%）代替盐酸。每吨98%硫酸相当于2.35t 31%的盐酸，因而可以节省生产成本，且不影响谷氨酸质量及收率，产品纯度高，色泽好。

用硫酸代替盐酸时应注意：硫酸浓度高，发热量大，要放慢调酸速度，充分搅拌均匀，不能让缸内温度升高，冷冻效果要好；硫酸质量要保证；注意烫伤。硫酸对不正常发酵液的提取效果还须进一步研究。

（4）精制、成盐

将谷氨酸溶液用碳酸钠中和，硫化钠除铁，活性炭脱色，过滤，滤液进行真空浓缩，加入晶种使之结晶，过滤后即得产品 L-谷氨酸钠。具体工艺如下：

在中和锅中加入2倍湿谷氨酸量的清水或上一次用于脱色的活性炭洗涤水，加热至60℃，开动搅拌器，先投入部分湿谷氨酸晶体（麸酸），然后将0.3%~0.34%倍麸酸量的纯碱和麸酸交替投入。在此过程中始终将中和液保持在酸性。在纯碱全部投完前，先加入总投入量（0.013倍麸酸量）一半的活性炭，待中和结束后再投入剩余的半量，搅拌0.5h。最后用水将浓度调至21~23°Bé。

将中和液冷却到50℃以下，并调节其 pH 值到6.4左右，接着加入浓度为18°Bé的硫化钠溶液和适量活性炭，边加边搅拌，直至中和液 pH 值上升至6.7左右。硫化钠加完后，检查 Fe^{2+} 是否除尽，并在液面上加少许自来水进行水封，以促使 FeS 沉淀。静置8h，先取上清液压滤，然后再取沉淀部分压滤，收集到的滤液，用活性炭进行脱色处理。

将除铁液加热至60~65℃，开动搅拌器，用粗麸酸将除铁液的 pH 值调至6.5~6.7。往除铁液中加入2%粉末活性炭，搅拌1h，静置1h，然后进行压滤，滤液再上 K-15 活性炭柱或离子交换柱做进一步脱色。

将40~50℃经粉末活性炭脱色后的滤液，以每小时炭柱体积的2~3倍量顺向通过炭柱，收集流出液。上柱结束，用40℃温水洗柱，直至流出液的波美度为0°Bé。将收集到的洗涤液跟第一次的收集液合并，进行浓缩结晶。

中和时少加含 Ca^{2+}、Mg^{2+} 含量高的自来水，以免影响谷氨酸钠的溶解度。应尽量用蒸馏水与洗炭渣水，且须重视原料纯碱等的质量，提高味精透光度。

由异常发酵液提取的谷氨酸质量低，混有菌体蛋白等胶体物质，谷氨酸与纯碱的中和液黏度大，单用活性炭脱色过滤非常困难。可以采取以下办法：一是添加助滤剂，可用硅藻土或 G-K-112 型珍珠岩助滤剂（与活性炭同时加入），硅藻土的添加量为 0.1%，珍珠岩助滤剂的添加量为 1%；二是将味精中和液加热到 90℃，维持 20min，使胶体粒子变性凝固，沉淀物沉淀，抽取上清液重新脱色除铁，过滤速度可大大加快。

用通用 1 号树脂代替 Na_2S 除铁，可除去砷、铅等杂质，还可解决 Na_2S 除铁产生 H_2S 气体污染环境、危害人体健康的问题，用通用 1 号树脂与 K-15 活性炭混合床对谷氨酸中和加炭过滤液除铁脱色，味精母液不含铁，可直接蒸发结晶。

在 5000L 浓缩结晶锅中，先加入 3000L 中和除铁液作为底料，接着用蒸汽加热，在 80kPa 真空度以上，65℃ 以下，边浓缩边补料，始终保持一定体积。当料液浓度达到 30～32°Bé（65℃）时，开始搅拌，并投入晶种。经过一段时间后，晶体种长大，但同时有小晶核出现，此时需要将罐温提高到 75℃，并加入 45℃ 热水进行整晶，将小晶核溶解掉。然后，再将罐温调回到 65℃，继续边补料边浓缩，其间晶体不断长大。若出现小晶核，则再次采取整晶的方法。待晶体大小符合要求而准备放罐时，需加入适量的蒸馏水，一方面是为了溶解掉小晶核；另一方面是调节罐液浓度到 29.5°Bé（65℃）。最后将晶液放入助晶槽内，进一步将晶液浓度调整至 29.5°Bé。然后在 70℃，搅拌速度 8～10r/min 下养晶 4h。

（5）分离和干燥

将养好的晶液用离心机除去母液，此时得到含水量在 1% 左右的湿晶体。将它铺成薄薄的一层，进烘房，在 80℃ 下干燥 10h。干燥后的味精即可包装。

5. 质量标准

含量/%	≥99.0	锌/(mg/kg)	≤5
外观	白色棱柱状结晶	5%溶液 pH 值	6.7～7.2
铅/(mg/kg)	≤1	比旋光度$[\alpha]_D^{20}$	+24.8°～+25.3°
砷/(mg/kg)	≤0.3	氯化物/%	≤0.2

6. 用途

鲜味调味剂。除单独使用外，宜与核糖核苷酸、肌苷酸钠类的调味料配成复合调味剂。一般用量 0.01%～10.0%。主要用于烹调各种食用品。最高参考用量：糖果 1.3mg/kg；焙烤食品 61mg/kg；调味料 190mg/kg；汤料 4300mg/kg；肉类制品 2900mg/kg；腌渍品 130mg/kg。

1988 年，FAO/WHO 联合食品添加剂专家委员会第 19 次会议宣布取消对谷氨酸钠的食用限制。其毒性为小鼠经口 LD_{50} 为 16200mg/kg，属实际无毒。每日允许摄入量（ADI）无限制。

参 考 文 献

[1] 韩隽，张明. 味精自动化生产工艺探析[J]. 科技创新与应用，2020，(02)：101-102.
[2] 姬慧军，韩隽. 关于优化味精生产的研究[J]. 食品工业，2017，38(11)：50-53.
[3] 黄毅梅，邓丰，李静. 我国味精行业清洁生产技术的应用[J]. 广东轻工职业技术学院学报，2015，14(02)：14-18.

6.3　DL-氨基丙酸

DL-氨基丙酸（DL-alanine）也称 DL-α-氨基丙酸、2-氨基丙酸、DL-初油氨基酸。分子

式 $C_3H_7NO_2$，相对分子质量 89.09。结构式为：

$$CH_3\overset{NH_2}{\underset{|}{C}}HCOOH$$

1. 性能

白色菱形、双锥、针状或棒状结晶或结晶性粉末。有甜味，味的阈值 0.06%。相对密度 1.424。熔点 295~296℃，264~296℃分解，258℃升华。溶于水，微溶于乙醇，难溶于乙醚和丙酮。

2. 生产方法

由乙醛为原料与氰化铵、氯化铵、氨作用合成 2-氨基丙腈，再经水解后制得。

$$2NaCN + H_2SO_4 \longrightarrow 2HCN + Na_2SO_4 \quad CH_3CHO + HCN \longrightarrow CH_3\overset{OH}{\underset{|}{C}}HCN$$

$$CH_3\overset{OH}{\underset{|}{C}}HCN + NH_3 \longrightarrow CH_3\overset{NH_2}{\underset{|}{C}}HCN + H_2O$$

$$CH_3\overset{NH_2}{\underset{|}{C}}HCN + NaOH \longrightarrow CH_3\overset{NH_2}{\underset{|}{C}}HCOONa \quad CH_3\overset{NH_2}{\underset{|}{C}}HCOONa \xrightarrow{H_3^+O} CH_3\overset{NH_2}{\underset{|}{C}}HCOOH$$

3. 工艺流程

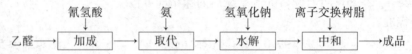

4. 操作工艺

将乙醛加入反应釜中，再加入由氰化钠与硫酸配制的混合液，反应完成后，通入氨进行取代反应，制得中间体 2-氨基丙腈。将 2-氨基丙腈与氢氧化钠水溶液作用进行水解，再将水解所得产物通过离子交换树脂，即制得 DL-氨基丙酸成品。

也可由丝、动物胶、酪蛋白等蛋白质进行水解，再用偶氮苯-4-磺酸等选择性沉淀剂进行沉淀精制而制得。

还可在红磷存在下丙酸与氯气作用制得 2-氯丙酸，再经胺合成反应得到 DL-氨基丙酸。

5. 质量标准

外观	白色结晶性粉末	水分/%	≤2
含量/%	≥95	熔点/℃	>260

6. 用途

酿造用添加剂，做合成清酒的调味料，加量为酒量的 0.01%~0.03%；清凉饮料的酸味矫正剂；还可用于腌渍食品，改良食品香味；缓冲剂；甜味剂。

参 考 文 献

[1]李国庆，毛华杰. β-氨基丙酸生产企业安全评价[J]. 中国公共安全(学术版)，2014，(02)：36-39.

6.4 L-谷氨酸

L-谷氨酸(L-glutamic acid)又称 L-麸氨酸、L-2-氨基戊二酸，分子式为 $C_5H_9NO_4$，相

对分子质量147.13。结构式为：

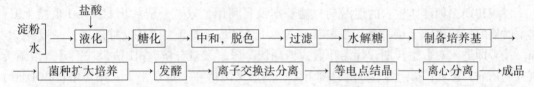

1. 性能

无色或白色结晶，或白色结晶性粉末。有特殊滋味和酸味。相对密度1.538。加热至160℃时熔融，224~225℃分解。比旋光度+31.4（22.4℃，1% 6mol/L盐酸）溶于12份水，1500份乙醇，不溶于丙酮、氯仿、乙醚。

2. 生产方法

早期多采用豆饼或麸皮水解法，现以发酵法生产为主。以淀粉或糖蜜为原料，经发酵、提纯而得。

3. 工艺流程

淀粉、水 → 液化（盐酸）→ 糖化 → 中和，脱色 → 过滤 → 水解糖 → 制备培养基 →

→ 菌种扩大培养 → 发酵 → 离子交换法分离 → 等电点结晶 → 离心分离 → 成品

4. 操作工艺

（1）制备淀粉水解糖

先将干淀粉用水调成10~11°Bé的淀粉乳，用盐酸调pH值为1.5左右，盐酸用量（以纯HCl计）约为干淀粉的0.5%~0.8%。

然后，在糖化锅内进行。淀粉水解直接用蒸汽加热，水解压力以控制蒸汽压力（表压）在（29.43~34.34）×10^4Pa为好，糖化时间约25min。

糖液中和温度过高易生成焦糖，脱色效果差。温度低，糖液黏度增大，过滤困难。生产上一般冷却到80℃以下中和。中和的目的是调节pH值，使糖化液中的蛋白质和其他胶体物质沉淀析出。一般采用烧碱配成一定浓度进行中和，中和终点的pH值一般控制在4.0~5.0左右（有利于蛋白质沉淀析出）。如原料不同，中和终点的pH值也不同，薯类原料的终点pH值略高些，玉米原料的终点pH值略低些。

水解液中存在着色素和杂质，对氨基酸发酵和提取不利，需进行脱色处理。一般脱色方法有活性炭吸附法和脱色树脂法两种，其中活性炭吸附法工艺简便，效果好，为国内多数味精厂所采用。脱色用的活性炭以粉末状活性炭较好，活性炭用量为淀粉原料的0.6%~0.8%，在70℃及酸性条件下脱色效果较好，脱色时需搅拌以促进活性炭吸附色素和杂质。脱色液转入过滤工序。如过滤温度过高，蛋白质等杂质沉淀不完全；如温度过低，黏度大，过滤困难。过滤温度以45~60℃为宜。过滤得淀粉水解糖液。

国外味精厂淀粉水解糖的制备方法一般采用酶水解法。

（2）菌种扩大培养

① 斜面培养谷氨酸产生菌主要是棒状杆菌属、短杆菌属、小杆菌属及节杆菌属的细菌。除节杆菌外，其他三属中有许多菌种适用于糖质原料的谷氨酸发酵。这些菌都是需氧微生

物，都需要以生物素为生长因子。我国谷氨酸发酵生产所用的菌种有北京棒状杆菌 As1. 229，钝齿棒状杆菌 As1542、Hu7251、B9、T6~13 及 672 等。这些菌株的斜面培养一般采用由蛋白胨、牛肉膏、氯化钠组成，pH 值为 7.0~7.2 的琼脂培养基，在 32℃ 培养 18~24h，经质量检验合格，即可放冰箱保存备用。

② 一级种子培养采用由葡萄糖、玉米浆、尿素、磷酸氢二钾、硫酸镁、硫酸铁及硫酸锰组成，pH 值为 6.5~6.8 的液体培养基，以 1000mL 三角瓶装液体培养基 200~250mL 进行振荡培养，于 32℃ 培养 12h，如无杂菌与噬菌体感染，质量达到要求，即可贮于 4℃ 冰箱备用。

③ 二级种子用种子罐培养，料液量为发酵罐投料体积的 1%，培养基组成和一级种子相仿，主要区别是用水解糖代替葡萄糖，一般于 32℃ 下进行通气搅拌培养 7~10h，经质量检查合格即可移种(或冷却至 10℃ 备用)。

种子质量要求，首先是无杂菌及噬菌体感染，在这个基础上进一步要求菌体大小均匀，呈单个或八字形排列。二级种子培养结束时还要求活菌数为 108~109 个细胞/mL，摄氧率大于 100μL 氧/(mL 种子液·h)。

(3) 谷氨酸发酵

发酵初期，即菌体生长的迟滞期，糖基本没有利用，尿素分解放出氨使 pH 值略上升。这个时期的长短决定于接种量，发酵操作方法(分批或分批流加)及发酵条件，一般为 2~4h。接着即进入对数生长期，代谢旺盛，糖耗快，尿素大量分解，pH 值很快上升，但随着氨被利用 pH 值又下降；溶氧浓度急剧下降，然后又维持在一定水平上；菌体浓度(OD 值)迅速增大，菌体形态为排列整齐的八字形。这个时期，为了及时供给菌体生长必需的氮源及调节培养液的 pH 值至 7.5~8.0，必须流加尿素；又由于代谢旺盛，泡沫增加并放出大量发酵热，故必须进行冷却，使温度维持 30~32℃。菌体繁殖的结果，菌体内的生物素含量由丰富转为贫乏。这个阶段主要是菌体生长，几乎不产酸，一般为 12h 左右。

当菌体生长基本停止就转入谷氨酸合成阶段，此时菌体浓度基本不变，糖与尿素分解后产生的 α-酮戊二酸和氨主要用来合成谷氨酸。这一阶段，为了提供谷氨酸合成所必需的氨及维持谷氨酸合成最适合的 pH=7.2~7.4，必须及时流加尿素，又为了促进谷氨酸的合成需加大通气量，并将发酵温度提高到谷氨酸合成最适合的温度 34~37℃。

发酵后期，菌体衰老，糖耗缓慢，残糖低，此时流加尿素必须相应减少。当营养物质耗尽、酸浓度不再增加时，需及时放罐，发酵周期一般为 30 多小时。

(4) 谷氨酸提取

从谷氨酸发酵液中提取谷氨酸的方法，一般有等电点法、离子交换法、金属盐沉淀法、盐酸法和电渗析法，以及将上述某些方法结合使用的方法。其中以等电点法和离子交换法较普遍。

① 等电点法　谷氨酸分子中有二个羧基和一个碱性氨基，$pK_1=2.19(\alpha\text{-COOH})$，$pK_2=4.25(\text{Y-COOH})$、$pK_3=9.67(\alpha\text{-NH}^{3+})$。其等电点为 pH=3.22，故将发酵液用盐酸调节到 pH=3.22，谷氨酸就可分离析出。此法操作方便，设备简单，一次收率达 60% 左右，缺点是周期长，占地面积大。

② 离子交换法　当发酵液的 pH 值低于 3.22 时，谷氨酸以阳离子状态存在，可用阳离子交换树脂(如 732)来提取吸附在树脂上的谷氨酸阳离子，并可用热碱洗脱下来，收集谷氨酸洗脱流分，经冷却，加盐酸调 pH 值至 3.0~3.2 进行结晶，再用离心机分离即可得谷氨酸结晶。

从理论上来讲上柱发酵液的 pH 值应低于 3.22，但实际生产上发酵液的 pH 值并不要求低于 3.22，而是在 5.0~5.5 就可上柱，这是因为发酵液中含有一定数量的 NH_4^+、Na^+ 等阳离子，而这些阳离子优先与树脂进行交换反应，放出 H^+，使溶液的 pH 值降低，谷氨酸带正电荷成为阳离子而被吸附，上柱时应控制溶液的 pH 值不高于 6.0。离子交换法一般流程为：

$$\text{发酵液} \longrightarrow \boxed{\text{调 pH 值至 5.0~5.5}} \longrightarrow \boxed{\text{上柱}} \xrightarrow{\text{4\%NaOH}} \boxed{\text{洗脱}} \longrightarrow \boxed{\text{等电点结晶}} \longrightarrow \boxed{\text{离心}} \longrightarrow \text{成品}$$

5. 质量标准

含量/%	≥99.0	氯化物/%	≤0.2
比旋光度 $[\alpha]_D^{20}$	+31.5°~+32.2°	砷/(mg/kg)	≤3
干燥失重(103℃，3h)	≤0.1	重金属(以 Pb 计/%)	≤0.002
铵盐/%	≤0.02	铅/(mg/kg)	≤10
其他氨基酸试验	阴性		

6. 用途

代盐剂，营养补充剂，鲜味剂(主要用于肉类、汤类和家禽等)。也用作虾、蟹等水产罐头中防止产生磷酸铵镁结晶的防止剂，用量 0.3%~1.6%。按 FAO/WHO 规定可用于方便食品中的肉汤和汤类，最高允许用量为 10g/kg。

参 考 文 献

[1] 李学朋，陈久洲，张东旭，等. L-谷氨酸生产关键技术创新与产业化应用[J]. 生物工程学报，2022，38(11)：4343-4351.
[2] 郇月伟，董吉子，董力青，等. 谷氨酸生产提取工艺的改进研究[J]. 发酵科技通讯，2013，42(01)：44-45.

6.5 琥珀酸二钠

琥珀酸二钠(disodium succinate)又称丁二酸二钠。分子式 $C_4H_4Na_2O_4$，相对分子质量 162.06。一般含有 6 分子结晶水。结构式为：

$$NaO_2CCH_2CH_2CO_2Na$$

1. 性能

白色结晶颗粒，无臭，无酸味，有特殊贝类鲜味。易溶于水(35g/100mL，25℃)，不溶于乙醇。在空气中稳定，加热至 120℃ 失去结晶水成为无水物。琥珀酸及钠盐均具有鲜味，在鸟、兽、禽、畜、乌贼等动物中均有存在，而以贝类中含量最多，在干贝中的含量达 0.37%。琥珀酸及钠盐作为鲜味剂不久前才列入 GB 2760，但在国外却早已得到较为广泛的使用，而且作为鲜味剂其产量仅次于谷氨酸一钠。

2. 生产方法

(1) 乙腈氧化水解法

乙腈与双氧水发生氧化偶联得丁二腈，丁二腈水解得到丁二酸，再与氢氧化钠或纯碱中和得到琥珀酸二钠。

$$2CH_3CN + H_2O_2 \xrightarrow[H_2SO_4]{FeSO_4} CNCH_2CH_2CN + 2H_2O$$

$$CNCH_2CH_2CN \xrightarrow[H_2O]{HCl} HO_2CCH_2CH_2CO_2H$$

$$HO_2CCH_2CH_2CO_2H + Na_2CO_3 \longrightarrow NaO_2CCH_2CH_2CO_2Na + CO_2 + H_2O$$

（2）顺丁烯二酐法

苯在高温和 V_2O_5 催化下，发生氧化反应生成顺丁烯二酸酐，水解得到的顺丁烯二酸在稀硫酸液中电解还原生成丁二酸。或者以镍为催化剂，将顺丁烯二酸（或反丁烯二酸）在 130~140℃ 下催化加氢，维持中等压力的氢气，反应 6h，至反应完毕，生成丁二酸，经分离、精制得到丁二酸，再与氢氧化钠发生中和反应得琥珀酸二钠。

$$\begin{array}{c}CH \\ \| \\ CH\end{array}\raisebox{1em}{O}\hspace{-1em}\begin{array}{c}\\ \\ \end{array}O +H_2O \longrightarrow \begin{array}{c}CHCOOH \\ \| \\ CHCOOH\end{array}$$

$$\begin{array}{c}CHCOOH \\ \| \\ CHCOOH\end{array} 或 \left(\begin{array}{c}HOOC-CH \\ \| \\ CH-COOH\end{array}\right) +H_2 \xrightarrow[130~140℃]{Ni} \begin{array}{c}CH_2COOH \\ \| \\ CH_2COOH\end{array} \xrightarrow{NaOH} \begin{array}{c}CH_2CO_2Na \\ \| \\ CH_2CO_2Na\end{array}$$

（3）羰化合成法

以丙烯酸和 CO 为原料，在羰基化催化剂（如八羰基钴）和一定压力作用下发生羰化反应生成琥珀酸，中和得琥珀酸二钠。

$$CH_2=CHCOOH + CO + H_2O \longrightarrow HO_2CCH_2CH_2CO_2H$$

$$HO_2CCH_2CH_2CO_2H + Na_2CO_3 \longrightarrow NaO_2CCH_2CH_2CO_2Na + H_2O + CO_2$$

3. 生产流程

（1）乙腈氧化水解法

双氧水、硝酸　　　　　盐酸　　　　　　氢氧化钠

乙腈 → 氧化 → 分离 → 水解 → 过滤 → 中和 → 分离 → 成品

（2）顺丁烯二酸酐法

空气、五氧化二钒　　　　稀硫酸

苯 → 氧化 → 分离 → 水解 → 电解 → 冷却结晶 → 过滤 →

水　　　氢氧化钠

→ 溶解 → 中和 → 分离 → 成品

4. 生产工艺

（1）乙腈氧化水解法（实验室法）

在 2000mL 三口反应瓶中，加入 280mL 水和 8mol 乙腈，加热至 30℃，在剧烈搅拌下，于 15min 内加入 226.7g 30%双氧水、303.6g 硫酸亚铁和 200g 98%硫酸（用 620mL 水稀释），反应离析出丁二腈，分离、蒸馏得到丁二腈。将丁二腈用稀盐酸水解，析出丁二酸。将分离得到的丁二酸溶于水，用氢氧化钠或纯碱中和。结晶经 120℃ 干燥可得无水琥珀酸酐。

（2）顺丁烯二酐法

将微球形钡钼催化剂 2000kg 装入直径 1500mm、总高 17500mm 的沸腾床中。开车前先以热空气将沸腾床内催化剂层升温到 350℃，活化数小时。随后将冷空气以 2000m²/h（标准

态)的流量送入沸腾床的底部。同时计量泵将苯以 150kg/h 的流量喷入催化剂层，控制反应温度约 360℃，反应气体经沸腾床顶部分离出催化剂后输到吸收系统。反应气体经过喷水冷却管骤冷，再进入直径 1400mm、高 7000mm 的水循环喷淋吸收塔，反应气体中的顺丁烯二酸酐蒸气被水吸收，成为浓度约 30% 的顺丁烯二酸溶液。在共沸脱水塔的塔釜内先加混合二甲苯 3000kg，加热至釜温高于 136℃，釜内二甲苯沸腾。此时将 30% 的顺丁烯二酸溶液自塔中部送入，每小时流量约为 359kg，酸溶液中的水与二甲苯形成共沸物自顶部蒸出，顺丁烯二酸失水成酐后溶于二甲苯中，下流至塔釜内。待送入酸液总量达 6000kg 时，釜内二甲苯中的顺丁烯二酸酐浓度约为 35%。此溶液输至减压精馏釜，先在釜温 110℃、塔顶温度为 85℃、真空度为 600×133.3Pa 的条件下蒸去二甲基苯，再在釜温 150℃、塔顶温 110℃、真空度 700×133.3Pa 的条件下精馏得顺丁烯二酸酐。

顺丁烯二酸酐的制备也可采用固定床氧化工艺，其操作工艺如下：苯先在汽化器中汽化；空气经过滤、压缩（0.2~0.3Pa）、预热。两者在混合室内按配比混合，经与反应后的气体换热后，进入列管式反应器。控制反应温度 400~450℃，接触时间 0.1~2.0s，压力 0.133MPa（绝压），表观线速 1.8m/s。反应过程中每反应 1kg 苯发热量约 11000~14200kJ，要求除热迅速而有效，通过管外的冷却介质如联苯高速流动除热。反应生成物从反应器出来后通过三个冷却器进行冷却。第一冷却器使水发生水蒸气，第二冷却器与原料进行热交换，第三个是用冷却水冷却。冷却后的焦油状物质用阱分离，气体再送至洗涤塔。在水洗涤塔中顺酐被水吸收成为顺丁烯二酸的水溶液。将此酸溶液用泵打至脱水塔，在塔内严格控制脱水温度获得粗顺丁烯二酸酐。此粗品的精制采用精馏的方法，通常用减压间歇精馏，截取顺丁烯酸酐的馏分，冷凝、结晶。注意在最终冷凝器中为了防止顺酐析出固体而堵塞管道，应使用大于 63℃ 的温热水作冷却水。

列管式固定床反应器直径 5m，有 13000 根列管，单台反应器年生产能力 1.0~1.2 万 t。反应器用熔盐浴加热，循环熔盐移出反应热并生产高压蒸气。原料苯浓度控制在 1%~1.3%（体积），在苯-空气的爆炸极限（1.40%~7.10%，体积）以下。催化剂初期反应时苯转化率为 98%，顺丁烯二酸酐质量收率为 92%，一年后下降为 89%，三年后为 82%，后处理收率为 97.5%；催化剂的活性组分为 $V_2O_5\text{-}MoO_3\text{-}P_2O_5\text{-}Bi_2O_3$ 等；载体主要成分 $\alpha\text{-}Al_2O_3$，载体比表面积为 $0.1~1m^2/g$。

将顺丁烯二酸酐用 5% 的硫酸水解，得到的顺丁烯二酸水解液于 40~50℃ 下，在陶瓷电解罐中电解生成丁二酸。电解液经冷却、结晶、分离后溶于水，并用氢氧化钠或纯碱中和得琥珀酸二钠。

5. 质量标准

指标名称	日本	上海（企业标准）
含量/%	98.0~101.0	98~102
5%的水溶液 pH 值	7.0~9.0	7.0~9.0
硫酸盐/%	≤0.019	≤0.02
重金属(以 Pb 计)/%	≤0.002	≤0.002
砷/%	≤0.0004	≤0.0003
易氧化物试验	正常	合格
结晶品干燥失重(120℃，2h)/%	37~41	37.0~41.0
无水物干燥失重(120℃，3h)/%	≤2.0	≤2.0

6. 用途

用作食品增味剂(鲜味剂)。琥珀酸一钠、二钠盐与味精、呈味核苷酸合用可以大大提高食品的鲜味。琥珀酸一钠的味觉阈值为 0.015%，二钠盐的阈值为 0.03%。我国 GB 2760 允许琥珀酸二钠作为鲜味剂使用，通常与谷氨酸一钠并用，用量约为谷氨酸一钠的 1/10。它们主要用于配制酱油、辣酱油、香肠、火腿、贝类加工品、鱼糜制品等，一般用量为 0.01%~0.06%。

参 考 文 献

[1] 马杰. 琥珀酸二钠呈鲜特性初探[D]. 上海交通大学，2020.

6.6　鸟苷酸二钠

鸟苷酸二钠(disodium guanylate)又称 5′-鸟苷酸二钠，英文简称 GMP。分子式 $C_{10}H_{12}N_5Na_2O_8P$，相对分子质量 407.19。结构式为：

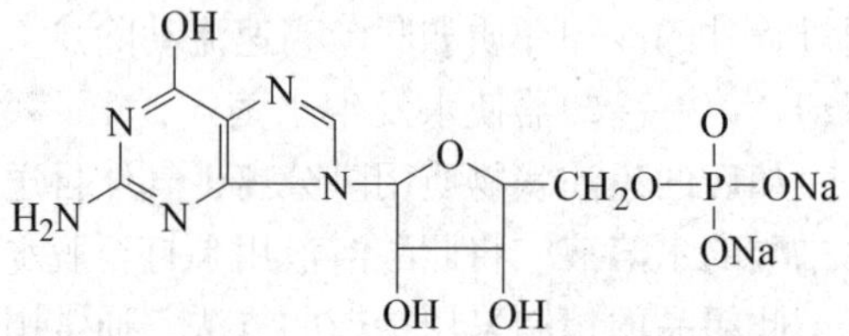

1. 性能

外观为无色至白色结晶，或白色晶体粉末，通常平均含有 7 分子结晶水。无臭，有特殊的香菇鲜味。易溶于水，微溶于乙醇，不溶于乙醚。吸湿性强，在 75% 相对湿度下放置 24h，吸水量达 30%。5% 水溶液的 pH 值为 7.0~8.5，其水溶液在 pH 值 2~4 范围内稳定，加热 30~60min 几乎无变化，油炸 3min，其保存率为 99.3%。加热至 240℃时变为褐色，250℃分解，对酸、碱可鲜味强度为肌苷酸钠的 2.3 倍。与谷氨酸钠并用有很强的协同增效作用。小白鼠经口 $LD_{50}>10g/kg$。

2. 生产方法

(1) 鸟苷合成法

以葡萄糖为碳源，用枯草杆菌异株发酵得鸟苷。然后将鸟苷在吡啶溶液中用三氯氧磷磷酸化，可得鸟苷酸。与碱中和得鸟苷酸二钠。

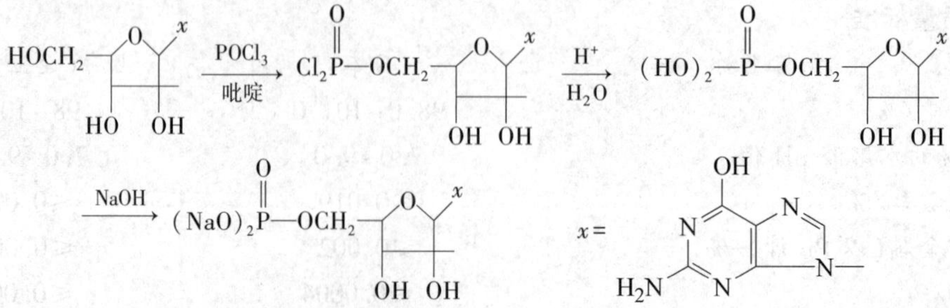

(2) 5-氨基-4-甲酰胺核苷法

在 pH=7 条件下巨大芽孢杆菌发酵葡萄糖(8%)90h，产生 5-氨基-4-甲酰胺核苷 15g/L。用离子交换法提取出来，经浓缩、干燥后溶于含有 NaOH 的甲醇中，加入二硫化碳一同加

138

热，转变为2-硫基肌苷。用双氧水进行氧化，加入过量氨水，加热得鸟苷。鸟苷经磷酸化得到鸟苷酸，中和后得GMP。

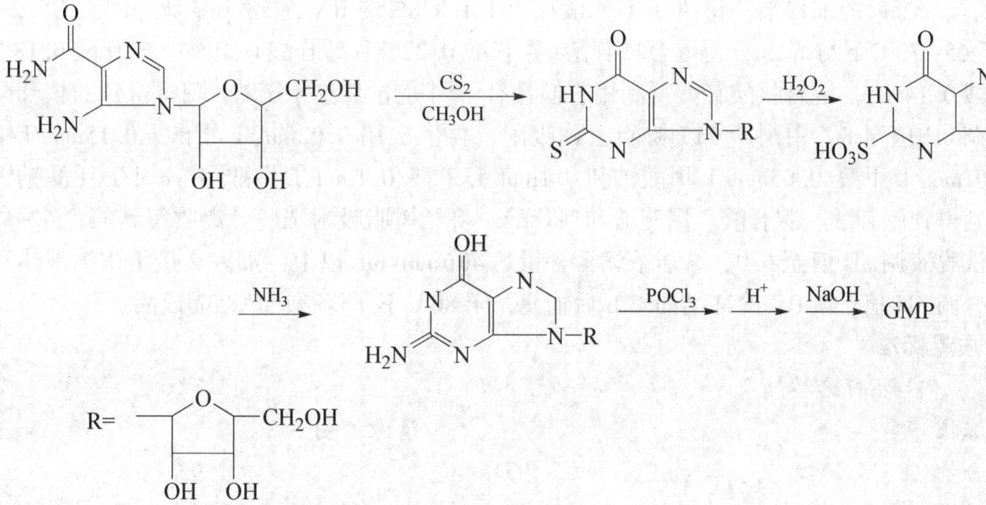

（3）核糖核酸（RNA）水解法

任何细胞都含有核糖核酸（RNA）和脱氧核糖核酸（DNA），而RNA水解可得4种核苷酸：腺苷酸、鸟苷酸、胞苷酸和尿苷酸，其中鸟苷酸和由腺苷酸转化而来的肌苷酸是呈味物质。核苷酸有2′-核苷酸、3′-核苷酸和5′-核苷酸，其中只有5′-核苷酸即5′-鸟苷酸和5′-肌苷酸具有呈味性能。利用不同核苷酸具有不同的等电点，用强碱性阴离子交换树脂吸附核苷酸，用0.1mol/L甲酸-0.1mol/L甲酸钠的溶液洗脱得鸟苷酸洗脱液，调pH值至等电点6.0，减压浓缩，冷冻结晶，抽滤，80℃下干燥得5′-鸟苷酸二钠。

3. 工艺流程

（1）5-氨基-4-甲酰胺核苷法

葡萄糖 → 发酵 → 提取 → 浓缩 → 分离 → 5-氨基-4-甲酰胺核苷 →

二硫化碳　双氧水　氨水　三氯氧磷　　水　　碱

→ 缩合 → 氧化 → 氨化 → 磷化 → 水解 → 中和 → 成品

（2）核糖核酸水解法

水

酵母干细胞 → 分散 → 调pH=7.0 → 加热 → 分离上清液 → 调pH值至等电点

水　强力核酸酶　　717树脂

过滤 → RNA → 溶解 → 水解 → 调pH=8 → 吸附 → 洗脱 → 鸟苷酸液 →

→ 调pH值至6 → 减压浓缩 → 加乙醇 → 冷冻结晶 → 抽滤 → 干燥 → GMP

4. 操作工艺

细胞中含有核糖核酸RNA，RNA中含有GMP。可用稀碱或稀酸从细胞中提取RNA。将酵母干细胞用水配成5%~10%的悬浮液，加入氢氧化钠使其达1%。于20℃下搅拌30~45min，再用6mol/L的盐酸中和至pH=7.0。加热至90℃保持10min。冷却至2~4℃静置2~3天。分离上层清液用6mol/L的盐酸调pH值至2.5（RNA等电点），于2~4℃静置过夜。过滤得 RNA，并用乙醇洗涤、干燥 RNA 含量 60%~70% 的产品，产率 4%~5%。

于 30℃下，桔青霉菌 ThoMR 紫外线变异株 N-10-14 用麸皮培养 5 天，用 90L 的水抽提得 5′-磷酸二酯酶的抽提液。将 400mL 酶液加入 10L 0.8% 的 RNA 溶液中，调 pH 值为 5.2~5.6，于 65~70℃下酶解 2h，得混合核苷酸(腺苷酸 0.22%、鸟苷酸 0.19%、尿苷酸 0.18% 和胞苷酸 0.14%)。混合核酸苷酸可利用它们具有不同等电点进行分离。现将得到的核苷酸混合液调 pH 值至 8，用国产 717 树脂上柱吸附，再依次用 0.02mol/L 甲酸、0.15mol/L 甲酸、0.01mol/L 甲酸/0.05mol/L 甲酸钠和 0.1mol/L 甲酸/0.1mol/L 甲酸/0.1mol/L 甲酸钠洗脱，分别得到胞苷酸、腺苷酸、尿苷酸和鸟苷酸。将经树脂吸附洗脱分离收集到的含 5′-鸟苷酸的洗脱液调 pH 值至 6.0，减压浓缩至含量达 40μmol/mL 以上，加入 2 倍于浓缩液体积的酒精并调 pH 值至 7.0，冷冻结晶 12h 后抽滤，于 80℃下干燥得白色结晶成品。

5. 质量标准

指标名称	优 级	二 级
溶状	清澈透明	
含量/% ≥	97	93
干燥失重/% ≤	25	
紫外吸光度比值(250/260)	0.94~1.04	0.95~1.03
(280/260)	0.63~0.71	0.63~0.71
其他氨基酸	合格	
铵盐(NH_4^+)	合格	
其他核苷酸	合格	
pH 值	7.0~8.5	
重金属(以 Pb 计)/%	≤0.002	
砷/%	≤0.0002	

6. 用途

鸟苷酸钠是国内外允许使用的食品增味剂，单独应用较少，常与味精和肌苷酸钠一起使用，混用时鲜味具有协同增效作用。我国 GB 2760 规定可用于各类食品，按生产需要适量使用。

混合使用时，其用量约为味精总量的 1%~5%。酱油、食醋、肉、鱼制品、速溶汤粉、速煮面条及罐头食品等中用量约 0.01~0.1g/kg。也可与赖氨酸盐等混合后，添加于蒸煮米饭、速煮面条及快餐中，用量约 0.5g/kg。常常与肌苷酸钠以 1:1 配合，广泛应用于各类食品。

参 考 文 献

[1] 杜卫群，程洪杰，邱蔚然. 5′-鸟苷酸二钠脱色结晶的方法研究[J]. 生物化工，2019，5(02)：45-50+53.

[2] 李銎. 5′-鸟苷酸二钠结晶工艺的研究[D]. 华南理工大学，2010.

6.7　5′-肌苷酸二钠

5′-肌苷酸二钠(disodium 5′-inosinate)又称肌苷酸二钠、肌苷酸钠、肌苷-5′-磷酸二钠。

分子式 $C_{10}H_{11}N_4Na_2O_8P \cdot xH_2O$，相对分子质量 392.19（无水）。结构式为：

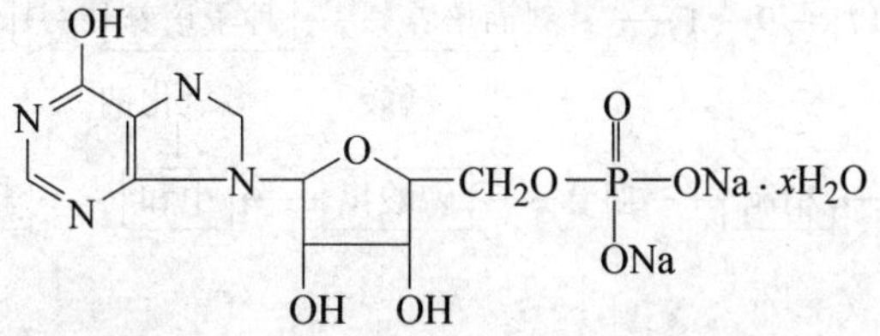

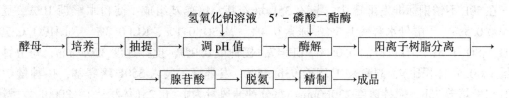

1. 性能

无色至白色结晶或结晶性粉末，平均含 7.5 分子结晶水。40℃开始失去结晶水，120℃以上成无水物，180℃褐变，230℃分解。对酸、碱、盐、热均稳定。稍有吸潮性，微溶于乙醇和乙醚，易溶于水（20℃，13g/100mL）。5%的水溶液 pH 值为 7.0~8.5。在一般食品的 pH 值（4~6）范围内，于 100℃加热 1h 几乎不分解。无臭，有特有鱼鲜味。鲜味阈值为 0.025g/100mL，鲜味强度低于 5'-鸟苷酸钠。

2. 生产方法

（1）核酸酶解法（RNA 法）

利用酵母将核糖核酸分解，再经分解制取。由酵母所得核酸经酶分解后，经阳离子树脂分离洗脱，收集到的腺苷酸洗脱液，在脱氨酶的作用下能定量地脱去腺苷酸结构组织中嘌呤碱基上的氨基，成为 5'-肌苷酸，加氢氧化钠溶液调 pH 值至 7.0~8.0，减压浓缩、冷冻结晶，再经抽滤、烘干即得产品。

（2）发酵合成法

以葡萄糖为碳源，加入肌苷菌种，发酵 48h，用离子交换柱分离肌苷，浓缩、冷冻结晶，干燥得肌苷，将肌苷与磷酸反应得 5'-肌苷酸，中和、精制后得肌苷酸二钠。这一方法产率高，生产周期短，成本低，发酵条件易控制。

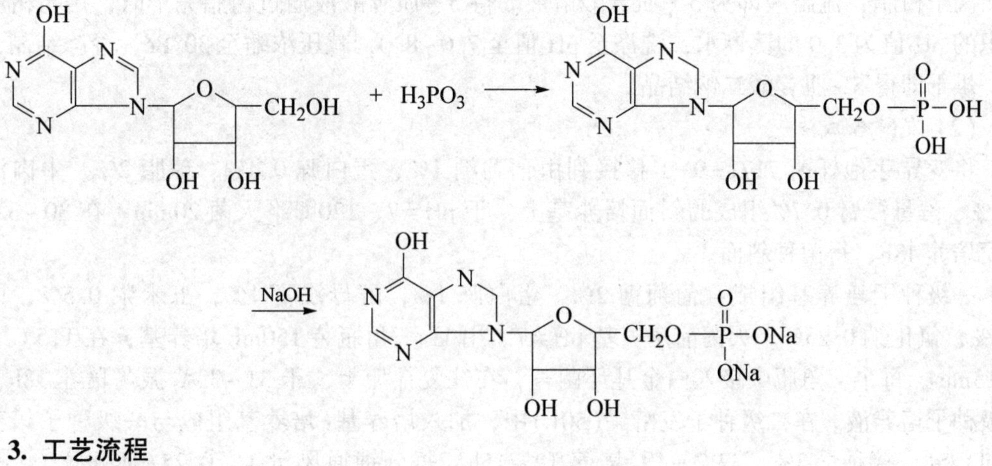

3. 工艺流程

（1）RNA 法

$$\text{酵母} \rightarrow \boxed{培养} \rightarrow \boxed{抽提} \rightarrow \underset{\text{氢氧化钠溶液}}{\boxed{调 pH 值}} \rightarrow \underset{\text{5'-磷酸二酯酶}}{\boxed{酶解}} \rightarrow \boxed{阳离子树脂分离} \rightarrow$$

$$\rightarrow \boxed{腺苷酸} \rightarrow \boxed{脱氨} \rightarrow \boxed{精制} \rightarrow \text{成品}$$

141

（2）发酵合成法

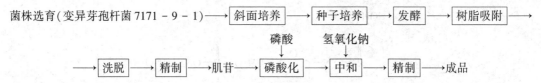

菌株选育(变异芽孢杆菌7171-9-1)──→ 斜面培养 ──→ 种子培养 ──→ 发酵 ──→ 树脂吸附 ──→

             磷酸   氢氧化钠

──→ 洗脱 ──→ 精制 ──→肌苷──→ 磷酸化 ──→ 中和 ──→ 精制 ──→成品

4. 生产工艺

（1）RNA法

将酵母干细胞用水配成5%~10%的悬浮液，可用稀酸或稀碱提取核酸（RNA）。将RNA配成0.5%的核酸溶液，用氢氧化钠溶液调pH值至5.0~5.6，然后升温至75℃左右，加入占核酸溶液10%的5′-磷酸二酯酶液，在缓慢搅拌下于70℃酶解1h，然后加热沸腾5min灭酶，冷却并调pH值至1.5，除去杂质，即成核酸的酶解液。该酶解液含4种单核苷酸，即5′-尿苷酸、5′-胞苷酸、5′-鸟苷酸及5′-腺苷酸。混合液经阳离子树脂聚苯乙烯磺酸型阳离子树脂分离洗脱收集5′-鸟苷酸溶液。柱内装树脂容量约为上柱液体积的1/2~1/3，树脂柱高与直径之比约为5∶1。装柱完毕，用pH值为1.5的蒸馏水洗脱树脂上的紫外吸收物质。然后将pH值为1.5的核酸酶解液自上而下缓慢地通过树脂柱，待上柱液流毕后，再用与树脂等体积的pH值为1.5的洗脱液为5′-尿苷酸。随后继续用蒸馏水洗脱，则5′-鸟苷酸、5′-胞苷酸及5′-腺苷酸相继被分离洗脱。腺苷酸在脱氨酶的作用下可转变为肌苷酸。米曲霉用麸皮于30℃下培养48h，加10倍的水浸泡3h，得脱氨酶液。腺苷酸液中加入10%的脱氨酶液，于pH=6和50~60℃下反应3h。加热至100℃灭酶，过滤后取清液真空浓缩、结晶得成品，即为肌苷酸二钠。

说明： 脱氨酶脱氨后得到的粗肌苷酸液中往往带有酶蛋白及尚未脱氨的腺苷酸等物质，必须进行精制。先用盐酸调粗5′-肌苷酸液pH值至3.0，将其通过已处理过的聚苯乙烯磺酸型阳离子树脂，流出液即为5′-肌苷酸溶液。待5′-肌苷酸液通过树脂完毕时，用与树脂等体积的pH值为3.0的蒸馏水，洗涤至pH值至7.0~8.0，减压浓缩至30°Bé，冷冻结晶，抽滤，烘干即得5′-肌苷酸二钠结晶。

（2）发酵合成法

将变异芽孢杆菌7171-9-1移接到由葡萄糖1%、蛋白胨0.4%、琼脂2%、牛肉浸膏1.4%、酵母浸膏0.7%组成的斜面培养基上，于pH=7、120℃下灭菌20min。在30~32℃，斜面培养48h，得菌种斜面。

一级种子培养基组成：葡萄糖2%，蛋白胨1%，酵母浸膏1%，玉米浆0.5%，尿素0.5%，氯化钠0.25%。灭菌前培养基pH=7。用1L三角瓶装150mL培养基，在115℃下灭菌15min。每个三角瓶中接入白金耳环菌苔，在往复摇床上，于31~33℃振荡培养18h，得一级种子培养液。在二级种子发酵罐(50L)中，加入培养基(培养基组成与一级种子培养基相同)25L，接种量3%，32℃±1℃培养12~15h，每分钟通风量1∶0.25(体积比)，pH=6.4~6.6。得到二级种子培养液。

在50L不锈钢标准发酵罐中，装入35L培养基。培养基组成：淀粉水解糖10%、豆饼水解液0.5%、干酵母水解液1.5%、尿素0.4%、$MgSO_4$ 0.1%、KCl 0.2%、Na_2HPO_4 0.5%、$(NH_4)_2SO_4$ 1.5%、有机硅油0.05%。pH=7，接种量0.9%，搅拌速度320r/min，每分钟通风量1∶0.5(体积比)，32℃±1℃培养93h。500L发酵罐，装入350L培养基，接种量7%，32℃±1℃培养75h，搅拌速度230r/min，每分钟通风量为1∶0.25(体积比)。2000L发酵罐，接种量 2.5%，35℃±5℃培养 83h。

将得到的发酵液 30~40L 调 pH=2.5~3.0，通过 2 个串联的 3.5kg 732H 树脂柱吸附，用相当于树脂总体积 3 倍的 pH=3 水洗 1 次。用 pH=3 的水将肌苷洗脱下来。再经 769 活性炭柱吸附肌苷，先用 2~3 倍体积的水洗涤，再用 70~80℃ 水洗，用 70~80℃、1mol/L 氢氧化钠浸泡 30min，最后用 0.01mol/L 氢氧化钠洗脱肌苷，收集洗脱液，真空浓缩，放置，过滤，得粗品，粗品用蒸馏水重结晶得肌苷精制品。

将肌苷与磷酸以摩尔比 1∶1 进行反应，得到肌苷-5′-磷酸酯，再用氢氧化钠溶液中和，经精制得 5′-肌苷酸二钠。

5. 质量标准

含量(无结晶水盐)/%	97~102	重金属(以 Pb 计)/%	≤0.002
氨基酸试验	阴性	砷/%	≤0.0003
杂质	检不出	铅/%	≤0.001
pH 值(5%水溶液)	7.0~8.5	含水量/%	≤29.0

6. 用途

食用增味剂(鲜味剂)。我国 GB 2769 规定可在各类食品中按生产需要适量使用。单独应用较少，常与味精混合一起使用，混用时鲜味有增效作用。

参 考 文 献

[1]任洪发. 细胞催化法制备 5′-肌苷酸二钠提纯工艺研究[D]. 华南理工大学，2013.

6.8　葡萄糖酸内酯

葡萄糖酸内酯(gluconolactone)又称 1,5-葡萄糖酸内酯、D-葡萄糖酸-δ-内酯。分子式 $C_6H_{10}O_6$，相对分子质量 178.14。结构式为：

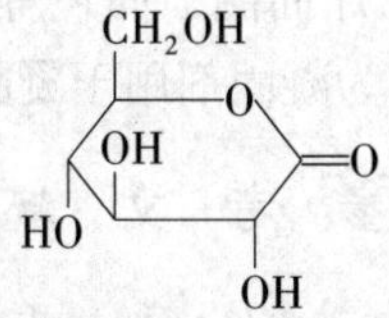

1. 性能

无色结晶。熔点 153℃。在水中溶解度为 59g/100mL，在乙醇中的溶解度为 1g/100mL。不溶于乙醚。新配制的 1%溶液 pH 值为 3.6，2h 内 pH 值为 2.5。在水溶液中水解形成葡萄糖酸与其内酯的平衡溶液。有潮解性。

2. 生产方法

将葡萄糖酸钙通过无机酸分解并脱钙得葡萄糖酸溶液，在 70℃ 将其减压浓缩，使浓度为 80%~85%。冷却至 40℃ 以下，加入葡萄糖酸-δ-内酯晶种。浓缩至葡萄糖酸的半量，至 δ-内酯析出为止。将结晶离心分离，用冷水洗净，于 40~60℃ 干燥而得成品。

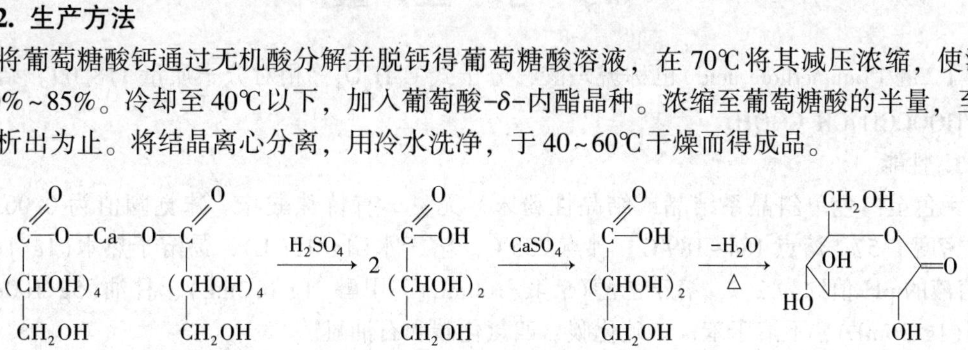

3. 工艺流程

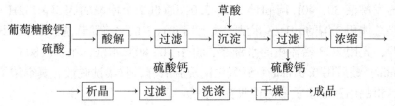

4. 操作工艺

在酸解反应锅中加入 1000L 去离子水，搅拌下加入 200kg 98%硫酸，加热至 60℃，搅拌下加入 896kg 葡萄糖酸钙，升温至 85℃，保温搅拌反应 1~2h。然后静置 12h。过滤，滤渣（硫酸钙）用去离子水洗涤 2 次。合并滤液与洗液，置沉淀反应锅加热至 50℃，搅拌下缓慢加入 20kg 草酸，保温搅拌 1h，停止加热，静置 12h，过滤，滤渣用去离子水冲洗 2 次。合并滤液与洗液，移入旋转薄膜蒸发器中，加热至 45℃，减压浓缩至 1/3 体积，加入 5%的葡萄糖酸内酯晶种，继续浓缩至析出大量晶体，于 20~40℃保温静置 12h，滤取晶体。滤液依上法再浓缩 2 次，结晶 2 次，合并 3 次晶体，用等量的 95%乙醇洗涤两次，于 40℃真空干燥，得成品，收率 80%。

5. 质量标准（GB 7657）

含量（$C_6H_{10}O_6$）/%	≥99.0	砷/%	≤0.0003
还原性物质（D-葡萄糖）/%	≤0.5	重金属（以 Pb 计）/%	≤0.002
硫酸盐（以 SO_4^{2-} 计）/%	≤0.05	铅/%	≤0.001
钙/%	≤0.03	外观	无色结晶或
氯化物（以 Cl^- 计）/%	≤0.02		白色粉状结晶

6. 用途

无毒性食品添加剂，广泛用作酸味剂、膨化剂、螯合剂、凝固剂。作为酸味剂用于果汁饮料、果冻等；作为膨化剂用于饼干、炸面圈、面包等；作为螯合剂用于牛奶制造中防止乳石产生，啤酒生产防止啤酒石产生；作为凝固剂用于凝固大豆蛋白（豆腐凝固剂）、牛乳蛋白。

参 考 文 献

[1] 崔光水，李贵伶，陈洪景，等. 连续式离子交换法生产葡萄糖酸内酯的工艺设计与优化[J]. 山东化工，2015，44（06）：107-110.

[2] 汪炯. 葡萄糖酸以及葡萄糖酸内酯制备工艺研究[D]. 暨南大学，2012.

6.9 丁 二 酸

丁二酸（butanedioic acid）也称琥珀酸，分子式 $C_4H_6O_4$，相对分子质量 118.09。结构式为：$HOOCCH_2CH_2COOH$。

1. 性能

无色至白色单斜晶系结晶或结晶性粉末。无臭。有特殊酸味。味觉阈值为 0.0039%。相对密度 1.57。熔点 184~189℃。沸点 235℃。溶于水（1g/13mL），易溶于热水（1g/1mL），1%溶液的 pH 值约为 2.7，溶于乙醇（5.4g/100mL）、甲醇（1g/6.3mL）、甘油（5g/100mL）、丙酮（1g/36mL），不溶于苯、二硫化碳、四氯化碳和石油醚。

2. 生产方法

方法一

由苯或萘氧化得马来酐，其水溶液马来酸(顺丁烯二酸)在稀硫酸液中电解还原，或用镍催化还原而制得。

$$\text{苯} + O_2(\text{空气}) \xrightarrow[400\sim500℃]{V_2O_5} \begin{array}{c}HCC \\ \| \\ HCC\end{array}\!\!\!\!\begin{array}{c}O \\ \diagdown \\ \diagup \\ O\end{array}\!\!\!\!O \xrightarrow{H_2O} \begin{array}{c}HCCOOH \\ \| \\ HCCOOH\end{array} \xrightarrow{\underset{Ni}{H_2}} \begin{array}{c}H_2CCOOH \\ | \\ H_2CCOOH\end{array}$$

方法二

由乙腈在硫酸亚铁和硫酸存在下与过氧化氢作用，制得丁二腈，将丁二腈在酸性条件下水解即得丁二酸。

$$2CH_3CN + H_2O_2 \xrightarrow[H_2SO_4]{FeSO_4} NCCH_2CH_2CN + H_2O$$

$$NCCH_2CH_2CN \xrightarrow[HCl]{\text{水解}} \begin{array}{c}H_2CCOOH \\ | \\ H_2CCOOH\end{array}$$

3. 工艺流程

方法一

顺丁烯二酸酐水解 → 水解 → 还原 → 脱色 → 重结晶 → 成品

（水解上方：H_2O；还原上方：H_2/Ni）

方法二

乙腈 → 氧化 → 蒸馏 → 水解 → 重结晶 → 成品

（氧化上方：过氧化氢；水解上方：稀盐酸）

4. 操作工艺

方法一

将顺丁烯二酸酐溶于稀硫酸溶液中，水解成顺丁烯二酸，再通过电解还原，或加入镍作催化剂用氢气还原制得丁二酸粗品，用水进行重结晶，同时脱色即可制得丁二酸纯品。

方法二

于带搅拌装置的反应釜中，加入 32.8kg 乙腈和 28L 水，升温到 30℃，在猛烈搅拌下，于 15~20min 内加入用 6.8kg 过氧化氢配成的 30% 溶液、30.4kg 硫酸亚铁和 19.6kg 硫酸(用 62L 水稀释过)，当丁二腈离析出后，进行分离，蒸出。

将蒸馏出的丁二腈用稀盐酸进行水解，析出丁二酸。用水重结晶一次，即制得丁二酸纯品。

5. 质量标准

外观	无色至白色结晶	灼烧残渣/%	≤0.025
含量/%	≥99.0	砷/(mg/kg)	≤3
熔程/℃	185~190	重金属(以 Pb 计)/(mg/kg)	≤10

6. 用途

食品添加剂中作调味剂、缓冲剂、中和剂。可用于清酒，用量0.08%~0.09%；发酵豆酱、酱油、清凉饮料、糖食制品等的调味剂。

参 考 文 献

[1] 杨如惠，杨效军. 丁二酸生产工艺技术进展[J]. 合成技术及应用，2015，30(02)：33-39.

6.10　食品调味剂

1. 性能

食品调味剂主要有鲜味剂、甜味剂、酸味剂、咸味剂、苦味剂和特殊风味剂及辛香调味剂。这里主要介绍复配型鲜味剂、特殊风味剂和辛香调味剂。

2. 工艺配方

配方一

L-谷氨酸钠(味精)	98.5	5'-核糖核甙酸钠	1.5

将各物料混合均匀即得鲜味剂。

配方二

L-谷氨酸钠	36.0	琥珀酸二钠	10.0
L-天冬氨酸钠	4.0	丙氨酸	1.6
5'-核糖核甙酸钠	2.4	混合辛香料	46.0

将各组分按配方比混合均匀，得到既具鲜味又具辛香味的调味剂。

配方三

L-谷氨酸钠	95.0	鸟苷酸钠	2.5
肌苷酸钠	2.5		

将各组分充分混合，得复配型鲜味剂。

配方四

L-谷氨酸钠	50.0	甘氨酸	4.0
5-核苷酸钠	3.0	无水琥珀酸二钠	0.6
天然香辛味料	42.4		

将各物料分别研磨，混合均匀得到具有鲜味和辛香味的调味剂，适用于畜肉制品和水产品加工。

配方五

L-谷氨酸钠	15.0	聚磷酸钠	8.9
天然香辛调味料(姜、蒜、葱等粉末)	50.5	焦磷酸氢钠	3.3
天然调味料	7.8	偏磷酸钠	5.0
L-天冬氨酸钠	0.8	无水焦磷酸钠	7.3
琥珀酸二钠	0.3	丙氨酸	0.6

将各物料分别研磨，充分混合得汉堡牛肉饼调味料。用于汉堡牛肉饼调味。

配方六

L-谷氨酸钠	35.0	焦磷酸氢钠	3.5
混合辛香料	42.2	偏磷酸钠	5.3
天然调味料	1.0	多磷酸钾	5.5
山梨酸钾	0.8	多磷酸钠	6.7

该调味料适用于葡萄酒的生产。

配方七

啤酒酵母	100.0	L-半胱氨酸盐酸盐	1.0
L-蛋氨酸	3.0	L-丙氨酸	6.0

将各组分溶于300份水中，在100℃下加热5min，冷却后得人造墨鱼香味剂。

6.11 汤类食品调味料

1. 性能

该调味料为复配型粉料，具有不同风味特色，味道鲜美。适用于汤类调味、使用方便。

2. 工艺配方

配方一

粉末料酒	20.0	木鱼粉	6.0
粉末酱油	124.0	木鱼浸膏粉	20.0
香荸粉	2.0	琥珀酸钠	0.2
无水柠檬酸	0.4	味精	10.0
海带粉	11.4	食盐	6.0

将各物料充分拌匀，过筛，分装于防潮袋中。用量4g/100mL。该配方为日本式面汤料，日本风味浓。

配方二

玉米淀粉	44.4	肉汁粉	2.9
全脂奶粉	14.5	五香粉	0.1
粉末油脂	15.95	洋葱粉	1.45
α-淀粉	5.8	豆角荚胶	1.2
砂糖	10.0	食盐	3.7

将各物料按配方比充分混合均匀，过筛并分装于防潮袋中。本品汤浓厚、奶脂重，是西式淀粉汤料。用量50g/300mL。

配方三

脱水奶油	18.0	豆角荚粉	1.2
粉末香油	6.0	土豆淀粉	16.0
脱脂奶粉	10.0	荷兰芹	0.15
芹菜粉	0.03	五香粉	0.08
白胡椒粉	0.2	糊精	30.37
洋葱汁粉	5.0	砂糖	2.0
鸡肉粉	2.0	味精	1.0
鸡肉汁粉	1.0	食盐	6.2

该配方为西式鸡肉奶油汤料。将各组分充分混合均匀，过筛，分装于防潮袋中。用量26g/300mL。

配方四

粉末酱油	35.0	洋葱粉	5.60
动物水解蛋白	7.0	焦糖粉	2.0
精制猪油	21.0	糊精	30.0
猪肉粉	14.0	苹果酸	0.28
鸡肉粉	14.0	琥珀酸钠	0.7
姜粉	0.2	砂糖	11.76
胡椒粉	0.56	味精	19.68
大蒜粉	0.84	精盐	28.46

该配方为酱面汤料。将各组分充分混合均匀，过筛，分装于防潮袋中。使用量10~12g/200mL。

配方五

肉汁粉	10.54	麻油	4.5
动物水解蛋白	7.0	精制猪油	11.5
豆芽粉	2.45	糊精	14.7
芹菜粉	0.07	食用香精	0.14
苹果酸	0.14	砂糖	10.5
洋葱粉	4.2	味精	9.8
白胡椒粉	0.28	精制食盐	23.8
琥珀酸钠	0.49		

该配方为盐面汤料。将各粉料充分混匀过筛，加入其余物料，搅拌均匀后，分装于防潮袋中。用量15g/350mL水。

配方六

胡萝卜汁粉	7.0	苹果酸	0.2
洋葱汁粉	17.0	糊精	50.0
肉汁粉	30.0	砂糖	10.0
牛肉汁粉	30.0	粉末酱油	20.0
芹菜粉	0.2	味精	6.0
丁香	0.2	食盐	29.0
白胡椒粉	0.4		

该配方为西式洋葱汤料。用量6g/150mL。

配方七

海带汁粉	50.0	核酸系调味料	0.3
木鱼汁粉	75.0	葡萄糖	25.0
松茸香料粉	1.5	味精	30.0
淡味酱油粉	80.0	食盐	275.0

该配方为即食汤料。将各组分充分混合，制成颗粒状，干燥，分装于防潮袋中。用量8g/320mL水。使用时用开水冲化。

配方八

干燥洋葱粉	25.04	洋葱粉	7.5
玉米粉	25.04	白胡椒粉	0.26
脱脂奶粉	25.04	味精	2.5
小麦粉	37.22	食盐	17.5
食用油脂	57.4		

该配方为洋葱奶油汤料(西式)。将各组分粉碎混匀,压制成块或造粒,干燥后密封包装。本品奶油味重、洋葱香味浓、汤味厚。用量10g/100mL。

配方九

鸡肉汁粉	40.0	胡椒粉	4.0
鸡肉调味香料粉	1.0	焦糖色	2.0
鸡油粉	40.0	核酸系调味料	0.6
胡萝卜粉	1.0	砂糖	67.5
洋葱粉	5.0	味精	60.0
混合辛香粉	0.4	食盐	280.0
大蒜粉	1.0		

该配方为鸡汤料。将各物料粉碎后混合均匀,压制成块状或颗粒状,密封防潮包装。用量8g/350mL。

6.12　食品增香剂

1. 性能

食品增香剂的主要成分是加热变性的啤酒浓缩物,有很好的增香效果。无毒且有一定的营养成分。引自英国专利2129668。

2. 操作工艺

将啤酒加至浓缩釜中,于57.2℃以上蒸馏浓缩,至固体成分达20%以上,最好达25%~40%。该浓缩液体即可用作食品增香剂。也可将啤酒在57.2℃以上蒸馏浓缩至含水量7%~12%的固体,该固体即为食品增香剂。

3. 用途

用于食品增香,能增补天然香味。在食品中添加量为0.2%~1.5%。

6.13　大蒜香味剂

1. 性能

该复配物具有天然新鲜大蒜的香味,香味强而稳定。引自日本公开特许公报昭和58-49154。

2. 工艺配方

5-烯丙基硫甲基乙内酰脲	10.0	丙三醇	200.0
5-丙基硫甲基乙内酰脲	6.0	水	100.0

3. 操作工艺

将两种内酰脲加至水中，用1%氢氧化钠水溶液调节pH值至6.5，再加甘油，于95℃下搅拌6h，冷却即得复配型大蒜香味剂。

4. 用途

用作调味剂。

6.14 食品酸味抑制剂

1. 性能

该酸味抑制剂由强碱弱酸盐复配而成，对食品的酸味有较好的抑制效果。

2. 工艺配方

乙酸钠	5.0	明矾	5.0
琥珀酸二钠	5.0	轻质碳酸钙	80.0
碳酸氢钠	5.0		

3. 操作工艺

将各物料粉碎混合均匀即得。

4. 用途

用作食品酸味抑制剂。

6.15 粉末酸味剂

1. 性能

粉末酸味剂又称粉末米醋、粉末食醋。该酸味剂具有米醋的原始风味，储存过程不结块。引自日本公开特许公报85-164475。

2. 操作工艺

将62kg乙酸钠与粉状柠檬酸10kg、酒石酸20kg、苹果酸10kg、延胡索酸钠25kg混合搅拌，同时加热使其保持65℃，且在混合搅拌时，将7.5kg米醋喷雾在混合物中。最后制得含水2l.5%的粉末酸味剂125kg。

乙酸钠制备：在2000kg米醋中加入碳酸钠60kg，搅拌进行中和反应，当pH值约7.2时，再于50℃/500×133.3Pa下减压浓缩到原体积的40%，得浓乙酸钠溶液。然后加入2kg活性炭，搅拌加热脱色，过滤，滤液喷雾干燥，得含水4%的乙酸钠粉末约124kg。用于粉末酸味剂的配制。

3. 用途

用作食品酸味剂。使用时用水溶解，其作用和用法与米醋相似。

6.16 食品碱性剂

1. 性能

食品碱性剂可使食品pH值升高，提高蛋白质的持水性，促使食品组织细胞软化，促进涩味成分溶出。碱性剂主要用于面制品、糕点以及配制碳酸饮料。

2. 工艺配方

配方一

纯碱(无水)	35.0	硫酸钾(无水)	40.0
偏磷酸钠	2.0	吡咯啉酸钠(无水)	39.0
多磷酸钠	4.0		

将各物料研磨混合得快餐面碱性剂。

配方二

无水碳酸钾	9.3	无水碳酸钠	5.7

配方三

无水碳酸钠	39.0	磷酸氢二钠(无水)	0.6
无水碳酸钾	60.0	多磷酸钠	0.2
吡咯啉酸钠(无水)	0.2		

配方四

无水碳酸钠	18.0	无水吡咯啉酸钠	1.2
无水碳酸钾	20.0	碳酸二氢钾	0.8

3. 操作工艺

将各物料研磨后充分混合得食品碱性剂。

4. 用途

作为食品碱性剂,可用于面制品、饼干、糕点及羊奶、饮料。

6.17　食品酸味剂

1. 性能

以赋予食品酸味为主要目的的食品添加剂称食品酸味剂。酸味剂同时还具有调节食品的 pH 值、用作抗氧剂的增效剂、防止食品酸败或褐变、抑制微生物生长及防止食品腐败等作用。用作酸味剂的物质一般为有机酸,如乙酸、柠檬酸、乳酸、酒石酸、苹果酸等以及无机的食用磷酸。这里介绍复配型食用酸味剂。

2. 工艺配方

配方一

富马酸	78.4	多磷酸钠	0.4
富马酸一钠	0.8	蔗糖酸	0.4

配方二

DL-酒石酸	40.0	乳糖	10.0

配方三

异构化乳糖	10.0	结晶柠檬酸	40.0

配方四

乳酸	60.0	乳酸钙	40.0

3. 操作工艺

将各组分按配方比混合均匀,即得到酸味剂。

4. 用途

用作清凉饮料、酸牛奶、果味酒、果子酱等的酸味剂。

6.18 不溶性糖精

不溶性糖精(saccharin，saxin)又称糖精、邻苯磺酰甲酰亚胺。分子式 $C_7H_5NO_3S$，相对分子质量 183.2。结构式为：

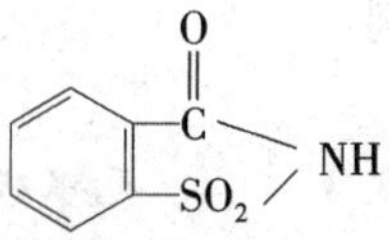

其钠盐即糖精钠、可溶性糖精，是市场上出售的无营养甜味剂"糖精"。

1. 性能

无色至白色结晶。味极甜，水稀释 10000 倍仍有甜味。熔点 229℃。微溶于水(125℃，1g/290mL；沸水，1g/25mL)。溶于碱性溶液，略溶于乙醇(1g/31mL)，微溶于氯仿和乙醚。

2. 生产方法

(1) 苯酐法

由苯酐经氨解、降解、酯化、重氮化、置换、氯化、磺酰氨化、酸析等步骤制得。

① 氨解、降解、酯化制备邻氨基苯甲酸甲酯。

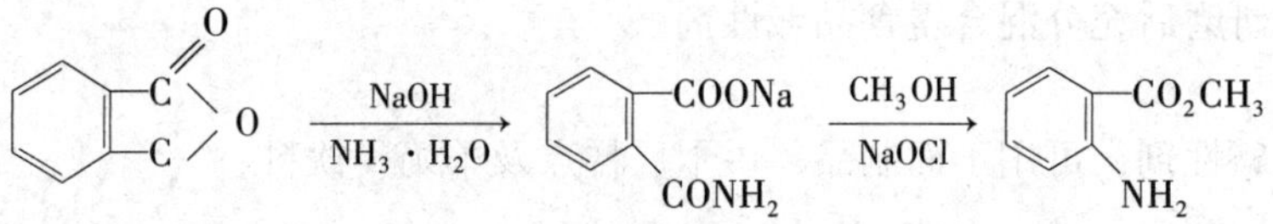

② 重氮化，置换，氯化得邻磺酰氯苯甲酸甲酯。

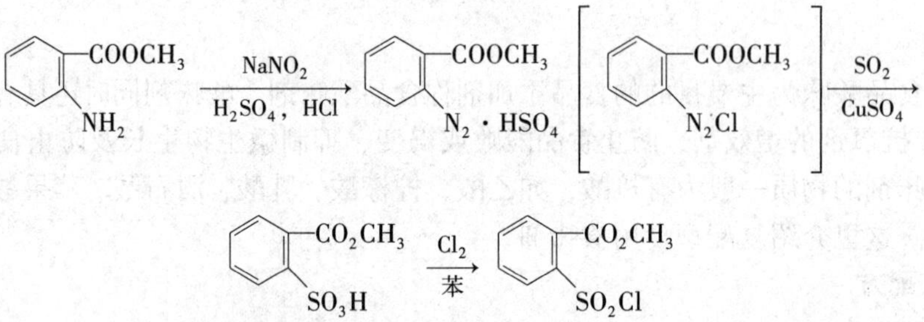

③ 环合，酸析得到不溶性糖精。

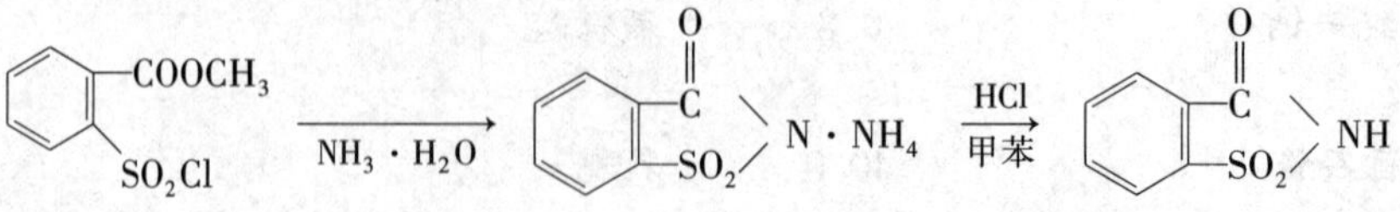

(2) 甲苯法

甲苯经氯磺化、氨化、氧化、酸化后得到不溶性糖精。

① 氯磺化反应

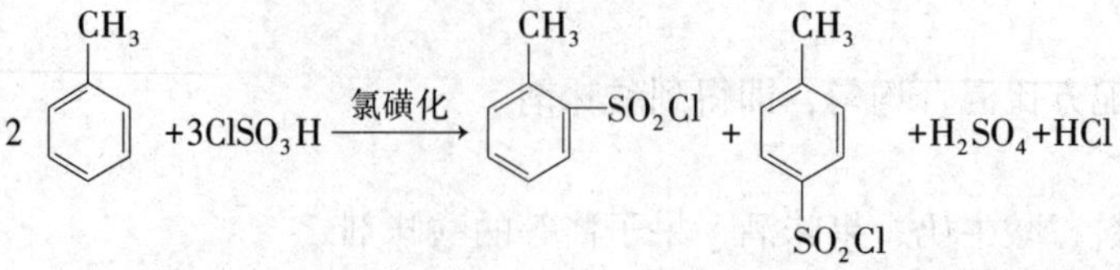

② 氨化

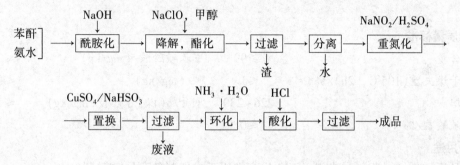

③ 氧化，酸化

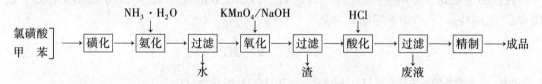

3. 工艺流程
(1) 苯酐法

苯酐 氨水
→ 酰胺化 ——NaOH——→ 降解，酯化 ——NaClO，甲醇——→ 过滤 →（渣）→ 分离 →（水）→ 重氮化 ——NaNO₂/H₂SO₄——→

$$ \text{——} \xrightarrow{\text{CuSO}_4/\text{NaHSO}_3} \text{置换（废液）} \rightarrow \text{过滤} \xrightarrow{\text{NH}_3\cdot\text{H}_2\text{O}} \text{环化} \xrightarrow{\text{HCl}} \text{酸化} \rightarrow \text{过滤} \rightarrow \text{成品} $$

(2) 甲苯法

氯磺酸 甲苯
→ 磺化 ——NH₃·H₂O——→ 氨化 → 过滤（水）→ 氧化 ——KMnO₄/NaOH——→ 过滤（渣）→ 酸化 ——HCl——→ 过滤（废液）→ 精制 → 成品

4. 操作工艺
(1) 苯酐法

① 将苯酐加入反应锅，加入氨水溶液，升温至 50℃，加入氢氧化钠溶液。控制加碱速度使温度保持在 70℃ 以下，pH 值保持在 8.5~8.9。加碱结束，将 pH 值调节至 12~13，在 65~70℃ 保温 0.5h 后，保温赶氨 3.5h。冷至 -10℃，加入已预冷的 -10℃ 的甲醇和 -10℃ 的次氯酸钠溶液，切勿过量。在 0℃ 以下反应 45min，再逐渐升温至 30℃，以碘化钾淀粉试纸测试应呈无色反应。然后加入适量亚硫酸氢钠液(20%)水解。料液转稀后，加热至 50℃ 以上，再加入 80℃ 热水，搅拌溶解，静置后过滤，分取油层，得邻氨基苯甲酸甲酯。

② 将邻氨基苯甲酸甲酯和亚硝酸钠溶液搅拌混匀，滴加到重氮锅内的混酸中反应。开始滴加的温度为 10℃ 左右，反应温度不超过 25℃，反应终点时碘化钾淀粉液显淡绿色。将此重氮反应液冷至 10℃，加入硫酸铜，溶解后通入 SO₂(约 1h 通完)。析出邻亚磺酸苯甲酸甲酯，用 H 酸试纸测试置换终点应显无色。加入甲苯，在 30~35℃ 通氯至 2% 联苯胺乙醇试液测试显深墨绿色为氯化终点。静置分层，取有机层得邻磺酰氯苯甲酸甲酯甲苯溶液。

③ 将水和邻磺酰氯苯甲酸甲酯甲苯溶液加入反应锅，冷至 10℃，加入氢氧化铵溶液，搅拌反应，温度最高达 70℃，pH 值在 9 以上，反应 15min 后测试终点(2% 联苯胺吡啶液试验不立即显黄色为终点)。分层，取下层铵盐液加入甲苯和 30% 盐酸，使 pH 值至 1 以下。

酸析后冷至 20℃，分去酸水层，甲苯层水洗，除氯化铵，得不溶性糖精甲苯胺状体。工业生产中用于成盐制备糖精钠。

（2）甲苯法

① 在磺化锅中投入氯磺酸，保持恒温，于搅拌下徐徐加入甲苯进行氯磺化反应。反应后将料液缓缓加入盛有冰块的分解桶中，以分解过剩的氯磺酸，过滤，滤渣为对甲苯磺酰氯，滤液静置分层，下层为酸液，上层为油层即为邻甲苯磺酰氯。

② 在氨化锅内预先放入氨水，于搅拌下加入邻甲苯磺酰氯，反应结束后，冷却，过滤，滤饼（粗品）在精制锅中用氢氧化钠溶液精制，得邻甲苯磺酰胺（精品）。

③ 将邻甲苯磺酰胺及氢氧化钠溶液加入氧化锅中，于搅拌下加入高锰酸钾进行氧化。反应结束后加入亚硫酸氢钠溶液，使过剩的高锰酸钾还原脱色，然后冷却过滤。除去二氧化锰残渣，滤液用泵送至酸析桶，加入盐酸，即析出不溶性糖精，滤干后进行精制。

5. 质量标准

含量	≥99	甲苯磺酰胺/(mg/kg)	≤25
干燥失重(105℃，2h)/%	≤1	砷/(mg/kg)	≤3
熔点/℃	226~230	重金属(以 Pb 计)/(mg/kg)	≤10
硫酸盐/%	≤0.2		

6. 用途

食品添加剂，无营养甜味剂。工业生产中用于成盐制备商品"糖精"。

在食品中最高参考用量：软饮料 72mg/kg；冷饮 150mg/kg；糖果 2100~2600mg/kg；焙烤食品 12mg/kg。不得用于婴幼儿食品。

参 考 文 献

[1] 刘辉. 一种糖精钠的生产方法[J]. 河南化工，2021，38(03)：56-57.
[2] 吴付威，张飞，曾冬冬. 一种提高糖精钠品质的方法[J]. 化工管理，2019，(18)：49.
[3] 包艳珍. 生产糖精的终点温度和 pH 探讨[J]. 化工管理，2017，(14)：56-57.

6.19 糖 精 钠

糖精钠（saccharin sodium）化学名称为邻磺酰苯酰亚胺钠，也称可溶性糖精或糖精。分子式 $C_7H_4NNaO_3S \cdot 2H_2O$，相对分子质量 241.19。结构式为：

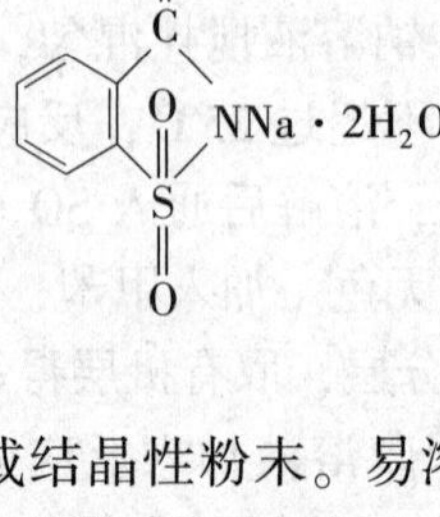

1. 性能

无色至白色斜方晶系片状结晶或结晶性粉末。易溶于水，不溶于乙醇。甜度为蔗糖的 500 倍。稀释 1 万倍的水溶液仍有甜味。浓度大于 0.026% 时有苦味。甜味阈值约 0.00048%。在酸性条件下加热甜味消失，形成苦味的邻氨基磺酰苯甲酸。

2. 生产方法

由邻苯二甲酸酐在碱性条件下与氢氧化铵反应，生成邻甲酰胺苯甲酸钠，于甲醇中与次氯酸钠进行降解的同时使羧基酯化，生成邻氨基苯甲酸甲酯；再经重氮化，二氧化硫置换得邻亚磺酸苯甲酸甲酯；然后再经氯化、氨化环合得邻苯甲酰磺酰亚胺铵盐，经盐酸中和得邻苯甲酰磺酰亚胺；最后与碳酸氢钠作用即制得糖精钠。

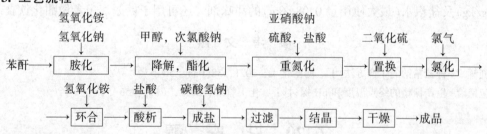

3. 工艺流程

4. 操作工艺

将苯酐加入反应釜内，加入0℃的氢氧化铵溶液，升温至50℃，加入氢氧化钠溶液。控制加碱速度，使温度维持在70℃以下，pH值保持在8.5~8.9。加碱结束后，将pH值调至12~13，在65~70℃下保温0.5h后，再保温赶氨3.5h。将物料冷至−10℃，加入已预冷的−10℃的甲醇和−10℃的次氯酸钠溶液，切勿过量。在0℃以下反应45min，再逐渐升温至30℃，以碘化钾淀粉试纸测试应呈无色反应。然后加入适量亚硫酸氢钠溶液（20%）水解。料液转稀后，加热至50℃以上，再加入80℃热水，搅拌溶解，静置后过滤，分液后，获取油层，得邻氨基苯甲酸甲酯。

将所得邻氨基苯甲酸甲酯和亚硝酸钠溶液搅拌混匀，滴加到已预先加入重氮锅内的混酸中反应。开始滴加的温度为10℃左右，反应温度不超过25℃，反应终点时，碘化钾淀粉溶液显淡绿色。将此重氮反应液冷至10℃，加入硫酸铜，待硫酸铜溶解后通入SO₂（1h左右通完）。析出邻亚磺酸苯甲酸甲酯，用H酸试纸测试置换反应终点应显无色。加入甲苯，在

155

30~35℃条件下通氯，至2%联苯胺乙醇试液测试显深墨绿色则为氯化终点。静置分层，取有机层得邻磺酰氯苯甲酸甲酯的甲苯溶液。

将邻磺酰氯苯甲酸甲酯的甲苯溶液加入环合反应釜，再加入水，将物料冷至10℃，加入氢氧化铵溶液，搅拌反应，温度最高达70℃，pH值为9以上，反应15min后测试终点（2%联苯胺吡啶溶液试验不立即显黄色为终点）。分层，取下层铵盐溶液加入甲苯和30%盐酸，使pH值为1以下。酸析后将物料冷至20℃，分去酸水层，将甲苯层用水洗，除去氯化铵，即得邻苯甲酰磺酰亚胺甲苯胶状体。

在邻苯甲酰磺酰亚胺甲苯胶状体中，加入碳酸氢钠和水，加热至40℃，将pH值调至3.8~4。静置分取水层，加活性炭脱色，过滤，滤液调pH值至7，再加活性炭脱色一次，得糖精钠水溶液。于70~75℃减压浓缩，调整pH值至7，趁热过滤，滤液搅拌冷却，析出结晶，甩滤，将晶体干燥，制得糖精钠成品。

5. 质量标准

外观	无色晶体或稍带白色的结晶性粉末	苯甲酸盐和水杨酸盐试验	阴性
		铵盐（NH_4^+）/%	≤0.0025
含量（以干燥品计）/%	≥99	甲苯磺酰胺/（mg/kg）	≤25
干燥失重（120℃，4h）/%	≤15	硒/（mg/kg）	≤30
易炭化物试验	正常	砷/（mg/kg）	≤3
酸度和碱度试验	正常	重金属（以Pb计）/（mg/kg）	≤10

6. 用途

主要用作食用甜味剂。在体内不分解，随尿排出，不供给热能，无营养价值。作为酱菜类、调味酱汁、浓缩果汁、蜜饯类、配制酒、冷饮类、糕点、饼干、面包（最大使用量0.15g/kg）及盐汽水（最大使用量0.08g/kg）的甜味剂。还可用于糖尿病患者做甜化饮食。

参 考 文 献

[1] 刘辉. 一种糖精钠的生产方法[J]. 河南化工，2021，38(03)：56-57.
[2] 包艳珍. 生产糖精的终点温度和pH探讨[J]. 化工管理，2017，(14)：56-57.

6.20 甘 露 醇

甘露醇（mannitol）又称己六醇、甘露糖醇、甘露蜜醇、木蜜醇。分子式 $C_6H_{14}O_6$，相对分子质量182.2。结构式为：

$$
\begin{array}{c}
CH_2OH \\
| \\
HO-C-H \\
| \\
HO-C-H \\
| \\
H-C-OH \\
| \\
H-C-OH \\
| \\
CH_2OH
\end{array}
$$

1. 性能

白色针状结晶或结晶粉末，旋光度+23°~+24°，熔点166℃，相对密度（d_4^{20}）1.489，沸点 290~295℃（3.5×133.3Pa）。1g 本品可溶于约 5.5mL 开水、83mL 乙醇，较多地溶于热水，溶于吡啶和苯胺，不溶于醚。水溶液呈碱性。本品是山梨糖醇的异构体，完全没有吸湿性。甘露醇有甜味，其甜度相当于蔗糖的 70%。甘露醇可参与多种反应，可与多种金属形成络合物。

2. 生产方法

（1）化学法

D-甘露醇可由 D-甘露糖经催化加氢或用四氢硼化钠还原。

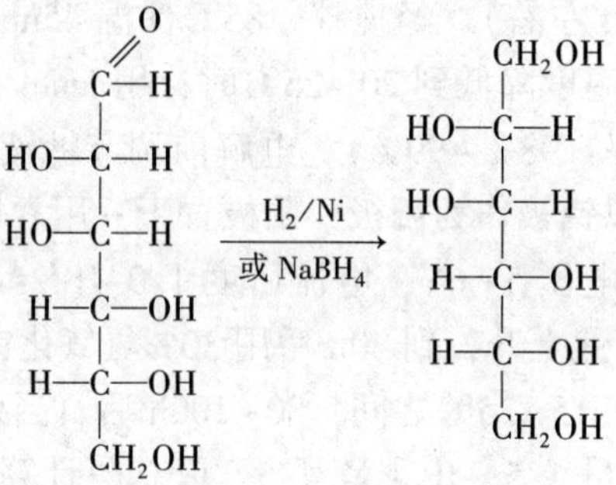

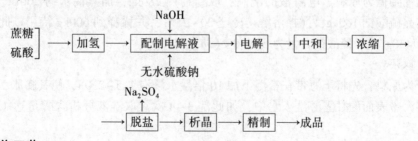

（2）电解还原法

以蔗糖为原料，水解后以无水硫酸钠作导电介质，电解后，中和。真空浓缩，过滤，结晶，精制得成品。

（3）提取法

以海带提碘的废液为原料，用氢氧化钠调 pH 值至 6~7，然后蒸发浓缩，析晶得粗品，然后将粗品溶于水，经离子交换后脱色，再蒸发浓缩，结晶得甘露醇。

3. 工艺流程

（1）化学还原法

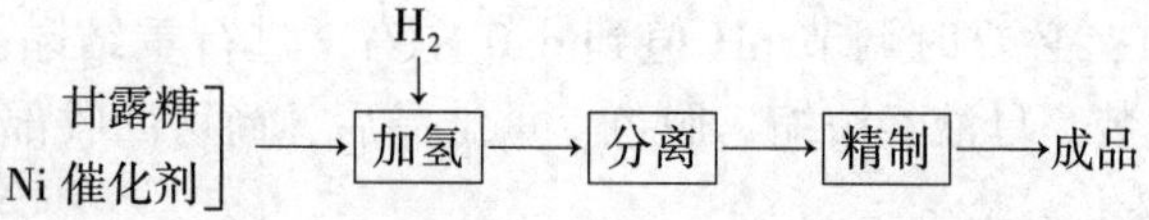

$$甘露糖\atop Ni\ 催化剂 \Big] \xrightarrow{H_2} 加氢 \rightarrow 分离 \rightarrow 精制 \rightarrow 成品$$

（2）电解还原法

$$蔗糖\atop 硫酸 \Big] \rightarrow 加氢 \xrightarrow[无水硫酸钠]{NaOH} 配制电解液 \rightarrow 电解 \rightarrow 中和 \rightarrow 浓缩 \rightarrow$$

$$\xrightarrow{Na_2SO_4} 脱盐 \rightarrow 析晶 \rightarrow 精制 \rightarrow 成品$$

4. 操作工艺

（1）化学还原法

将 200kg 蔗糖配成 50% 水溶液，然后加入 0.6kg 98% 浓硫酸于 85℃下水解成葡萄糖和果糖，然后用碱中和，加雷尼镍作催化剂，在氢压 4.9~17.7MPa、温度 50~150℃条件下剧烈搅拌反应。此时，葡萄糖转化为山梨糖醇，果糖则转化成大致等量的山梨糖醇和甘露醇。其理论生成量：山梨糖醇 75%，甘露醇为 25%。但实际上所得到的产物的比例，山梨糖醇约为 80%，甘露醇约为 20%。将反应液过滤，用活性炭脱色，再用离子交换树脂处理。将所

157

得的糖液浓缩，慢慢冷却，结晶，经离心分离，干燥而得成品。

当以葡萄糖为原料，先在钼酸催化剂存在下异构化为葡萄糖和甘露糖的混合物，然后以0.2%~1.5%纯碱中和后再分别在60℃、110~160℃下两步加氢。然后将反应液过滤，加活性炭脱色，经离子交换处理后浓缩，冷却析晶、分离、干燥得成品。甘露醇收率可达42%。

（2）电解还原法

在溶解锅中加入蔗糖（优级）120kg，加蒸馏水约150L，加热溶解过滤。升温到85℃，加浓硫酸198mL（先稀释到1L左右）。经搅拌，85℃保温45min，立刻冷却，同时加无水硫酸钠25kg作为导电介质，当温度降低到20~25℃时，用5mol/L NaOH中和到pH值为4.0，并稀释到300L，待用（转化率：98%~99%）。电解前调节糖液至pH值为7.0，在电解槽中以表面涂汞的铅极为阴极。以铅极作为阳极，阳极置于一用素烧瓷片制备的隔膜中，隔膜中放1mol/L H_2SO_4（电池用），电压5~6V，电流密度1.0~1.2A/cm^2，进行电解。开始时pH值为7.0左右，以后pH值自然上升，到30h后用30%氢氧化钠（工业用）溶液调节到碱浓度为0.7mol/L，保温槽内温度在15~25℃之间，80~100h后，当残糖在15%左右，即可停止电解（还原率：85%；甘露醇含量1/5，山梨醇4/5，以总醇计算之；电流效应：45%）。将电解液中和到pH值为4.8~5.1，得中和液约420L。

将中和液用活性炭在80℃进行脱色、滤去活性炭即可蒸发，脱色液真空浓缩，锅内温度由50℃逐渐升到80℃。当脱水量甚少，温度达到80℃（93.3kPa）时，即可停止蒸发。

趁热在搅拌下将85%乙醇160kg吸入锅内，在常压下加热到75℃，保温1h抽提，在40.0~53.3kPa下减压过滤，滤去硫酸钠（经过甩水及乙醇冲洗，可回收部分甘露醇，回收之硫酸钠亦可套用），得滤液330L左右。将滤液冷却，搅拌，使温度均匀，晶体松软，24h后冷却到15℃，当结晶完全后，即可移入不锈钢离心机分离去母液，结晶可用10℃以下蒸馏水冲洗。母液可回收乙醇及山梨醇。粗制品用蒸馏水溶解，加活性炭煮沸过滤后，调节相对密度到1.09（100℃），必要时调节pH值到6.0左右，进行重结晶，二次分离母液后在70℃烘干24h，即可包装。母液经浓缩、脱色、重结晶后，尚可回收部分甘露醇，按蔗糖质量计算，收率为15.5%。

也可以葡萄糖为原料。电解液的配制：取葡萄糖280kg，加蒸馏水约200L，加热溶解后，再加结晶硫酸钠100kg，搅拌溶解。冷至20~25℃，并稀释到600kg待用。此电解液中糖浓度约为450g/kg，硫酸钠含量为6%~8%（质量/体积）。

（3）提取法

以海带为原料，先将干海带在常温下加10倍量水浸泡1.5~2.0h，使其膨胀，不断搅拌并擦洗，将海带表面的甘露醇洗入水中，如此洗3~4次。取洗液分析含醇量达1.5%以上，供甘露醇生产。

将洗涤液用烧碱调节pH值为12以上，任其沉淀16h以上，使胶状物充分沉淀。碱化沉降后，虹吸取上面清液，用50%硫酸酸化，进一步除胶状物，调节pH值为7.0。

中性的清液减压蒸发。洗液浓缩到相对密度1.30~1.45时，放料于缸内任其冷却。放冷，取上层清液又重新进行浓缩，到相对密度1.42~1.45时，趁热离心除盐，浓缩液体冷却结晶，离心分离，得甘露醇粗制品（含量>60%）。

将粗制甘露醇用0.9倍的水加入，加热使其溶解，保持沸腾5min左右，放冷结晶，不断搅拌，防止结块，离心分离，得第一次重结晶物。加入1.0~1.2倍量的蒸馏水，0.1倍量粉末状活性炭，加热使其溶解，保持 0.5h，在 90℃左右减压过滤，得滤液，冷却结晶，离心分离，脱色后得结晶物。将此结晶物，分别加 0.7 倍(2 次)、0.5 倍水进行水重结晶，方法同上。溶解液浓缩至相对密度为 1.26 时放冷，在搅拌下使其结晶，防止结块。还应视氯离子的浓度，加适当倍量的水进行水重结晶，直至合格为止(Cl⁻<0.5%)。再用 0.1 倍量以上的浓乙醇进行醇洗，这时须将结块打碎、溶解、离心甩干。得到的松散状结晶在 90℃左右烘干，即得药用甘露醇。

5. 质量标准

外观	白色结晶粉末	干燥失重/%	≤0.5
含量/%	98.0~102.0	炽灼残渣/%	≤0.1
熔点/℃	166~169	重金属/%	≤0.001
氯化物/%	≤0.003	砷盐/%	≤0.0002
硫酸盐/%	≤0.01	酸度	合格
草酸盐/%	≤0.02	溶液的澄清度与颜色	合格

6. 用途

甘露醇主要用于食品和医药工业作甜味剂。在食品方面，本品在糖及糖醇中的吸水性最小，并具有爽口的甜味，用于麦芽糖、口香糖、年糕等食品的防粘，以及用作一般糕点的防粘粉。也用作糖尿病患者用食品、健美食品等低热值、低糖的甜味剂。在医药上用作利尿剂，降低颅内压、眼内压及治肾药，脱水剂，食糖代用品，也用作药片的赋形剂及固体，液体的稀释剂。作为片剂用赋形剂，甘露醇无吸湿性，干燥快，化学稳定性好，而且具有爽口、造粒性好等特点，用于抗癌药、抗菌药、抗组胺药以及维生素等大部分片剂。此外，也用于醒酒药、口中清凉剂等口嚼片剂。

另外，甘露醇可用于塑料行业，制松香酸酯以及人造甘油树脂、炸药、雷管(硝化甘露醇)等。

参 考 文 献

[1] 胡梦莹，张涛. 微生物发酵转化甘露醇的研究进展[J]. 食品与发酵工业，2020，46(18)：245-251.
[2] 罗希，曹海龙，张卉妍，等. 以菊粉为底物全细胞催化生产甘露醇[J]. 大连工业大学学报，2017，36(04)：235-239.

6.21 山 梨 醇

山梨醇(sorbitol，D-sorbitol，D-glucitol)也称山梨糖醇、六羟基醇、六元醇。分子式 $C_6H_{14}O_6$，相对分子质量 182.17。结构式为：

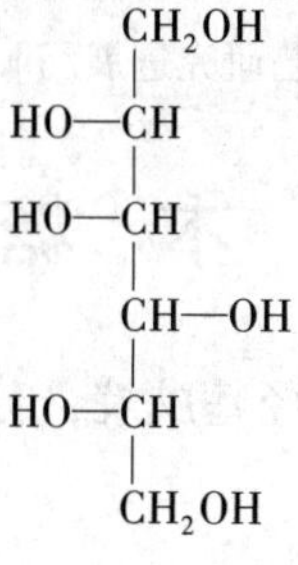

$$\begin{array}{c} CH_2OH \\ HO-CH \\ HO-CH \\ CH-OH \\ HO-CH \\ CH_2OH \end{array}$$

1. 性能

白色针状结晶或结晶性粉末。无臭，有清凉的甜味。具有吸湿性，相对密度1.489。熔点93~97.5℃（水合物），110~112℃（无水合物）。折射率1.3477。溶于水、甘油、丙二醇，微溶于甲醇、乙醇、乙酸、苯酚和乙酰胺。几乎不溶于多数其他有机溶剂。存在于各种植物果实及海藻中。可燃，无毒。

2. 生产方法

由葡萄糖在活性镍催化下，加压氢化制得

$$C_6H_{12}O_6 + H_2 \xrightarrow[\text{活性镍}]{140℃, \ 7.8MPa} C_6H_{14}O_6$$

3. 工艺流程

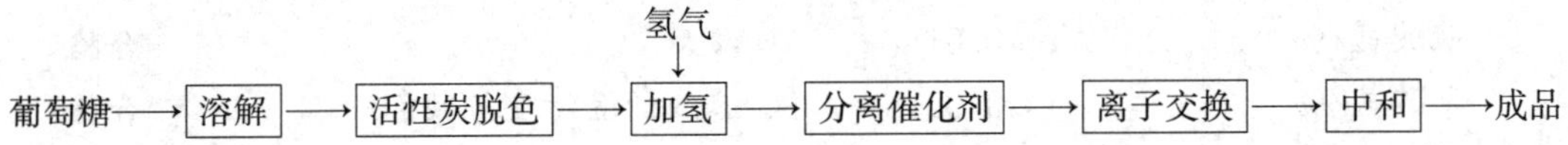

葡萄糖 —→ 溶解 —→ 活性炭脱色 —→ 加氢（氢气）—→ 分离催化剂 —→ 离子交换 —→ 中和 —→ 成品

4. 操作工艺

将葡萄糖加入溶解罐中溶解成葡萄糖水溶液，然后定量加入高压氢化反应釜内，在150℃下进行加氢，催化剂为活性镍。加氢终点时控制残糖含量为≤0.5g/100mL，反应完成后分离催化剂，将反应物压至沉淀罐进行沉淀，将沉淀后的山梨醇粗品经离子交换树脂除去重金属盐，然后将物料中和、浓缩，结晶后分离即制得山梨醇成品。

5. 质量标准

外观	白色无臭结晶粉末	还原糖（以葡萄糖计）/%	≤0.3
含量（干基计）/%	≥91.0	总糖（以葡萄糖计/%	≤1.0
总葡萄糖醇含量（$C_6H_{14}O_6$，干基计）/%	≥97.0	砷/（mg/kg）	≤3
水分/%	≤1	重金属（以Pb计）/（mg/kg）	≤10
硫酸盐灰分/%	≤0.1	镍/（mg/kg）	≤5

6. 用途

主要用作保湿剂，甜味剂（主要供糖尿病、肝病、胆囊炎患者使用），金属离子螯合剂，组织改进剂（可使蛋糕组织细腻，防止淀粉老化等），保香剂，抗氧化剂，防结晶析出剂，乳化剂，柔软剂，保鲜剂，黏稠剂，以及维生素C、胶黏剂、合成树脂、表面活性剂的合成原料。

参 考 文 献

[1] 孙玥. 体外多酶催化淀粉生产山梨醇途径的构建与优化[D]. 天津商业大学，2021.

[2] 李娟，曾诚，刘林，等. 山梨醇的制备工艺研究进展[J]. 精细与专用化学品，2013，21（02）：33-36.

6.22 木 糖 醇

木糖醇（xylitol）又称1,2,3,4,5-五羟基戊烷，分子式$C_5H_{12}O_5$，相对分子质量152.15。结构式为：

$$
\begin{array}{c}
CH_2-OH \\
H-C-OH \\
HO-C-H \\
H-C-OH \\
CH_2-OH
\end{array}
$$

1. 性能

白色结晶或结晶性粉末，几乎无臭。具有清凉甜味，甜度 0.65~1.00(蔗糖为 1.00)。极易溶于水(约 1.6g/mL)，微溶于乙醇。熔点 93~94.5℃，热稳定性好。10%水溶液 pH=5.0~7.0。与金属离子有螯合作用。

2. 生产方法

由玉米芯提取木糖，经催化加氢制得。

$$玉米芯 \xrightarrow[H^+]{水解} 木糖$$

$$
\begin{array}{c}
HO-CH \\
H-C-OH \\
HO-C-H \quad O \\
H-C-OH \\
CH_2
\end{array}
\xrightarrow[Ni]{H_2}
\begin{array}{c}
CH_2OH \\
H-C-OH \\
HO-C-H \\
H-C-OH \\
CH_2OH
\end{array}
$$

3. 工艺流程

玉米芯 → 水解（硫酸）→ 中和（CaCO₃ / 钙渣）→ 蒸发 → 脱色（活性炭）→ 离子交换 → 加氢（Ni）→ 浓缩结晶 → 分离 → 成品

4. 操作工艺

（1）水解

将玉米芯用清水冲洗干净，放入水解罐中，加 2~3 倍的清水(装料量为水解罐的 2/3)，加热煮沸 1h 左右，滤去水液。再加入 1%~1.5%稀硫酸(加量为玉米芯的 2 倍)，升温升压水解，保持压力在 157.5Pa 左右，水解 5~6h，玉米芯中所含的多缩戊糖即水解为木糖液体。

（2）中和

首先把水解液移入中和锅中，在搅拌下加入碳酸钙液体(浓度约为 15°Bé)，同时加热至 40℃左右，调 pH 值约为 3.0，停止加碳酸钙液体，恒温静置 1h 左右，然后过滤，除去碳酸钙，收集滤液。

（3）处理

进一步纯化过滤液需要经脱色与离子交换等步骤净化。首先把滤出的糖液通过蒸发锅使糖液浓缩至 30%~35%(用糖比重计测定)，然后加入糖液量 10%的活性炭。一般是先将糖液加热到 80℃左右，再加入糖用活性炭。搅拌脱色 0.5h 以上，使糖液透明度达 40%左右即可，如透明度太小，可适当补加活性炭和延长脱色时间。经脱色的糖液温度降到约 40℃时，将糖液流经 723 型阳离子强酸树脂柱，从阳离子树脂柱收集的糖液再流经 717 型阴离子强碱树脂柱，最后收集由阴离子柱流出的液体。柱里的树脂可回收处理再用。

（4）加氢

首先将处理后的糖液用20%工业烧碱调 pH=8.0 左右，加氢温度保持在 120℃左右，加氢压力为 6.86MPa 左右，进料比为 1 左右，即可转化为木糖醇。

（5）后处理

把氢化后的糖液过滤除去催化剂，减压浓缩至含木糖醇85%以上，然后加入少量晶种，缓慢搅拌，静置至糖液温度达室温时，即可分离出结晶，烘干即得木糖醇。

说明：

要选择无霉烂、杂质少的白色玉米芯为原料，红色玉米芯色泽深，脱色困难，不宜选用。用活性炭脱色和阳、阴离子交换都是为了除去糖液中的杂质，因此要注意把杂质除净。结晶后的母液含杂质多，纯度低，呈褐黄色，除含木糖醇外，还有山梨醇、甘露醇、阿拉伯醇等，仍有一定经济价值。如经净化处理，重新结晶，还可得到30%左右的产品，因此应考虑回收利用。

5. 质量标准

外观	白色结晶体	重金属（以 Pb 计）/（mg/kg）	≤8
含量/%	≥98	砷含量/（mg/kg）	≤2
单糖/%	≤0.5	灼烧残渣/%	≤0.4
干燥失重/%	≤2.2	镍/（mg/kg）	≤3

6. 用途

木糖醇在食品、轻工、化工和医药工业上应用广泛，是不可缺少的重要原料。在食品上，由于木糖醇本身是一种糖类物质，而且甜度又同食糖一样，因此常作为食糖代用品用于食品加工中，如制作糖果、饮料、罐头等食品。在轻工业上，它可用于卷烟、牙膏、造纸等生产中。在化工上，它可作为石油破乳剂、防冻剂和农药乳化剂等。在医药上，由于它具有清凉快感的特性，常作为肝炎、糖尿病等患者的医疗食品，具有缓解病症的良好效果，受到医疗界的重视。还可作为抗氧剂的增效剂。

参 考 文 献

［1］罗佳彤. 木糖醇的发现、研究及应用［J］. 食品界，2023，（02）：114-116.
［2］王蒙，张全，高慧鹏，等. 生物发酵法制备木糖醇的研究进展［J］. 中国生物工程杂志，2020，40（03）：144-153.

6.23 麦 芽 糖 醇

麦芽糖醇(maltitol)化学名称为 4-O-α-D-吡喃葡萄糖基-D-葡萄糖醇，分子式为 $C_{12}H_{24}O_{11}$，相对分子质量为 344.31。结构式为：

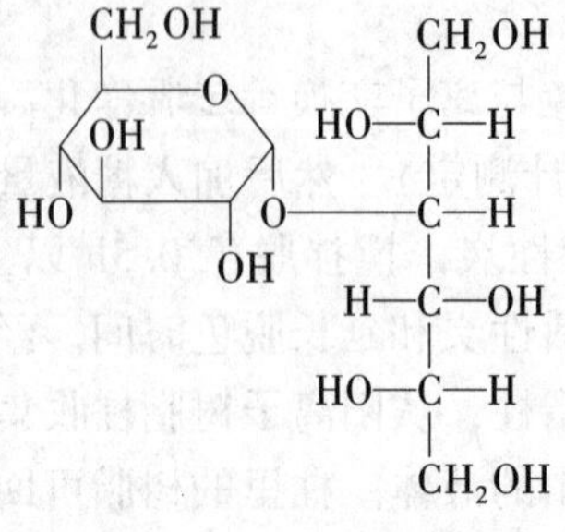

1. 性能

白色结晶性粉末或无色透明中性黏稠液体。具有高度吸潮性，易溶于水、乙醇、甘油、丙二醇。稀溶液有草莓香味，甜度为蔗糖的 75%~95%，甜味纯正。低热值，相当于蔗糖的 10%。在 pH 值为 3~7 时 100℃加热 1h 无变化，具有耐热性、保湿性和非发酵性等特点。与蛋白质或氨基酸共存时也不发生褐变反应，稳定性高。

2. 操作方法

以淀粉为原料，经 α-淀粉酶液化、β-淀粉酶糖化后得到麦芽糖浆，镍催化加氢后，经精制浓缩即可得到产品麦芽糖醇糖浆。若加入晶种，经结晶及离心分离后，可得到结晶状产品，也可直接由麦芽糖催化氢化得到。

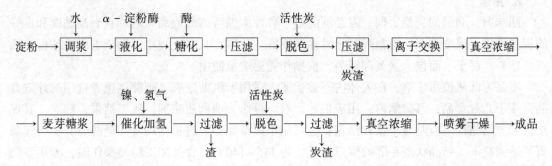

3. 工艺流程

淀粉 → 调浆(水) → 液化(α-淀粉酶) → 糖化(酶) → 压滤 → 脱色(活性炭) → 压滤(炭渣) → 离子交换 → 真空浓缩 →

→ 麦芽糖浆 → 催化加氢(镍、氢气)(渣) → 过滤 → 脱色(活性炭) → 过滤(炭渣) → 真空浓缩 → 喷雾干燥 → 成品

4. 操作工艺

在调浆锅中，加入水，搅拌下加入淀粉，制成浓度为 15%的淀粉乳，加入 0.1%左右的纯碱溶液，α-淀粉酶加入量按 5U/g 淀粉计，在 85~88℃下液化至 DE 值 10~12。然后，立即升温至 100℃以上，保持几分钟，进行高温灭酶和淀粉分散。将液化液冷至 45~50℃，调节 pH 值至 5.8~6.0，加入异淀粉酶(20U/g 淀粉)和鲜麸皮、β-淀粉酶(10U/g 淀粉)，糖化 30~40h。所得糖化液中，80%~95%为麦芽糖，5%~15%为麦芽三糖。将硅藻土等助滤剂加入糖化液中，通过板框压滤机压滤。澄清的滤液用活性炭脱色，过滤后的脱色液通过离子交换，以除去滤液中的金属离子、离子型色素以及残留的可溶性的含氮物等杂质。使用强酸性阳离子树脂和强碱性阴离子树脂，使用前离子树脂经浸泡膨胀后，分别装入阴、阳柱中，再经酸洗、碱洗、水洗后即可使用。交换时控制流速约 700kg/h，温度 40℃左右。离子交换树脂的使用周期长短视糖浆中所含杂质含量而定，杂质含量高则使用周期短。将离子交换后的糖化液进行真空浓缩，糖液温度约为 50~53℃，压力维持在 0.086~0.092MPa，浓缩至固体物含量 30%~60%即可作为催化氢化制备麦芽糖醇的原料。

将 30%~60%的麦芽糖水溶液加入加氢反应釜中，然后加入 10%的镍催化剂，在 4~12MPa 和 100~150℃下搅拌加氢。加氢结束后用活性炭脱色，过滤，氢化液再经阳离子树脂交换除去镍离子。将糖醇液真空浓缩至 80%，加入 1%的无水结晶麦芽糖醇，在连续搅拌下 3 天内将温度从 50℃逐步冷却至 20℃，离心分离结晶，用少量水洗涤，产品纯度可达 99%。经离子交换处理的麦芽糖醇，也可经真空浓缩后，喷雾干燥，得粒状麦芽糖醇成品。

5. 质量标准

指标名称	FAO/WHO	FCC（Ⅳ）（麦芽糖醇糖浆）
含量/%	≥98.0	≥50.0(以干基计)
水分/%	≤1.0	≤31.0
硫酸盐灰分/%	≤0.1	—
还原糖/%	≤0.1	≤0.30
氯化物/%	≤0.005	≤0.005
硫酸盐/%	≤0.01	≤0.001
镍/%	≤0.0002	—
铅/%	≤0.0001	-0.0001
重金属/%	≤0.001	≤0.001
灰分/%	—	≤0.1

6. 用途

甜味剂、润湿剂、稳定剂。麦芽糖醇是一种性能独特的低值甜味剂。具有高黏度和良好的保湿作用，保湿作用比山梨醇甚至甘油还要好。我国 GB 5960 规定可用于雪糕、冰棍、糕点、饮料、饼干、面包、酱菜和糖果，按操作需要适量使用。

本品为低热值甜味剂，在人体内不被代谢，适用于供糖尿病、肥胖症患者食用的疗效食品；用于儿童食品，可防龋齿；用于果汁饮料，可作为增稠甜味剂；用于糖果、糕点，其保湿性和非结晶性可以避免干燥和结霜；也可用于咸菜保湿。过量食用麦芽糖醇时，会引起肠胃不适或腹泻。结晶状麦芽醇的熔点较低，为 115～140℃，食品加工粉碎操作时，需用专门的粉碎机以防温度升高熔化产品。

7. 安全与贮运

固体物，内用双层食用级塑料袋外用木圆桶包装。液体产品用镀锌白铁桶或镀锡铁听包装。不得与有毒有害物混运共贮。

参 考 文 献

[1] 丘春洪. 三组分色谱分离技术制备高纯度结晶麦芽糖醇工艺研究[J]. 中国新技术新产品，2022，(10)：31-33.
[2] 刘峰. 晶体麦芽糖醇规模化生产中关键工艺优化[D]. 齐鲁工业大学，2021.

6.24 异麦芽酮糖醇

异麦芽酮糖醇(palatinose)又称氢化帕拉金糖、巴糖、异构蔗糖、氢化异麦芽酮糖。本品由 α-D-吡喃葡萄糖基-1,6-D-山梨糖醇(GPS)和 α-D-吡喃葡萄糖基-1,1-D-甘露糖醇(GPM)二水物按大约等摩尔比例混合组成。分子式及相对分子质量分别为，GPS：$C_{12}H_{24}O_{11}$，344.32；GPM：$C_{12}H_{24}O_{11} \cdot 2H_2O$，380.32。结构式为：

GPM   GPS

1. 性能

白色无臭结晶，味甜，甜度约为蔗糖的 42%。甜味纯正，无后苦味，甜味特性和蔗糖相近；稍吸湿，熔程 145~150℃。比旋光度 $[\alpha] \geq +91.5°$（4%水溶液，质量体积比）。溶于水，其在水中的溶解度室温时低于蔗糖，升温后接近蔗糖，不溶于乙醇，化学性质十分稳定，耐酸能力强，热稳定性比葡萄糖差。

2. 生产方法

（1）蔗糖酶转化法

以蔗糖为原料，经酶法转化、催化加氢、浓缩、结晶及分离后得到产品。

（2）葡萄糖、果糖黑曲糖化酶法

淀粉葡萄糖浆或蔗糖转化液调节 pH 值至 4.5，加入 3000 单位/g 干基底物的源于黑曲霉的糖化酶，于 65℃下反应 24h，异麦芽酮糖醇的收率对葡萄糖是 17%。除了使用黑曲霉的糖化酶外，还可使用根霉的糖化酶、芽孢杆菌的 α-淀粉酶、大麦的 β-淀粉酶和酵母的异麦芽糖酶等。反应用的催化剂可以是液态酶，也可以是固定化酶、固定化原生质体。

3. 工艺流程

4. 操作工艺

将蔗糖[即 α-D-吡喃葡萄糖(1,2)-β-呋喃果糖]配成 40%的糖液，然后经酶促转糖苷作用转变成异麦芽酮糖，即 α-D-吡喃葡萄糖(1,6)-α-果糖。当糖苷键由(1,2)转变成(1,6)时，非还原性二糖(蔗糖)转变成还原性二糖(异麦芽酮糖)。产品可结晶析出。

结晶纯化后，在中性溶液中(pH 值为 6~8)由雷尼镍催化对异麦芽酮糖加氢，发生还原反应生成 α-D-吡喃葡萄糖-1,6-山梨糖醇(GPS)和 α-D-吡喃葡萄糖-1,1-甘露糖醇(GPM)。结晶过程中，GPS 以无水结晶形式析出，而 GPM 则带有两个结晶水，因此异麦芽糖醇含有 5%左右的结合水。

典型的生产工艺基于固定化 α-葡萄糖基转移酶的柱式反应器，将 40%（质量）、pH 值为 5.5 的蔗糖液在 120℃下灭菌 15min，冷却至 5℃时流经充填有固定化糖基转移酶的反应柱，调节蔗糖液的流速，使蔗糖的残糖率在 2%以下。流出液经过离子交换树脂精制、减压浓缩、结晶分离后干燥即为成品。母液经活性炭处理，离子交换树脂处理得异麦芽酮糖浆。

说明：

① 异麦芽酮糖的生产主要是通过 α-葡萄糖基转移酶催化蔗糖的 α-1,2 键，转化为

165

α-1,6键的糖基转移反应来使蔗糖转化为异麦芽酮糖醇。具有这种能力的微生物有沙雷氏杆菌属、欧文氏杆菌属、肠系膜明串珠菌属、克莱伯氏杆菌属、大肠杆菌属、拉内拉菌属等。工业上主要应用红色精朊杆菌、沙雷氏杆菌等微生物。

② 精朊杆菌及赛氏菌中都含有α-葡萄糖基转移酶。由精朊杆菌产生的α-葡萄糖基转移酶的活性要比赛氏菌产生的酶稳定得多。在25℃和连续反应的条件下，这两种微生物酶的半衰期分别是73天和23天，因此常选择精朊杆菌酶用于生产异麦芽酮糖。

③ 将精朊杆菌或赛氏菌接种至通气的含蔗糖的介质中培养，可有效聚集诱导产生的胞内葡萄糖基转移酶。通过离心分离出发酵液中的细胞，并置于藻酸钙凝胶中形成颗粒状。为了稳定藻酸钙凝胶中已形成的颗粒化酶，通常用2%的偏酸性聚二烯亚胺浸泡颗粒化酶5min，然后放入5℃的0.5%戊二醛溶液中搅拌30min形成固定化酶。

④ 异麦芽酮糖醇是20世纪50年代中后期作为糖厂的微生物红色精朊杆菌产物而被发现的。其最大特点就是龋齿性低，被人体吸收缓慢，血糖上升较慢，有益于糖尿病人的防治和防治脂肪过多的积累。异麦芽酮糖醇作为防龋齿的功能性甜味剂而广泛地应用于各种食品中。

5. 质量标准

指标名称	QB 1581[①]	FAO/WHO
含量(以含水品计)/%	≥95.0	≥98.0(无水物计)
其他糖/%	≤4.0	—
水分/%	≤1.0	—
灰分/%	≤0.1	—
砷/%	≤0.00005	—
铅/%	≤0.0001	合格
铜/%	≤0.0002	—
细菌总数/(个/g)	≤350	—
大肠菌群/(个/100g)	≤30	—
沙门氏菌	不得检出	—
重金属	—	合格

① 异麦芽酮糖标准。

6. 用途

甜味剂。本品安全性高，可被机体利用，但不致龋，与蔗糖并用时还有抑制蔗糖的致龋作用。我国GB 2760规定可用于雪糕、冰棍、糖果、糕点、饮料、饼干、面包、果酱(不包括罐头)、配制酒，用量按正常生产需要适量使用。当应用于焙烤食品时，可按1:1代替蔗糖，一般不需要改变传统配方。若褐变太浅，可适当提高焙烤温度，或加少量果糖。

本品热值约为蔗糖的一半，对血浆葡萄糖和胰岛素水平无明显影响。本品与其他甜味剂合用有协同作用。

7. 安全与贮运

内包装为纸塑复合袋包装。贮存于阴凉、干燥处，防阳光曝晒、防热。严禁与有毒、有害物共运混贮。

参 考 文 献

[1] 陈宁,张佳钰,郑明强,等.蔗糖异构酶在异麦芽酮糖生产中的研究进展[J].食品与生物技术学报,2023,42(01):55-65.

[2] 高学秀,李宁,袁卫涛,等.异麦芽酮糖研究进展[J].中国食品添加剂,2022,33(01):26-31.

6.25　三氯蔗糖

三氯蔗糖(trichlorosucorose)又称三氯半乳蔗糖,分子式 $C_{12}H_{19}O_8Cl_3$,相对分子质量 397.62。结构式为:

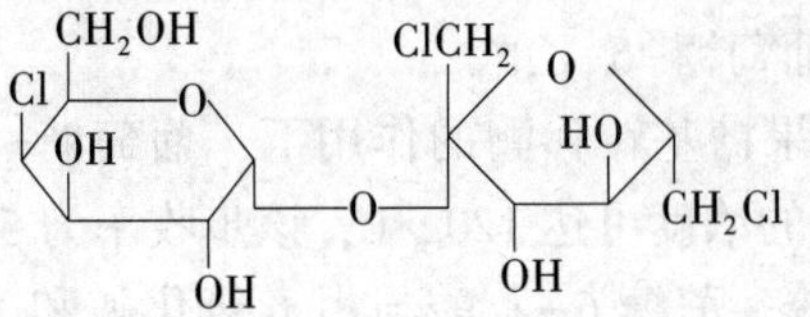

1. 性能

白色结晶或结晶性粉末,无臭,有强烈甜味,甜度为蔗糖的 550~750 倍,甜味特性十分类似蔗糖,甜味纯正,没有任何后苦味。易溶于水(28.2g/100mL,20℃),不溶于脂肪,10%水溶液的 pH 值为 5~8。热值低,无毒。

2. 操作方法

(1) 单酯法

该法将蔗糖分子中的某个羟基屏蔽起来,通过控制条件,尽可能获得高的单酯含量。然后再进行分离、氯化、脱酯、提纯,得产品三氯蔗糖。该法较难控制酯化位置和程度,故收率仅 5%~7%。

(2) 醚化、酯化、基团转移法

将蔗糖与三苯基甲基氯作用,在三个伯羟基位发生醚化,醚化产物再与乙酐反应,则五个仲羟基发生酯化,然后在乙酸中回流,得到五酰乙基蔗糖酯,氯化后,得到三氯五乙酰基蔗糖酯,最后在甲醇钠-甲醇中脱去乙酰基,得到三氯蔗糖酯。

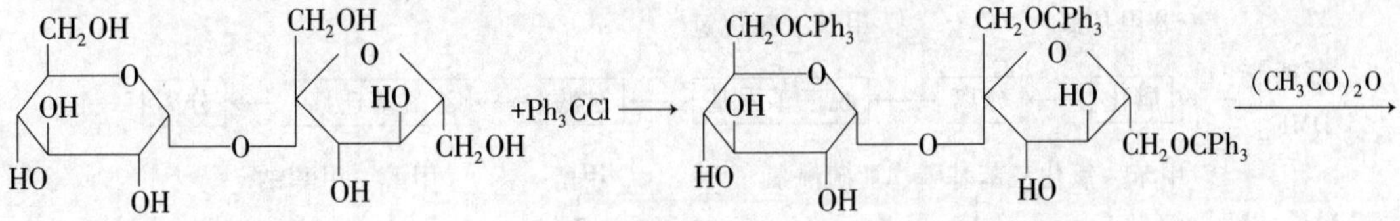

蔗糖　　　　　　　　　　　　　　1′,6′,6-三-三苯甲基蔗糖醚

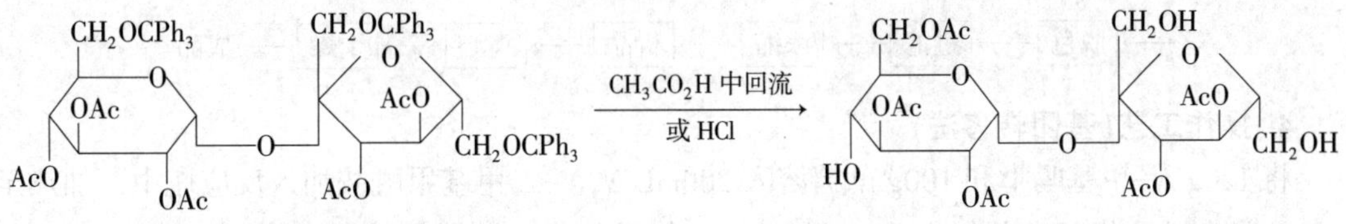

1′,6′,6-三-三苯甲基-3′,4′,2,3,4-　　　　　　　3′,4′,2,3,6-五-O-乙酰基-蔗糖酯
五-O-乙酰基-蔗糖酯

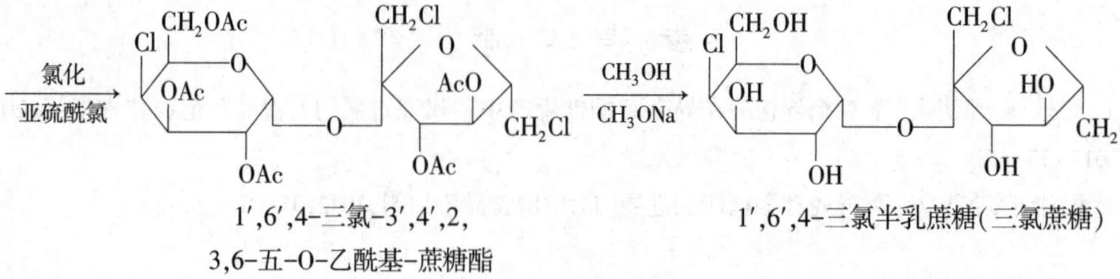

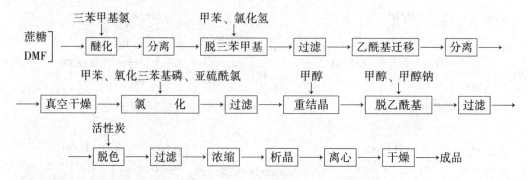

$$\xrightarrow[\text{亚硫酰氯}]{\text{氯化}}$$

1′,6′,4-三氯-3′,4′,2,
3,6-五-O-乙酰基-蔗糖酯

$$\xrightarrow[\text{CH}_3\text{ONa}]{\text{CH}_3\text{OH}}$$

1′,6′,4-三氯半乳蔗糖(三氯蔗糖)

（3）酶-化学法

利用酶的立体专一性用酶法酰基化的方法将蔗糖中的某些羟基保护起来，然后再经氯代、脱保护基、分离等步骤合成三氯蔗糖。利用芽孢杆菌属的菌株在 30℃ 下发酵葡萄糖，生成葡萄糖-6-乙酸，葡萄糖-6-乙酸的最高浓度可达 15g/L。然后采用甲醇抽提及硅胶柱层析分离相结合的方法提纯葡萄糖-6-乙酸。

在由枯草杆菌产生的 β-果糖基转移酶的作用下，葡萄糖-6-乙酸与蔗糖混合反应生成蔗糖-6-乙酸，蔗糖-6-乙酸的浓度可达 120g/L，该步收率为 58%。采用层析的方法可分离得到 70% 纯度的蔗糖-6-乙酸。蔗糖 6-乙酸与由五氯化磷和 DMF 制成的 Vilsmeier 试剂反应，即可得到 4,1′,6′-三氯-4,1′,6′-三脱氧半乳蔗糖五乙酸，该步收率为 39%。三氯蔗糖五乙酸脱去乙酸基后得三氯蔗糖。

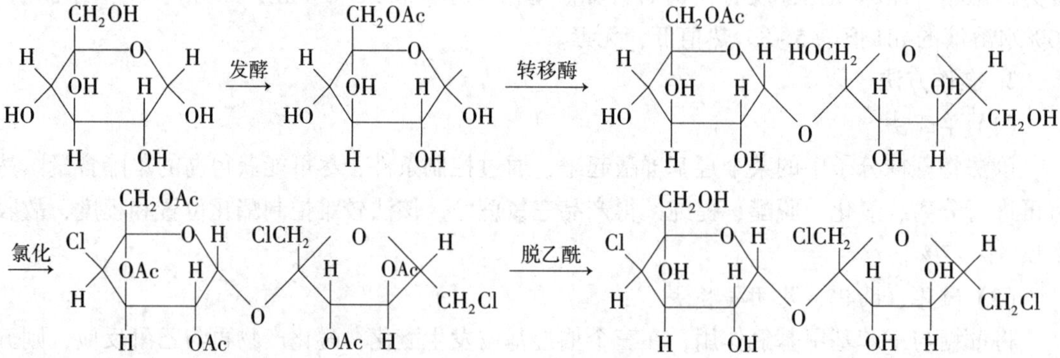

3. 工艺流程(基团转移法)

蔗糖 DMF →[三苯甲基氯]→ 醚化 → 分离 →[甲苯、氯化氢]→ 脱三苯甲基 → 过滤 → 乙酰基迁移 → 分离 →

→ 真空干燥 →[甲苯、氧化三苯基磷、亚硫酰氯]→ 氯化 → 过滤 →[甲醇]→ 重结晶 →[甲醇、甲醇钠]→ 脱乙酰基 → 过滤 →

→[活性炭]→ 脱色 → 过滤 → 浓缩 → 析晶 → 离心 → 干燥 → 成品

4. 操作工艺(基团转移法)

将 120g N-甲基吗啉和 100g 蔗糖溶入 200mL N,N-二甲基甲酰胺加入反应瓶中，加热至 50℃，半小时后分三次共加入 283.6g 97% 三苯甲基氯，继续加热醚化反应 3.5h。再加入 85.4g 碳酸氢钠，于 50℃ 下恒温 1h。将溶液抽真空干燥，然后溶于 194mL 乙酸酐中，再加入 31.2 乙酸钾，加热至 115℃ 并恒温 3h。冷却后加入 800mL 乙醇，可得 366g 结晶物质，其中含 124.6g 6,1,6′-三氧-三苯甲基-五乙酰基蔗糖。

在反应瓶中，加入 800mL 甲苯，再加入 200g 6,1,6′-三氧-三苯甲基-五乙酰基蔗糖，并冷至 0℃，通入氯化氢气体 1.7g，4.5h 后有沉淀物生成。将其在氮气中 1h 除去残余的氯化氢气体。过滤后用 65mL 甲苯洗涤，成为颗粒状。将它重新溶解于 120mL 1% 的三乙胺甲苯溶液中，过滤，用 65mL 甲苯洗涤，干燥得 81g 2,3,3′,4,4′-五-O-乙酰基蔗糖，得率为 80%。

将 50g 2,3,3′,4,4′-五-O-乙酰基蔗糖溶于 100mL 水中，加热至 60℃，趁热过滤，并冷却至室温。加入 2.5mL 吡啶，并在室温下搅拌 2.5h。用 2.5mL 浓盐酸化此溶液，再用 250mL 二氯甲烷分两次进行萃取。将萃取液蒸馏浓缩至 50mL，析出结晶。过滤，用 30mL 庚烷冲洗结晶，并在真空条件下干燥，得 34g 2,3,3′,4′,6-五-O-乙酰基蔗糖。

将上述制得的 50g 2,3,3′,4′,6-五乙酰基蔗糖和 50.3g 氧化三苯磷（TPPO）搅拌加入 150mL 甲苯中制成浆液，在室温下加入亚硫酰氯 32.8mL，加热回流氯化 2~3h，冷却至 40℃。再加入 200mL 水，冷却至 0℃，强烈搅拌此混合液 1h 后，过滤，用 75mL 甲苯：水（1：2）冲洗，得粗制的 4,1′6′-三脱氧-乙酰基-半乳蔗糖。将其溶解于 200mL 热甲醇中，在 20℃ 下搅拌 1h，重结晶后再过滤，得纯净的 4,1′6′-三脱氧-乙酰基-半乳蔗糖，得率为 75%。

将 50g 4,1′6′-三脱氧-乙酰基-半乳蔗糖和 0.5g 甲醇钠溶于 125mL 甲醇中，真空条件下搅拌 1.5h。加入 Amberlite IRC50(H⁺) 树脂后，搅拌中和此溶液，过滤，滤液经 2g 活性炭和 2g 硅藻土脱色后浓缩。加入 100mL 乙酸乙酯，三氯蔗糖即结晶析出，冲洗干燥得三氯蔗糖，纯度为 92%。

5. 质量标准

含量(干基，无甲醇)/%	98.0~102.0
比旋光度$[\alpha]_D^{20}$(8%水溶液，质量体积比)	+84.0°~+87.5°
含水量/%	≤2.0
甲醇(气相色谱法)/%	≤0.1
灼烧残渣/%	≤0.7
砷/%	≤0.0003
重金属(以 Pb 计)/%	0.001
10%水溶液 pH 值	≤6~7(±1)
其他氯化双糖	正常
氯化单糖	正常
三苯氧磷/%	≤0.015

6. 用途

用作甜味剂。三氯蔗糖是我国新批准使用的甜味剂。我国规定可用于饮料、酱菜、复合调味料、配制酒、冰淇淋、冰棍、糕点、水果罐头、饼干和面包，最大使用量 2.5g/kg；也可用于改性口香糖、蜜饯，最大使用量 1.5g/kg；还可作为餐桌甜味剂，最大用量 0.05g/包、片。

7. 安全贮运

操作中使用的保护试剂、氯化试剂有毒或有腐蚀性，操作设备应密闭，车间加强通风，操作人员应穿戴劳保用品。产品内包装采用双层食品级塑料袋，封口，再加牛皮纸袋，外包装为木板圆桶，贮存于阴凉、通风、干燥处。严禁与有毒有害物品混运共贮。

参 考 文 献

[1] 陈玉洁. 三氯蔗糖制备工艺中氯化反应的优化[J]. 化学工程与装备，2022，(06)：34-35.

[2] 陈昌亮. 单酯法生产三氯蔗糖催化剂的研究[J]. 化学工程与装备，2022，(01)：11-12.

[3] 朱明明，王金龙，商上. 超声波在三氯蔗糖合成中的应用[J]. 现代食品，2020，(22)：78-80.

6.26 葡 萄 糖

葡萄糖(glucose)又称 D-葡萄糖、α-D-葡萄糖、右旋糖。分子式 $C_6H_{12}O_6 \cdot H_2O$，相对分子质量 198.17。结构式为：

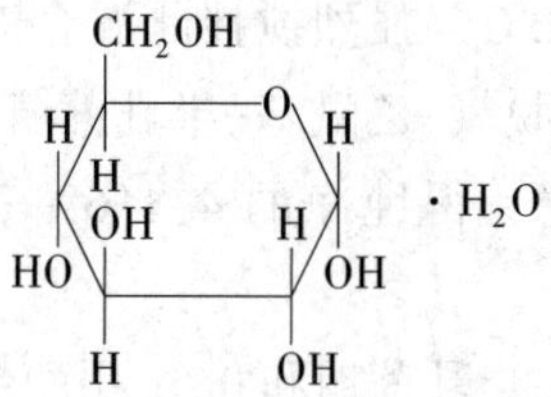

$$\begin{array}{c} CH_2OH \\ \end{array}$$

1. 性能

白色结晶或颗粒状粉末。无臭、味甜。熔点 146℃(无水物)，83℃(一水合物)。相对密度 1.56(18℃/4℃)。易溶于水，室温下饱和水溶液含 51.3%(质量)的葡萄糖，微溶于醇和丙酮，不溶于醚。当 α-葡萄糖溶解在水中时，能部分转化为它的异构体 β-葡萄糖，达成平衡的混合物组成为 $\alpha:\beta=37:63$。一水合物比旋光度+102.0°~47.9°($C=10$，水)，无水物比旋光度+112.2°~+52.7°($C=10$，水)。

2. 生产方法

淀粉在无机酸或其他催化剂存在下分解，得到稀葡萄糖溶液，再经脱色、浓缩、结晶制得。

(1) 无机酸水解法

用无机酸(如盐酸、硫酸)将淀粉水解为葡萄糖。

$$(C_6H_{10}O_5)_n + nH_2O \xrightarrow[\triangle]{HCl} nC_6H_{12}O_6$$

(2) 酸酶水解法

在盐酸介质中，糖化酶为催化剂，将淀粉水解为葡萄糖。

$$(C_6H_{10}O_5)_n + nH_2O \xrightarrow[HCl, \ \triangle]{糖化酶} nC_6H_{12}O_6$$

(3) 生物酶水解法

也称双酶水解法，以生物酶为催化剂，使淀粉水解为葡萄糖。

$$(C_6H_{10}O_5)_n + nH_2O \xrightarrow[\triangle]{生物酶} nC_6H_{12}O_6$$

本文主要介绍盐酸水解法。

3. 工艺流程

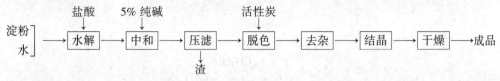

4. 操作工艺

在水解反应釜中加入玉米淀粉1000kg，搅拌下加入2900L水，再加入14.5kg 32%工业盐酸，pH值为1.35~1.5。用直接蒸汽加热加压至0.3MPa，在145℃保持至无淀粉和糊精，即得16%糖化液约4200kg。

将5%的碳酸钠溶液180kg缓缓加入糖化液中，中和至pH=4.7~5.0。充分搅拌后澄清1.0h，加废活性炭30~35kg作助滤剂，经压滤得澄清糖液。用10%盐酸650mL调节pH值至3.9~4.1，在80℃（66.7~80.0kPa）下减压蒸发至糖液浓度达50%，得1250L（相对密度1.21~1.24，45℃）。

将50%糖液用压滤机过滤，滤液加糖用活性炭9kg在75~85℃脱色，再经上述压滤机压滤得澄清糖液。将此脱色糖液先后经强碱性季铵Ⅱ型阴离子交换树脂和强酸性苯乙烯系阳离子交换树脂除去钙、镁、铁等杂质，然后进行二次蒸发，得70%浓度的糖液758L，pH值为3.6~3.8。将70%糖液投入存有30%~35%晶种的结晶罐内，在44℃保温搅拌4h。然后在68h内由44℃缓缓降温至20℃，搅拌转速0.66r/min，进行结晶，得第一次结晶浆约1020kg。用离心机分离，分离30~40min，用蒸馏水洗涤，得葡萄糖约430kg，结晶母液（约590kg）用于制造工业用葡萄糖。

5. 质量标准

还原糖含量/%	≥99.5	二氧化硫/%	≤0.002
干燥失重 无水物/%	≤2	淀粉试验	阴性
一水合物/%	≤10	砷/(mg/kg)	≤3
比旋光度（干燥后，$[\alpha]_D^{25}$）	+52.7°~+53.3°	重金属（以Pb计）/(mg/kg)	≤10
氯化物/%	≤0.015		

6. 用途

营养型甜味剂、保水剂、组织改进剂、成型和加工助剂。用于血糖过低、心肌类和补充体液等。高渗溶液用于脑水肿、肺水肿等。也用作食品添加剂、还原剂、生物培养基、生化试剂等。

参 考 文 献

[1] 金永发. 不锈钢膜分离装置在工业生产液体葡萄糖中的应用[J]. 化工管理, 2019, (35)：201-202.
[2] 孟悦, 王英哲, 田志刚, 等. 玉米粉制备葡萄糖的糖化工艺优化[J]. 食品研究与开发, 2019, 40 (18)：97-101.

6.27 甜 菊 糖

甜菊糖（stevioside）又称甜菊甙、蛇菊苷、甜叶菊苷、甜叶菊糖甙。分子式$C_{38}H_{60}O_{18}$，相对分子质量804.90。结构式为：

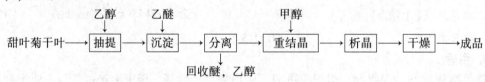

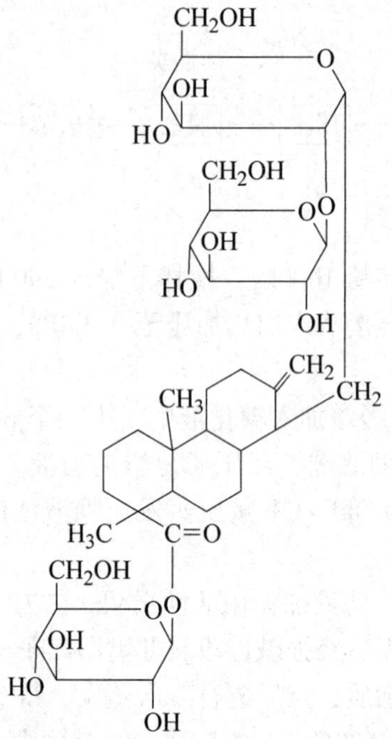

1. 性能

无色针状结晶。味甘甜，甜度为蔗糖的 180～300 倍，味感与蔗糖相似。熔点 198～202℃。比旋光度-39.3℃(5.7%水溶液)。在空气中迅速吸湿。耐高温，在酸性或碱性溶液中较稳定。水中溶解度约为 0.12%，微溶于乙醇。

2. 生产方法

通常从甜叶菊的叶子中提取。有乙醇提取法和热水提取法，提取后经精制得产品。

3. 工艺流程

(1) 乙醇提取法

甜叶菊干叶 → 抽提（乙醇） → 沉淀（乙醚） → 分离（→ 回收醚，乙醇） → 重结晶（甲醇） → 析晶 → 干燥 → 成品

(2) 热水提取法

甜叶菊干叶 → 抽提（50℃ 水） → 过滤 → 除杂（硫酸铝，石灰水） → 抽滤（→ 滤渣） → 离子交换树脂 → 真空薄胶浓缩 → 喷雾干燥 → 成品

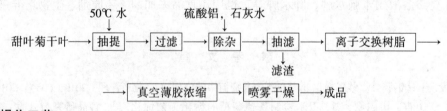

4. 操作工艺

(1) 乙醇提取法

将干燥的甜叶菊叶片用乙醇浸泡提取多次，合并提取液，加入乙醚，析出甜菊糖沉淀。过滤，滤液回收乙醚、乙醇。滤饼为粗品，用甲醇重结晶(活性炭脱色)，趁热过滤去渣，滤液冷却析晶，离心回收甲醇，干燥后得产品。

(2) 热水提取法

将 100kg 干燥的甜叶菊(我国江苏，福建，新疆等地已有大面积栽培)叶片投入抽提锅，

加 200~300kg 50℃温水浸泡 0.5h，然后过滤，如此反复 3~5 次。合并滤液，在搅拌下向滤液中加硫酸铝溶液和石灰水，以沉淀杂质。静置，沉淀完全后，取出上层清液，下层沉淀用离心机吸滤后，将滤液与上层清液合并，得到预精制液。将预精制液依次通过 201×7 阴离子交换树脂和 001×7 阳离子交换树脂，使其脱色，制得脱色精制液。将脱色精制液经真空薄膜浓缩至适当浓度。再将浓缩后的溶液送入喷雾干燥，即制得白色粉状成品。

5. 质量标准（GB 8270）

指标名称	一级品	二级品	三级品
含量/%	≥80	≥75	≥70
甜度（为蔗糖的倍数）	≥180	≥180	≥180
比旋光度（25℃）	−30°~−38°	−30°~−38°	−30°~−38°
吸光度（1%，1cm 比色皿，370nm）	0.13	0.20	0.30
灰分/%	≤0.2	≤0.5	≤0.7
水分/%	≤3	≤5	≤7
重金属（Pb 计）/%	≤0.002	≤0.002	≤0.002
砷/%	≤0.0001	≤0.0001	≤0.0001
外观	白色或微黄色松散粉末或晶体		

6. 用途

用作食品甜味剂，兼有降血压、促进代谢、治疗胃酸过多等作用。主要用于液体或固体饮料、糖果、糕点，用量按正常生产需要。

参 考 文 献

[1] 李倩，刘瑞颖，贾秋燕，等. 榛子甜菊糖的生产工艺[J]. 食品研究与开发，2014，35（08）：61-64.
[2] 徐健，李维林. 甜菊糖药理作用及生产工艺研究进展[J]. 食品与发酵工业，2013，39（10）：207-214.

6.28　甘草甜素二钠

甘草甜素二钠（disodium glycyrrhizinate）也称甘草酸二钠。分子式 $C_{42}H_{60}Na_2O_{16}$，相对分子质量 866.92。结构式为：

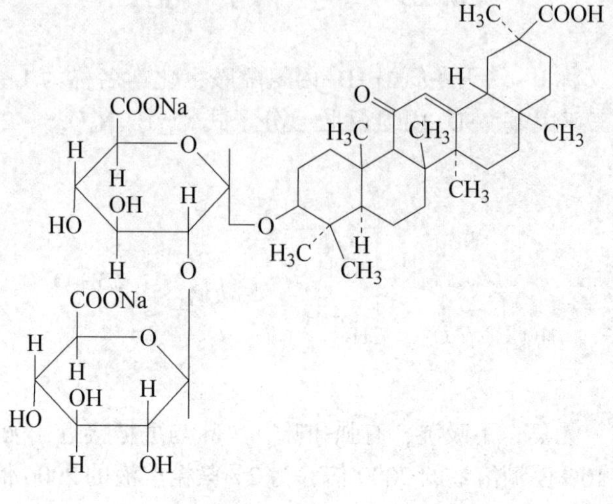

1. 性能

白色至淡黄色粉末。味极甜，稀释 4000 倍仍有甜味。甜度为蔗糖的 150~200 倍，且甜味残留时间长，余味有特殊的甜味。易溶于水，5% 水溶液的 pH 值为 5.5~6.5，可溶于稀乙醇、甘油、丙二醇，不溶于无水乙醇、乙醚、氯仿和油脂中。

2. 工艺流程

水
甘草 —→ 粉碎 —→ 萃取 —→ 浓缩 —→ 精制 —→ 成盐 —→ 成品

3. 操作工艺

将甘草洗净、烘干、粉碎，加入水进行浸泡萃取，取浸泡液浓缩成黑色黏稠液，再用稀乙醇处理，精制得甘草酸结晶。若甘草酸颜色较深，可加入活性炭脱色进行重结晶。然后再将甘草酸与氢氧化钠反应转化成甘草酸二钠，即得成品。

4. 质量标准

外观	白色或淡黄色粉末
含量/%	95~102
水分/%	≤13
灼烧残渣(以无水物计)/%	15~18
溶液性状	10% 水溶液应透明
5% 溶液 pH 值	5.5~6.5
氯化物(以 Cl^- 计)/%	≤0.014
硫酸盐(以 SO_4^{2-} 计)/%	≤0.028
重金属(以 Pb 计)/(mg/kg)	≤30
砷(以 As_2O_3 计)/(mg/kg)	≤2

5. 用途

在食品加工中可替代部分蔗糖作甜味剂。另外甘草酸二钠还有增香效果，可作食用香料的增香剂，对乳制品和可可制品效果较好。

6.29 阿 力 甜

阿力甜(alitame)又称 L-α-天冬氨酰-D-丙氨酰胺，化学名称为 L-α-天氨酰-N-(2,2,4,4-四甲基-3-硫化三亚甲基)-D-丙氨酰胺。分子式 $C_{14}H_{25}N_3O_4S \cdot 2.5H_2O$，相对分子质量 376.5。结构式为：

1. 性能

白色结晶性粉末，无臭，不吸湿，有强甜味，风味与蔗糖接近，无后苦味，甜度为蔗糖的 2000~2900 倍(为 10% 蔗糖溶液的 2000 倍，为 2% 蔗糖溶液的 2900 倍)。稳定性高，室温下 pH 值为 5~8 的溶液，其贮存半衰期为 5 年，pH=3~4 的溶液的贮存半衰期为 1~1.6 年。易溶于甘油（53.7%）、乙醇（61%）、水（13.0mg/100mL）、甲醇（41.9mg/100mL），微溶于氯仿。5%水溶液的 pH 值约为 5.6。与安赛蜜或甜蜜素混合时会发生协同增效作用。大白鼠经口服 LD_{50} 大于 5000mg/kg。

2. 操作方法

先由 L-α-天冬氨酸与 D-丙氨酸缩合，然后与 2,2,4,4-四甲基-3-硫化亚甲胺反应得到阿力甜。天冬氨酰-丙氨酰二肽的制备采用常规的肽合成法，即采用双保护基对 L-α-天冬氨酸的氨基和 β-羧基进行保护，然后与 D-丙氨酸缩合，再脱去保护基。若采用 L-天氨酸活性羧基物和 D-丙酸异丙酯反应，可一步得到二肽，产率可达 80%~85%。

3. 质量标准

指标名称	FAO/WHO	美国
含量(干基)/%	98.0~101.0	98~102
β-异构体/%	≤0.3	≤0.3
丙氨酸酰胺/%	≤0.2	≤0.2
水分/%	11.0~13.0	11.0~13.0
比旋光度$[\alpha]_D^{25}$，1%(质量体积比)的水溶液	+40°~+50°	+40°~+50
硫酸盐/%	≤1.0	≤1.0
砷/%	≤0.0003	≤0.0003
重金属/%	≤0.001	≤0.001

4. 用途

阿力甜是新型、高甜度的甜味剂。我国 GB 2760 规定可用于饮料、冰淇淋、雪糕，最大使用量 0.1g/kg；也可用于胶姆糖、陈皮、话梅、话李、杨梅干，最大使用量0.3g/kg；还可以作为餐点甜味剂，最大用量 0.015g/包、片。也可于低热食品、焙烤食品、软硬糖果、乳制品，用量为 30~300mg/kg。一般使用时先稀释，制作液体时，可部分或全部用钾、钠、钙或镁的氢氧化物进行中和，并加适量防腐剂。制作固体干粉时，用麦芽糊精、木糖醇等稀释混合。

5. 安全与贮运

用双层食用级塑料袋作为内包装，封口，再加牛皮纸袋，外包装为木板圆桶。贮存于阴凉、干燥、通风处。不得与有毒有害物品混运共贮。

参 考 文 献

[1] 蒋木庚，张湘宁，蒋昊峰，等. D,L-氨基酸和二肽甜味剂产业化技术[J]. 南京工业大学学报(自然科学版)，2005，(01)：106-110.

[2] 范长胜. 氨基酸二肽甜味剂的开发研究进展[J]. 工业微生物，2002，(02)：37-40.

6.30 阿斯巴甜

阿斯巴甜(aspartane) 又称甜味素、天冬甜素，蛋白糖，化学名称为 N-L-α-天冬氨酰-L-苯丙氨酸甲酯(α-APM)。分子式为：$C_{14}H_{18}N_2O_5$，相对分子质量 294.31。结构式为：

$$HO_2CCH_2CHCONHCHCO_2CH_3$$
$$\quad\quad\quad\quad |NH_2 \quad\quad\quad |CH_2-C_6H_5$$

1. 性能

白色结晶性粉末，无臭，有强甜味，甜味纯正，甜度为蔗糖的 150~200 倍。熔点 246~247℃（分解）。在干燥条件下或 pH 值为 2~5 范围内稳定，在强酸性水溶液中可水解产生单体氨基酸，在中性碱性条件下可环化成二酮哌嗪。在水中的溶解度（25℃）与 pH 值有关，pH=7.0 时为 10.2%，pH=3.27 时为 18.2%。具有氨基酸的一般性质，25℃等电点时 pH 值为 5.2。甜味与蔗糖相似，有清凉感，无苦味，用于某些食品和饮料（特别是酸性水果风味）时，具有突出风味的作用，与其他糖类物质合用时具有良好的协同效应。它是一种无毒级营养型非糖甜味剂，其分子中的组成部分都是食物中的天然成分，在肠内可水解为单体氨基酸及甲醇，并与食物的同类成分一起参与代谢，不会积存在体内。热值低，安全无害，无龋齿作用。小白鼠经口服 $LD_{50}>10g/kg$。

2. 生产方法

（1）化学合成法

1）甲酰基保护氨基法

用甲酰基作为 L-天冬氨酸的氨基保护基团。先合成 N-甲酰基天冬氨酸酐，再经缩合、脱甲酰基、分离、甲酯化、中和制 α-APM。

将适量的甲醇、乙酐和天冬氨酸在氧化镁催化剂存下，于 50℃ 反应，生成的甲酰基作为 L-天冬氨酸的氨基的保护基团，合成 N-甲酰基-L-天冬氨酸酐。

N-甲酰基-L-天冬氨酸酐与苯丙氨酸在乙酸甲酯等溶剂中，15~40℃下搅拌反应 6h，减压蒸馏出溶剂，得 N-甲醇基-L-天冬氨酰-L-苯丙氨酸。

$$H_2N-CHCO_2H$$
$$\quad\quad |CH_2CO_2H \quad +HCO_2H+(CH_3CO_2)_2O \longrightarrow$$
右侧产物为 HCONHCH（带环酐结构）

$$+ C_6H_5CH_2CHCO_2H（NH_2） \longrightarrow HCONHCHCONHCHCO_2H（CH_2CO_2H, CH_2C_6H_5） + HCONHCHCH_2CONHCHCO_2H（CO_2H, CH_2C_6H_5）$$

α-异构体　　　　　　　　β-异构体

经真空蒸馏分离出 α-异构体，将 α-异构体即 N-甲酰基-L-天冬氨酰-L-苯丙氨酸与盐酸和甲醇在 60℃下搅拌反应 0.5h，脱去甲酰基，常压和 70~75℃下蒸馏除去甲酸甲酯、乙酸甲酯等。然后再加盐酸、甲醇经长时间的酯化反应，离心分离得白色结晶状 L-天冬氨酰-L-苯丙氨酸甲酯盐酸盐二水化合物。用碱中和生成 L-天冬氨酰-L-苯丙氨酸甲酯（L-APM）。

$$HCONHCHCONHCHCO_2H（CH_2C_6H_5, CH_2CO_2H） +HCl+CH_3OH \longrightarrow HCl \cdot H_2NCHCONHCHCO_2CH_3（CH_2C_6H_5, CH_2CO_2H）$$

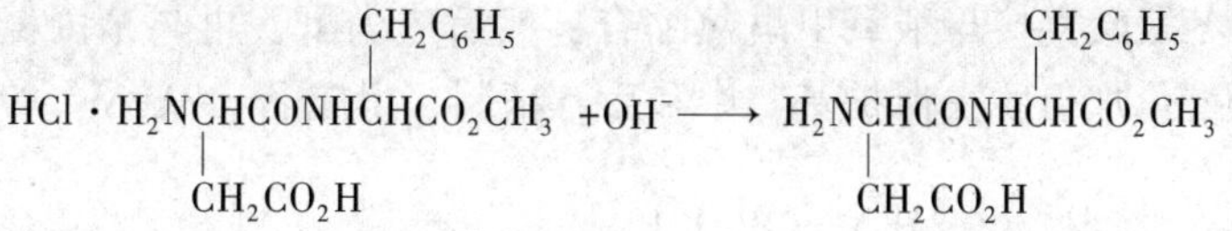

$$\text{HCl} \cdot \underset{\underset{CH_2CO_2H}{|}}{H_2NCHCONHCH}CO_2CH_3 \quad +OH^- \longrightarrow \quad H_2NCHCONHCHCO_2CH_3$$

（顶部结构图：左侧为 CH₂C₆H₅ 基团，HCl·H₂NCHCONHCHCO₂CH₃，CH₂CO₂H；右侧为 CH₂C₆H₅，H₂NCHCONHCHCO₂CH₃，CH₂CO₂H）

该法也可先将 L-苯丙氨酸与甲醇发生甲酯化，然后与 N-甲酰天冬氨酸酐反应，经分离、酸化、中和得 α-APM。

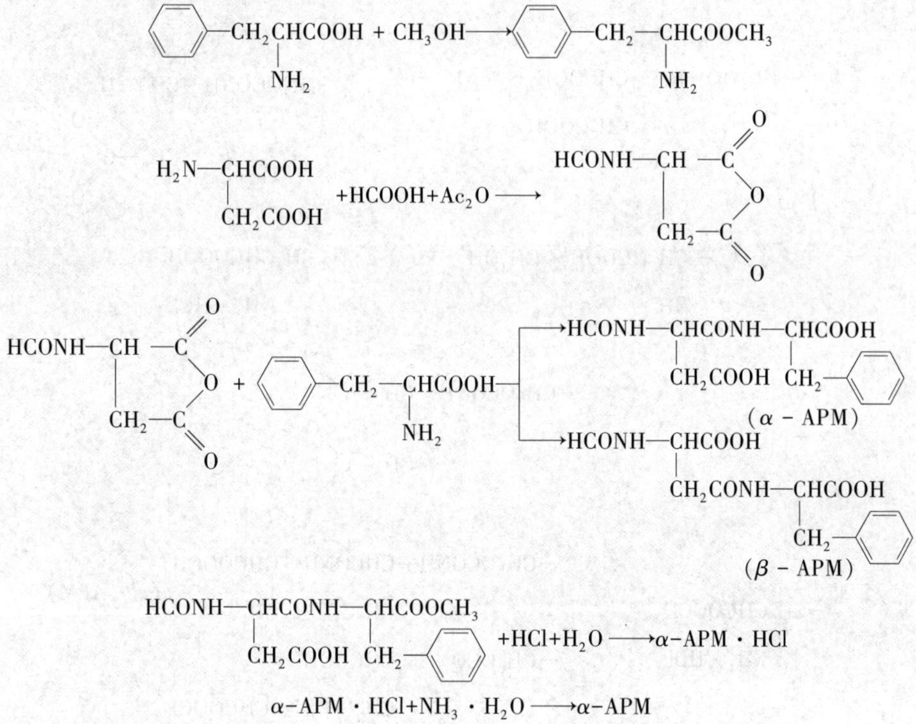

$$\alpha\text{-APM} \cdot \text{HCl} + NH_3 \cdot H_2O \longrightarrow \alpha\text{-APM}$$

2）苄氧甲酰基保护氨基法

以 L-天冬氨酸为原料，先与苄醇反应成天冬氨酸苄醇酯，然后在氢氧化钠存在下，与苄氧甲酰氯反应将氨基保护起来。用 N,N′-二环己基碳化二酰亚胺作缩合剂，使苄氧羰基-(β-苄基)-L-天冬氨酸与 L-苯丙氨酸甲酯缩合成 N-苄氧羰基-(β-苄基)-L-天冬氨酰-L-苯丙氨酸甲酯，最后使用金属钯催化还原得到 α-APM。此法最大的优点是选择性较好（不生成 β-APM 异构体）、收率较高（>80%）、β-羧基也无须保护，不足之处是试剂成本较高，同时在保护基苄氧甲酰氯的制备时需使用剧毒的光气。

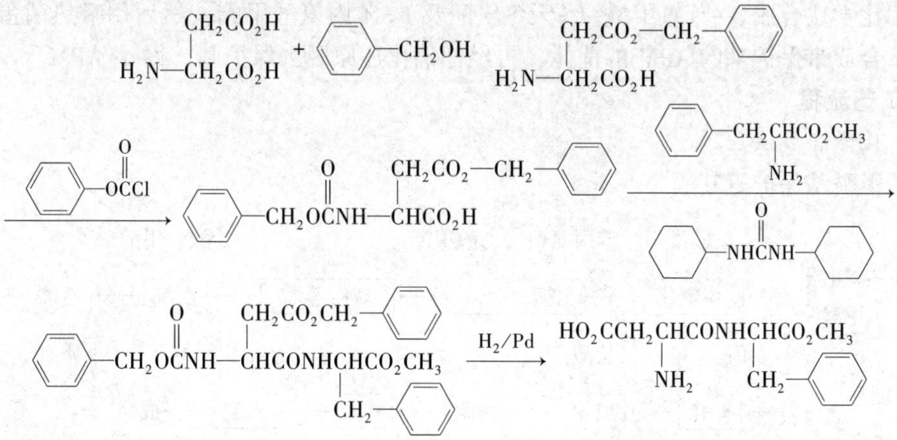

177

也可由 L-天冬氨酸直接与苄氧甲酰氯缩合，然后成内酐，再与苯丙氨酸甲酯缩合，分离出 α-APM，经催化加氢脱去保护基，中和后，精制，得成品 α-APM。

$$\text{C}_6\text{H}_5-\text{CH}_2\text{OC}-\text{Cl} + \text{H}_2\text{N}-\text{CHCOOH}(\text{CH}_2\text{COOH}) \longrightarrow \text{C}_6\text{H}_5-\text{CH}_2\text{OC}-\text{HN}-\text{CHCOOH}(\text{CH}_2\text{COOH})$$

$$\text{C}_6\text{H}_5-\text{CH}_2\text{OC}-\text{HN}-\text{CHCOOH}(\text{CH}_2\text{COOH}) + \text{Ac}_2\text{O} \longrightarrow \text{C}_6\text{H}_5-\text{CH}_2\text{OCONH}-\text{CH}(\text{CH}_2)-\text{C}(\text{O})-\text{O}-\text{C}(\text{O})$$

$$\text{C}_6\text{H}_5-\text{CH}_2\text{CHCOOH}(\text{NH}_2) + \text{CH}_3\text{OH} \xrightarrow{\text{HCl}} \text{C}_6\text{H}_5-\text{CH}_2\text{CHCOOCH}_3(\text{NH}_2 \cdot \text{HCl})$$

$$\text{C}_6\text{H}_5-\text{CH}_2\text{OCONH}-\text{CH}(\text{CH}_2)-\text{C}(\text{O})-\text{O}-\text{C}(\text{O}) \; + $$

$$\text{C}_6\text{H}_5-\text{CH}_2\text{CHCOOCH}_3(\text{NH}_2 \cdot \text{HCl}) \longrightarrow$$

C$_6$H$_5$—CH$_2$OCONH—CHCONH—CHCOOCH$_3$（CH$_2$COOH）（CH$_2$—C$_6$H$_5$）　　(α-APM)

C$_6$H$_5$—CH$_2$OCONH—CHCOOH（CH$_2$CONH—CHCOOCH$_3$）（CH$_2$—C$_6$H$_5$）　　(β-APM)

$$\text{C}_6\text{H}_5-\text{CH}_2\text{OCONH}-\text{CHCONH}-\text{CHCOOCH}_3(\text{CH}_2\text{COOH})(\text{CH}_2-\text{C}_6\text{H}_5) + \text{H}_2 \xrightarrow{\text{Pd}} \alpha\text{-APM} \cdot \text{HCl}$$

$$\alpha\text{-APM} \cdot \text{HCl} + \text{NH}_3 \cdot \text{H}_2\text{O} \longrightarrow \alpha\text{-APM}$$

（2）酶法

先用化学法合成 N-苄氧甲酰-L-天冬氨酸及 L-苯丙氨酸甲酯，然后用嗜热菌蛋白酶作催化剂，合成带保护基的 APM 的前体，再经钯催化还原脱去保护基，得 α-APM。

3. 工艺流程

（1）化学合成法

（a）甲酰基保护氨基法

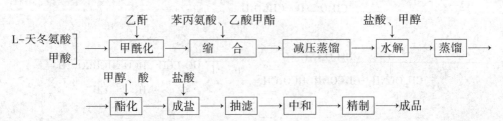

（b）苄氧甲酰基保护氨基法

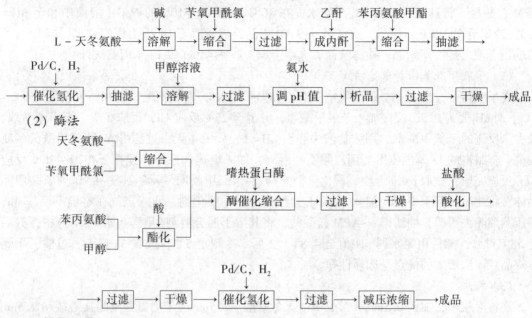

（2）酶法

4. 操作工艺

（1）甲酰基保护氨基法

在反应锅中，加入氧化镁为催化剂，再加入95%甲酸、乙酐、L-天冬氨酸，在加热至50℃下，搅拌反应2.5h，反应完毕，加入异丙醇，在48~50℃下反应1.5h后冷却至室温。向体系中加入乙酸甲酯和L-苯丙氨酸，搅拌加入乙酸，在室温下反应4.5h。反应完后，在真空度为80kPa下蒸馏至物料温度为65℃。得 N-甲酰基-L-天冬氨酰-L-苯丙氨酸。然后，加入35%盐酸、甲醇于60℃水解1h。脱去甲酰基，常压70~75℃下，蒸馏除去体系中的甲醇、酯等组分，然后再加入甲醇、盐酸，加热进行甲酯化反应，反应完毕。加入盐酸生成 α-APM盐酸盐，经抽滤、中和、精制得成品。

该工艺也可先将苯丙氨酸甲酯化，然后再缩合、脱保护基。将L-苯丙氨酸和甲醇在97%硫酸催化下于85℃左右反应3h，反应完成后冷却，加入10%氢氧化钠甲醇溶液中和，过滤除去硫酸钠，蒸馏浓缩，浓缩液用甲苯溶解，加入由95%甲酸、乙酐、L-天冬氨酸反应生成的 N-甲酰天冬氨酸溶液中。在25~30℃下反应1h，然后升温至40℃反应0.5h。加入盐酸，生成 α-APM盐酸盐，经抽滤、中和、精制得成品。

实验室制法：

在反应烧瓶中，加入54mL 95%的甲酸和0.4g氧化镁，待氧化镁溶解后，加入200mL 98%的乙酐，此时温度逐渐升至40℃。加入134g L-天冬氨酸，升温至50℃，搅拌保温反应2.5h，补加30mL 98%的乙酐，继续保温反应2.5h，加入32mL异丙醇，继续反应1.5h，反应结束后冷至室温。得到氨基保护的内酐化物。

将上述内酐化物加入烧瓶，再加入414mL乙酸乙酯和132g L-苯丙氨酸，在25~30℃下搅拌15h，再加入冰乙酸252mL，继续反应4.5h，反应结束后，真空脱除溶剂，至反应体系温度65℃为止。然后加入35%的盐酸90mL，升温至60℃，回流反应2h。水解结束后，进行常压蒸馏直到馏出温度达63℃（反应体系温度73℃）为止，补加甲醇360mL，继续常压蒸馏至体系温度85℃为止。冷却至25℃后，真空脱除轻组分。得到的水解液中加入35%的盐酸 108mL、甲醇 18mL、水 86mL，在 20~30℃下酯化反应 7h。然后抽滤、水洗分离出 α-APM 盐酸盐。将其溶于 1200mL 蒸馏水，在 40℃下用 5%~10%的 NaOH 溶液中和至 pH=4.5。冷却至 5℃以下，抽滤、洗涤得 α-APM 粗品，然后溶于 1000mL 甲醇和水(体积比 1：2)的混合液。经冷却结晶、抽滤洗涤、真空干燥，收率 45%(以 L-苯丙氨酸计)。

(2) 苄氧甲酰基保护氨基法

在反应器中，加入 14%碳酸氢钠溶液，搅拌下加入 L-天冬氨酸，用 10%氢氧化钠于 2~3℃下调 pH 值为 9.5，缓慢加入苄氧甲酰氯，升温至 25℃反应 1h，反应完毕，用甲苯萃取，除去未反应的苄氧甲酰氯，用浓盐酸中和至 pH=1，放置 4 天，过滤得 N-苄氧甲酰天冬氨酸酐。将制得的 L-苯丙氨酸甲酯用乙酸乙酯溶解，加入上述体系中，搅拌下在 18~20℃反应 1h，反应完毕，提取 α-缩合物，酸化，抽滤得 α-苄氧甲酰-L-天冬氨酰-L-苯丙氨酸甲酯晶体。将此晶体溶于甲醇，加入 2mol/L 盐酸及 Pd-C 催化剂，通入氢气在室温下反应 4h，减压蒸馏除去甲醇，抽滤得 α-APM 盐酸盐，将其溶于混合溶剂(甲醇：水=2：1)中，升温至 55℃过滤，然后用氨水调 pH 值至 4.8~5.2 后，冷却至 5℃，放置 3h 以上，过滤、干燥得成品。该法最大的优点是选择性好。

(3) 酶法

在锥形瓶中，加入 0.5mmol 苄氧甲酰天冬氨酸、1.5mmol 苯丙氨酸甲酯盐酸盐和 2.5mL 水，用氨水调节 pH 值到 6，加入 7mg 嗜热蛋白酶，在 40℃下搅拌反应 6h。过滤并用蒸馏水洗涤、干燥得白色固体缩合物，产率 95.6%，熔点 116~118℃。将制得的缩合物 0.5g 和 20mL 30mol/L 的盐酸加入 25mL 的锥形瓶中，于 45℃下搅拌反应 0.5h。过滤并用蒸馏水洗涤、干燥得中间产物，产率 92%，熔点 129~131℃。

将 0.6g 钯碳(10%)催化剂、60mL 冰乙酸、15mL 水加入三口烧瓶，氢化活化 1.5h。加入溶有 1.8g 上述制得的中间产物的 60mL 冰乙酸，于 30℃搅拌氢化 6h。反应完毕后过滤，催化剂用冰乙酸洗涤 3 次。将滤液和洗液减压浓缩至干，加入 45mL 苯，继续减压浓缩至干得白色固体，干燥得产物阿斯巴甜。

说明：

目前，可用于上述缩合反应的蛋白酶主要有以下几种：

① 嗜热菌蛋白酶：可在 pH 值为 6.0~6.5 缓冲液中将氨基已保护的 L-ASP 与 L-Pheome 缩合生成带保护基的 α-ASP-Pheome，没有 β-异构体副产物。

② 嗜热脂肪芽孢杆菌的中性蛋白酶：可将苄氧羰基-L-天冬氨酸与苯丙氨酸甲酯盐酸化物缩合生成带保护基的阿斯巴甜。

③ 木瓜蛋白酶：在乙酸乙酯溶液中将苄氧羰基-L-天冬氨酸与苯丙氨酸甲酯缩合成带苄氧羰基的阿斯巴甜。木瓜蛋白酶甚至可用外消旋的 D，L-苯丙氨酸甲酯起反应，而只生成 L-型产物。

④ 内肽酶：可将 N-苯甲酰-L-天冬氨酸-α-甲酯与 L-苯丙氨酸甲酯缩合生成带苯甲酰基的 α-ASP-PheoMe。

⑤ 金黄色葡萄球菌的蛋白酶：可用不带保护基的 L-天冬氨酸-α-甲酯或 α-酰胺与 L-苯丙氨酸甲酯缩合生成阿斯巴甜。

另外，也可将微生物菌丝体直接加到含底物的反应体系中进行催化缩合反应。有效的微生物包括：无色杆菌、产碱杆菌、扩展短杆菌、节杆菌、假丝酵母、棒状杆菌、黄杆菌、纤维单孢菌、八叠球菌、假单孢菌和掷孢酵母等。它们的作用底物除了常用的苯丙氨酸甲酯和带保护基的天冬氨酸衍生物外，还可直接用两种氨基酸为原料合成阿斯巴甜或其前体化合物。

5. 质量标准

含量(以干基计)/%	98~102	98.0~102.0
干燥并失重(105℃，4h)/%	≤4.5	≤4.5
硫酸灰分/%	≤0.2	≤0.2
pH 值(1g/125g)	4.0~6.5	4.5~6.0
透光度	≤0.22	合格
比旋光度[α]$_D^{20}$	+14.5~+16.5	+14.5~+16.5
重金属(以 Pb 计)/%	≤0.001	≤0.001
砷盐(以 As 计)/%	≤0.0003	≤0.004(以 As$_2$O$_3$)
5-苄基-3,6-二氧-2-哌嗪乙酸/%	≤1.5	≤1.5

6. 用途

用作甜味剂、增味剂。天冬甜素是国内外普遍允许使用的人工合成低热量甜味剂，常与蔗糖或其他甜味剂并用。我国 GB 2760 规定，可用于各类食品，按操作需要适量使用，一般用量为 0.5g/kg。

FAO/WHO 规定：可用于甜食，用量 0.3%；胶姆糖，1%；饮料，0.1%。配制适用于糖尿病、高血压、肥胖症、心血管病的低糖、低热量的保健食品，用量视需要而定。

7. 安全与贮运

采用双层食品级塑料袋为内装，封口，加套牛皮纸袋，外用木板圆桶包装。贮存于阴凉、干燥、通风处，严禁与有毒有害物质混运共贮。

参 考 文 献

[1] 陈立功，许艳杰等. 阿斯巴甜合成工艺研究. 化学通报，2001，64(7)：428-431.
[2] 于中生，温树启等. 阿斯巴甜的内酯法制备. 中国医药工业杂志，2002，33(7)：315-317.
[3] 刘菁. 阿斯巴甜分子甜味稳定性研究综述[J]. 信息记录材料，2021，22(12)：13-16.

6.31 甜 蜜 素

甜蜜素又称环己基氨基磺酸钠(sodium cyclamate)，分子式 C$_6$H$_{12}$NO$_3$SNa，相对分子质量 201.22。结构式为：

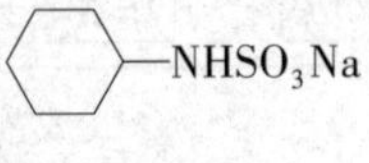

1. 性能

白色针状或片状结晶或结晶性粉末，无臭，甜度为蔗糖的 40~50 倍。不发生焦糖化反应。溶于水(1g/5mL)，微溶于丙二醇(1g/25mL)，不溶于乙醇、氯仿、苯和乙醚。10%的水溶液 pH 值为 6.5。耐碱、耐热(分解温度 280℃)、耐光，不吸潮。加热后略有苦味。小白鼠经口 LD$_{50}$ 为 18000g/kg。

2. 生产方法

(1) 氯磺酸法

环己胺与氯磺酸缩合，然后用氢氧化钠中和，经分离精制得甜蜜素。

$$2C_6H_5NH_2+ClSO_3H \longrightarrow C_6H_{11}NHSO_3^- \cdot H_3N^+C_6H_{11}$$

$$C_6H_{11}NHSO_3^- \cdot H_3N^+C_6H_{11}+NaOH \longrightarrow C_6H_{11}NHSO_3Na+C_6H_{11}NH_2+H_2O$$

该法反应快，但副反应较多，且设备腐蚀严重。

（2）氨基磺酸法

环己胺与氨基磺酸缩合，然后与碱反应得甜蜜素。

$$2C_6H_5NH_2+NH_2SO_3H \longrightarrow C_6H_{11}NHSO_3^- \cdot H_3N^+C_6H_{11}+NH_3$$

$$C_6H_{11}NHSO_3^- \cdot H_3N+C_6H_{11}+NaOH \longrightarrow C_6H_{11}NHSO_3Na+C_6H_{11}NH_2+H_2O$$

（3）氨基磺酸钠法

氨基磺酸钠与环己胺在加热条件下缩合，经后处理得甜蜜素。

$$C_6H_{11}NH_2+H_2NSO_3Na \longrightarrow C_6H_{11}NHSO_3Na+NH_3\uparrow$$

（4）三氧化硫法

三氧化硫与三甲胺反应生成三氧化硫–三甲胺络合物，将三氧化硫–三甲胺的悬浮液与环己胺反应，再用10%氢氧化钠处理得甜蜜素。

$$SO_3+(CH_3)_3N \longrightarrow (CH_3)_3N \cdot SO_3$$

$$(CH_3)_3N \cdot SO_3+H_2NC_6H_{11} \longrightarrow C_6H_{11}NHSO_3^- \cdot HN^+(CH_3)_3$$

$$C_6H_{11}NHSO_3^- \cdot HN^+(CH_3)_3+NaOH \longrightarrow C_6H_{11}NHSO_3Na+(CH_3)_3N+H_2O$$

3. 工艺流程

（1）氨基磺酸法

（2）氨基磺酸钠法

（3）三氧化硫法

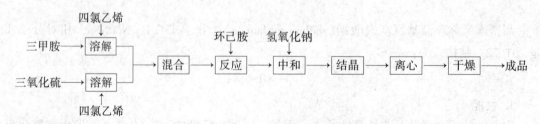

4. 操作工艺

（1）氨基磺酸法

将氨基磺酸与溶剂（邻氯二苯）混合加热，然后在搅拌下加入环己胺，控制反应在160～179℃下进行。反应完毕，加入10%氢氧化钠溶液，于130℃下反应。至反应产物完全溶解后，进行水蒸气蒸馏，回收溶剂和未反应的环己胺。反应产物经冷却、析晶、离心、重结晶、干燥得甜蜜素。

（2）氨基磺酸钠法

将氨基磺酸钠、环己胺加入轻油中，加热，反应在180~200℃进行，反应后经结晶、重结晶得成品，母液返回反应器重新使用。此法原料易得，生产简单，溶剂易回收，收率高。物料质量比为：氨基磺酸钠∶环己胺∶轻油＝1∶2.5∶3.5。例如，将100份环己胺滴加到40份氨基磺酸和140份轻油的混合物中，于165℃下反应3h。然后降温至130℃以下，加入164份10%的碳酸氢钠溶液使产物溶解，再蒸馏回收轻油和环己胺，最后粗品经重结晶、离心、干燥得甜蜜素。

（3）三氧化硫法

在溶解釜中，先将三甲胺和三氧化硫分别溶解于四氯乙烯溶剂中，然后将两种溶液混合，反应生成三甲胺–三氧化硫络合物的悬浮液。再将此悬浮液加入环己胺与氢氧化钠的水溶液中，于60~70℃下反应生成环己氨基磺酸钠。也可将液体 SO_3 溶解于 CH_2Cl_2，在-10℃下滴加到溶有三乙胺的溶液中，加毕后恒温反应，生成三乙胺三氧化硫络合物。于20℃下滴加等摩尔的环己胺，反应1h，反应完全后加入10%的 NaOH 溶液，于60℃下反应1h。分出水层、浓缩、冷却、结晶、抽滤、干燥得产品，收率约95%。

说明：

由于叔胺–三氧化硫络合物的形成降低了三氧化硫的反应活性，使反应可在室温下完成。该反应副反应少，产品色泽好，后处理简单。

5. 质量标准

含量（以干基计）/%	≥98.0	重金属（以 Pb 计）/%	≤0.001
干燥失重（105℃，1h）/%	≤1.0（无水品）	透光率（100g/L 溶液，E 420nm）/%	≥95
	≤15.5（二水品）	环己基胺/%	≤0.0025
pH 值（100g/L）	5.5~7.5	二环己基胺/%	符合要求
砷/%	≤0.0001		

6. 用途

用作甜味剂。甜蜜素是国内外较普遍使用的非营养人工合成甜味剂。在人体内不被吸收，不产生热量，不致龋。口感接近蔗糖，常与糖精钠（10∶1）混用，可掩盖糖精钠的苦味。我国 GB 2760 规定，可用于酱菜类、调味酱汁、配制酒、糕点、饼干、面包、冰棍、冰淇淋、雪糕、饮料，最大使用量 0.65g/kg；也可用于蜜饯，最大使用量 1.0g/kg；还可用于陈皮、话梅、话李、杨梅干，最大使用量 8.0g/kg。

7. 使用示例（冰淇淋）

脱脂奶粉	600g	玉米粉	56g
甜蜜素	6.25g	白糖	250g
盐	5.4g	鸡蛋	394g
钛白粉	10g	香精	6g
水	4300g		

本品有一定的后苦味，常与糖精以9∶1或10∶1比例混合使用，可使味质提高。

8. 安全与贮运

生产中使用环己胺、氨基磺酸或三氧化硫、三甲胺，反应设备应密闭，车间内加强通风，操作人员应穿戴劳保用品。

产品内包装为双层食品级塑料袋，外包装为纤维纸箱。密封贮存于干燥处。严禁与有毒有害物混运共贮。

参 考 文 献

[1] 马麟莉，程亚萍，李树旺.食品生产中甜蜜素的使用以及安全现状[J].食品安全导刊，2022，（06）：1-3.

[2] 程晓伟.甜蜜素固液相平衡测定及结晶工艺研究[D].北京化工大学，2015.

[3] 蔡丹丹，李道荣，肖凯军.甜蜜素合成工艺优化的研究[J].现代食品科技，2010，26(05)：476-478.

6.32 乙酰磺胺酸钾

乙酰磺胺酸钾（acesulfame potassium）又称安赛蜜、双氧噁噻嗪钾，化学名为6-甲基-1,2,3-噁噻嗪-4-酮-2,2-二氧化钾盐，分子式 $C_4H_4KNSO_4$，相对分子质量201.23。结构式为：

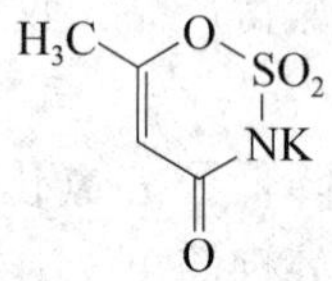

1. 性能

白色斜晶型结晶性粉末，无臭，熔点225℃（分解）。在空气中不吸湿，易溶于水，难溶于乙醇，20℃溶解度为0.1%。不溶于一般有机溶剂。无臭，有强甜味，甜觉快，持续期略长于蔗糖，不产生热值，甜度约为蔗糖的200倍。对光、热和酸稳定，在 pH=4 和40℃下仍保持甜度。小白鼠经 LD_{50} 大于10g/kg。

2. 操作方法

（1）异氰酸磺酰氟法

叔丁基乙酰乙酸乙酯与异氰酸磺酰氟发生加成，加热脱羧，碱性条件下环化、成盐，得乙酰磺胺酸钾。

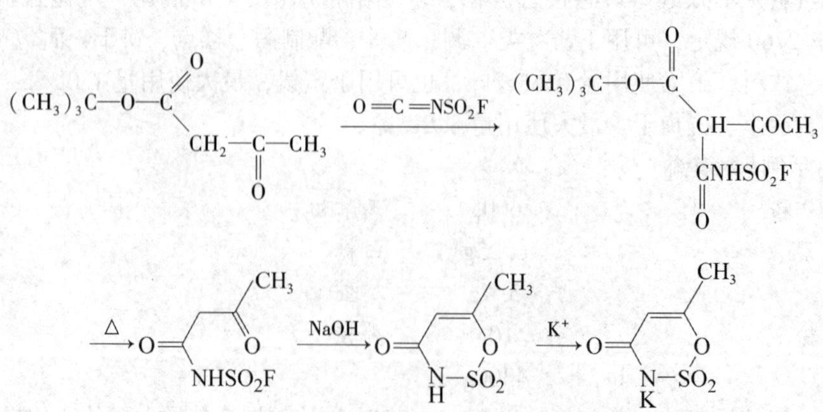

（2）氨基磺酸法

在三乙胺存在下，氨基磺酸二乙烯酮发生加成，然后在 SO_3 存在下环化，与氢氧化钾成盐得成品。

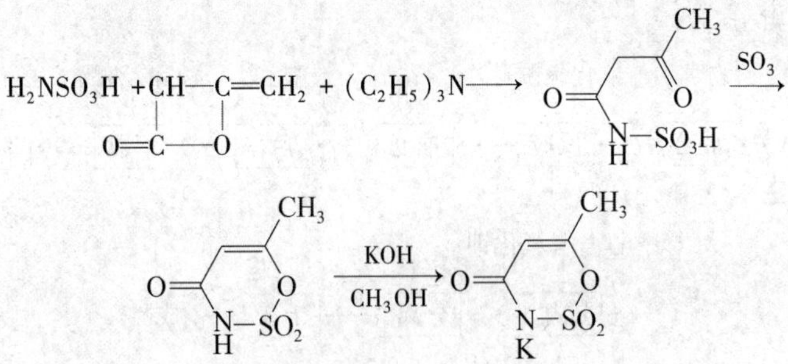

H_2NSO_3H + CH—C=CH$_2$ + $(C_2H_5)_3N$
O=C—O
SO_3
KOH
CH_3OH

(3) 氨基磺酰氟法

在低温下，二乙烯酮与氨基磺酰氟和碳酸钾在丙酮溶液中发生加成反应，生成乙酰乙酰氨基-*N*-磺酰氟的钾盐，再与甲醇-氢氧化钾溶液反应得乙酰磺胺酸钾。

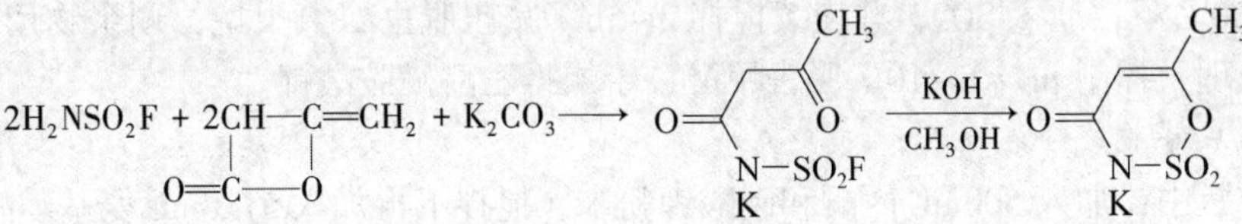

$2H_2NSO_2F$ + 2CH—C=CH$_2$ + K_2CO_3
KOH
CH_3OH

(4) 氟化硫酰氟法

在碳酸钾存在下，乙酰乙酰胺与氟化硫酰氟反应，经酸化后成盐得成品。

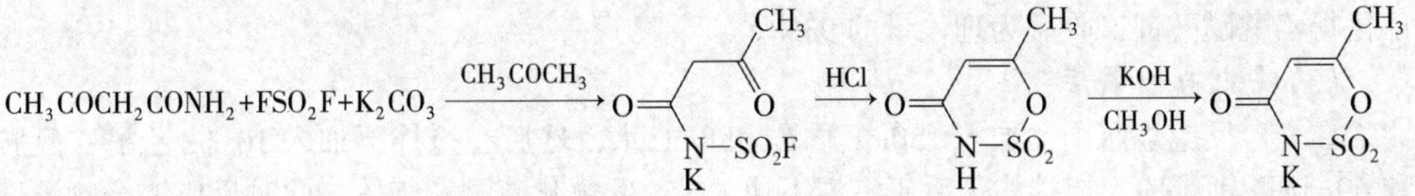

$CH_3COCH_2CONH_2$+FSO_2F+K_2CO_3
CH_3COCH_3
HCl
KOH
CH_3OH

(5) 三氧化硫法

在惰性有机或无机溶剂中，将 SO_3 通入乙酰乙酰胺中进行循环冷凝，生成乙酰乙酰氨基磺酸，分离后与氢氧化钾反应而得产品：

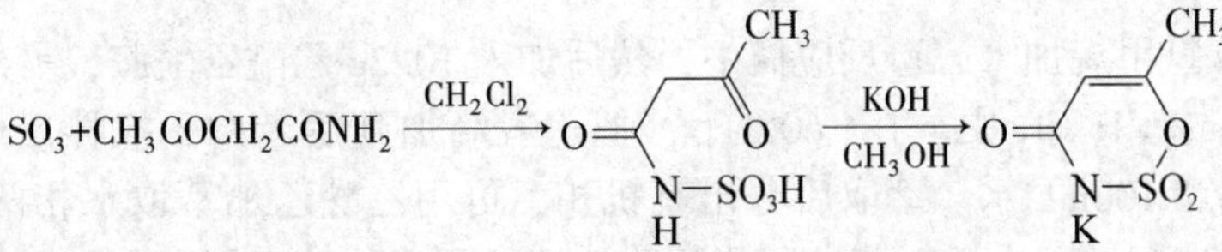

SO_3+$CH_3COCH_2CONH_2$
CH_2Cl_2
KOH
CH_3OH

3. 工艺流程

(1) 氨基磺酸法

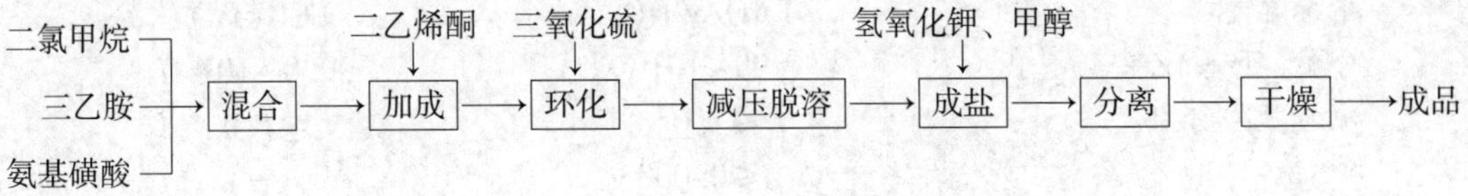

二氯甲烷
三乙胺
氨基磺酸
二乙烯酮
三氧化硫
氢氧化钾、甲醇
混合
加成
环化
减压脱溶
成盐
分离
干燥
成品

(2) 氨基磺酰氟法

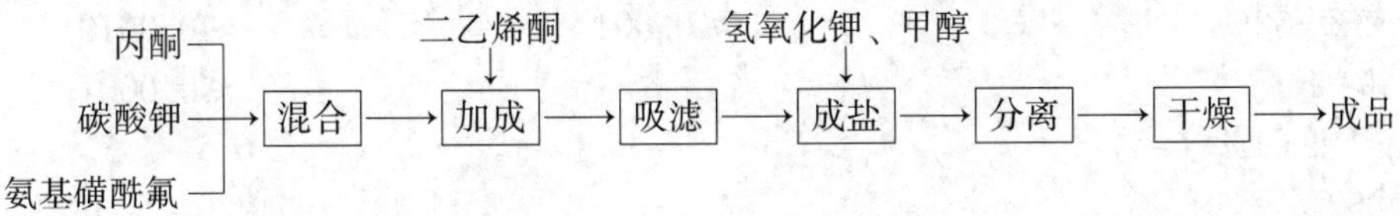

丙酮
碳酸钾
氨基磺酰氟
二乙烯酮
氢氧化钾、甲醇
混合
加成
吸滤
成盐
分离
干燥
成品

（3）氟化硫酰氟法

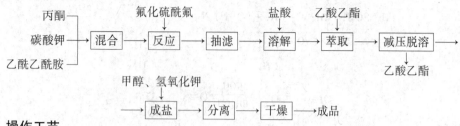

4. 操作工艺

（1）氨基磺酸法

在三口反应瓶中，加入 500mL 二氯甲烷和 48.5g 氨基磺酸，搅拌，室温下滴加 53g 三乙胺，1h 内滴完，然后在 15℃下，滴加 47g 双乙烯酮，滴加完毕，继续反应 1h，得到加成反应液。在 -30℃下，通入 SO_3，并连续搅拌 2～5h。减压脱去二氯甲烷，剩余物用氢氧化钾-甲醇溶液处理，控制 pH=8～10。脱去甲醇，干燥得乙酰磺胺酸钾。

（2）氨基磺酰氟法

在反应瓶中，加入 500mL 丙酮和碳酸钾粉末，搅拌下再加入 57.8mL 氨基磺酰氟，混合后于 15min 内滴加 84.3mL 二乙酮，在 0℃下搅拌反应 30min。反应放热，温度应控制在 30℃以下，直到 CO_2 完全放出，停止反应。将反应混合物抽滤，用少量丙酮洗涤，得无色结晶乙酰乙酰氨基-N-磺酰氟的钾盐，将此结晶与 5～6mol 的甲醇-氢氧化钾溶液一起搅拌，环化得乙酰磺酸钾，收率为理论量的 93%。

（3）氟化硫酰氟法

在三口反应烧瓶中，加入 150mL 丙酮和 8mL 水，然后在搅拌下加入 10.1g 乙酰乙酰胺和 69g 碳酸钾干粉，搅拌均匀后于室温下通入 15.3g 氟化硫酰氟气体，此时反应混合物温度升至 40℃，搅拌反应 2h 后，抽滤。取滤饼放入有冰块的过量的盐酸溶液中，使其溶解并反应。然后用乙酸乙酯萃取，萃取物用无水硫酸钠干燥，减压除去溶剂乙酸乙酯。将甲醇-氢氧化钾溶液与残余物反应，得乙酰碘酸钾，烘干得 14.1g 乙酰磺胺酸钾成品。

（4）三氧化硫法

将 100mL 二氯甲烷加入三口反应瓶中，然后加入 10.2g 乙酰乙酰胺，另外 16mL 的液体 SO_3 溶解在 100mL CH_2Cl_2 中。在 -60℃下，把前者滴加到后者中，搅拌反应 2h 后，加入 100mL 乙酸乙酯和 100mL 水。萃取后分出有机相，再用乙酸乙酯萃取水相两次，合并于有机相中。用无水硫酸钠干燥后，蒸发回收乙酸乙酯。剩余物溶于甲醇中，并用甲醇-氢氧化钾溶液中和，反应析出乙酰磺胺酸钾，抽滤，烘干后得 6.2g 产品，收率为理论量的 31%。

5. 质量标准

指标名称	FAO/WHO	FCC（Ⅳ）
含量（干基）/%	99～101	99.0～101.0
硫酸盐灰分/%	≤1.0	≤1.0
砷/%	≤0.0003	—
硒/%	≤0.003	—
氟化物/%	≤0.003	≤0.03
重金属/%	≤0.001	≤0.0010
铅/%	—	≤0.0001
pH 值（1%溶液）	—	6.5～7.5
钾/%	—	17.0～21.0

6. 用途

用作食品甜味剂，是第四代人工合成甜味剂，摄入人体后不被吸收，不产生热量，适合糖尿病和肥胖症患者使用。单独使用有一定的苦味，与天冬甜素或甜蜜素混用有协同作用，且可掩盖后苦味。我国 GB 2760 规定可用于饮料、糖果、糕点、冰淇淋、果酱（不包括罐头）、酱菜、蜜饯和胶姆糖，最大用量 0.3g/kg；也可作为餐桌甜味料（片状或粉状），40mg/包（或片）。

用于果酱、果冻类食品，用量为 3g/kg，与山梨糖醇合用，可改善产品质量。在口香糖、果脯和蜜饯类食品中的用量为 4g/kg。

7. 安全与贮运

操作中使用到多种腐蚀性或有毒化学品，反应设备应密闭，车间内加强通风，操作人员应穿戴劳保用品。产品采用双层食品级塑料袋为内包装，封口，加套牛皮纸袋，外包装为木板圆桶。贮存于阴凉、干燥、通风处，严禁与有毒、有害物品混运共贮。

参 考 文 献

[1] 沈东瑞，侯锡猛，陈德彬，等. 甜味剂乙酰磺胺酸钾在冷冻饮品中的应用[J]. 中国食品添加剂，2008，（02）：123-126+95.
[2] 段湘生，曾宪泽，王洪成，等. 乙酰磺胺酸钾的合成[J]. 精细化工，1996，（05）：24-26.

6.33 乳 酸 钠

乳酸钠(sodium lactate)也称乳酸钠溶液。分子式 $C_3H_5NaO_3$，相对分子质量 112.06。结构式为：

$$\underset{\underset{\displaystyle CH_3CHCOONa}{|}}{OH}$$

1. 性能

无色或淡黄色浆状液体。无臭或略有特殊气味，略有苦咸味。具有很强的吸湿性，混溶于水、乙醇和甘油。50%溶液的相对密度为 1.266(15℃)。熔点17℃。

2. 生产方法

由乳酸和氢氧化钠进行中和反应制得。

$$\underset{\underset{\displaystyle CH_3CHCOOH}{|}}{OH} + NaOH \longrightarrow \underset{\underset{\displaystyle OH}{|}}{CH_3CHCOONa} + H_2O$$

3. 工艺流程

乳酸 → 中和 → 浓缩 → 中和 → 稀释 → 成品

（中和、中和上方标注：氢氧化钠、氢氧化钠）

4. 操作工艺

将乳酸加入中和反应釜中，在夹套中通入冷却水冷却，搅拌下加入氢氧化钠，进行中和反应。然后在低于 50℃ 条件下进行真空浓缩，除去 80%水分后，将物料放置 1 星期，再用氢氧化钠中和，最后稀释物料至浓度为 50%~60%即制得成品乳酸钠溶液。

5. 质量标准

外观	无色或淡黄色透明浆状液体
乳酸钠含量/%	50~60
相对密度	1.26~1.32
氯化物含量/(mg/kg)	≤70
砷含量/(mg/kg)	≤2
重金属(以 Pb 计)/(mg/kg)	≤20
硫酸盐/%	≤0.12
甲醇/%	≤0.2
铁	正常
挥发性脂肪酸	正常
20%水溶液的 pH 值	6.5~7.5

6. 用途

可用作调味剂、风味改进剂、焙烤食品的品质改进剂、干酪素的增塑剂、保湿剂、醇类防冻剂的缓蚀剂，清酒中作 pH 值调节剂，最高允许加量为 0.005%~0.01%。

参 考 文 献

[1] 朱明道. 乳酸钠的制备方法[J]. 陕西化工，1995，(02)：55.

6.34 无 钠 食 盐

1. 性能

这是一种可替代普通食盐的无钠盐，其咸味与普通含钠食盐相近。使用该咸味剂，可防止因过多地摄入含钠普通盐而危害人体健康。

2. 工艺配方

氯化钾	99.5	防结块剂(硅酸盐)	微量
水解胶朊动物蛋白	0.5	矿物质(碘化物)	微量

3. 操作工艺

各物料混合均匀即得无钠盐。其中水解胶朊动物蛋白是一种经过酶(胰酶类)的作用而产生的胶朊动物蛋白，其原料是动物皮，如猪皮。

4. 用途

代替普通食盐作咸味剂。引自美国专利4451494。

6.35 高盐食品甜味剂

1. 性能

本品由天然甜味剂组成，适用于酱等高盐食品作甜味剂。

2. 工艺配方

甜菊甙	10.0	柠檬酸钠	20.0
甘草皂苷	70.0		

188

3. 操作工艺

将各组分混合均匀即得。

4. 用途

适用于酱油、豆酱、腌制品等高盐食品作甜味剂。

6.36　畜肉制品甜味剂

1. 性能

在畜肉制品或水产加工中，常常要添加适量的甜味剂。本品为非糖类天然甜味剂。

2. 工艺配方

丙氨酸	6.0	甘氨酸	6.0
柠檬酸钠	20.0	甜菊甙（或甘草皂苷）	164.0
琥珀酸二钠	4.0		

3. 操作工艺

将各组分充分混合，制成粉末状甜味剂。

4. 用途

用于畜肉制品或水产加工品作甜味剂。

第7章 酶 制 剂

7.1 概 述

　　酶是一类具有专一性生物催化能力的蛋白质，是生物催化剂，具有反应条件(温度、压力)温和，对底物专一性强，产物纯度高、质量好、得率高、副产物少，对设备要求(耐酸碱、耐蚀等)低等优点。在食品工业中有广泛的应用，主要用于淀粉、酿造、果汁、饮料、调味品、油脂加工等领域。酶普遍存在于动物、植物和微生物中，通过采取适当的理化方法，将酶从生物组织或细胞以及酵液中提取出来，加工成具有一定纯度标准的生化制品，称为酶制剂。

　　酶存在于一切生物体中，一般从动植物原料中提取，例如，从动物胃中提取胃蛋白酶和凝乳酶，从猪颌下腺中提取激肽释放酶，从牛胰脏中提取糜蛋白酶，从猪血中提取凝血酶，从大麦芽、大豆粉、木瓜、菠萝、无花果中提取蛋白酶，等等。但是，动植物原料生长周期长，来源有限，且易受地理气候、季节等各种因素的影响，使其产量及生产规模都受限制。目前，工业上酶制剂的生产，主要以微生物为生产原料。而微生物不但产酶种类繁多，而且本身又具有繁殖快、培养易、适应广等特点，特别有利于工业化生产。人们还可利用各种手段，例如，诱变育种、基因工程等技术，改造生产菌，使酶产量大大地增加。

　　目前，世界上已经发现2000多种酶，在食品工业中广泛应用的酶制剂约20多种，其中80%以上为水解酶类。按品种分类，蛋白酶为60%，淀粉酶为30%，脂肪酶为3%，特殊酶为7%。按用途分，淀粉加工酶所占比例仍是最大，为15%；其次是乳制品工业，占14%。发达国家酶制剂的应用构成，食品工业占60%，其他工业占40%。我国目前食品工业允许使用的有木瓜蛋白酶等7种酶制剂。

　　食品工业用酶的选择必须考虑几个原则，这些原则包括安全性、法规容许、成本、来源稳定性、纯度、专一性、催化反应能力以及加工过程中的稳定性等。目前食品工业中应用的主要酶制剂如下：

酶制剂	主要用途
α-淀粉酶	液化淀粉，澄清果汁，制备面包
β-淀粉酶	制备面包，生产酒精、澄清酒类
葡萄糖淀粉酶	催化淀粉水解生产葡萄糖
普鲁兰酶	生产啤酒、葡萄糖浆
纤维素酶	加工果汁、蔬菜、谷类
半纤维素酶	提取植物成分
β-呋喃果糖苷酶	生产低聚果糖，制糖
β-葡聚糖酶	催化淀粉水解为麦芽糖
α-D-半乳糖苷酶	制糖
柚苷酶	脱去柑橘类的苦味
橙皮苷酶	防止蜜橘白浊

酶制剂	主要用途
花色苷酶	分解花色苷色素
果胶酶	澄清果汁，促进过滤
β-半乳糖苷酶	加工乳品，制备面包，生产低聚半乳糖
溶菌酶	食品防腐剂
α-葡糖苷糖	生产低聚异麦芽糖，制备点心、面包，生产低聚半乳糖
蛋白酶(木瓜蛋白酶)	加工植物蛋白，酿造黄酒、酱，软化肉类，加工水产，乌贼、章鱼剥皮
凝乳酶	制造干酪
过氧化氢酶	加工水产
葡萄糖氧化酶	食品脱氧，防止面包、果汁褐变
脂肪分解酶	分解乳品、油脂，澄清酒类
核酸分解酶 (磷酸二酯酶)	制备调味剂
木糖异构酶	异构化 D-糖为酮糖
环糊精葡萄糖基转移酶	制备环糊精
鞣酸酶	防止红茶饮料混浊
脱氨基酶	制造肌苷
转葡糖苷酶	加工蛋白质
谷氨酰胺酶	制备调味料

目前常用的产酶菌主要有：

① 肠杆菌：主要用于生产谷氨酸脱羧酶、β-乳糖苷酶等，在基因工程中担当重要角色的限制性内切酶，多由大肠杆菌获得。

② 枯草杆菌：主要用于生产 α-淀粉酶、β-葡萄糖氧化酶、碱性磷酸酶等。

③ 啤酒酵母：主要用于生产转化酶、丙酮酸脱羟酶、乙醇脱氢酶等。

④ 曲霉(黑曲霉和黄曲霉)：主要用于生产糖化酶、蛋白酶、淀粉酶、果胶酶、葡萄糖氧化酶、脂肪酶等。

还有，青霉主要产葡萄糖氧化酶，木霉主要产纤维素酶，根霉主要产淀粉蛋白酶、纤维素酶等。

酶制剂一般生产工艺流程为：

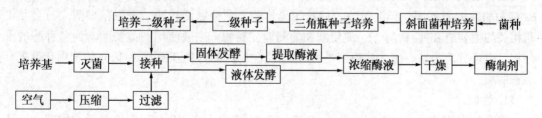

对酶制剂产品的安全性要求，联合国粮农组织(FAO)和世界卫生组织(WHO)食品添加剂专家委员会(FAO/WHO，JECFA)早在 1978 年 WHO 第 21 届大会就提出了对酶来源安全性的评估标准。

在美国，用以生产食品酶的动物性原料必须符合肉类检验的各项要求，并执行 GMP 生产，而植物原料或微生物培养基成分在正常使用条件下进入食品的残留量不得有碍健康。所用设备、稀释剂、助剂等都应是适用于食品的物质。必须严格控制生产方法及培养条件，使生产菌不至成为毒素与有碍健康之业源。微生物食品酶制剂生产协会（AMFEP）于 1994 年根据英国化学法典（FCC）的意见制定酶制剂的最低化学与微生物指标：酶活力为所标值的 85%~115%；As 含量<3；Pb 含量<10mg/kg；重金属含量<40mg/kg；真菌毒素阴性；抗生素阴性；大肠菌群<30/g；大肠杆菌阴性<25/g；沙门氏菌阴性<25/g；总活菌数<50000/g。中国食品监督检验所制定的指标基本上是参照以上标准制定的。

随着生物技术，尤其是微生物发酵技术（包括菌种选育和发酵设备）的快速发展，酶制剂产品生产成本的迅速下降，以及广大用户对酶制剂产品使用效果的认同，使得越来越多的酶制剂应用于食品工业中。

食品中应用的绝大部分酶的化学本质是蛋白质，与其他蛋白质一样，一般并无毒副作用。但是，食品工业酶制剂主要是靠微生物发酵生产的，酶制剂产生过程的每一个环节均可对酶的安全性产生重大影响，所以对微生物菌种的监控是保证产品高效、安全的关键；其次，有害微生物及重金属污染也是酶制产品安全性的重大隐患；还应当指出的是，由于基因重组等高新技术在菌种改造中的应用，给酶制剂的发展开拓了很大的发展空间，但由于这项技术及其应用尚未十分完善，对基因工程菌株的安全性评价问题尚待解决，相应的酶制剂产品使用的安全性有待考证。

参 考 文 献

[1] 林楚迎. 关于工业酶制剂的发展与应用研究[J]. 工业微生物, 2023, 53(01): 64-66.
[2] 赵梦然, 吕航, 王腾. 酶制剂在食品加工、保鲜与检测中的应用[J]. 食品安全导刊, 2023, (04): 147-149.
[3] 汪寄宇. 食品酶工程关键技术及其安全性评价[J]. 生物化工, 2022, 8(03): 177-180.
[4] 梁雪霞. 初探食品酶制剂的生产与应用[J]. 现代食品, 2019, (14): 22-24.
[5] 张义曼. 食品酶制剂的生产及其应用[J]. 食品安全导刊, 2017, (03): 70.
[6] 路福平, 刘逸寒, 薄嘉鑫. 食品酶工程关键技术及其安全性评价[J]. 中国食品学报, 2011, 11(09): 188-193.

7.2 淀 粉 酶

淀粉酶（diastase, amylase）又称淀粉酵素、淀粉酶制剂、糖化素、糖化酵素。淀粉酶分 α-淀粉酶、β-淀粉酶、异淀粉酶、淀粉半异构酶、葡萄糖淀粉酶、极限精糊酶。与食品工业相关的主要有 α-淀粉酶、β-淀粉酶和葡萄糖淀粉酶。一般使用的淀粉酶常为各种酶的混合物，也可分离为单一酶。淀粉酶是可以催化 α-1,4-葡萄糖苷键及 α-1,6-葡萄糖苷键进行水解的酶。

1. 性能

混合酶作用的适宜 pH 值为 5.0~6.0，在 pH 值为 5.0~10.0 范围内酶活力稳定，一般 pH 值在 4.1 以下时容易失活。由黑曲霉产生的淀粉酶耐酸性较强，至 90℃时仍稳定。

2. 生产方法

由黑曲霉、黄曲霉、米曲霉、米根霉、木霉等变性细菌、霉菌在适当条件下培养、发酵后，经分离，精制而得。发酵母液可以采用：①喷雾干燥后粉碎得到成品；②盐析后分离、干燥、粉碎得成品；③加乙醇等溶剂使酶沉淀后分离、干燥、粉碎；④用精制淀粉吸附酶后进行干燥得成品。

3. 工艺流程

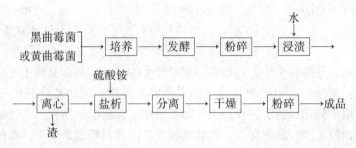

4. 操作工艺

按无菌操作，将选取的菌种接入克氏瓶培养基上，于 30~32℃ 培养箱中培养 4 天，取出供种曲培养使用。

将麦麸 40kg、玉米粉 8kg 充分拌匀，加入 33~36L 水（含 48mL 盐酸），拌和均匀。在常压木甑蒸煮 1.0~1.5h，待凉至 36℃ 左右，接入克氏瓶 24 只种子培养基，充分搅和后装盒入房。样层厚度为 2cm 左右（木盒 31cm×54cm，装入约 0.3kg 原料）。种曲房室温保持 30~32℃，相对湿度 85%~96%，培养 20h 左右。室温上升至 37~39℃（不宜超过 40℃），曲种表面已呈现白色菌丝，将曲料轻轻搓散，继续培养至 30h 左右，曲料已结成整块，将木盒内曲料上下翻动（仍保持整块），继续培养直至成熟约 100h，即得种曲。

将麦麸 260kg 与 160~180L（含 260mL 盐酸）的水混合，拌后常压蒸煮 1.0~1.5h，冷却至 36℃ 左右，接入上述得到的种曲 2.5~3.2kg，充分搅和后装入水泥池通风培养，料层厚度为 30cm，室温保持 33℃ 左右，相对湿度 90% 以上。曲料培养 10h 后，料温上升到 36℃ 左右，14h 后，温度逐渐上升到高峰，应控制温度不超过 40℃，以后温度就逐渐回降。

将发酵完毕的曲料用粉碎机粉碎，倾入盛器。加水 700kg（水温 20℃ 以下）浸渍 1h，离心分离，滤液盛入缸内，将滤渣再加入水 260kg，浸渍 40min，离心分离，残渣弃去。将两次滤液合并，加入硫酸铵 400kg，搅拌，溶解，静置盐析 40~60min。将经过盐析的滤液装入绸袋，扎紧袋口，放在压榨架上，逐渐加压，压榨至干。将压干的淀粉酶从绸袋中取出，分装于供盘内入真空干燥箱，干燥温度不超过 40℃，真空度 96kPa，干燥 8~9h，至水分 <8%。干燥的淀粉酶经不锈钢球磨机球磨得淀粉酶。

5. 质量标准

指标名称	GB 8275 （α-淀粉酶）	GB 8276 （糖化酶制剂，固体）
外观	粉状，不结块	固体
酶活力/（单位/g）	5000，6000，8000，10000	30000，40000，50000，60000，70000，80000，100000，150000，200000
水分/%	≤8	≤8
酶活力保存率（室温，样）/%	≥85	≥80
重金属（Pb 计）/%	≤0.004	≤0.004

指标名称	GB 8275	GB 8276
铅/%	≤0.001	≤0.001
砷/%	≤0.0003	≤0.0003
黄曲霉毒素 B1/%	≤0.0000005	≤0.0000005
大肠菌群/(个/100g)	≤30	≤30
沙门氏菌	不得检出	不得检出

6. 用途

重要的酶制剂。是酶制剂中用途最广、用量最大的一种。在食品加工工业，用于面包生产中的面团改良；啤酒生产中供糖化及分解未分解的淀粉；婴幼儿食品中谷类原料的预处理；酒精生产中用于糖化和分解淀粉；果汁加工中用于淀粉的分解和提高过滤速度；还广泛用于糖浆制造、饴糖生产、蔬菜加工、粉状糊精生产、葡萄糖制造业中。在医药工业，用作辅助消化药。另外，还用于纺织印染工业。

参 考 文 献

[1] 何亚洁. α-淀粉酶发酵生产影响因素的研究进展[J]. 现代食品，2020，(08)：68-69+75.
[2] 胡荣，方琳琳，付滕，等. 淀粉酶高产菌的筛选、鉴定、诱变及生产优化[J]. 江西师范大学学报(自然科学版)，2019，43(05)：496-500.
[3] 郑昆，杨红. 淀粉酶的研究现状与进展[J]. 食品安全导刊，2019，(18)：53.

7.3 葡萄糖氧化酶

葡萄糖氧化酶(glucose oxidase)化学名称 β-D-葡萄糖氧化还原酶。来自青霉菌的葡萄糖氧化酶，相对分子质量为 138000~154000。

1. 性能

浅色至浅棕黄色粉末，或黄色至棕黄色液体。溶于水，水溶液呈淡黄色，不溶于乙醇等有机溶剂。在有氧的情况下，葡萄糖氧化酶可催化葡萄糖氧化形成 δ-D-葡萄糖酸内酯，同时产生过氧化氢。葡萄糖氧化酶的最适温度为 30~50℃，最适 pH 值为 5.6，在 pH 值 3.5~6.5 范围内具有很好的稳定性，pH=8.0 或小于 2.0 均会迅速失活。葡萄糖氧化酶的专一性很强，它催化 β-D-葡萄糖氧化的速率比催化 α-D-葡萄糖快 150 倍。

2. 生产方法

能生产葡萄糖氧化酶的菌种主要为霉菌(如黑曲霉、米曲霉、丁烯二酸曲霉、点青霉、灰绿青霉、黄色青霉、紫色青霉、柠檬酸霉属、镰刀霉属)，细菌主要有弱氧化乙酸菌。工业上一般采用黑曲霉和青霉属菌株作生产菌种，我国和美国主要采用点青霉和黄色青霉。在受控条件下，进行深层发酵，用乙醇、丙酮使其沉淀，经高岭土或氢氧化铝吸附后，再用硫酸铵盐析，经精制得葡萄糖氧化酶。

3. 工艺流程

黄色青霉──→ 发酵 ──→ 离心分离 ──→ 菌丝体 ──→ 研磨 ──→ 过滤 ──→ 纯化 ──→成品
　　　　　　　　　　　　　　　　　　　　　　　　　　　　│
　　　　　　　　　　　　　　　　　　　　　　　　　　　滤渣

4. 操作工艺

以黄色青霉为菌种，在发酵罐中装入培养基。培养基组成为：蔗糖 7.0%，NaNO₃ 0.7%，

K_2HPO_4 0.05%，KH_2PO_4 0.05%，KCl 0.05%，$MgSO_4$ 0.05%。发酵条件为：26~29℃，pH值自然，通风量 0.3m³/(m³·min)，搅拌速度 400r/min。发酵液离心分离得菌丝体，经研磨(因葡萄糖氧化酶是一种胞内酶，提取时必须先研磨破壁)后过滤，得到含葡萄糖氧化酶的滤液即酶液。分离和纯化葡萄糖氧化酶的方法很多，包括沉淀法、吸附法、离子交换法、凝胶过滤和亲和色谱等方法。沉淀法：选择合适的沉淀剂浓度，通过分级沉淀或一步沉淀，可将葡萄糖氧化酶与其他蛋白质初步分开，此法单独使用时提纯效果较差，一般比活性只能提高一倍左右，使用价格便宜且操作简单的沉淀法和吸附法，葡萄糖氧化酶的比活性提高不大。离子交换法：提纯的葡萄糖氧化酶的比活性(一般为 200~250U/mg)较沉淀法和吸附法为高，产率 30%~60%。离子交换法是较为理想的方法，如 Amberlite CG-50 树脂对葡萄糖氧化酶具有良好的吸附性，适合于工业规模制备葡萄糖氧化酶。

说明：

对黑曲霉菌株 ZBY-7 作为产酶菌培养合成葡萄糖氧化酶进行的研究发现，培养至 42h 时，产酶量达到高峰；由于菌丝体生长所需温度高于产酶的最适温度，所以，在培养前期，也即开始的 15~20h 内，温度控制在 35℃，以后则调至 30℃，这样比较利于增加产酶量；pH=5.0~6.5 对酶活力的保存较好；中和剂 $CaCO_3$ 的用量以 35g/L 为宜。取黑曲霉 ZBY-7 接种在液体培养基中培养 42h，过滤除去培养液，用蒸馏水洗涤菌丝多次，置冰箱滤干 1 天后冰浴研磨，在冰箱中用蒸馏水或缓冲液浸提，过滤，滤液即所需的酶液，经分离提纯即得葡萄糖氧化酶。

5. 质量标准

酶活力为所标值的/%	85~115	沙门氏菌(每25g)	≤30
砷/%	≤0.0003	大肠杆菌群/(个/g)	≤30
铅/%	≤0.001	黄曲霉素等	不得检出
杂菌总数/(个/g)	≤5×10⁴		

6. 用途

在食品工业中，葡萄糖氧化酶可用于脱氧、葡萄糖定量分析；还用于蛋白中脱除葡萄糖，防止蛋白制品在贮存过程中变色、变质，最高使用量 500mg/kg；也可用于饮料的脱氧，防止色泽增深，最高使用量 10mg/kg。用于啤酒生产中可脱去啤酒中溶解的氧，阻止啤酒因氧化而变质，保持啤酒原有风味。

参 考 文 献

[1] 刘晶，彭英杰，黄元昊，等. 葡萄糖氧化酶产生菌的分离及固体发酵条件优化[J]. 中国饲料，2023，729(13)：1-9.

[2] 张庆芳，王倩倩，迟雪梅，等. 海洋来源担子菌产葡萄糖氧化酶发酵条件优化[J]. 微生物学杂志，2022，42(05)：58-66.

[3] 王佰涛，杨文玲，杨婧芳，等. 葡萄糖氧化酶的微生物发酵生产工艺研究[J]. 中国饲料，2021，(05)：91-95.

7.4 果 胶 酶

果胶酶(pectinase)又称聚半乳糖醛酸酶、聚(1,4-α-D-半乳糖醛酸)、聚糖水解酶。

1. 性能

近于白色至棕黄色无定形粉末。不同来源的聚半乳糖醛酸酶有不同的特性，来自霉菌的最适 pH 值为 4~5，在 pH=4~6 的酸性条件下稳定；来自假单胞菌的最适 pH 值为 5.2；芽孢杆菌在碱性培养基中产生的聚半乳糖醛酸酶最适 pH 值为 10~10.5，在 pH=6.0 时最稳定。适宜温度为 40~50℃。铁、铜、锌等金属离子能明显地抑制酶的活性，钙、镁等金属离子影响酶的活力不明显。果胶酶溶于水，不溶于乙醇、氯仿和乙醚。酶活力 4 万单位/g。小白鼠经口 LD_{50}>21.5g/kg。

果胶酶可分为解聚酶和果胶甲酯酶两类，解聚酶又分为作用于果胶和果胶酸两种：其一是作用于果胶的解聚酶，包括聚甲基半乳糖醛酸酶和聚甲基半乳糖醛酸解聚酶。聚甲基半乳糖醛酸酶又可分为内切聚甲基半乳糖醛酸酶和外切聚甲基半乳糖醛酸酶。前者无规则地切断果胶分子的 α-1,4-糖苷键；后者从非还原性末端顺序切开果胶分子的 α-1,4-糖苷键。另一种是作用于果胶酸的解聚酶，它包括聚半乳糖醛酸酶(内聚和外聚半乳糖醛酶)和聚半乳糖醛酸解聚酶(内聚和外聚半乳糖醛酸解聚酶)，它们的作用机制与作用于果胶的几种酶相似，只是作用对象不同。

2. 生产方法

果胶酶主要来自霉菌，我国工业生产主要是采用黑曲霉作为生产菌。也可采用镰刀霉菌属、宇佐美曲霉。在含有豆粕、苹果渣、蔗糖等固体培养基中培养，然后用水提取，有机溶剂沉淀，再经分离、干燥、粉碎而成。黑曲霉也可采用液体深层培养，以厚层通风培养法生产果胶酶。

3. 工艺流程

4. 操作工艺

液体发酵法：黑曲霉 CP-85211 是由母株 CP-831 用 NTG 诱变所得的突变株，菌种保存采用土豆葡萄糖斜面培养基(土豆 20%，葡萄糖 2%，琼脂 2%，pH 值为 6.4)。在 500L 发酵罐装 300L 培养基，培养基含麸皮 2%，苹果渣 1%，硫酸铵 2%，pH 值为 4.7~4.8。培养温度 28~32℃，10~12h 通风量为 $0.3m^3/(m^3 \cdot min)$，12h 以后则为 $1.0m^3/(m^3 \cdot min)$，以 270r/min 搅拌速度培养 36~44h。

在发酵罐，加 2000L 培养基，培养基同种子培养基，灭菌，冷却。接入 500L 种子，在 28~32℃、罐压 0.08~0.12MPa 下搅拌，培养 55h，搅拌速度 270r/min。前 24h 通风量为 $0.8m^3/(m^3 \cdot min)$，24h 后为 $1.2m^3/(m^3 \cdot min)$。

发酵结束后将发酵液用压液机除渣，滤液采用超滤浓缩后，加入乙醇沉淀，干燥、粉碎，得果胶酶。

说明：

果胶酶为诱导酶，无论采用固体发酵法还是液体培养法，培养基中都应加入果胶或含果胶的物质如甜菜渣、苹果渣、橘子皮等，以促进酶的产生。氮源中，铵盐能促进酶的产生，而硝酸盐则抑制酶的产生。

固体发酵的主要生产菌种为臭曲霉。培养基组成为甜菜渣 25%~50%，麦麸 74%~79%，硫酸铵1%，水占培养基总量的60%。在曲盘中进行培养，培养基厚度4cm，接种量0.05%。培养周期48h，前40h的温度为35~37℃，后8h为26~28℃，pH值自然。然后用水抽提，得固形物含量7%~8%的抽提液，加入体积为抽提液5倍的乙醇沉淀酶，干燥即获得果胶酶固体。

5. 质量标准

	固　体		固　体
酶活力/万单位	2~3，4~5	铅/%	≤0.001
水分/%	≤8.0	砷/%	≤0.0003
细度通过0.37mm(40目)/%	≥75	重金属(以Pb计)/%	≤0.004
酶活力保存率/%　室温	1年≥80	大肠菌群(个/100g)	≤3000
5~10℃	1年≥90	沙门氏菌	不得检出

6. 用途

我国GB 2760规定，果胶酶可用于果酒、果汁。目前，果胶酶广泛地应用于果汁和果酒的加工工业。它可以降低果汁黏度，防止果泥和浓缩果汁的凝胶化，提高果汁过滤速度，使滤液更为澄清，提高果汁得率，也有利于提高效率和产品质量的稳定。用量按生产需要适量使用。

7. 安全与贮运

采用食用级塑料袋包装。运输时避光、防晒。贮存于阴凉通风处，严禁与有毒有害品混贮共运。

参 考 文 献

[1] 陈杰，李豆南，刘茂强，等. 产耐高温果胶酶菌株筛选鉴定、产酶条件优化及酶学性质研究[J]. 中国酿造，2023，42(05)：176-183.

[2] 卢福芝，钱丰，何秀玲，等. 黑曲霉发酵蚕沙产果胶酶工艺条件优化[J]. 中国食品添加剂，2023，34(03)：83-88.

[3] 李力群，孙志康，郝捷，等. 果胶酶生产及工业应用进展[J]. 生物技术进展，2022，12(04)：549-558.

7.5 糖 化 酶

糖化酶(glucoamylase)又称葡萄糖淀粉酶、糖化酶制剂、糖化淀粉酶、淀粉葡萄糖苷酶、γ-淀粉酶、α-1,4-葡聚糖葡萄糖水解酶。

1. 性能

白色至灰色无定形粉末或液体，来自黑曲霉的糖化酶常为黑褐色液体。在室温下至少可稳定4个月。溶于水，不溶于乙醇、氯仿和乙醚。来自根霉的糖化酶，其液体制品需要冷藏，粉末制品在室温条件下至少可稳定一年。大部分重金属对糖化酶有抑制作用。糖化酶是一种外切酶，能从淀粉分子非还原性末端逐个将葡萄糖单位水解。糖化酶的专一性不强，它既可切开α-1,4-葡萄糖糖苷键，也可切开α-1,6和α-1,3葡萄糖糖苷键，不过，水解α-1,6键的速度不到α-1,4键的1/10。糖化酶的最适pH值为4~5，最适温度为50~60℃。多数酶在60℃以上不稳定，因此耐热性的糖化酶在淀粉糖浆生产中具有特殊价值。

2. 生产方法

生产糖化酶的菌种主要有：雪白根霉、德氏根霉、河内根霉、爪哇根霉、台湾根霉、臭根霉、黑曲霉、海枣曲霉、宇佐美曲霉、红曲霉、泡盛曲霉、头孢霉、甘薯曲霉和罗尔伏革菌等。工业上使用得最多的是根霉、黑曲霉。一般根霉采用固体发酵法，曲霉采用液体深层发酵法。我国工业生产主要是采用中科院微生物研究所提供的黑曲霉的变异株 AS.3.4309（简称 UV-11）作为生产菌，以玉米粉（10%～12%）、黄豆饼粉（4%）、麸皮（1%）、玉米浆（2%）等为培养基，深层培养 100h。发酵液经提取、干燥制得粉剂。

3. 工艺流程

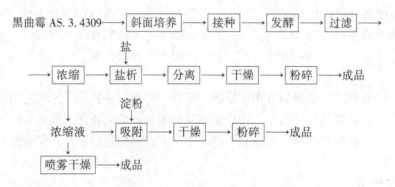

4. 操作工艺

（1）黑曲霉深层发酵法

工艺一

将 40g 湿麸皮（麸皮与水之比为 1:0.9）装入 500mL 三角瓶中，121℃灭菌 1h，冷却，在 35～37℃下培养 24h，再灭菌 1h，冷却至 35℃，接入斜面孢子，在 31℃±1℃培养 8 天即可使用。在 500L 一级种子罐中装入培养基原料 450L（培养基组成：玉米粉 6%、花生饼粉 2%、玉米浆 2%、泡敌 0.02%），0.12MPa 灭菌 1h，冷却到 34℃接种 3 瓶麸曲孢子，在罐压 0.1MPa、温度 31℃±1℃下通风搅拌[0.5～8h，0.3m^3/（m^3·min）；8h 后，0.5～1m^3/（m^3·min）]培养 50h 左右。镜检，菌丝粗壮无杂菌即可转入二级种子培养罐。

在 5000L 二级种子培养罐装料 4700L（培养基组成为玉米粉 12%、花生饼粉 2%、玉米浆 2%、α-淀粉酶 5U/g 玉米粉），于 90℃下液化 15min，0.12MPa 灭菌 1h，冷却到 34℃接一级种子，在罐压 0.05～0.1MPa，温度 31℃±1℃下通风[0.6～0.8m^3/（m^3·min）]培养 50h。镜检，菌丝粗壮无杂菌，即可接入发酵罐。

在 20m^3 的自吸式发酵罐装料 18m^3（玉米粉 18%、花生饼粉 2.5%、玉米浆 2.5%、α-淀粉酶 5U/g 玉米粉），于 90℃下液化 15min，0.12MPa 灭菌 1h，冷却到 40℃以下接种。通风量 6.2～6.5m^3/（m^3·min），培养温度 32℃±1℃，发酵时间 130h 左右。平均产酶 17279U/mL（变化幅度为 15700～19260U/mL），终点 pH 值为 3.5，糖分残留 0.4%，酸度 12.28%。得到的母液加盐进行盐析，分离干燥后，粉碎得糖化酶。母液可用淀粉吸附酶后，再干燥得成品，母液也可直接喷雾干燥制得糖化酶粉剂。

工艺二

黑曲霉菌种用蔡氏蔗糖斜面于 32℃培养 3 天后，移植在以玉米粉 2.5%、玉米浆 2%组成的一级种子培养基中，于 32℃通气搅拌培养 24～36h，再接入种子罐（接种量 1%，培养基成分同摇瓶发酵），并于 32℃通气搅拌培养 24～36h，然后再接入（接种量 5%～7%）发酵罐。

198

发酵培养基由玉米粉 15%、玉米浆 2%、豆饼粉 2% 组成(先用 α-淀粉酶液化)。发酵温度 32℃,在合适的通气搅拌条件下发酵 96h,酶活力可达 6000U/mL。压滤,滤液经浓缩即为液体酶,可经盐析或加酒精使酶沉淀,过滤、烘干则可制成糖化酶粉剂。

工艺三

将 20g 湿麸皮(麸皮与水的质量比为 1︰1)加入 250mL 三角瓶中,于 0.1MPa 下灭菌 30min,冷却后接种斜面孢子,摇匀后 30℃ 培养 7 天,孢子布满麸皮后即可用于种子培养。在 5000L 发酵罐装料(8% 的玉米粉、豆饼粉和麸皮的混合物,加适量细菌淀粉酶液化 20min,用硫酸调节 pH 值至 4.5)1800L,于 0.2MPa 下灭菌 30min,冷却后接种孢子悬浮液,在 30℃,罐压 0.3~0.4MPa 下通风搅拌(190r/min)培养 48h,即可转种子发酵。在 25m³ 的标准发酵罐加入 20m³ 的配料(培养基组成为玉米粉 14%、豆饼粉 4%、麸皮 2% 和 α-淀粉酶各 0.01%),总浓度 20%。0.2MPa 下灭菌 30min,冷却到 30℃,接种 8%,在罐压 0.05MPa 下通风(通风量随培养时间而变)搅拌(220r/min)发酵 115h。发酵液经过除去葡萄糖苷转移酶、絮凝浓缩后即可制成糖化酶液剂。

黑曲霉在发酵过程中产生的葡萄糖苷转移酶,会严重影响糖化产物葡萄糖的收率,而且其催化产物异麦芽糖还影响葡萄糖的结晶,因此应设法将该酶除去。除掉葡萄糖苷转移酶有许多方法,如调节 pH 值法、吸附法、加入表面活性剂法、高分子共聚沉淀法、氯仿沉淀法、离子交换法和蛋白酶处理法等。各方法的处理效果比较于下:

处理方法	处理前	处理后
pH 值 2.5,30℃,加 0.2% 二辛基琥珀磺酸钠	DE 值=93.4	DE 值=98.3
pH 值 2.5~2.8,4% 酸性白土处理	DE 值=86.9	DE 值=96
蛋白酶 40℃ 处理 15min	DE 值=92.1	DE 值=97.0
在培养基中加 2% 的皂土发酵	DE 值=88~90	DE 值=97~98
低 pH 值(2.0)处理		DE 值提高 4%
pH 值 2.5~3.5,添加 0.075%~0.45% 的杂多酸(磷钼、磷钨、磷钒酸等),37℃ 处理 30min	95.94%	98.2%
阳离子交换树脂处理	比旋光度+55.21°	比旋光度+53.8°
pH 值 2.5,35℃,0.1%~1% 氯仿处理	比旋光度+55.04℃	比旋光度+54℃
pH 值 3.5,加 0.2% 的木素和 0.05% 烷基苯磺酸处理 30min	87.5%	94%
pH 值 4,加 0.1% 烷基苯磺酸处理 30min	86.7%	94.9%
在培养基中加 0.5% 酸性白土发酵	有转苷酶	无转苷酶
加 0.33% 的聚丙烯酸处理		转苷酶减少 90%
2% 的黏土吸附	86%(DE=90)	91%(DE>95)

注:以上数据除注明外,均为糖化液中葡萄糖占干物的质量分数。

(2)根霉固体发酵法

用含糖 8% 的麦芽汁琼脂培养基保存(菌种),在 25~30℃ 下培养 5~7 天,形成孢子并呈灰黑色即可置于 5℃ 左右的冰箱内保存,2~3 个月移植一次(室温保存则 2 个月移植一次)。

将麸皮、米糠、水按质量比 8︰2︰16 的比例加料 40g,于 500mL 三角瓶中,在 0.1MPa 下灭菌 45min,冷却,接种试管孢子 2~3 环后在 30℃ 下培养,待菌丝长满、生成孢子后即可应用(约培养 2 天)。

麸皮(或加20%的米糠)加其质量2.5%的硫酸铵、1.6倍的水,蒸熟散凉,保持水分70%左右,接种种曲0.2%,在30℃下装入通风曲箱,料厚17~25cm,箱底铺湿草帘以保湿,在30℃下保湿6~8h,期间间歇通风数次,待孢子发芽旺盛,品温上升到35℃以上,开始间歇通入30℃的空气以吹散热气,使品温保持在30~32℃。培养过程中干湿球温差不得超过1℃。发酵40h左右,孢子布满麸曲,酶活力达到高峰,即可通入40℃的干热空气吹干,含水量降至15%以下后可长期保存糖化酶麸曲。

5. 质量标准(GB 8276)

形态	固体	液体
酶活力/(万单位/g)	3,4,5,6,	2,3,4,
或万单位/mL	8,10,15,20	5,6,8
水分/%	≤8.0	—
细度通过0.37mm(40目)/%	≥80	—
酶活力保存率(室温半年)/%	≥80	
铅/%	≤0.001	
砷/%	≤0.0003	
重金属(以Pb计)/%	≤0.004	
黄曲霉素B_1/%	≤0.00005	
大肠杆菌群/(个/100g)	≤30	
沙门氏菌	不得检出	

6. 用途

用于催化淀粉水解生产葡萄糖、饴糖和糊精,也用于啤酒、黄酒、味精和抗生素等生产。按生产需要适量使用。在生产低DE值的淀粉糖浆时,通常糖化酶用量为10~50单位/g原料,糖化时间根据DE值上升的程度而定。在结晶葡萄糖生产中,先将淀粉液化液打入糖化罐中,调节温度至60℃±1℃,pH值4.0~4.5,加入糖化酶100~150单位/g原料,糖化时间40~48h,保持适当搅拌即可。糖化结束后需经80℃,15~20min的升温灭酶处理。我国味精生产厂一般采用糖化酶用量150~250单位/g原料,糖化时间20~24h。由于液体型糖化酶在生产过程中除去了菌丝体和发酵残渣,所以纯度远高于固体型酶制剂。因此,绝大多数生产厂均采用酶活力为10^5单位/mL的高转化率液体糖化酶。糖化酶最适用的pH值范围是4.0~4.5,最适宜的温度范围是58~60℃。使用中应注意:大部分重金属如铜、银、汞、铅等都能对糖化酶产生抑制作用。

参 考 文 献

[1] 倪海斌,彭奎,王超凯,等.藏曲高产糖化酶霉菌的筛选及其产酶条件优化[J].食品与发酵科技,2022,58(02):31-37.

[2] 刘延波,王肖行,赵志军,等.大曲中高产糖化酶菌株的筛选及产酶条件优化[J].中国农学通报,2020,36(33):108-113.

第8章 防腐剂

8.1 概述

防腐剂是能抑制生物繁殖、防止食品腐败变质、延长食品保存期的一类食品添加剂。

引起食品腐败霉变的主要原因是细菌繁殖、霉菌的代谢和酵母菌分泌的氧化还原酶促使的食品发酵。

微生物的活动与繁殖需要一定适宜条件，这些条件包括营养源、能源、水分、温度、pH 值等等。不同微生物对这些条件的要求不同。有目的地控制这些条件，杀灭或抑制微生物的活动，就可以延缓微生物对食品造成的腐败作用，从而达到延长食品保藏期限的目的，如干燥或脱水保藏、真空保藏、盐渍、紫外线杀菌或辐射保藏等。添加食品防腐剂以提高食品的耐藏性属于一种化学防腐保藏法，它是一种使用方便、行之有效且被广泛使用的方法。在实际应用中，通常将物理方法和化学方法保藏法配合使用，可以获得更好的效果。

用作食品防腐剂的化学品必须符合卫生标准，与食品不发生化学反应，对人体健康安全无害，防腐效果好。目前全世界使用的食品防腐剂大约有 60 种，美国约 50 种，日本 43 种，我国允许使用的有 28 种。

用于食品防腐的化学防腐剂简单地可以分为有机防腐剂、无机防腐剂和生物防腐剂三大类。有机防腐剂可分为酸性有机防腐剂和酯型有机防腐剂。酸性防腐剂如苯甲酸、山梨酸和丙酸以及它们的盐类。这类防腐剂的特点就是体系酸性越大，其防腐剂效果越好。其在碱性条件下几乎无效。

酯型防腐剂主要有尼泊金酯、没食子酸酯、单辛酸甘油酯、抗坏血酸棕榈酸酯等。这类防腐剂的特点就是在很宽的 pH 值范围内都有效，毒性也比较低。但其溶解性较低，一般情况下不同的酯要复配使用，一方面提高防腐效果，另一方面提高溶解度。为了使用方便，可以将防腐剂先用乙醇溶解，然后加入使用。

无机盐防腐剂，主要是亚硫酸盐、焦亚硫酸盐等，由于使用这些盐后残留的二氧化硫能引起过敏反应，现在一般只将它们列入特殊的防腐剂中。

生物防腐剂主要包括乳酸链球菌素、纳他霉素、溶菌酶、抗菌肽类等。这些物质在体内可以分解成营养物质，安全性很高，有很好的发展前景。

化学防腐剂抗微生物的主要作用机理可大致分为具有杀菌作用的杀菌剂和仅具抑菌作用的抑菌剂。杀菌或抑菌，并无绝对界限，常常不易区分。同一物质，浓度高时可杀菌，而浓度低时只能抑菌；作用时间长可杀菌，作用时间短则只能抑菌。另外，由于各种微生物性质的不同，同一物质对一种微生物具有杀菌作用，而对另一种微生物可能仅有抑菌作用。一般认为，食品防腐剂对微生物的抑制作用是通过影响细胞亚结构而实现的，这些亚结构包括细胞壁、细胞膜、与代谢有关的酶、蛋白质合成系统及遗传物质。由于每个亚结构对菌体而言都是必需的，因此食品防腐剂只要作用于其中一个亚结构便能达到杀菌或抑菌，从而防止食品腐败变质的目的。

食品防腐剂的发展方向是天然食品防腐剂。天然食品防腐剂主要指来源于微生物、动物和植物的防腐剂。随着绿色食品的概念越来越被消费者所接受，开发天然高效、安全无毒、性能稳定、杀菌抑菌效果显著的天然防腐剂，已受到人们的普遍关注。

参 考 文 献

［1］李辉. 食品防腐剂在食品中应用现状分析［J］. 食品安全导刊，2021，（09）：50.

［2］尚久舒，董浩爽. 我国食品防腐剂的发展现状及对策探究［J］. 食品安全导刊，2021，（09）：61.

［3］刘硕，黄海. 食品防腐剂应用状况及未来发展趋势探析［J］. 食品安全导刊，2020，（17）：41.

［4］梁靖谊. 食品防腐剂的使用现状及安全性［J］. 食品界，2018，（10）：28.

［5］侯辉. 我国食品防腐剂行业发展现状与问题分析［J］. 品牌与标准化，2018，（02）：63-65.

［6］张海霞. 天然食品防腐保鲜剂的发展现状及前景［J］. 现代食品，2015，（23）：26-28.

8.2 对羟基苯甲酸乙酯

对羟基苯甲酸乙酯(ethyl p-hydroxybenzoate)也称对羟基安息香酸乙酯、尼泊金乙酯、分子式 $C_9H_{10}O_3$，相对分子质量 166.18。结构式为：

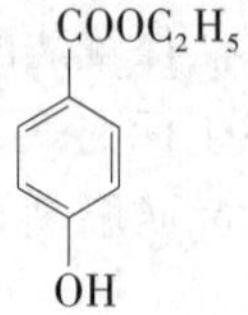

1. 性能

无色或白色细小晶体或结晶性粉末。无臭。初无味，后有麻舌感。微溶于水、三氯甲烷、二硫化碳和石油醚；易溶于乙醇、乙醚、丙二醇、花生油。熔点 116～118℃，沸点297～298℃，防腐力强。

2. 生产方法

由对羟基苯甲酸与乙醇在硫酸存在下进行酯化反应而制得。

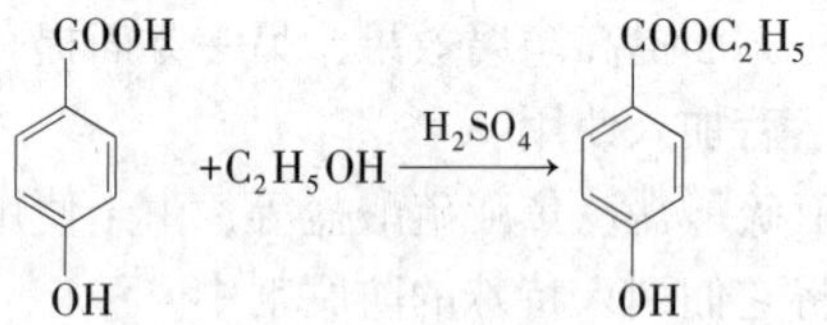

3. 操作工艺

将 41.4kg 对羟基苯甲酸、60L 乙醇混合溶解后，于搅拌下慢慢加入 6kg 浓硫酸。将混合物加热回流 10～12h，酯化反应完成后将物料倾入冷水中即可析出结晶，将晶体过滤，再用稀碱液洗涤，然后用水洗涤，得对羟基苯甲酸乙酯粗品。将该粗品用 25%乙醇，加少量活性炭，加热回流进行重结晶及脱色，趁热过滤，将滤液冷却结晶，即制得对羟基苯甲酸乙酯纯品。

4. 质量标准

外观	无色或白色结晶粉末
含量/%	≥99
干燥失重/%	≤0.5
灼烧残渣/%	≤0.1

熔点/℃	116~118
氯化物(以 Cl^- 计)/%	≤0.035
硫酸盐(以 SO_4^{2-} 计)/%	≤0.02
硫酸显色物试验	正常

5. 用途

用作食品添加剂中的无毒防腐杀菌剂，还可用于化妆品和医药品等。

参 考 文 献

[1] 李夏蕾. 对羟基苯甲酸乙酯合成方法的改进[J]. 石化技术，2015，22(10)：121.

8.3 对羟基苯甲酸丁酯

对羟基苯甲酸丁酯(butyl *p*-hydroxybenzoate)也称对羟基安息香酸丁酯、尼泊金丁酯。分子式 $C_{11}H_{14}O_3$，相对分子质量 194.23。结构式为：

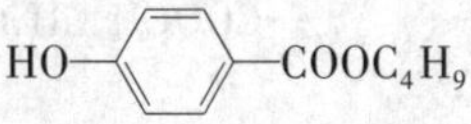

HO
COOC4H9

1. 性能

无色细小结晶或白色结晶性粉末。无味、无臭。略有麻舌感。熔点 69~72℃。难溶于水(0.02g/100mL，25℃)、甘油(0.2g/100g)，易溶于乙醇、乙醚、丙酮和丙二醇。

2. 生产方法

由对羟基苯甲酸与正丁醇在硫酸存在下进行酯化反应而制得。

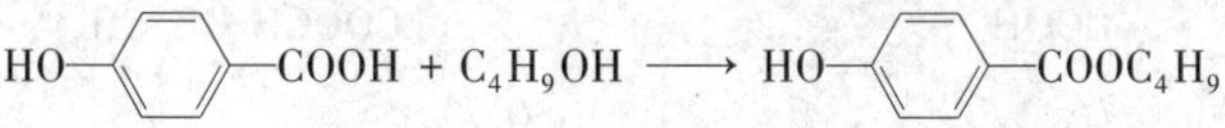

HO
COOH + C4H9OH
HO
COOC4H9

3. 工艺流程

硫酸
正丁醇
对羟基苯甲酸
正丁醇
酯 化
析 晶
过 滤
洗 涤
重结晶
成 品

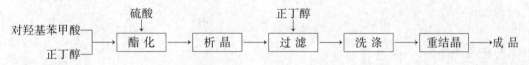

4. 操作工艺

在酯化反应釜中加入对羟基苯甲酸和正丁醇，于搅拌下慢慢加入浓硫酸，加热回流进行酯化反应。酯化反应完成后将物料倒入冷水中析晶，过滤后，洗涤滤饼，再将滤饼进行重结晶，即制得对羟基苯甲酸丁酯纯品。

5. 质量标准

外观	无色结晶或白色结晶性粉末
含量/%	≥99.0
干燥失重/%	≤0.5
硫酸盐灰分/%	≤0.1
对羟基苯甲酸及水杨酸试验	阴性
砷/(mg/kg)	≤3
重金属(以 Pb 计)/(mg/kg)	≤10
酸度	符合规定

6. 用途

用作食品或化妆品防腐剂，抗菌作用大于对羟基苯甲酸丙酯和乙酯，对酵母和霉菌有极强的抑制作用。pH 值接近中性时对细菌的抑制作用最强。因其水溶性差，常与其他酯类并用。为改善其水溶性，常配制成乙醇、乙酸、丙二醇的水溶液混合液使用。

参 考 文 献

[1] 冯骏. 催化合成对羟基苯甲酸丁酯生产工艺的优化[D]. 江苏大学，2017.

[2] 曾立华，刘利民，罗建立，等. 对羟基苯甲酸丁酯的合成研究[J]. 湖南城市学院学报(自然科学版)，2007，(04)：57-59.

8.4 对羟基苯甲酸丙酯

对羟基苯甲酸丙酯(propyl *p*-hydroxybenzoate)也称对羟基安息香酸丙酯、尼泊金丙酯。分子式 $C_{10}H_{12}O_3$，相对分子质量 180.21。结构式为：

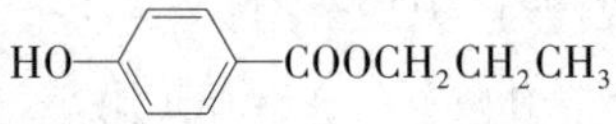

HO
COOCH₂CH₂CH₃

1. 性能

无色细小晶体或白色结晶性粉末。无臭。熔点 95~98℃。难溶于水。易溶于乙醇、甘油、丙酮、丙二醇等有机溶剂。水溶液呈中性。

2. 生产方法

由对羟基苯甲酸与异丙醇在硫酸存在下酯化制得。

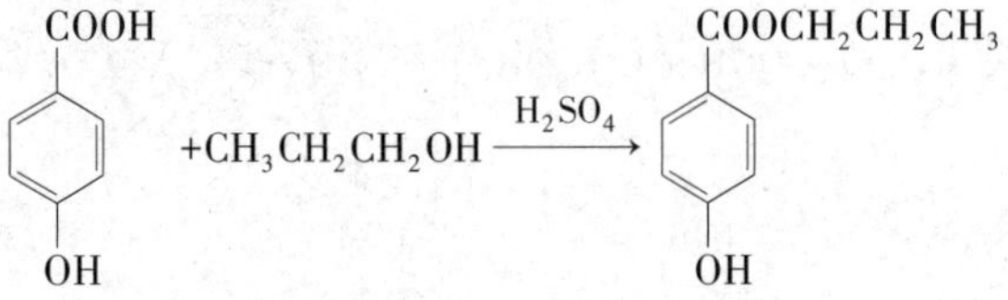

COOH
OH
+CH3CH2CH2OH
H2SO4
COOCH2CH2CH3
OH

3. 工艺流程

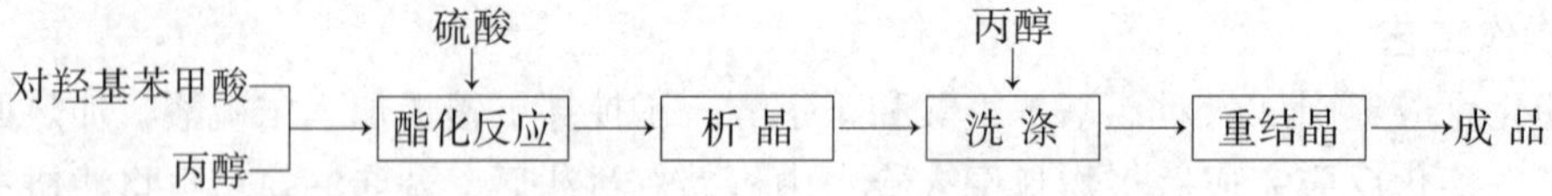

硫酸
丙醇
对羟基苯甲酸
丙醇
酯化反应
析 晶
洗 涤
重结晶
成 品

4. 操作工艺

将对羟基苯甲酸和丙醇加入酯化反应釜内，边搅拌边慢慢加入浓硫酸，加热回流进行酯化反应。酯化完成后，将物料倒入冷水中析出结晶，过滤后用稀碱液和水洗涤滤饼，再经重结晶即制得对羟基苯甲酸丙酯成品。

5. 质量标准

外观	无色细小晶体或白色结晶性粉末
含量(以干基计)/%	≥99.0
干燥失重/%	≤0.5
硫酸盐灰分/%	≤0.05
对羟基苯甲酸及水杨酸试验	阴性

酸度试验	阴性
砷/(mg/kg)	≤3
重金属(以 Pb 计)/(mg/kg)	≤10

6. 用途

用作防腐剂、抗微生物剂。对苹果青霉、黑根霉、啤酒酵母、耐渗透压酵母等的抗菌力好，其抗菌作用大于对羟基苯甲酸乙酯。可用于清凉饮料、果酱、果冻、果子汁。单独使用或与其他苯甲酸盐类、山梨酸和山梨酸钾合用。

参 考 文 献

[1] 李文辉, 朱洪坤, 袁谷. 氯化铁催化合成对羟基苯甲酸丙酯[J]. 荆门职业技术学院学报, 2005, (03): 10-13.

[2] 郑旭东, 胡怀生, 胡浩斌. 对羟基苯甲酸丙酯的合成[J]. 甘肃教育学院学报(自然科学版), 2002, (04): 48-50.

8.5　对羟基苯甲酸异丁酯

对羟基苯甲酸异丁酯(isobutyl *p*-hydroxybenzoate)也称对羟基安息香酸异丁酯、尼泊金异丁酯。分子式 $C_{11}H_{14}O_3$，相对分子质量 194.23。结构式为：

$$HO-\!\!\left\langle\right\rangle\!\!-COOCH_2CH\!\!\left\langle\begin{array}{c}CH_3\\CH_3\end{array}\right.$$

1. 性能

无色细小晶体或白色结晶性粉末。无味、无臭。口尝时有麻舌感。熔点 75~77℃。难溶于水，易溶于乙醇、乙醚、丙二醇、冰乙酸和丙酮。

2. 生产方法

由对羟基苯甲酸与异丁醇在硫酸存在下，以苯或甲苯为共沸溶剂，加热回流而制得。

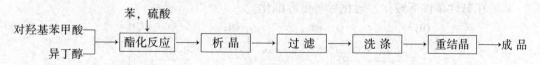

3. 工艺流程

对羟基苯甲酸 ┐
　　　　　　├→ 酯化反应 → 析晶 → 过滤 → 洗涤 → 重结晶 → 成品
异丁醇 ────┘　　↑
　　　　　　苯, 硫酸

4. 操作工艺

在酯化反应釜内加入对羟基苯甲酸和异丁醇，用苯或甲苯作共沸溶剂加入反应釜内。于搅拌下慢慢加入浓硫酸，加热回流，至酯化反应完成。将物料倒入冷水中析出结晶，过滤后先用稀碱溶液洗涤晶体，再用水洗涤，最后将晶体进行重结晶即得对羟基苯甲酸异丁酯纯品。

5. 质量标准

外观	无色细小晶体或白色结晶粉末
含量/%	≥99
熔点/℃	75~77
对羟基苯甲酸及水杨酸试验	正常
硫酸呈色试验	正常
氯化物(以 Cl^- 计)/%	≤0.035
硫酸盐(以 SO_4^{2-} 计)/%	≤0.02

6. 用途

用作食品或化妆品的防腐剂、防霉剂。一般不单独使用，常与对羟基苯甲酸异丙酯、丁酯等混合使用，可作水包油型乳化剂。作食品添加剂时，限用于酱油、醋、清凉饮料(含碳酸饮料除外)和果子露等食品中。

参 考 文 献

[1] 卢峰，吴文聪. 对羟基苯甲酸异丁酯的合成[J]. 汕头大学学报(自然科学版)，2011，26(01)：56-59+80.

[2] 谢宗波，姜国芳，廖夫生，等. 对羟基苯甲酸异丁酯的合成及抑菌活性[J]. 食品工业科技，2006，(12)：144-145.

8.6 尼泊金甲酯

尼泊金甲酯(methyl paraben)化学名称为对羟基苯甲酸甲酯，分子式 $C_8H_8O_3$，相对分子质量 152.15。结构式为：

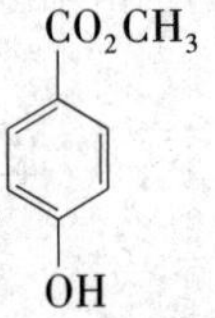

1. 性能

无色细小结晶或白色结晶性粉末。熔点 126~128℃。难溶于水、甘油、非挥发油、苯和四氯化碳，易溶于乙醇、乙醚和丙二醇。防腐效果优于苯甲酸钠。

2. 生产方法

苯酚在碱性条件下羧化、酸化后与甲醇酯化。

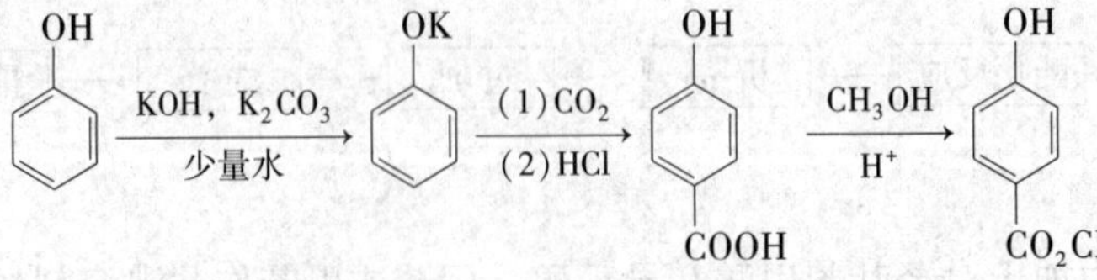

3. 工艺流程

206

4. 操作工艺

在铁制混合反应器中，将苯酚与氢氧化钾、碳酸钾和少量水混合，加热生成苯酚钾，然后送到高压釜中，在真空下加热至130~140℃，完全除去过剩的苯酚和水分，得到干燥的苯酚钾盐，并通入二氧化碳，进行羧基化反应。开始时因反应激烈，反应热可通过冷却水除去，后期反应减弱，需要外部加热，温度控制在180~210℃，反应6~8h。反应结束后，除去二氧化碳，通入热水溶解得到对羟基苯甲酸钾溶液。溶液经木制脱色槽用活性炭和锌粉脱色，趁热用压滤器过滤后，在木制沉淀槽中用盐酸析出对羟基苯甲酸。析出的浆液经离心分离、洗涤、干燥后即得工业用对羟基苯甲酸。

对羟基苯甲醇、甲醇、苯和浓硫酸依次加入酯化釜内，搅拌并加热，蒸汽通过冷凝器冷凝后进入分水器，上层苯回流入酯化釜内，当馏出液不再含水时，即为酯化终点。切换冷凝液流出开关，蒸出残余的苯和甲醇，当反应釜内温度升至100℃后，保持10min左右，当无冷凝液流出时趁热将反应液放入装有水并不断快速搅拌的清洗锅内。加入NaOH洗去未反应的对羟基苯甲酸。离心过滤后的结晶再回到清洗锅内用清水洗两次，移入脱色锅用乙醇加热溶解后，加入活性炭脱色，趁热进行压滤，滤液进入结晶槽结晶，结晶过滤后即得尼泊金甲酯产品。

5. 质量标准

含量/%	≥99.0	酸度试验	阴性
干燥失重/%	≤0.5	砷/(mg/kg)	≤3
硫酸盐/%	≤0.05	重金属(以Pb计)/(mg/kg)	≤10

6. 用途

用作食品防腐剂、抗微生物剂。最大允许使用量，用于酱油为0.25g/kg；用于醋为0.10g/kg；用于清凉饮料为0.10g/kg；用于水果蔬菜表皮为0.012g/kg；用于果汁、果酱为0.1g/kg。

参 考 文 献

[1] 李玉文，张琦. 尼泊金甲酯的绿色合成[J]. 中国食品添加剂，2014，(09)：71-73.
[2] 王小龙，孙军勇. 尼泊金甲酯钠合成工艺研究[J]. 淮北煤炭师范学院学报(自然科学版)，2009，30 (03)：40-42.

8.7 苯 甲 酸

苯甲酸(benzoic acid)又称安息香酸、苯蚁酸。分子式$C_7H_6O_2$，相对分子质量122.12。结构式为：

COOH

1. 性能

无色或白色鳞片状或斜针状结晶。熔点122.4℃，沸点249.2℃，相对密度1.082。质轻无臭，带有丝光，略带苯甲醛的气味。在热空气中微有挥发性，在约100℃时开始升华。本品性质稳定，微溶于冷水，在热水中溶解度增大，水溶液呈酸性。易溶于无水乙醇、甲醇、乙醚和丙酮等有机溶剂。具有杀菌和抑菌作用。其效力随酸度增强而增加，在碱性环境中失去抗菌作用。苯甲酸为脂溶性有机酸，未解离的分子脂水分配系数大，更容易透过微生物的细胞膜杀死微生物。其未解离的分子在酸性溶液中的抗菌活性比在中性溶液中的大 100 倍。大白鼠经口服 LD_{50} 为 2530mg/kg。

2. 生产方法

（1）甲苯液相空气氧化法

甲苯在钴盐催化下用空气液相氧化生成苯甲酸。常用的催化剂通常是乙酸、环烷酸、硬脂酸、苯甲酸的钴盐或锰盐以及溴化物。

甲苯和空气分别从顶部和底部进入带搅拌的液相反应器，在可溶性钴盐和锰盐的催化作用下，165℃，0.2~0.3MPa 时甲苯发生氧化反应，生成苯甲酸和副产物。经减压精馏、重结晶，得成品。

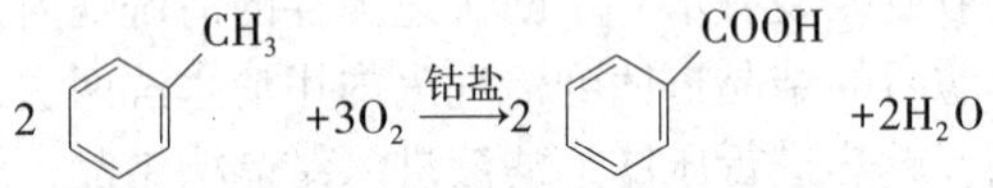

（2）苄基氯水解法

甲苯上甲基的侧链在光照下发生氯化生成苄基氯。按光氯化方式的不同可分为间歇光氯化和连续光氯化。按氯化温度的不同又可分为高温氯化和低温催化光氯化。目前，国内采用的是连续高温光氯化工艺。

甲苯经光氯化后的产物分离后，苄基氯在氢氧化钙水溶液中加压水解生成苯甲醛（俗称人造苦杏仁油），再将苯甲醛在催化剂作用下氧化生成苯甲酸，经分离得成品。

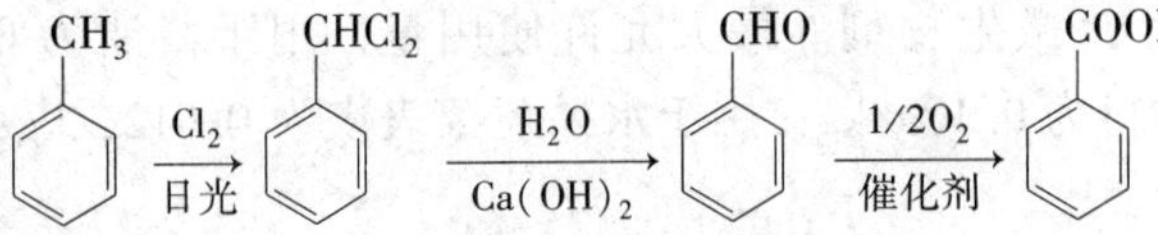

（3）邻苯二甲酸酐法

1）液相脱羧法

邻苯二甲酸酐熔融后通入水蒸气，水解脱羧得苯甲酸。

邻苯二甲酸酐加热熔融后，加入反应物量 2%~6%（质量）的由等量邻苯二甲酸铬和邻苯二甲酸钠组成的混合催化剂。当物料加热到 200℃后，在反应釜液下面通入蒸汽，每小时通入量约为邻苯二甲酸酐量的 2%~20%，反应进行到混合物中邻苯二甲酸酐的含量低于 5%时为止。分离得到苯甲酸。

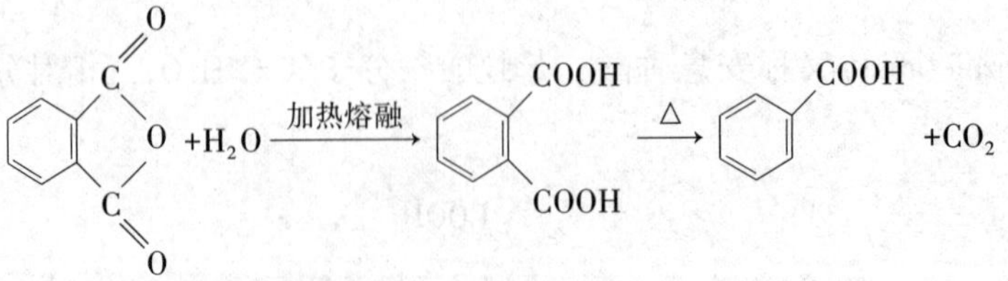

2）气相脱羧法

邻苯二甲酸酐与 10~50 倍质量的水蒸气混合后通入温度为 380~420℃的涂在粒状浮石上的碳酸铜和氢氧化钙的稳定催化剂层。生成的产物主要为苯甲酸，还有少量的邻苯二甲酸、联苯、二苯甲酮和蒽醌。在水蒸气或苯甲酸的有机溶剂蒸气存在下，用升华方法提纯苯甲酸。

208

3. 工艺流程

（1）甲苯液相氧化法

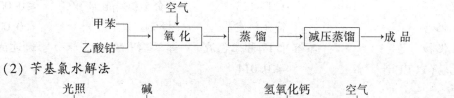

（2）苄基氯水解法

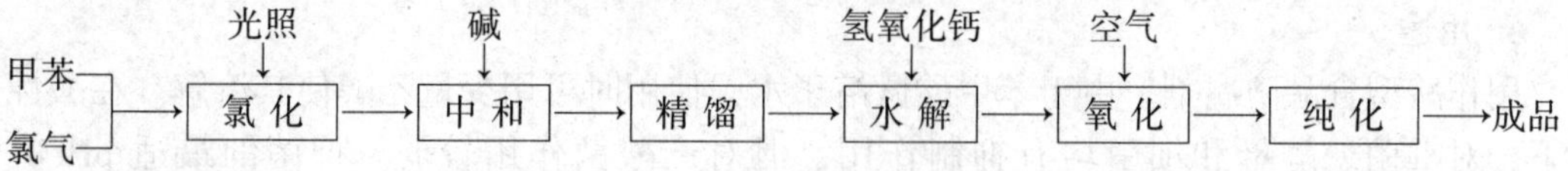

甲苯、氯气 →[光照] 氯化 →[碱] 中和 → 精馏 →[氢氧化钙] 水解 →[空气] 氧化 → 纯化 →成品

4. 操作工艺

将溶有催化剂（萘酸钴、环烷酸钴或乙酸钴）的甲苯和空气分别连续泵入氧化塔（或釜）中，于140~165℃和0.3~0.4MPa的压力下氧化生成苯甲酸。塔顶尾气经冷凝和活性炭吸附的方法回收甲苯后放空；塔釜反应经常压初馏回收未反应的甲苯、苯甲醇和苯甲醛等轻组分后再减压蒸馏得苯甲酸。回收的甲苯等返回氧化塔，甲苯的单程转化率可控制在35%以上。

反应可在间歇或连续两种方式下进行。间歇式反应温度较低（一般控制在甲苯的沸点110.8℃以下），时间较长（5h以上），适宜于小型生产。

工业上普遍采用在高温、加压下连续液相空气氧化法反应生产苯甲酸。连续液相空气氧化法有完全氧化法和部分氧化法两种。使用的催化剂为钴盐（乙酸、环烷酸或油酸钴），用量为100~105mg/L，反应温度根据两种方法氧化程度的不同，分别为200℃和150~170℃，反应压力为1~3MPa。

原料甲苯与回收甲苯和催化剂由底部进入填料反应塔，空气经净化后由反应塔侧下部进入。甲苯在反应塔中进行反应，当反应液达到连续出料所要求的浓度时，由塔顶进入常压蒸馏塔，低沸物中未反应的甲苯及中间产物（苯甲醇、苯甲醛等）经洗涤塔回收返回反应塔，尾气活性炭吸附后放空。反应生成物由常压塔釜底进入汽提塔，苯甲酸由塔底出料，再进入冷却、结晶等后续工序，制得苯甲酸产品。汽提塔出来的甲苯经油水分离循环，进入氧化反应塔。

说明：

① 完全氧化法使用的催化剂为乙酸钴，另外加溴化钠作促进剂，反应温度为200℃，压力3MPa，此法甲苯的转化率可高达99%。氧化反应的收率达96%。经精馏后苯甲酸的总收率可达91%，产品纯度为99.5%以上。但是溴化物的腐蚀性较强，因此对设备氧化塔材质要求较高。

② 工业普遍使用的是部分氧化法。部分氧化法所用催化剂与完全氧化法相同，但不另加促进剂。在反应物中催化剂的浓度为100~150mg/L。其反应温度和压力较完全氧化法低，一般反应温度140~165℃，压力在0.3~0.9MPa。

③ 甲苯、乙酸钴（2%水溶液）和空气连续地从氧化塔的底部进入。反应物的混合除依靠空气的鼓泡外，还可借助于氧化塔中下部反应液的外循环冷却。从塔顶流出氧化产物中约含有苯甲酸35%，反应中未反应的甲苯由汽提塔回收，氧化的中间产物苯甲醇和苯甲醛可在汽提塔及精馏塔的顶部回收，与甲苯一起返回氧化塔再反应，精制苯甲酸由精馏塔侧线出料收集。塔釜中残留的重组分主要是苯甲酸苄酯和焦油状物质，其中钴盐可再生使用。氧化尾气夹带的甲苯经过冷却后再用活性炭吸附，用水蒸气脱附，并使炭再生。

④ 粗甲苯可通过减压精馏法或升华法精制。

5. 质量标准（GB 1901）

含量（以干基计）/%	≥99.5	干燥失重/%	≤0.5
熔程/℃	121~123	重金属（以 pb 计）/%	≤0.001
易氧化物	符合规定	砷/%	≤0.0002
易炭化物	不溶于 17 号比色液	邻苯二甲酸	通过试验
氧化物（以 Cl⁻ 计）/%	≤0.014		

6. 用途

用作酸型食品防腐剂。由于苯甲酸微溶于水，使用时可用少量乙醇使其溶解。在酸性条件下，对霉菌、酵母和细菌均有抑制作用，但对产酸菌作用较弱。抑菌的最适 pH 值为 2.5~4.0，一般以低于 5.0 为宜。在食品工业中可用于低盐酱菜、酱类、蜜饯，最大使用量 0.5g/kg；可用于葡萄酒、果酒、软糖，最大使用量 0.8g/kg；可用于碳酸饮料，最大使用量 0.2g/kg；可用于油、食醋、果酱（不包括罐头）、果汁（味）型饮料，最大使用量 1.0g/kg；也可用于食品工业用塑料桶装浓缩果蔬汁，最大使用量不得超过 2.0g/kg。

参 考 文 献

[1] 陈高伟，刘钟栋. 苯甲酸的结晶精制与在调味品中的应用研究[J]. 中国食品添加剂，2017，（08）：170-175.

[2] 段晓宇. 甲苯液相氧化法制备苯甲酸实验研究及工程化方案[D]. 河北科技大学，2015.

[3] 吴骏. 苯甲酸的提纯新工艺研究[D]. 武汉工程大学，2014.

8.8 苯 甲 酸 钠

苯甲酸钠（sodium benzoate）又称安息香钠。分子式 $C_7H_5NaO_2$，相对分子质量 144.11。结构式为：

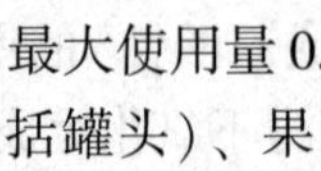

1. 性能

白色颗粒或结晶性粉末或雪片状。无臭，略带安息香气味。易溶于水（53.0g/100mL 水），水溶液 pH 值为 8，溶于乙醇。具有杀菌和防止发酵作用。在空气中稳定。

2. 生产方法

甲苯在萘酸钴催化下用空气氧化得苯甲酸，然后中和得苯甲酸钠。

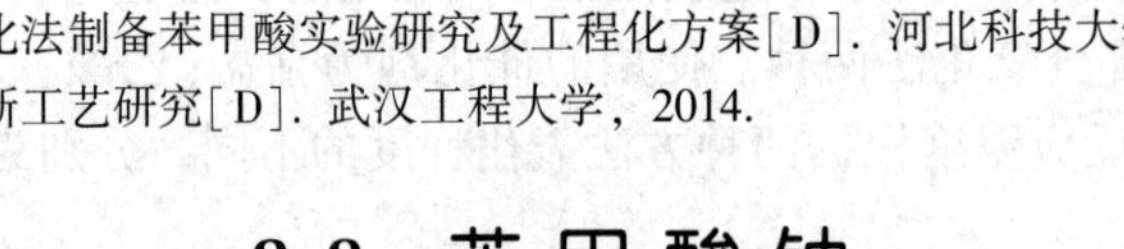

3. 工艺流程

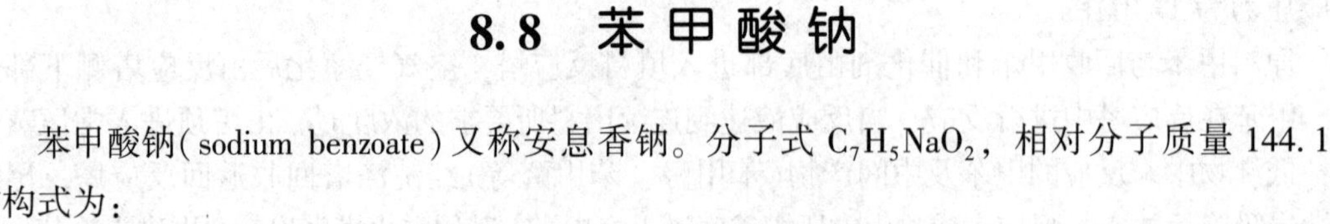

4. 操作工艺

（1）氧化

将甲苯 2200kg、萘酸钴 2.2kg 用泵送入氧化塔内（铝质，内有 7 层喷射浮动桥，塔的中下部附有夹套可加热或冷却），通夹套蒸汽加热到120℃，此时甲苯沸腾。这时启动6.0m³的空压机，压缩空气经缓冲罐自塔的底部进入甲苯溶液中，发生氧化反应。该氧化反应是放热的，所以反应温度不断上升，但最高不能超过170℃。因此中途塔夹套不仅要停止加热，而且要切换通水冷却。氧化反应时有大量的甲苯蒸气及水蒸气从塔顶排出，进入20m²的蛇管冷凝器，冷凝成液体再进入分水器，甲苯由分水器上部返回氧化塔，水从分水器下部分出，然后进入计量槽。分水器上盖有尾气排出管，尾气经排出管至缓冲罐进入活性炭吸收塔，以吸附其中的甲苯。定时向塔内通直接蒸汽，以解吸被吸附的甲苯，后者经冷凝、分水、干燥后回收再用。甲苯在170℃氧化时间为12~16h，甲苯转化率可达70%以上。

（2）脱甲苯

蒸馏氧化液放入脱苯锅（1500L，带夹套），在0.08MPa真空下通夹套蒸汽加热至100~110℃，用压缩空气鼓泡的办法将未反应的甲苯蒸出，进入10m²的冷凝器，冷凝液进入分水器回收再用。

脱苯后的苯甲酸还含有杂质及有机色素，需再进行蒸馏。将料液放入蒸馏锅（搪瓷或不锈钢，附搅拌器，带夹套，夹套内用60#汽缸油，36kW电热器加热），加热并控制料液温度为190℃，苯甲酸便蒸出而进入蒸馏塔，控制塔顶温度为160℃，馏出物经套管冷却进入中和锅，便得到纯净的苯甲酸。

（3）成盐

苯甲酸进入中和锅后，及时加入事先配好的纯碱溶液中和（300L蒸馏水加纯碱140kg，可中和苯甲酸200kg左右）。中和温度以70℃为宜，中和物料以pH值7.5为终点。为除杂色，按中和物料3%加入活性炭脱色，然后过真空吸滤，即得无色透明的苯甲酸钠溶液（含量为50%）。将苯甲酸钠溶液经滚筒干燥，或箱式喷雾干燥即成粉状苯甲酸钠成品。

5. 质量标准

含量/%	≥99.0	干燥失重/%	≤1.5
酸碱度	符合规定	重金属（以Pb计）/%	≤0.001
硫酸盐（以SO_4^{2-}计）/%	≤0.02	砷/%	≤0.0002

6. 用途

食品防腐剂、抗微生物剂。可用于清凉饮料（0.1g/kg）、水果、蔬菜表皮（0.012g/kg）、果子汁、果子酱（0.2g/kg）等食品。

参 考 文 献

[1] 粟贵，刘雁鸣，龙海燕，等. 不同工艺生产的苯甲酸钠质量对比及其生产工艺评价[J]. 中南药学，2016，14(07)：721-723.

8.9 山 梨 酸

山梨酸（sorbic acid）又称反，反-2,4-己二烯酸。分子式$C_6H_8O_2$，相对分子质量112.1。结构式为：

$$CH_3CH=CH—CH=CHCO_2H$$

1. 性能

无色针状结晶或白色结晶性粉末。略有特殊气味。升华。相对密度（d_4^{19}）1.204，沸点

228℃(分解)。熔点 132~135℃。难溶于水(0.16g/100mL),溶于乙醇(1g/10mL)、乙醚(19/20mL)、无水乙醇(12.9g/100mL)、冰乙醇(11.5g/100mL)。耐光、耐热性好,但空气中长期放置则氧化着色。

对霉菌、酵母菌、细菌等有抗菌作用,对丝状菌、嗜气菌有效,对厌氧菌无效。在 pH 值小于 8 时,防腐作用稳定;pH 值愈低,抗菌作用愈强。

2. 生产方法

丁烯醛与丙二酸缩合,脱去一分子水,脱羧后得到山梨酸。

3. 工艺流程

丁烯醛(巴豆醛)、丙二酸 → 缩合(吡啶) → 酸化(H_2SO_4) → 过滤 → 重结晶(乙醇) → 成品

4. 操作工艺

在反应罐中,依次投入 350kg 巴豆醛、500kg 丙二酸、500kg 吡啶,室温搅拌 1h 后缓缓加热升温至 90℃,维持 90~100℃反应 5h,反应完毕降到 10℃以下,缓慢地加入 10%稀硫酸,控制温度不超过 20℃,至反应物呈弱酸性,pH 值为 4~5 止。冷冻过夜,过滤、结晶用水洗,得山梨酸粗品,再用 3~4 倍量 60%乙醇重结晶,得山梨酸约 150kg。

5. 质量标准

含量(以无水物计)/%	≥98.5	灼烧残渣/%	≤0.1
熔点/℃	132~135	重金属(以 Pb 计)/%	≤0.001
硫酸盐(以 SO_4^{2-} 计)/%	≤0.1	砷/%	≤0.0002

6. 用途

用作食品防腐剂、防霉剂。在食品工业中主要用于干酪,腌渍蔬菜,干燥水果(水果干)、果汁、水果糖浆、饮料、蜜饯、面包、糖果等的防霉、防腐。也用于肉品的保鲜。在医药、饲料、化妆品中也有应用。我国 GB 2760 规定了使用范围和最大用量:酱油、人造奶油、琼脂软糖 1g/kg;果汁、葡萄酒 0.6g/kg;酱菜、蜜饯、罐头 0.5g/kg;汽水、汽酒 0.2g/kg。

参 考 文 献

[1] 杨帆,徐志斌,张益标,等. 山梨酸热裂解合成工艺研究[J]. 上海化工,2021,46(01):19-21.

8.10 丙 酸

丙酸(propionic acid)分子式 $C_3H_6O_2$,相对分子质量 74.08。结构式为:

$$CH_3CH_2CO_2H$$

1. 性能

无色油状液体。沸点 141℃,凝固点-22℃。相对密度 0.993~0.997。有与乙酸类似的刺激味，能与水、醇、醚等溶剂相混溶。丙酸及其盐类对引起面包产生黏丝状物质的好气性芽孢杆菌有抑制效果，但对酵母菌几乎无效。国内外广泛用于面包及糕点类的防腐，最大使用量为 2.5g/kg。ADI 值没有限量。

2. 生产方法

（1）丁烷氧化法

丁烷用富氧空气氧化制得乙酸和丙酸。

$$C_4H_{10}+O_2 \longrightarrow CH_3CO_2H+CH_3CH_2CO_2H$$

（2）羰化法

乙烯与一氧化碳、氢气发生加氢羰化得丙醛，丙醛经氧化得丙酸。

$$CH_2=CH + CO + H_2 \longrightarrow CH_3CHO \xrightarrow[\text{Cat.}]{O_2} CH_3CH_2CO_2H$$

（3）水解法

丙腈在酸性条件下水解得丙酸。

$$CH_3CH_2-CN \xrightarrow[H_2O]{\text{浓 }H_2SO_4} CH_3CH_2COOH$$

实验室通常使用水解法制丙酸。这里介绍丁烷氧化法和羰化法。

3. 操作工艺

（1）丁烷氧化法

丁烷和富氧空气通过分布盘进入不锈钢反应器，反应器温度控制在 170~200℃，压力 6.3MPa。反应生成物和未反应的丁烷从反应器底部排出送入三段冷却器中，冷却至-60℃，每段的冷凝物合并送入分馏塔。塔中段分出的丁烷返回反应器，塔底分出粗氧化产物。粗氧化产物在蒸馏塔系中连续蒸馏，第一塔回收低沸点馏分并循环回反应器中；第二塔蒸出酯和酮的混合物，塔底是酸的混合物、高沸点馏分和水；在第三塔中，用与水形成共沸物的醚处理二塔塔底物，脱去水；脱水的混酸在第四塔中用与甲酸形成共沸物的氯化烃处理；塔底分出的甲酸、乙酸及丙酸等在第五塔中直接蒸馏，塔顶分出乙酸，塔底获得粗丙酸。粗丙酸经高效分馏，收集 139~141℃ 范围馏分得丙酸。

（2）羰化法

含有一氧化碳、氢气的合成气(压力为 2.1MPa 表压)先经铂、氧化锌及活性炭净化器净化脱硫后进入反应系统与进料乙烯及循环气汇合，然后入釜式反应器进行反应，反应热借反应器循环泵通过外冷却换热器以软水冷却维持反应温度，反应在 1.4MPa 表压、110℃ 下进行。催化剂为 Rh 系催化剂，反应物经冷凝后入闪蒸罐，分离的气体经循环压缩机压缩后送回反应系统，部分气体放空。闪蒸后的粗丙醛进入精制蒸馏塔，经精馏后的精制丙醛经冷却后入贮槽，塔顶排空气体与闪蒸罐放空气体合并，经冷却后以压送机送至火炬去烧，塔底重馏分亦送往焚烧炉烧掉。

羰基合成的丙醛自丙醛贮罐送入三台串联的列管式氧化器中，与此同时向氧化器通入空气，丙醛在 1.15MPa 的压力下被氧化成粗丙酸。产品粗丙酸进入丙酸粗制系统；反应废气送入冷凝器，使一部分未反应的丙醛冷凝，经排气分离器分离回收冷凝下来的丙醛。分离器的排出气体中含有少量丙醛，再经冷却器冷却至 7~10℃，回收剩余丙醛。丙醛回收后的废气送入高压洗涤塔，用水洗涤，废气送入焚烧炉焚烧除臭；洗涤液洗涤液气提塔。

丙酸精制系统由三个精馏塔组成，在汽提脱臭塔中，脱除丙酸中的臭气，塔底放出脱臭丙酸入脱轻组分塔，于塔顶脱除轻组分，并进一步分离不凝气体及少量丙醛。这些排出气体与蒸汽喷射泵的排气合并，送入低压洗涤塔，用水洗涤后，经排气压缩机送焚烧炉焚烧；洗涤液送入洗涤液汽提塔。来自高压洗涤塔和低压洗涤塔的洗涤液，在洗涤液汽提塔中汽提，回收丙醛，塔底废水排入处理系统。轻组分塔底排出的丙酸送入丙酸精馏塔，于减压下蒸馏得到精制丙酸，送入贮罐。丙酸精馏塔底物送入重残液贮罐。

4. 质量标准

含量/%	≥99.5	醛类（以丙醛计/）%	≤0.2
馏程/℃	138.5~142.5	砷/（mg/kg）	≤3
不挥发残渣/%	≤0.01	重金属（以 Pb 计）/（mg/kg）	≤10
易氧化物	不得检出	水分/%	≤0.15

5. 用途

用作食品防腐剂、防霉剂，香料、啤酒等黏性物质抑制剂。

参 考 文 献

[1] 王姗姗. 丙醛氧化制备丙酸均相催化体系及工艺研究[D]. 哈尔滨工业大学，2020.
[2] 张克男. 丙酸发酵工艺优化研究[D]. 河北大学，2020.
[3] 张振清. 过氧化氢氧化丙醇合成丙酸的工艺研究[D]. 青岛科技大学，2019.

8.11　脱 氢 乙 酸

脱氢乙酸(dehydroacetic acid)化学名称为 6-甲基-3-乙酰-2-哌，别名 α-γ-乙酰基乙酰乙酸，DHA。分子式 $C_8H_8O_4$，相对分子质量 168.15。结构式为：

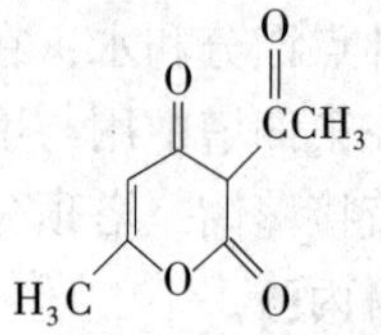

1. 性能

白色针状、片状结晶或结晶性粉末或淡黄色结晶性粉末。无臭。有弱酸味。熔点 109~111℃。无吸湿性。难溶于水，饱和水溶液的 pH 值为 4，加热时可随水蒸气一起挥发。溶于氢氧化钠水溶液，溶于乙醇、乙醚、丙酮和苯。

2. 生产方法

由二乙烯酮在碱性条件下或溴化铝催化下经缩合反应而制得。

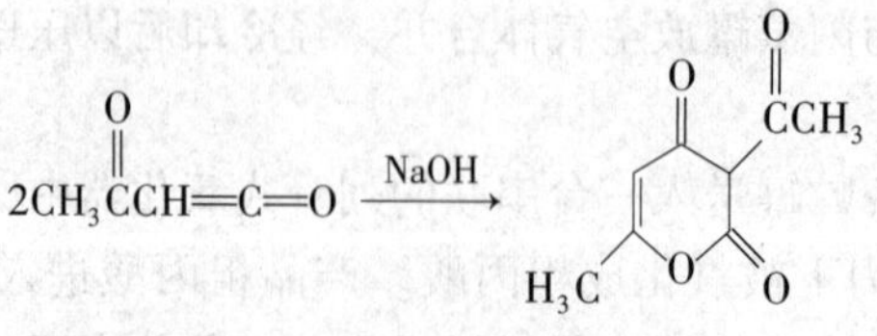

3. 工艺流程

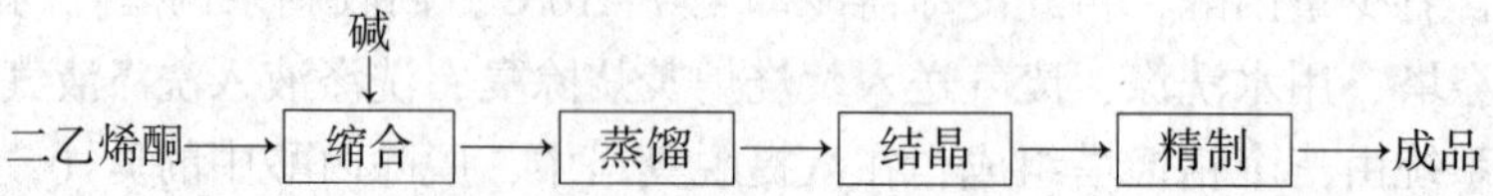

214

4. 操作工艺

将二乙烯酮加入缩合反应釜中，加入碱(如醇钠、苯酚钠、氢氧化钠、乙酸钠、吡啶、三乙胺等)或溴化铝作催化剂，进行缩合反应。反应完成后，蒸缩物料，除去溶剂，所得结晶经精制后即制得脱氢乙酸成品。

还可将乙酰乙酸乙酯通过350℃反应管进行缩合反应，反应完成后将物料进行减压蒸馏，所得结晶经精制后即制得脱氢醋酸成品。

5. 质量标准

外观	白色结晶或结晶性粉末	熔点/℃	109~111
含量/%	≥98	砷含量/(mg/kg)	≤3
干燥失重/%	≤1	重金属(以 Pb 计)/(mg/kg)	≤10
灼烧残渣/%	≤0.1		

6. 用途

用作杀菌剂、防腐剂、防霉剂。对腐败菌、霉菌、酵母均有一定抑制作用，酸性强则抑菌效果好。用于保存干酪(使用量0.01%~0.05%)、奶油、人造奶油(使用量0.05%)，均先与食盐混合后添加。也可将其溶液喷在产品外表面，或喷雾涂布在包装材料的内表面。因其不溶于水，故常使用其钠盐。还可用于腐乳、什锦酱菜、原汁橘浆，最大使用量0.3g/kg。

参 考 文 献

[1] 骆萌. 脱氢醋酸及其相关化合物生产技术[J]. 化工中间体，2004，(07)：33-34.

8.12 丙 酸 钙

丙酸钙(calcium propionate)也称丙酸钙盐。分子式$C_6H_{10}CaO_4 \cdot H_2O$，相对分子质量186.22(无水物)。结构式为：

$$(CH_3CH_2COO)_2Ca \cdot H_2O$$

1. 性能

白色结晶、颗粒或结晶性粉末。无臭或略带丙酸气味。用作食品添加剂时一般使用一水丙酸钙，含一结晶水的丙酸钙为无色单斜晶板状晶体。对热和光稳定。有吸湿性。易溶于水，10%水溶液的 pH 值为8~10，不溶于醇、醚类。

2. 生产方法

由丙酸与碳酸钙或氢氧化钙进行中和反应而制得。

$$2CH_3CH_2COOH+CaCO_3 \longrightarrow (CH_3CH_2COO)_2Ca+CO_2+H_2O$$
$$或 2CH_3CH_2COOH+Ca(OH)_2 \longrightarrow (CH_3CH_2COO)_2Ca+2H_2O$$

3. 工艺流程

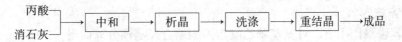

4. 质量标准

外观	白色结晶或结晶性粉末
含量(以干基计)/%	≥99.0
水分/%	≤9.5
水不溶物/%	≤0.15
水溶液 pH 值	7~9
氟化物(以 F 计)/%	≤0.003
砷(以 As_2O_3 计)/%	≤0.002
重金属(以 Pb 计)/%	≤0.001
镁(以 MgO 计)/%	≤0.4
游离酸(以 CH_3CH_2COOH 计)/%	≤0.11
游离碱(以 NaOH 计)/%	≤0.06

5. 用途

作食品添加剂中的防腐剂和防霉剂。在酸性条件下,产生游离丙酸,具有抗菌作用,比山梨酸弱,比乙酸强。对酵母不起作用。可用于面包、醋、酱油、油、糕点的防腐和防霉。最大使用量 2.5g/kg。还可用于加工干酪,最大使用量 3000mg/kg。但钠盐的碱性在面包制造中,使酵母活性稍有下降。一般在面包中使用钙盐,有强化钙的作用,避免钠盐的碱性延缓面团发酵。西点中使用钠盐,则不会与膨松剂中的碳酸氢钠作用降低 CO_2 的产生量。

参 考 文 献

[1] 刘林,李露,王嫚,等. 以蛋壳为原料采用直接中和法制备丙酸钙的工艺研究[J]. 化工设计通讯, 2021,47(01):70-73.

[2] 姜小萍,何金艺. 曲面响应法探讨牡蛎壳制备丙酸钙的工艺流程[J]. 贵州师范大学学报(自然科学版),2019,37(02):93-97.

8.13 乙 氧 喹

乙氧喹(ethoxyquin)又称抗氧喹、山道喹,化学名称为 6-乙氧基-2,2,4-三甲基-1,2-二氢喹啉。分子式 $C_{14}H_{19}NO$,相对分子质量 217.31。结构式为:

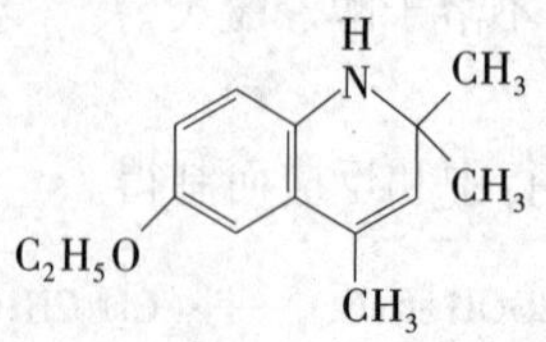

1. 性能

浅琥珀色油状黏稠液体。沸点 169℃(1.465kPa)、123~125℃(266.4Pa)。相对密度 1.029~1.031(25℃)。折射率 1.569~1.672(25℃)。溶于苯、汽油、二氯乙烷,不溶于水。性质较稳定。大白鼠经口服 LD_{50} 为 3150mg/kg。

2. 生产方法

在对甲苯磺酸作用下,对氨基苯乙醚与丙酮缩合经蒸馏分离而得。

216

3. 工艺流程

对氨基苯乙醚 ┐
            ├→ 缩合 → 蒸馏 →成品
丙酮   ┘

对甲苯磺酸 → 缩合

4. 操作工艺

将 500kg 对氨基苯乙醚和 50kg 对甲苯磺酸加入反应釜中，搅拌下加热至 155~160℃，通入丙酮蒸气于 155~160℃下进行缩合。反应生成的水和未反应的丙酮，经冷凝后进入丙酮回收蒸发器回收。反应结束后，蒸馏分离乙氧喹。

5. 质量标准

指标名称	GB8849	FCC(Ⅳ)
含量/%	≥95.0	90.0
对氨基苯乙醚/%	≤1.0	—
砷/%	≤0.0003	—
重金属/%	≤1.0	—

6. 用途

用作防腐剂、水果保鲜剂。作为饲料、食品抗氧化剂应用较广。将本品喷雾在脱水饲料或收获前的饲料作物上，可防止脂肪、蛋白质饲料在贮存过程中变质。可用于维生素 A 和维生素 E 等药品的保存，防止罐装肉食品、动物性饲料中有机过氧化物的形成。改善维生素 E 在雏鸡体内的摄取情况，使其维持在正常水平，改善胴体质量及增加动物体重。本品也可用于苹果、梨等水果的保鲜。

我国 GB 2760 规定，苹果保鲜可按生产需要适量使用，残留量为 1mg/kg。

7. 安全与贮运

生产中使用丙酮、对氨基苯乙醚和对甲苯磺酸，生产设备应密闭，车间内加强通风，操作人员应穿戴劳保用品。用棕色玻璃瓶或聚乙烯塑料桶包装，贮存于阴凉、避光处。严禁与有毒有害物质混贮共运。

8.14 仲 丁 胺

仲丁胺(sec-butylamine)又称异丁胺、2-氨基丁烷、2-丁胺。分子式 $C_4H_{11}N$，相对分子质量 73.14。结构式为：

$$CH_3CH_2\underset{|}{\overset{}{C}}HCH_3$$
$$NH_2$$

1. 性能

无色有氨味液体。凝固点-104.5℃，沸点 63℃，相对密度(d_4^{20})0.724，折射率 1.394，闪点-9℃。能与水、乙醇相混溶。大白鼠经口服 LD_{50} 为 0.2~0.4g/kg(10%的溶液)。

2. 生产方法

（1）丁酮加氢胺化法

由丁酮与氨催化加氢反应而得。通常有高压法和常压法两种工艺。

$$CHCH_2COCH_3 + NH_3 \xrightarrow{H_2} CH_3CH_2CH(NH_2)CH_3 + H_2O$$

（2）丁烯胺化法

丁烯与氨在碱金属或碱氧化物催化下，于98MPa压力下直接胺化，得仲丁胺。

$$CH_3-CH=CH-CH_3 + NH_3 \xrightarrow[98MPa]{K_2O} CH_3CH_2CH(NH_2)CH_3$$

3. 工艺流程（丁酮加氢胺化法）

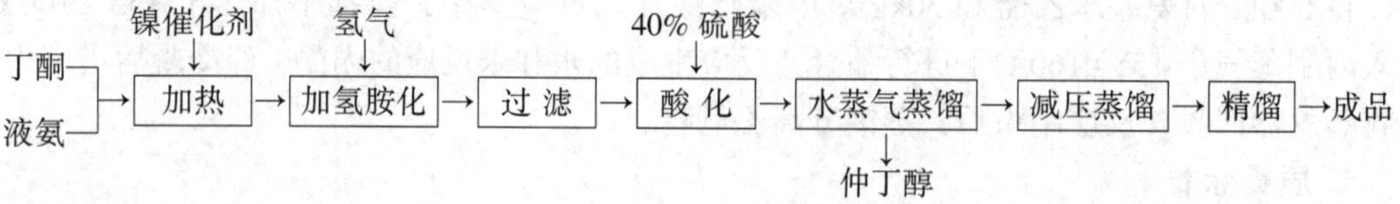

丁酮 液氨 → 加热 →（镍催化剂、氢气）→ 加氢胺化 → 过滤 → 酸化（40%硫酸）→ 水蒸气蒸馏（仲丁醇）→ 减压蒸馏 → 精馏 → 成品

4. 操作工艺

先将丁酮和镍催化剂加入高压反应釜内。抽出空气后加入液氨，然后升温至160℃，压力达3.92MPa，再加氢至5.88MPa，反应10h，期间共加氢3次。冷却至室温出料，过滤除去废镍粉，加入40%硫酸酸化，控制温度不超过30℃。水蒸气蒸馏除去仲丁醇，然后减压浓缩脱水得粗品，最后进行分馏精制，收集62~63℃的馏分即得仲丁胺。

说明：

① 丁酮加氢胺化反应若采用Ni-Cr-HPO$_3$催化剂，可在常压以99%的收率得仲丁胺。反应条件：温度为115℃，空速0.15h^{-1}，原料甲乙酮：氨：氢气比为1：4.5：3.5。可连续生产仲丁胺。

② 丁酮与羟胺反应，得到丁酮肟，然后用金属钠和无水乙醇还原，得到仲丁胺。实验室常用此法制备仲丁胺。

5. 质量标准

含量/%	≥98.0	色号	≤20号
密度/(kg/m³)	718~726	重金属(以Pb计)/%	≤0.002
沸点/℃	62~63	不挥发物/%	≤0.05

6. 用途

用作水果蔬菜贮藏期防腐保鲜剂。我国规定可用于水果的保鲜，按生产需要适量使用。柑橘、荔枝、苹果（果肉）的残留量分别为≤0.005g/kg、0.009g/kg、0.001g/kg。

7. 安全与贮运

生产中使用液氨和丁酮，反应设备应密闭，车间内加强通风，生产人员应穿戴劳保用品。本产品易燃，有强烈刺激作用，能侵蚀皮肤和黏膜，刺激中枢神经。本品不能添加于食品中，只在水果、蔬菜贮藏期防腐保鲜使用。镀锌白铁桶包装，严格密封，贮存于干燥、通风、阴凉处。严禁与有毒有害物品混贮共运。

参 考 文 献

[1] 曹伟富，强林萍，陈云斌. 酮法复合钴镍催化剂催化合成—仲丁胺[J]. 化工生产与技术，2012, 19 (06)：28-29.

8.15 桂 醛

桂醛（cinnamaldehyde）又称肉桂醛、β-苯丙烯醛。分子式 C_9H_8O，相对分子质量 132.17，结构式：

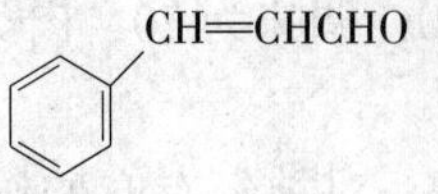

$$\text{CH=CHCHO}$$

1. 性能

淡黄色油状液体。易燃，无毒。凝固点为-7.5℃，沸点为252℃（部分分解）、127℃（2.1kPa），相对密度（d_4^{20}）1.0497，折射率1.6195。闪点71℃。溶于醇、醚、氯仿，微溶于水。有特殊的肉桂芳香气味，能随水蒸气挥发。在空气中易氧化为肉桂酸。肉桂醛是我国产桂皮油和锡兰桂油的主要成分，约含55%~85%，天然品和合成品中的双键都是反式结构。大白鼠经口服 LD_{50} 为2220mg/kg。

2. 生产方法

（1）羟醛缩合法

在碱性条件下，苯甲醛与乙醛发生羟醛缩合反应，混合物经减压蒸馏得肉桂醛。

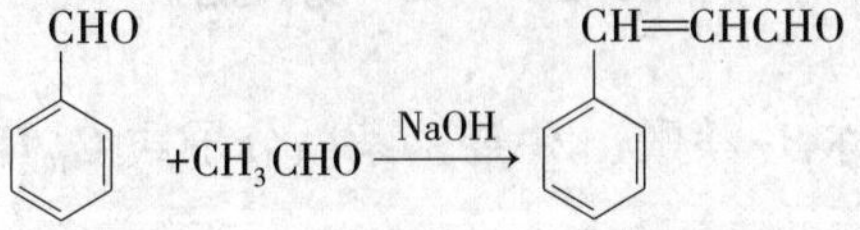

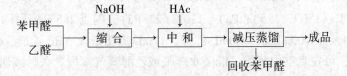

（2）精油单离法

桂皮油和锡兰油中约含55%~85%的桂醛，可用亚硫酸氢钠加成法分离。加成物经离心分离，稀酸或稀碱分解，水蒸气蒸馏和减压蒸馏得到桂醛。

3. 工艺流程

苯甲醛、乙醛 →（NaOH）缩合 →（HAc）中和 → 减压蒸馏 → 成品；减压蒸馏 → 回收苯甲醛

4. 操作工艺

在缩合反应罐中加入266kg苯甲醛、800kg水，于20℃加入40%~50%氢氧化钠20kg、乙醛135kg。然后加入100kg苯，搅拌反应5h。分层，取苯层中和，减压蒸馏，收集130℃（2.7kPa）馏分，得肉桂醛115kg，回收苯甲醛160kg（62℃/1.3kPa）。

5. 质量标准

指标名称	FCC（IV）	日本食品添加物公定书
含量/%	≥98.0	≥98.0
折射率	1.619~1.623	1.619~1.625
相对密度（d^{25}）	1.046~1.050	1.051~1.056
氯化物	合格	合格
酸值	≤10	≤10
醇中溶解度	1mL溶于5mL 60%乙醇	合格

219

6. 用途

用作食品防腐剂和调制香料。我国 GB 2760 规定可用于水果保鲜，可将其制成乳液浸果，也可将其涂到包果纸上，包果纸含桂醛。也用于调制素馨、铃兰、玫瑰等日用香精。用于食品香料，使食品具有肉桂香味，除用于调味品类、肉桂、甜酒等外，还用于苹果、樱桃等水果香精。肉桂醛在食品中的最大用量（单位 mg/kg）：清凉饮料为 9，冰淇淋类为 8，糖果为 700，点心类为 180，口香糖为 5000，调味为 20，肉类为 60。肉桂醛也是医药的中间体。

7. 安全与贮运

生产中使用的原料苯甲醛有低毒，对神经有麻醉作用，对皮肤有刺激作用，属危险品，爆炸范围（下限）1.4%；原料乙醛为易燃有毒液体，对眼、皮肤和呼吸器官有刺激作用，生产现场空气中最高容许浓度 0.02%。生产设备应密闭，生产人员应佩戴防护用具。铝桶或白铁桶包装。密闭贮存于阴凉处，严禁与有毒有害物品混运共贮。

参 考 文 献

[1] 余春平，袁明. 肉桂醛及其衍生物的应用研究进展[J]. 云南化工，2023，50(02)：41-44.
[2] 余春平，刘淑龙. 肉桂醛的合成研究进展[J]. 浙江化工，2023，54(01)：18-22.

8.16 2-萘酚

2-萘酚（2-naphthol）又称 β-萘酚、2-羟基萘。分子式 $C_{10}H_8O$，相对分子质量 144.17。结构式为：

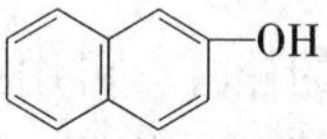

1. 性能

白色片状结晶（水中）或极淡黄色结晶粉末或薄碎片。微有苯酚气味。可燃，熔点 123～124℃，沸点 295℃、150℃（1.533kPa）、110℃（227Pa）。闪点 285℃（开杯）。相对密度（d_4^4）1.217。1g 本品可溶于 100mL 水、80mL 乙醇、17mL 氯仿或 1.3mL 乙醚，溶于甘油和碱溶液。加热能升华，可在真空中蒸馏，能随水蒸气或乙醇蒸气挥发。久贮或遇光颜色渐暗。家兔经口服 LD_{50} 为 3.8g/kg。

2. 生产方法

（1）碱熔法

精萘与浓硫酸在 160℃磺化得到 β-萘磺酸，然后用亚硫酸钠中和，得到的 β-萘磺酸钠与氢氧化钠进行碱熔，最后酸化，分离得 β-萘酚。

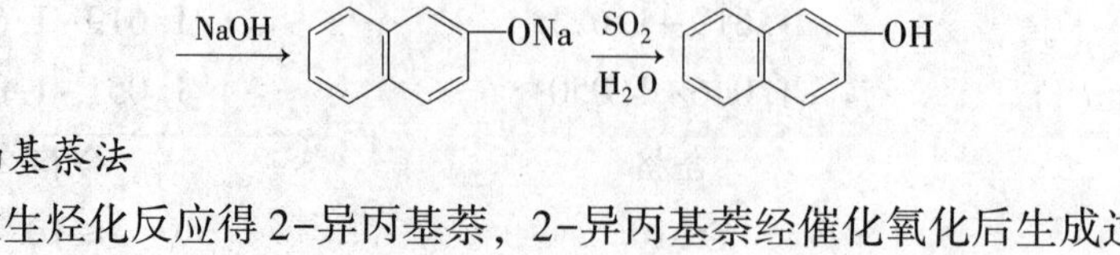

（2）2-异丙基萘法

萘与丙烯发生烃化反应得 2-异丙基萘，2-异丙基萘经催化氧化后生成过氧化氢异丙萘，再与硫酸作用，分解得到 2-萘酚和丙酮。

220

3. 工艺流程(碱熔法)

精萘
硫酸 → 磺化 → 结晶 → 吸滤 → 中和(亚硫酸钠) → 结晶 → 过滤 → 碱熔(NaOH) → 酸化(SO₂) → 减压蒸馏 → 成品

4. 操作工艺

将精萘加入磺化锅内,加热至120℃。将98%的硫酸在20min内均匀加入。继续升温至160℃,在160~165℃保温2.0~2.5h。取样分析,当2-萘磺酸的含量达66%以上、总酸度为25%~27%时,结束磺化反应。将磺化物压入水解锅,加水在140~160℃水解1h。然后加入硫酸钠溶液,并通入水蒸气吹去游离萘。吹出的萘用冷水喷淋回收。将物料加至中和锅,搅拌,将预热至80~90℃、相对密度为1.14的亚硫酸钠溶液均匀地缓慢加入,直至刚果红试纸不变蓝为止。将直接蒸汽和压缩空气吹入料液,驱出中和产生的SO₂气体送到酸化锅。降温至35~40℃。吸滤,以10%食盐水洗涤滤饼,然后吸干,使含水量在20%以下,得到2-萘磺酸钠盐。

先在碱熔釜内加入98%的氢氧化钠,加热至260℃使呈熔融状态。搅拌,升温至290℃,在约3h内加入2-萘磺酸钠盐,直至游离碱浓度为5%~6%为止。加毕,将水蒸气充入锅内以防止氧化,在320~330℃保温1~2h。

将碱熔物料放入盛有热水的稀释锅,再将稀释物料加入酸化锅,在负压下将中和锅产生的二氧化硫通入酸化锅内,在70~80℃酸化至酚酞呈无色为止。酸化物料升温至沸腾。静置0.5h,将下层亚硫酸钠溶液放出,再加热水升温至沸腾,静置后分离。含亚硫酸钠的下层液及洗液经冷却后滤出亚硫酸钠,滤饼和滤液分别在酸化、中和生产中作用。经洗涤后的上层酸化物料即为粗2-萘酚,经脱水、减压蒸馏得纯品,在切片机制成薄片得成品。

5. 质量标准

外观	灰白薄片或均匀粉末,贮存时允许变黄或暗红
干品初熔点/℃	≥120
2-萘酚/%	≥99.1
1-萘酚/%	≤0.2

6. 用途

用作防腐剂。我国GB 2760规定可用于柑橘保鲜,最大使用量为0.1g/kg,残留量不大于70mg/kg。

参 考 文 献

[1] 王立芹,刘友彬,程远志,等. β-萘酚的研究进展[J]. 山东化工,2022,51(24):81-83.

8.17 2-羟基联苯

2-羟基联苯(2-hydroxydiphenyl)又称邻苯基苯酚、2-苯基苯酚。分子式 $C_{12}H_{10}O$，相对分子质量 170.21。结构式为：

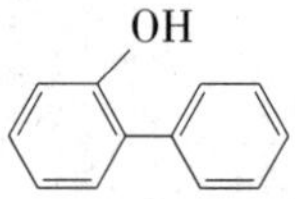

OH（结构式图示）

1. 性能

白色针状结晶或结晶性粉末，有轻微苯酚臭味。熔点 55.5～57.5℃，沸点 275℃(2kPa)、154℃(1.87kPa)。易溶于脂肪、植物油及大部分有机溶剂，几乎不溶于水，溶于碱溶液。大白鼠经口 LD_{50} 为 2.7～3.0g/kg。

2. 生产方法

一般由磺化法生产苯酚的蒸馏残渣中分离得到。

磺化法生产苯酚的蒸馏残渣中约含 40%的混位(对位和邻位)苯基苯酚，利用分馏及其在三氯乙烯中溶解度的不同，分离回收 2-羟基联苯。

3. 工艺流程

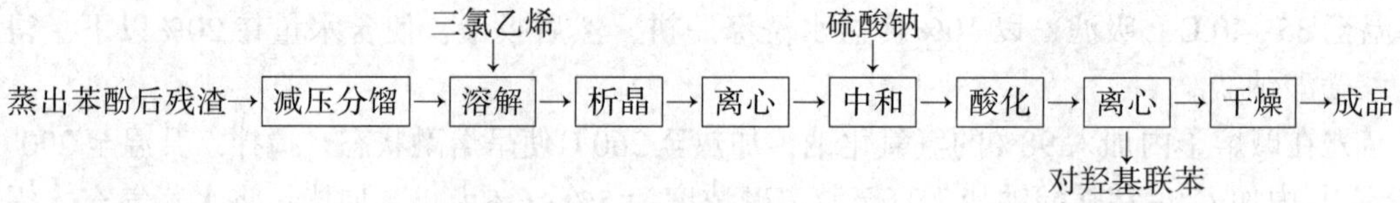

三氯乙烯　　　　　　硫酸钠

蒸出苯酚后残渣→ 减压分馏 → 溶解 → 析晶 → 离心 → 中和 → 酸化 → 离心 → 干燥 →成品

对羟基联苯

4. 操作工艺

碘化法生产苯酚的蒸馏残渣，经真空蒸馏，分离出邻苯基苯酚和对苯基苯酚混合物馏分段，真空度为 53.3～66.7kPa，温度在 65～75℃开始截取至 100℃以上，但不得超过 135℃。然后利用邻、对位羟基联苯在三氯乙烯中溶解度的不同，将二者分离为纯净物。将混位物(主要是 2-羟基联苯和 4-羟基联苯)加热溶解于三氯乙烯中，经冷却，先析出 4-羟基联苯结晶，经离心过滤，干燥得到 4-羟基联苯。母液用碳酸钠溶液洗涤，再加稀碱液使 2-羟基联苯转变为 2-苯基苯酚钠盐。静置分层后，取上层 2-羟基联苯钠盐减压脱水，即得钠盐成品。2-羟基联苯钠盐为白色至淡红色粉末，极易溶于水，在 100g 水中可溶 122g，2%的水溶液 pH 值为 11.1～12.2。也易溶于丙酮、甲醇，溶于甘油，但不溶于油脂。2-羟基联苯钠盐经用盐酸酸化可制得 2-羟基联苯，离心分离得 2-羟基联苯成品。

5. 质量标准

含量/%	≥97.0	对苯基苯酚/%	≤0.1
熔点/℃	55～58	重金属(以 Pb 计)/%	≤0.002
灼烧残渣/%	≤0.05		

6. 用途

用作水果贮藏期防腐剂、防霉剂。我国 GB 2760 规定，用于柑橘保鲜，最大用量为 3.0g/kg，残留量应小于 12mg/kg。主要采用其钠盐，以 0.3%～2.0%的水溶液浸渍，喷洒或槽式洗涤。也可采用添加 0.68%～2.0%量于蜡中，然后涂膜保鲜。

参 考 文 献

[1] 赵玉英, 石国亮. 载铂氧化铝催化环己酮二聚体合成 2-羟基联苯的工艺研究[J]. 现代化工, 2011, 31 (S1): 174-176.

8.18 噻 菌 灵

噻菌灵(thiabendazole)又称杀菌灵、涕必灵、噻苯咪唑、噻唑苯并咪唑、2-(4-噻唑)-苯并咪唑。分子式 $C_{10}H_7N_3S$，相对分子质量 201.25。

结构式为：

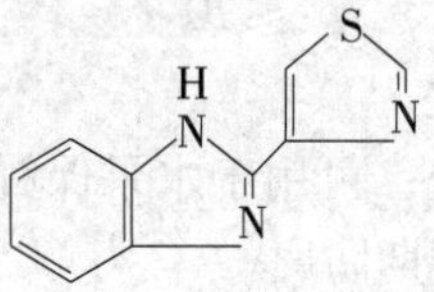

1. 性能

白色至类白色结晶性粉末，无臭、无味。熔点 304~305℃，310℃升华。微溶于水，溶于丙酮、甲醇、苯、二甲基亚砜、二甲基甲酰胺，在水、酸、碱性溶液中都很稳定。在 pH 值为 2 时，对水的溶解度为 3.84%。小白鼠经口服 LD_{50} 为 2.4g/kg。

2. 生产方法

(1) 4-噻唑甲酰胺法

在多聚磷酸(PPA)催化下，4-噻唑甲酰胺与邻苯二胺缩合，经后处理得噻菌灵。

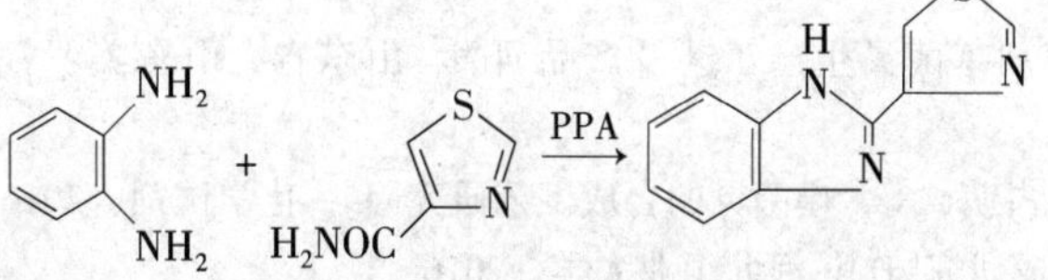

(2) 4-噻唑羧酸酯法

邻苯二胺与 4-噻唑羧酸酯在多聚磷酸催化下发生缩合，经析晶、过滤、精制、真空干燥得成品。

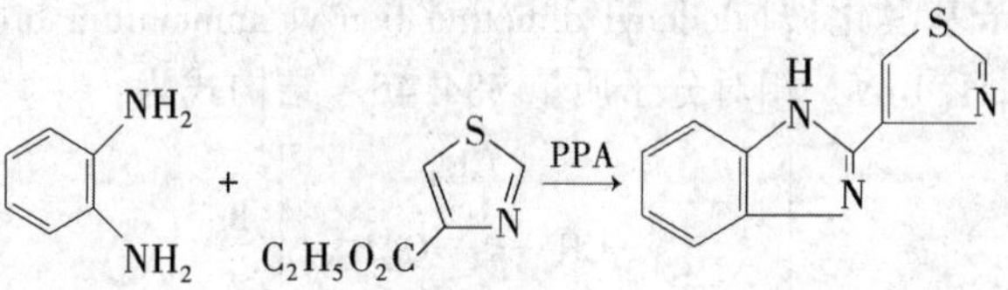

3. 工艺流程

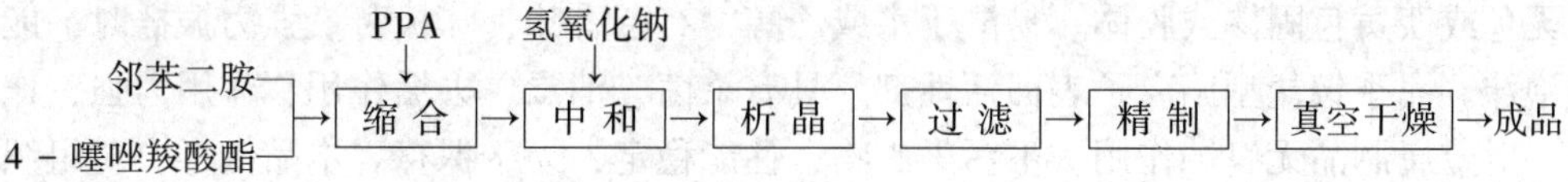

4. 操作工艺

(1) 4-噻唑甲酰胺法

4-噻唑甲酰胺和邻苯二胺加入反应器内，搅拌加入多聚磷酸，加热至240℃，保温 3h。

223

然后再将反应液注入冰水中，过滤，滤液用 30%的氢氧化钠溶液洗涤，在 pH=6 时析出噻苯咪唑沉淀，过滤，水洗，干燥，再用热乙醇重结晶。用活性炭脱色，过滤，析晶，分离后真空干燥得成品。

（2）4-噻唑羧酸乙酯法

4-噻唑羧酸乙酯、邻苯二胺、多聚磷酸在搅拌条件下加热至 125℃，然后在 175℃加热缩合反应 2h，将混合物注入冰水中，用氢氧化钠中和至 pH=6，析出结晶，过滤。用丙酮重结晶，并用活性炭脱色后，趁热过滤，真空干燥，得成品。

5. 质量标准

含量/%	98.0~102	干燥失重(硫酸上 2h)/%	≤0.5
熔点/℃	296~303(分解)	灼烧残渣(GT-27)/%	≤0.2
重金属(以 Pb 计)/(mg/kg)	≤20		

6. 用途

用作防腐剂。我国 GB 2760 规定，可用于水果保鲜，最大用量为 0.02mg/kg。一般制成胶悬剂浸果，用于柑橘、香蕉等贮藏期防腐。

7. 安全与贮运

生产中使用邻苯二胺、4-噻唑羧酸衍生物及多聚磷酸，缩合反应设备应密闭，车间内加强通风，操作人员应穿戴劳保用品。本产品为广谱性抗真菌剂，但对软腐细菌等无效。本品具有内吸性，即它通过植物内运转分布，故应控制使用剂量。采用双层食用级塑料袋封口再加牛皮纸作内包装，外包装为木板圆桶。贮存于干燥通风、阴凉处。严禁与有毒有害物质混运共贮。

参 考 文 献

[1] 李杜. 绿色保鲜杀菌剂噻菌灵生产工艺及产品研发. 山东省，山东美罗福农业科技股份有限公司，2017-03-04.
[2] 柴江波，高中良，张占萌，等. 噻菌灵的合成工艺研究[J]. 化学试剂，2016，38(12)：1235-1238.
[3] 柴江波. 噻菌灵的合成研究[D]. 河北工业大学，2016.

8.19 十二烷基二甲基苄基溴化铵

十二烷基二甲基苄基溴化铵(dodecyl dimethyl benzyl ammonium bromide)又称苯扎溴铵、新洁尔灭。分子式 $C_{21}H_{38}BrN$，相对分子质量 384.45。结构式为：

$$\left[\text{◯}-CH_2-\overset{\overset{\displaystyle CH_3}{|}}{\underset{\underset{\displaystyle CH_3}{|}}{N}}-C_{12}H_{25} \right]^+ Br^-$$

1. 性能

无色或淡黄色固体或胶体。易溶于水或乙醇，有芳香味，味极苦。强力振摇时，能产生大量泡沫。属季铵盐型阳离子表面活性剂。具有杀菌、消毒、去垢作用，作用力强，作用速度快。对金属制品无腐蚀作用，不污染衣物，性能稳定，易于保存。本品低毒，对组织无刺激性，无积累性毒性。大白鼠经口服 LD_{50} 为 400mg/kg。

2. 生产方法

十二醇与 HBr 在硫酸存在下制得溴化十二烷，然后与二甲基苄胺发生季铵化反应。

224

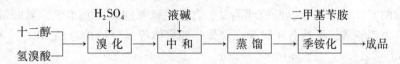

$$C_{12}H_{25}OH \xrightarrow[H_2SO_4]{HBr} C_{12}H_{25}Br$$

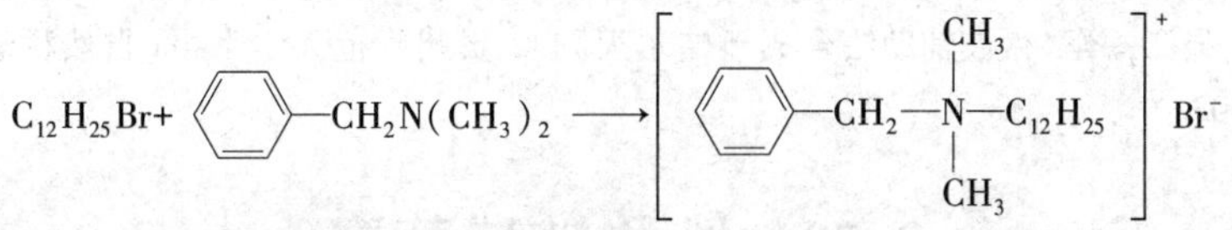

$$C_{12}H_{25}Br + \text{（苯基）}—CH_2N(CH_3)_2 \longrightarrow \left[\text{（苯基）}—CH_2—\overset{\displaystyle CH_3}{\underset{\displaystyle CH_3}{N}}—C_{12}H_{25} \right]^{+} Br^{-}$$

3. 工艺流程

十二醇／氢溴酸 → 溴化（H_2SO_4）→ 中和（液碱）→ 蒸馏 → 季铵化（二甲基苄胺）→ 成品

4. 操作工艺

将十二醇加入搪玻璃反应罐中，在搅拌和冷却条件下，缓慢加入硫酸，1h 后，加入氢溴酸。逐步升温至 90~95℃，持续搅拌反应 8h。反应完毕，静置后分去酸层，用稀碱液调节油层的 pH 值至 8 左右，分去碱液，再以 50% 的乙醇洗二次，经减压蒸馏，收集 140~200℃、166.6Pa 馏分，即可得溴代十二烷，收率可达 90% 以上。

在装有溴代十二烷的搪玻璃反应釜中，加入二甲基苄胺，搅拌加热至 80℃，再让反应物自然升温至 110℃，冷却，控制温度继续升高。搅拌反应持续 6h，得到十二烷基二甲基苄基溴化铵。收率可达 99%。

实验室制法：

在装有搅拌器的 500mL 圆底蒸馏烧瓶中，加入 117g 十二醇，在冷却和搅拌下，慢慢滴加 10mL 96% H_2SO_4，1h 后，通入 48g 氢溴酸，加热至 90~95℃，搅拌至反应完毕。静置并分去酸层。油层用碱液调至 pH=8 左右，分去碱层，用 50% 乙醇洗二次，减压蒸馏，收集 166.6Pa、140~200℃ 馏分，得溴代十二烷。将溴代十二烷放入烧瓶中，加入 73g 二甲基苄胺，搅拌加热至 80℃，反应放热，温度升至 110℃，控制在此温度反应 6h，反应至终点，得十二烷基二甲基苄基溴化铵。

5. 质量标准

含量（干基）/%	95.0~105.0	氯化合物	符合要求
水分/%	≤10.0	非季铵类物	符合要求

6. 用途

我国 GB 2760 规定可用于水果、蔬菜的防腐保鲜，最大使用量 0.07g/kg。本品为常用的阳离子表面活性剂，兼有杀菌和去垢效力，在医药上用作消毒防腐剂。稀释液可用于外科手术前洗手（0.05%~0.1%，浸泡 5min）、皮肤消毒和霉菌杀菌（0.1%）、黏膜消毒（0.01%~0.05%）、器械消毒（置于 0.1% 的溶液中煮沸 15min 后再浸泡 30min），忌与肥皂、盐类或其他合成洗涤剂同时使用，避免使用铝制容器，消毒金属器械需加 0.5% 亚硝酸钠防锈，不宜用于膀胱镜、眼科器械及合成橡胶的消毒。对革兰氏阴性菌及肠道病毒作用弱。对结核杆菌及芽孢无效。

7. 安全与贮运

生产中使用 HBr、二甲基苄胺等有毒或腐蚀性物品，设备应密闭，车间内保持良好通风状态，操作人员应穿好劳保用品。密封包装，贮于干燥、避光处。严禁与有毒有害物品混运共贮。

225

参 考 文 献

[1] 吴伟，朱芳，吴江，等. 微波辅助法合成新洁尔灭[J]. 贵州师范大学学报(自然科学版)，2014，32 (03)：101-103.

8.20 乳酸链球菌素

乳酸链球菌素(nisin)又称乳酸链球菌肽，含羊毛硫氨酸及甲基羊毛硫氨酸等 34 个氨基酸，羧基末端为赖氨酸。活性分子常为二聚体、四聚体等，分子式为 $C_{143}H_{228}O_{37}N_{42}S_7$，相对分子质量 3348。

1. 性能

白色或略带黄色的易流动结晶粉末，略带咸味。在水中的溶解度随 pH 值的下降而提高，pH 值为 2.5 时，溶解度为 12%；pH 值为 5.0 时，溶解度为 4%；在 pH 值大于或等于 7 时，几乎不溶解。产品中由于含有乳蛋白，其水溶液呈轻微的混浊状。小鼠经口服 LD_{50} 为 9260mg/kg(体重，雄性)，

在酸性条件下最稳定。热稳性在 pH 值小于 2.0 的稀盐酸中可经 115.6℃灭菌而不失活；当 pH 值超过 4.0 时，特别是在加热条件下，它在水溶液中的分解速度加快，活性降低；如 pH 值等于 5.0 时，灭菌后丧失 90% 活力。但当本品加入食品中后，由于受到牛奶、肉汤等大分子的保护，稳定性大大提高。

乳酸链球菌素是目前世界上唯一允许使用于食品防腐剂的抗菌素，其抗菌谱比较窄，只能有效地抑制引起食品腐败的革兰氏阳性菌，如肉毒杆菌、金黄色葡萄球菌、溶血链球菌及李斯特氏菌的生长和繁殖，尤其对产生孢子的革兰氏阳性菌和枯草芽孢杆菌及嗜热脂肪芽孢杆菌等有很强的抑制作用。而对革兰氏阴性菌、酵母、霉菌均无作用。

乳酸链球菌素对蛋白水解酶如胰蛋白酶、胰酶、唾液酶和消化酶特别敏感，但对粗制凝乳酶不敏感。乳酸链球菌素的抑菌机理在于它作为阳离子表面活性剂影响细菌孢膜和抑制革兰氏阳性菌的孢壁质的合成。当孢子发芽膨胀时，会因对乳酸链球菌素增加敏感而被杀灭，但在一般情况下它不能杀死细菌孢子。

乳酸链球菌素为多肽，食用后在消化道中很快被蛋白水解酶消化成氨基酸，不会改变肠道中的正常菌群，以及引起常用其他抗菌素会出现的抗药性，也不会与其他抗菌素出现交叉抗药性，无微生物毒性或致病作用，其安全性很高。

2. 生产方法

以酵母粉为原料，由乳酸链球菌在一定的条件下发酵。发酵液经蒸汽杀菌后再酸化、浓缩、过滤、盐析和喷雾干燥而得。一般多采用分批发酵法进行生产。

3. 工艺流程

4. 操作工艺

(1) 菌种筛选

乳酸链球菌广泛存在于天然牛奶、乳酪和酸奶中，取样时的样品吸取于鲜奶。用吸管从

样品吸取少量奶液，接种于灭过菌的脱脂奶管中，在恒温箱中于 30℃ 下增殖培养，直到脱脂奶凝固得增殖培养的凝乳。

将凝乳用吸管转接于无菌脱脂奶管中，于 30℃ 的恒温箱中培养，至脱脂奶凝固，反复转接活化，直至凝乳时间为 3~3.5h 为宜。

将活化好的样品逐级稀释至 10^{-7}，用无菌吸管吸取稀释液 1mL，放于无菌平皿中，30℃ 恒温培养 2~3 天，然后从平皿中挑取单菌落，转接于斜面培养基上，30℃ 恒温培养 2~3 天，最后进行鉴定。

菌种鉴定：镜检，杆菌者弃去，球菌进行革兰氏染色，呈阴性者弃去，阳性者进行葡萄糖发酵试验，须产生乳酸，且 VP 试验呈阴性，呈阳性弃去。所需菌种在 10℃、40℃ 下生长，45℃ 下不生长；在含 4%NaCl 的培养基中能生长，在含 6.5%NaCl 的培养基中不生长；在 pH 值 9.2 条件下能生长，在 pH 值 9.6 的条件下不生长；在含 0.1% 美兰的脱脂奶管中能生长，能由精氨酸产氨。满足上述条件者即所要筛选的菌株。

（2）发酵

不同的乳酸链球菌株，其效价也有显著的变化，所适应的发酵条件也各有所不同。在碳源上，最适合的主要为蔗糖和可溶性淀粉。最适氮源，主要为酵母膏，添加量 1% 左右。磷源一般认为 KH_2PO_4 最合适，活加量 ≤5%。菌株的高效价在很大程度上也依赖于硫源的存在，添加无机盐类如硫酸镁、硫代硫酸盐或含硫氨基酸如蛋氨酸、半胱氨酸等，均有较好效果。另外 Tween-80 对细胞的生长及乳酸链球菌株的产生均有利。

说明：

① 在各级培养及生产中，所用的培养基与一般发酵产品基本相同。菌种保藏及传代培养基组成为：多胨 0.5%，大豆蛋白胨 0.5%，酵母膏 0.25%，牛肉膏 0.5%，蔗糖 0.5%，抗坏血酸 0.05%，$NaHPO_4 \cdot 12H_2O$ 1.0%，$MgSO_4 \cdot 7H_2O$ 0.012%，琼脂 1.5%。

种子培养基和发酵培养基与菌种保藏及传代培养基都一样，但前者不加琼脂。近年将膜分离技术用于细胞培养工程，开发出过滤培养技术，即利用能截留细胞的微孔或超滤膜进行培养，因其通透性较强，可使细胞浓度提高数十倍。

② 过滤培养的简单过程如下：

将菌种活化、培养，在 30℃ 下发酵，间歇地加入碱溶液以维持发酵液 pH 值在 6.5 以上。开始发酵前 4h 为静止培养，4h 以后才开始过滤培养。

在过滤、培养系统中，发酵液经泵从发酵罐泵至中空纤维过滤装置过滤，滤液经阀流出。浓缩后的菌体返回发酵罐中，同时从贮罐中连续补充料液，维持一定量的发酵液。

发酵最适温度为 30℃ 左右，最适 pH 值为 5.0~5.5 或 6.5 左右。

（3）精制

一般采用的方法是：将 NaCl 饱和的乳酸链球菌发酵液经正丙醇提取 2 次，再用丙酮沉淀，经分离得到乳酸链球菌素粗制品。将粗制品溶于 0.05mol/L 乙酸-乙酸钠（pH 值为 3.6）缓冲溶液中，并用缓冲液透析 24h，离心后经柱层析，可使其效价及纯度大大提高，再经喷雾干燥、研细及用 NaCl 调整，即可制成乳酸链球菌素成品。

5. 质量标准

色泽	灰白	需气菌平板计数/（个/g）	≤10
含量/（I.U./mg）	≥900	大肠杆菌	阴性/25g

总砷/%	≤0.0003	沙门氏菌	阴性/25g
重金属/%	≤0.001	氯化钠/%	≥50
铅/%	≤0.0002	总活菌素/(个/g)	10
干燥失重/%	≤3.0	与其他抑霉剂鉴别试验	通过

6. 用途

我国 GB 2760 规定可用于罐装和植物蛋白饮料，最大使用量为 0.2g/kg；也可用于乳制品和肉制品，最大使用量为 0.5g/kg。

用于乳制品，如干酪、消毒牛奶和风味牛奶等，用量为 1~10mg/kg。用于罐头食品如菠萝、樱桃、苹果、桃子及青豆罐头等，能有效杀灭嗜热菌的芽孢。用于高酸罐头如西红柿罐头，可防止耐酸菌引起的腐败。在罐头食品中用量为 2~2.5mg/kg。用于熟食品，如布丁罐头、鸡炒面、通心粉、玉米油、菜汤及肉汤等，用量为 1~5mg/kg。用于啤酒中，可有效地阻止革兰氏阳性菌的污染。对于不经巴氏杀菌的散啤等，加入本品可延长其保存期。对于经巴氏杀菌的啤酒，加入本品可以减少灭菌时间，降低灭菌温度，保证啤酒的品质和风味。应用于葡萄酒等含醇饮料，可以抑制不需要的乳酸菌。用于豆奶、内酯豆腐等植物蛋白食品中，100mg/kg 的添加量，即可有效延长保质期。

用于熏肉、火腿及香肠等肉制品中不仅可以控制细菌的生长，还可降低亚硝酸盐的用量，加入 150~200mg/kg 可抑制杂菌生长；NaCl 浓度为 7% 时，加入 0.02% 即可。

7. 安全与贮运

内包装为双层食品塑料袋封口，加牛皮纸袋，外包装为木板圆桶。贮存于阴凉干燥、通风处。严禁与有毒有害物品混运共贮。

参 考 文 献

[1] 杨勇，赵阳娟，刘希，等. 乳酸链球菌素(Nisin)的生物合成研究进展[J]. 中国调味品，2022，47
   (12)：215-220.
[2] 王兆兰，李海军，王超，等. 乳酸链球菌素工业生产过程的稳定性研究[J]. 食品与药品，2022，24
   (01)：48-52.

8.21　2,4-二氯苯氧乙酸

2,4-二氯苯氧乙酸(2,4-dichlorophenoxyacetic acid) 又称 2,4-D。英文商品名有 hedonal、trinoxol。分子式 $C_8H_6Cl_2O_3$，相对分子质量 221.04。结构式为：

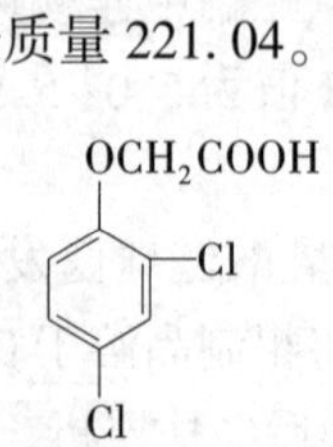

1. 性能

白色棱形结晶。熔点 138℃，沸点 160℃(53Pa)。溶于乙醇、乙醚、丙酮等有机溶剂，不溶于水。化学性质稳定，其钠盐为白色固体，熔点 215~216℃，可溶于水。大白鼠经口服 LD_{50} 为 375mg/kg。

228

2. 生产方法

苯酚氯化得到 2,4-二氯苯酚，然后与氯乙酸缩合，或先与氯乙酸缩合后经氯化，都能以满意的收率制得产品。

(1) 先氯化法

苯酚氯化生成 2,4-二氯酚，再在氢氧化钠催化下与氯乙酸缩合得 2,4-二氯苯氧乙酸钠，酸化后可得产品。

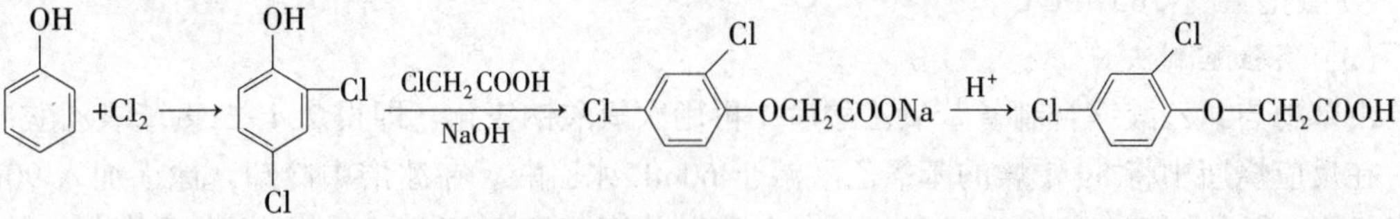

(2) 后氯化法

苯酚在氢氧化钠存在下与氯乙酸发生缩合。经酸化得到苯氧乙酸，然后与氯气发生氯化，得到 2,4-二氯苯氧乙酸。

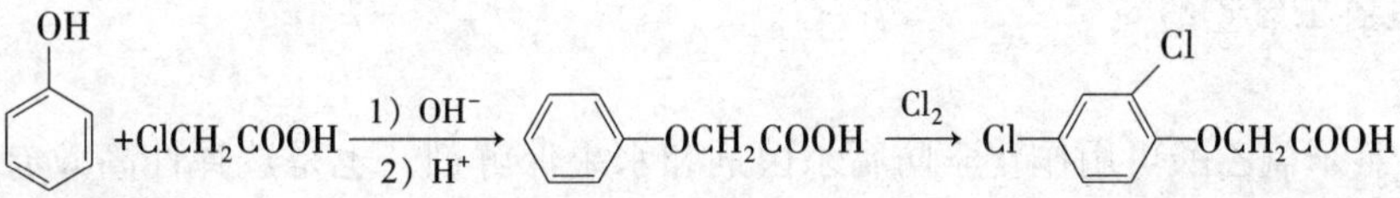

3. 工艺流程

(1) 先氯化法

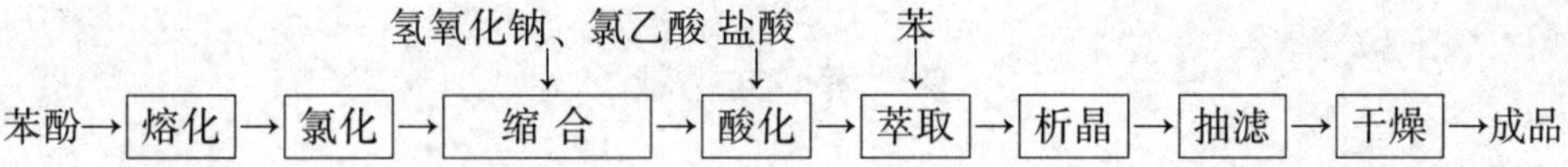

(2) 后氯化法

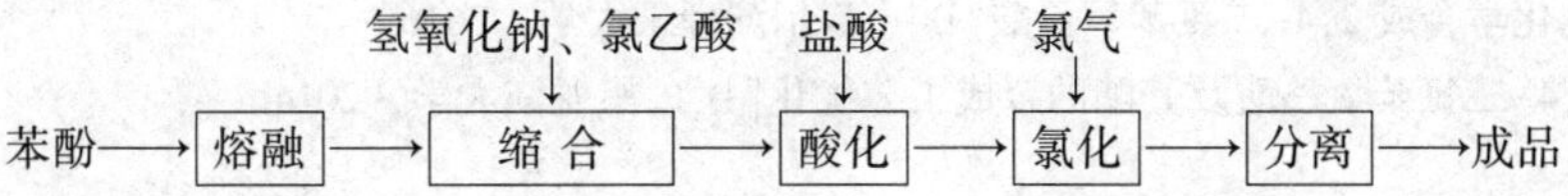

4. 操作工艺

(1) 先氯化法

先将苯酚熔化，加入氯化器中，冷却至 45~65℃，通氯气，控制通量并保持氯化温度 45~65℃。通氯 8~9h 后，取样测定相对密度，当相对密度达 1.406(40℃)，物料容积增加约 30%~33% 时为氯化终点。得 2,4-二氯酚。将 2,4-二氯酚于 50~70℃ 加入 30% 氢氧化钠溶液，加热至沸腾，滴加氯乙酸钠水溶液，回流缩合反应 4~5h，得浆状 2,4-二氯苯氧乙酸钠悬浮物。降温到 70℃ 左右加入 30% 盐酸酸化至 pH 值 1~3。然后加入苯萃取，使二氯苯氧乙酸全溶，趁热分出有机层，然后冷却，析出白色结晶。抽滤，干燥，得 2,4-二氯苯氧乙酸成品。

(2) 后氯化法

将苯酚置于反应釜，加热熔融，80℃ 趁热加入 30% 氢氧化钠，加热溶解后滴加氯乙酸钠溶液，加料完毕于 100~110℃ 下反应 30min。反应物冷却后，用盐酸中和，分离出苯氧乙酸，收率 82% 以上。

将苯氧乙酸加热至 65～90℃，缓慢通入氯气，通氯 7～8h，氯化产物即为 2，4-二氯苯氧乙酸，收率 89%。

工艺条件：

① 缩合反应物质的量之比：苯酚：氢氧化钠：氯乙酸＝1：2.2：1.2。

② 缩合反应时间：氯乙酸钠加料完毕，于 100～110℃反应 0.5h。

③ 氯化反应摩尔比：苯氧乙酸：氯气＝1：（1.4～1.6）。

④ 氯化温度：65～90℃。

（3）实验室制法

由苯酚与氯乙酸缩合制备苯氧乙酸后，再用次氯酸钠氯化，即得 2,4-二氯苯氧乙酸。

在反应烧瓶中将 5g 干燥的苯氧乙酸溶于 60mL 冰乙酸。在冰浴中冷却，徐徐加入 90mL 5.25%的次氯酸钠溶液（不能过量），并使反应温度升至室温以上。加毕放置片刻，加入 250mL 水，加酸酸化使对刚果红呈酸性。用 250mL 乙醚萃取，乙醚层用 15mL 水洗涤。再用 7.5g 无水碳酸钠溶于 75mL 的水溶液萃取。将碱性萃取液移于烧杯中，加 125mL 水，加酸使溶液对刚果红呈酸性反应，滤取析出的结晶。干燥的产物再用四氯化碳重结晶，得 2.5～3.0g 2,4-二氯苯氧乙酸。

5. 用途

2,4-二氯苯氧乙酸可用作化学防腐杀菌剂和水果保鲜剂，也是选择性高效有机除草剂。我国 GB 2760 规定可用于果蔬的保鲜，最大使用量为 0.01g/kg，残留量不大于 2.0mg/kg。

用于水果保鲜，多与促丁胺、多菌灵等防腐剂配合使用，使用量为 200～300mg/kg。可用 2,4-二氯苯氧乙酸溶液点蒂，或复配成合剂浸果。

参 考 文 献

[1] 朱晨，李珂，周密，等. 2,4-二氯苯氧乙酸合成工艺的研究进展[J]. 广东化工，2020，47(09)：87-88.

[2] 肖阳阳. 电化学合成 2,4-二氯苯氧乙酸[D]. 哈尔滨理工大学，2016.

[3] 张婉莹. 2,4-二氯苯氧乙酸及其酯的合成工艺优化[D]. 黑龙江大学，2014.

8.22 双 乙 酸 钠

双乙酸钠(sodium diacetate) 又称二乙酸一钠、双乙酸氢钠。分子式 $C_4H_7NaO_4$，相对分子质量 142.09。结构式为：

$$CH_3COOH \cdot CH_3COONa \cdot xH_2O$$

1. 性能

白色结晶性粉末。略有乙酸气味，易吸湿。极易溶于水，150℃分解。10%的水溶液 pH 值为 4.5～5.0。双乙酸钠与山梨酸等合用时具有良好的协同效用。毒性：小白鼠经口服 LD_{50} 为 3310mg/kg。

2. 生产方法

（1）乙酸-碳酸钠

乙酸与碳酸钠以摩尔比 4：1 反应，得到双乙酸钠。

$$4CH_3CO_2H + Na_2CO_3 \longrightarrow 2CH_3CO_2H \cdot CH_3CO_2Na + CO_2\uparrow + H_2O$$

（2）乙酸–氢氧化钠法

乙酸与氢氧化钠在105～125℃下进行液相反应，得双乙酸钠。

$$2CHCOOH+NaOH \longrightarrow CH_3COOH \cdot CH_3COONa$$

本法具有原料来源广，生产简便，反应时间短，排出"三废"量较少，回收率高，生产成本低等优点。

（3）乙酸–乙酸钠法

先将乙酸与45%的乙醇混合，再将乙酸钠缓缓加入。物料比可按1∶1∶1，并稍微加热。反应时间控制在30min，以95%的收率得双乙酸钠，但此法缺点是反应与精制过程中，乙醇损失量较大。

$$CH_3COOH+CH_3COONa \xrightarrow{45\%乙醇} CH_3COOH \cdot CH_3COONa+H_2O$$

（4）乙酸–乙酸酐–碳酸钠反应法

将乙酸与乙酸酐先行混合，然后缓缓加入碳酸钠，反应得乙酸钠。

$$2CH_3COOH+(CH_3CO)_2O+Na_2CO_3 \longrightarrow 2CHCOOH \cdot CH_3COONa+CO_2 \uparrow$$

需要注意反应时产生二氧化碳，加料必须缓慢和均匀，以避免冲料。本法反应时间一般长达4～6h，收率较低（大约在80%），因此生产成本较高。

3. 操作工艺

（1）乙酸–乙酸钠法

该制备方法有气相和液相之分。气相法用氮气或四氯化碳作流体介质，反应物在20～200℃下流化反应。气相法生产能力大，但需要严格控制生产条件，还需回收废气中的酸，实际应用不多。液相法具体工艺为在45%乙醇介质中，加入比例为（1.05～1.15）∶1的乙酸和乙酸钠反应混合物，控制反应温度为65～95℃，反应0.5～1.5h，然后冷却结晶、过滤、干燥即得成品。生产过程尚需加入吸水性的抗结块剂，如硅铝酸钠、碳酸钙、硅酸钙、硬脂酸钙等。液相法生产工艺简单，操作方便，反应时间短，产品收率高达95%，原料易得，成本低廉，基本无三废排放，是一种比较好的操作工艺。

液相反应：将8.2g乙酸加入50mL 50%的乙醇。搅拌均匀后加热至60℃，开始滴加6.0g乙酸钠，继续于60～80℃搅拌反应4h。然后冷却至室温，静置结晶，过滤得白色晶体物，滤液浓缩后结晶，烘干得双乙酸钠13.3g，收率93.7%。

气相反应：以氮气或四氯化碳为流动介质，将乙酸钠和乙酸按化学计量在流化床反应器中、20～200℃下反应制得双乙酸钠。此生产能力大，但条件控制严格，废气中的酸必须回收。

（2）乙酸–乙酐与碳酸钠法

将27.6碳酸钠加入25.2mL的乙酐，混合均匀后分批加入39mL乙酸。搅拌一定时间后，经静置、干燥得产品。也可将碳酸钠15.9g和9mL水投入反应瓶，搅拌混合升温至40℃，开始交替滴加冰乙酸18.0g和乙酐15.5g，滴完继续于70℃反应3h。冷却至室温，结晶过滤，滤液浓缩再结晶。合并两次晶体，烘干得产物，收率为96.5%。

4. 质量标准

指标名称	FAO/WHO	FCC（Ⅳ）
游离乙酸含量/%	39.0～41.0	39.0～41.0
乙酸钠含量/%	58.0～60.0	58.0～60.0

水分/%	≤2	≤2.0
pH 值(10%溶液)	4.5~5.0	—
甲酸及易氧化杂质/%	<痕量	≤0.2
醛类	<痕量	—
重金属(以 Pb 计)/%	≤0.001	≤0.0010
砷/%	≤0.003	—

5. 用途

用作防腐剂、防霉剂、螯合剂。我国 GB 2760 规定可用于谷物和即食豆制食品,最大使用量为 1g/kg。也可作为螯合剂和饲料添加剂。

6. 安全与贮运

采用双层食用级塑料袋作内包装,封口,再加牛皮纸。外包装为木板圆桶,贮存于阴凉、干燥、通风处。严禁与有毒有害物品共运混贮。

参 考 文 献

[1] 曹强,杨茜. 双乙酸钠的合成与应用前景[J]. 价值工程,2019,38(29):286-287.
[2] 吴良彪,王建荣. 用乙酸-乙酸钠法制备双乙酸钠的工艺研究[J]. 广州化工,2015,43(24):112-113.
[3] 李爱江,高辉耀. 食品添加剂双乙酸钠的合成工艺及检测方法[J]. 粮油加工(电子版),2015,(10):48-51.

8.23 乙二胺四乙酸二钠

乙二胺四乙酸二钠(ethylenediamine tetraacetic acid disodium salt)又称 EDTA 二钠盐、托立龙 B、螯合剂Ⅲ。其分子式为 $C_{10}H_{14}N_2Na_2O_8$,相对分子质量 336.21。结构式为:

$$\begin{array}{ccc} HOOCCH_2 & & CH_2COONa \\ & NCH_2CH_2N & \\ NaOOCCH_2 & & CH_2COOH \end{array}$$

1. 性能

白色结晶性粉末。能溶于水和酸,难溶于乙醚,乙醇。2% 的水溶液 pH=4.7。本品低毒,大白鼠经口服 LD_{50} 为 2.0g/kg。

2. 生产方法

(1) 乙二胺-氯乙酸法

乙二胺与四分子氯乙酸在碱存在下缩合,得乙二胺四乙酸二钠。

$$H_2NCH_2CH_2NH_2 + 4ClCH_2COOH \xrightarrow{NaOH} \begin{array}{ccc} NaOOCCH_2 & & CH_2COOH \\ & NCH_2CH_2N & \\ HOOCCH_2 & & CH_2COONa \end{array}$$

(2) 碱溶法

由乙二胺四乙酸碱溶即得

$$(HOOCCH_2)_2NCH_2CH_2N(CH_2COOH)_2 \xrightarrow{NaOH} \begin{array}{ccc} NaOOCCH_2 & & CH_2COOH \\ & NCH_2CH_2N & \\ HOOCCH_2 & & CH_2COONa \end{array}$$

3. 操作工艺

（1）乙二胺-氯乙酸法

在反应器中，加入 50 份冰、50 份氯乙酸和 67.5 份 30% 氢氧化钠溶液，搅拌混合均匀。在搅拌下，加入 9 份 84% 的乙二胺，加料完毕，在 15℃ 下保温反应 1h。分批缓慢加入 30% 的 NaOH 溶液，至反应料呈碱性为止，并于室温下保持 10~12h。加入活性炭，于 90℃ 脱色 0.5h。趁热过滤，滤液用盐酸调 pH 值至 4.5。于 90℃ 下浓缩，过滤，滤液冷却析晶，离心分离，洗涤，于 70℃ 下烘干，得 EDTA 二钠盐。

（2）碱溶法

在 2000L 搪瓷反应锅中，加 292kg 乙二胺四乙酸、120L 水，在搅拌下加入 290kg 30% 氢氧化钠溶液，加热至全部反应，加盐酸至 pH=4.5，加热至 90℃ 浓缩，过滤，滤液冷却，滤出结晶，水洗，于 70℃ 烘干，得 EDTA 二钠。

4. 质量标准

含量/%	≥99.0	重金属（以 Pb 计）/%	≤0.002
1% 水溶液 pH 值	4.3~4.7	铅/%	≤0.001
氮川三乙酸试验	阴性	砷/%	≤0.0003

5. 用途

用作稳定剂、抗氧化剂。我国 GB 2760 规定可用于罐头和酱菜，最大使用量为 0.25g/kg。是一种重要络合剂，用于络合金属离子和分离金属，也可用于洗涤剂、液体肥皂、洗发剂、彩色感光材料冲洗加工漂白定影液、净水剂、pH 调节剂、阻凝剂等。

参 考 文 献

[1] 郝飞，李红路，李玉顺，等. 高品质乙二胺四乙酸四钠生产工艺研究[J]. 精细与专用化学品，2019，27(11)：31-33.

8.24　吗啉脂肪酸盐

吗啉脂肪酸盐（morpholine fatty acid salt）又称果蜡。其商品通常为乳液，由吗啉脂肪酸盐 2.5%~3%、天然棕榈蜡 10%~12%、水 85%~87% 组成。

1. 性能

其商品果蜡为淡黄色至黄褐色的油状或蜡状物质。吗啉脂肪酸盐，随脂肪酸碳链长度不同，其性状不同。高级脂肪酸者为固体，低级脂肪酸者为液体。微有氨臭，混溶于丙酮、苯和乙醇，可溶于水，在水中溶解量多时呈凝胶状。

2. 生产方法

二乙醇胺用硫酸脱水环合得吗啉，再与脂肪酸中和成盐，得吗啉脂肪酸盐。吗啉脂肪酸盐加蜡、乳化剂和水制得果蜡。

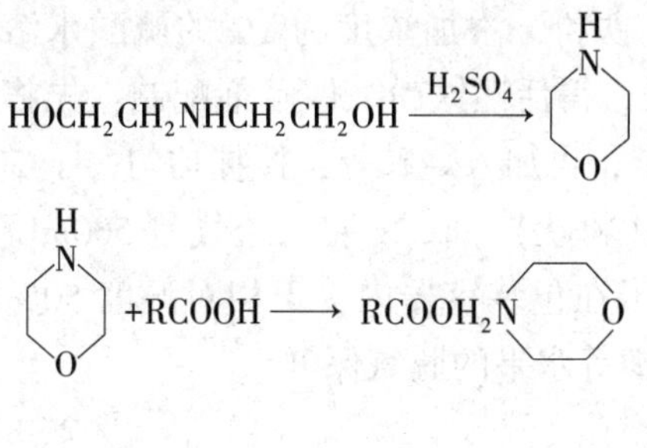

233

3. 工艺流程

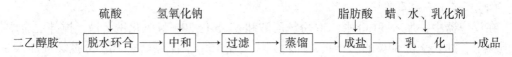

二乙醇胺 ──→ 脱水环合 ── 中和 ──→ 过滤 ──→ 蒸馏 ──→ 成盐 ──→ 乳　化 ──→成品

（脱水环合上方：硫酸；中和上方：氢氧化钠；成盐上方：脂肪酸；乳化上方：蜡、水、乳化剂）

4. 生产工艺

将二乙醇胺加入反应锅中，控制在 60℃ 以下，滴加硫酸，加料完毕，升温至 185～195℃，保温反应 0.5h。然后冷却至 60℃ 以下，滴加氢氧化钠进行中和，至 pH 值为 11。冷却后过滤去渣。滤液精馏，收集 126～129℃ 馏分，制得吗啉，然后加水配成 90% 溶液，再加入脂肪酸，反应生成对应的盐。反应物在 20～30℃ 下静置后蒸去水分，得到吗啉脂肪酸盐。

将吗啉脂肪酸盐加蜡、乳化剂和水混合乳化制得果蜡。

5. 质量标准（果蜡）

固体物含量/%	12～13	重金属（以 Pb 计）/%	≤0.002
黏度/Pa·s	0.0004～0.001	耐冷稳定性	合格
砷/%	≤0.0001		

6. 用途

用作水果被膜剂，可用于水果保鲜，仅供涂膜，不直接食用。在实际使用中，可涂刷、喷雾、浸渍，常用剂量为 1kg/t。我国 GB 2760 规定可用于水果保鲜，按生产需要适量使用。

参 考 文 献

[1] 颉敏华，刘刚，张永茂. 纳米 SiO_x 保鲜果蜡研制[J]. 食品科学，2003，24(7)：146.

[2] 姜楠，王蒙，韦迪哲，等. 果蜡保鲜技术研究进展[J]. 食品安全质量检测学报，2015，6(02)：596-601.

[3] 吴旖，赵斌，王琼. 保鲜果蜡制备技术研究进展[J]. 广东农业科学，2010，37(07)：134-135.

8.25　食品脱氧保鲜剂

1. 性能

脱氧保鲜剂是以铁粉为主的复配物，或以抗氧化剂（如酚类衍生物）为主的复配物。

2. 工艺配方

配方一

活性铁粉	10.0	聚乙烯醇	20.0
氢氧化钠	20.0	水	4.0
无水氯化钙	0.5		

铁粉的预处理：取 10kg 铁粉，添加浓度为 1% 的硫酸水溶液 3L，搅拌使其充分接触，再经 40～120℃ 逐渐升温干燥，得活性铁粉。保鲜剂配制：先将聚乙烯醇加入水中，加热至 80～90℃，搅拌使其溶解完全，再加入烧碱等，搅拌均匀，于 50～80℃ 下减压干燥至水分含量 ≤0.2%，得到脱氧保鲜剂（粉状）。取 2g 装入透气量 500mL/(m²·h) 的有孔聚乙烯薄膜袋，密封后即为成品。适用于在包装容器内，于相对湿度 50% 以上的环境中脱氧，用作蛋糕、面包等食品和苹果、杨梅等水果的脱氧保鲜。

配方二

活性铁粉	10.0	藻酸钠	40.0
氢氧化钠	20.0	水	4.0
氯化钠	0.9		

该配方中的藻酸钠的作用与配方一中的聚乙烯醇类似。制备方法与配方一类似。

配方三

活性铁粉	10.0	聚乙烯醇	20.0
氯化钠	0.8	水	4.0
氢氧化钠	10.0		

制备方法与配方一类似。

配方四

邻苯二酚	5.0	丙三醇	25.0
氯化亚铁	5.0	二氧化硅粉	15.0
氢氧化钙	25.0	水	15.0
活性炭	5.0		

将各物料投入搅拌机内,于氮气保护下均质 0.5h,出料,用纸袋或透气量 $500mL/(m^2 \cdot h)$ 的聚乙烯薄膜袋(按最低使用量)分装,然后密封在大薄膜袋内备用。一般 500mL 容器内装 2~4g 即可达到脱氧保鲜作用。

配方五

邻苯二酚	5.0	丙三醇	25.0
氯化亚铁	5.0	二氧化硅粉	20.0
氢氧化钙	25.0	水	15.0

制备方法与配方四相同。

配方六

单宁酸	5.0	丙三醇	25.0
氯化亚铁	5.0	二氧化硅粉	20.0
氢氧化钙	25.0	水	15.0

制备方法与配方四相同。用于食品和水果的脱氧保鲜。

参 考 文 献

[1] 林文庭. 含铁型脱氧保鲜剂研究[J]. 中国食品卫生杂志, 2008, (01): 12-15.

[2] 张兆红. 脱氧剂在食品保鲜中的作用[J]. 河南科学, 2001, (02): 212-214.

8.26 食品防腐剂

1. 性能

食品在存放期间,易被细菌(微生物)污染而腐败变质。食品防腐剂根据不同的食品设计不同的配方,对食品的防霉、防腐和杀菌具有良好的功效。

2. 工艺配方

配方一

咪唑烷基脲	6.0	尼泊金甲酯	2.0
丙二醇	11.2	尼泊金丙酯	0.6

将各物料溶于50℃的丙二醇中，分散均匀即得罐头食品防腐剂。用量0.1%~0.6%。

配方二

二亚硫酸钠	4.5	氢氧化钙	18.0
活性炭	9.0		

将各物料研磨过筛，按配方比混合均匀得鲜肉防腐保鲜剂。

配方三

山梨酸钾	8.0	甘油单脂肪酸酯	20.0
六偏磷酸钠	20.0	亚硝酸钠	0.12

将各组分按比例混合均匀得火腿防腐剂。适用于火腿、香肠等猪肉制品抗菌防腐。用量0.2%~0.5%。

配方四

柠檬酸	0.5	乙醇(95%)	54.2
乳酸	1.4	蒸馏水	42.0
乳酸钠	2.0		

该配方为畜肉防腐剂。

配方五

山梨酸	4.8	葡萄糖-δ-内酯	2.0
明矾	1.0	甘油	0.5
乙酸钠	1.5	蒸馏水	1000.0

将各组分溶于水中，加入甘油，分散均匀得畜禽肉防腐剂。适用于鸡、鸭、鹅、兔等肉的防腐保鲜。使用时将畜禽肉置于本剂中浸渍3~5min即可。

配方六

山梨酸	5.0	聚乙二醇	2.0
羟乙基酰胺	0.4	水	172.6
丙二醇	2.0		

将各组分溶于水中即得鲜鱼防腐保鲜剂。将鲜鱼表面涂覆一层本剂即可达到防腐保鲜效果。

配方七

山梨酸	99.97	蔗糖酯	0.03

配方八

DL-苹果酸	0.1	乙酸(95%)	73.2
甘氨酸	0.4	蒸馏水	26.3

配方九

无水磷酸三钠	11.6	山梨酸钠	66.0
富马酸	2.8	甘油单脂肪酸酯	46.2

配方七、配方八、配方九为普通食品防腐剂。

配方十

天然生育酚	1.0	甘油单脂肪酸酯	20.0
蔗糖酯	1.4	蒸馏水	173.0
脱水山梨醇脂肪醇酯	4.0		

将各物料溶于水中，得调味品防腐剂。可用于豆瓣酱、辣酱、腐乳等作防腐防霉剂。

配方十一

蛋壳粉	30.0	氢氧化钠	3.3
碳酸氢钠	14.0	食醋(10%)	适量

将各组分加入含乙酸10%的发酵食醋中，溶解分散均匀，制成乙酸浓度5%、pH值4~8的酱油防腐保鲜剂。使用量3%~5%，加入酱油中于75℃水溶处理15min。

配方十二

丙酸钠	27.0	脂肪酸	1.8
葡萄酸-δ-内酯	27.0	玉米淀粉	5.2

将各组分按配方比混合均匀得西点防腐保鲜剂。

配方十三

焦亚硫酸钾	97.0	硬脂酸钙	1.0
硬脂酸	1.0	淀粉	1.0

将各物料混合均匀即得水果防腐剂。

配方十四

酪蛋白	2.0	蜜蜂蜡	10.0
蔗糖脂肪酸酯	1.0		

将各物料分散于熔融的蜡中，得果蔬防腐剂。可涂覆于果蔬表面。

配方十五

阿拉伯胶	40.0	蜜蜂蜡	140.0
蔗糖脂肪酸酯	2.0		

将各物料加热熔混，分散均匀，得果蔬防腐剂。使用时涂覆在果蔬表面。

配方十六

苯甲酸钠	50.0	丙二醇	100.0
尼泊金丁酯	10.0		

将各物料分散于丙二醇中，得清凉冷饮用防腐剂。

参 考 文 献

[1] 杨芝，曾晓昕，黄建恒. 新时期天然食品防腐剂在食品中的应用研究[J]. 食品安全导刊，2023，(10)：153-155.

[2] 余春平，许春芳. 食品防腐剂的应用及发展建议[J]. 江苏调味副食品，2022，(04)：7-9.

8.27　生育酚食品防腐剂

1. 性能

生育酚(又称维生素E)不仅是一种药物，而且可用作食品抗氧防腐剂。见日本公开特许88-152965。

2. 工艺配方

维生素E	30.0	山梨醇(70%)	118.0
芝麻油	6.0	乙醇	10.0
甘油红花单酸酯	2.0	水	34.0

3. 操作工艺

将各物料充分混合乳化即得食品防腐剂。

4. 用途

可用于蔬菜、水果、鱼类、贝类、火腿、香肠、冷冻食品、面食类的防腐保存。使用量0.1%。

参 考 文 献

[1] 王东跃,孙瑾,陈艳燕,等. 推进防腐剂、抗氧剂的新发展[J]. 中国食品添加剂,2008,(03):41-44.

第9章 增 稠 剂

9.1 增 稠 剂

　　食品增稠剂是一类能提高食品黏稠度、保持体系相对稳定的亲水性物质。食品增稠剂也称糊料、水溶胶、食用胶，一般都是亲水性高分子化合物，具有胶体性质。它能改善食品的物理性能，赋予食品黏润、适宜的口感，有乳化增稠、胶凝、保水稳定或使呈悬浮状的作用。增稠作用可提高食品静置状态下的黏稠度，使原料容易从容器中挤出或更好地粘着在食品上，使食品有柔滑口感，在鱼、肉糜等压模食品中起胶黏作用。琼脂是目前较好的胶凝剂和赋型剂，其凝胶坚实、硬度较高，但弹性较小。明胶凝胶坚韧而富有弹性，能承受一定的压力。海藻酸钠胶凝条件低，其热不可逆，特别适用于人造营养食品。果胶在胶凝时能释放一种较好的香味，适用于果味食品。其稳定作用可使加工食品组织更趋于稳定状态，使食品内部组织不易变动，因而不易改变品质，在淀粉食品组织中有防老化作用，在糖果制品中可防止结晶析出，在饮料、调味品和乳化香精中具乳化稳定作用，在啤酒、汽酒中有泡沫稳定作用。由于亲水性增稠剂有强烈的吸水性，在肉制品、面包、糕点等食品中，它不仅能起到组织改良作用，而且可使水分不能挥发，使食品保持一定的水分含量，既提高了产品产量，又增加了口感。此外，增稠剂还具有控制结晶、保鲜、保香作用。

　　增稠剂按来源可分为天然和合成（包括半合成）两大类。已列入 FAO/WHO 食用标准量说明书中的常见增稠剂有淀粉、琼脂、海藻酸、海藻酸钾、海藻酸铵、海藻酸钙、海藻酸丙二醇酯、食用明胶、酪朊酸钠、阿拉伯胶、果胶、罗望子胶、田菁胶、刺槐豆胶、卡拉胶、羟甲基纤维素、微晶纤维素、黄蓍胶、甲壳素、瓜尔胶、槐豆胶、黄原胶等等。淀粉是最早使用的食品增稠剂，各国正在开发品种繁多的改性淀粉，原淀粉和各种改性淀粉是用量最大的食品增稠剂。

　　食品增稠剂大都是天然高分子化合物，其性质与很多因素有关，一是增稠剂本身的结构因素，二是溶液体系的性质。一般来说，在溶液中容易形成网状结构或具有较多亲水基团的增稠剂都具有较高的黏度。同一种增稠剂，相对分子质量越大，相同质量浓度的体系黏度越大。增稠剂浓度增大，黏度都会或多或少地有所增加。离子性增稠剂的黏度性质受体系电解质 pH 值的影响比非离子增稠剂的要大。例如，海藻酸钠在 pH=5~10 时黏度稳定；在 pH 值小于 4.5 时，初始黏度显著增加，同时海藻酸分子也发生酸催化降解，黏度逐渐下降；pH 值进一步下降至 2~3 时，海藻酸沉淀析出，而此时海藻酸丙二醇酯出现最大黏度。黄原胶尽管也是离子性分子，但其结构特殊，分子中有较多的侧链，具有独特的耐酸、耐碱和耐电解质性质。其他有较多侧链的高分子物质，如海藻酸丙二醇酯，也有类似的性质。一般增稠剂溶液在温度上升时，黏度下降，温度下降时黏度上升，很多高分子物质在高温下发生降解，特别是在酸性条件下，黏度发生永久性下降。因此，只有充分了解不同增稠剂在不同条件下的特性，全面考虑使用条件、添加时机、加入方式，才能有效发挥食品增稠剂的使用效果。

参 考 文 献

[1] 刘军，殷茂荣，王延东，等. 我国食品增稠剂产品标准与检测方法现状[J]. 中国卫生检验杂志，2016，26(17)：2582-2584.

[2] 马红燕，康怀彬，李芳，等. 食品增稠剂在乳制品加工中的应用[J]. 农产品加工，2016，(02)：57-61.

[3] 白永庆，张璐. 食品增稠剂的种类及应用研究进展[J]. 轻工科技，2012，28(02)：14-16.

[4] 王敏，王倩，吴荣荣. 食品增稠剂的复配研究[J]. 中国酿造，2008，(12)：13-14.

9.2　羧甲基淀粉钠

羧甲基淀粉钠(sodium carboxymethyl starch)又称羧甲基淀粉、淀粉乙酸钠、CMS-Na。羧甲基淀粉钠是构成淀粉的葡萄糖单元上的羧基与羧甲基形成醚键的淀粉的一种重要衍生物。结构式为：

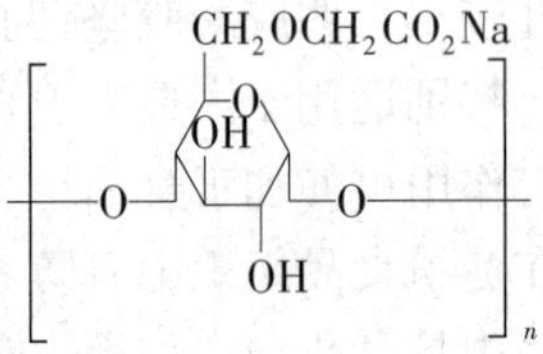

$$n = 100 \sim 200$$

1. 性能

白色或微黄色粉末，无臭，有较高的松密度。吸水性极强，吸水可膨胀 $200 \sim 300$ 倍。可溶于冷水成无色透明的黏稠溶液，1%水溶液的 pH 值为 $6.7 \sim 8.0$，不溶于甲醇、乙醇等其他有机溶剂。易受 α-淀粉酶的作用，羧甲基淀粉钠水溶液的黏度高，在碱性和弱酸性溶液中稳定，但在强酸性溶液中生成沉淀。羧甲基淀粉的钠离子可被二价(Ca^{2+}，Ba^{2+}，Pb^{2+}等)、三价金属置换生成不溶性沉淀。水溶液在80℃以上长时间加热，会引起黏度降低。水溶液长期在空气中暴露会部分被细菌分解，导致黏度降低。小白鼠经口 $LD_{50} > 1g/kg$。

2. 生产方法

在氢氧化钠存在下，淀粉与氯乙酸发生醚化反应，生成羧甲基淀粉钠。

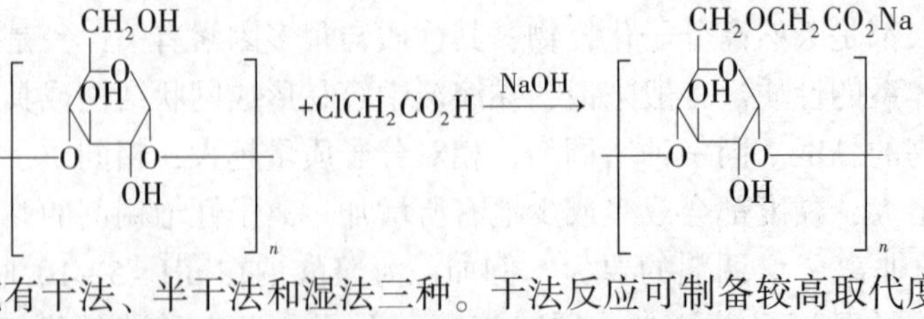

具体操作工艺有干法、半干法和湿法三种。干法反应可制备较高取代度的产品。将干淀粉、固体氢氧化钠粉末、固体一氯乙酸按一定比例加入反应器中，充分搅拌，升温到一定温度，反应 30min 左右即可得产品。干法反应的优点是反应收率高、操作简单，操作成本低，操作过程中没有废水排放。但产品中含有杂质，如氯化钠等，此外反应装置的要求高，产物的均匀度差。这里主要介绍湿法。

3. 工艺流程

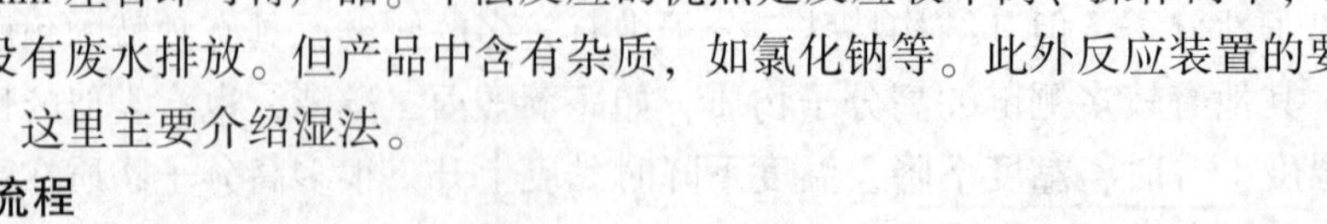

4. 操作工艺

在配料锅中，将淀粉分散于乙醇或水–乙醇的混合溶剂中，加入氢氧化钠，搅拌均匀，升温，于40℃左右的温度下保温1h，生成碱性淀粉。加入氯乙酸，于60℃左右进行羧甲基化反应4~8h。反应结束后稍加冷却，用酸中和至pH=7~8，过滤后用醇–水溶剂洗涤，除去盐类物质。最后经干燥、粉碎得产品。

说明：

① 湿法操作羧甲基淀粉钠又分为水法和有机溶剂法，前者一般不能操作取代度大于0.1的产品。制备高取代度的产品一般用有机溶剂法，选用乙醇或异丙醇等作分散剂。用水作分散介质时，淀粉与NaOH的物质的量比为1:0.005左右。若用乙醇作分散介质时，淀粉与NaOH的摩尔比需要大得多。在淀粉醚化反应阶段，用95%酒精作分散介质时，可采用NaOH过量。用乙醇作分散剂时，虽可得到较高的黏度，但淀粉容易形成海绵状的聚合物，使后处理难度增加。

② 根据不同产品需求（取代度大小）确定淀粉、氢氧化钠和氯乙酸的摩尔比。

5. 质量标准

指标名称	日本食品添加物公定书	FAO/WHO
氯化物（以 Cl^- 计）/%	≤0.43	—
硫酸盐（以 SO_4^{2-} 计）/%	≤0.86	—
盐酸不溶物/%	≤1.0	—
铅/%	≤0.002	≤0.004
砷/%	≤0.0004	≤0.0003
干燥失重/%	≤10	≤20
2%水溶液 pH 值	6.5~8.5	≤10（以干基计）
pH 值	6.0~8.5	—

6. 用途

增稠剂、稳定剂和乳化剂。我国GB 2760规定可用于酱类、果酱，最大使用量为0.1g/kg；也可用于面包，最大使用量为0.02g/kg；还可用于冰淇淋，最大使用量为0.06g/kg。

7. 安全与贮运

操作中使用的氯乙酸有毒。产品采用食品级塑料袋为内包装，外包装为纸桶。贮存于阴凉干燥处，严禁与有毒有害物品混运共贮。

参 考 文 献

[1] 刘跃平，哈成勇. 羧甲基淀粉的应用与合成[J]. 化学世界，2003，44(7)：388-390，392.

[2] 王涛，葛福芃. 羧甲基淀粉钠工业品生产过程影响因素的探讨[J]. 淮南工业学院学报，2002，(04)：53-56.

[3] 杨连生，林勤保. 羧甲基淀粉的生产与性质[J]. 食品与机械，1996，(02)：33.

9.3　羧甲基纤维素钠

羧甲基纤维素钠（sodium carboxymethyl cellulose）是棉纤维素与羧甲基的醚化高分子化合物，又称羧甲基纤维、CMC、CMC–Na。分子式 $(C_{18}H_{11}NaO_7)_n$，$n=100~2000$。结构式为：

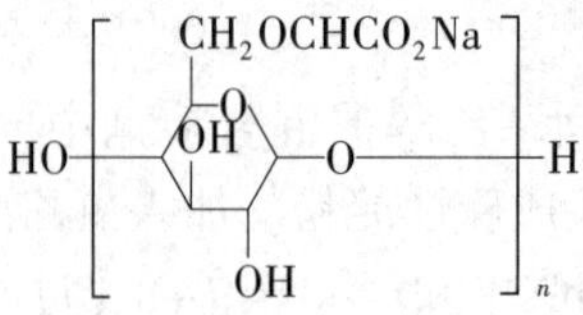

1. 性能

白色粉末，粒状或纤维状。相对密度 1.60。无味、无臭。易溶于水，并形成透明黏胶体，在中性或微碱性时为高黏度液体。对化学药品、热稳定。具有润湿性，有良好的分散性和结合力，是一种强力乳化剂。褐变温度 226~228℃，炭化温度 252~253℃。小白鼠经口服 LD_{50} 为 27g/kg。

根据黏度所反映的聚合度 n，可将产品分为三级：高黏度型（1%水溶液，黏度 >2000mPa·s）；中黏度型（2%水溶液，黏度 300~600mPa·s）；低黏度型（2%水溶液，黏度 25~50mPa·s）。其溶解性能与纤维素中的羟基被羧甲基醚化的程度（或取代度）有关。若取代度大于 1.2，可溶于有机溶剂；取代度为 0.4~1.0 时，可溶于水；<0.4 时，可溶于碱溶液。

2. 生产方法

将棉纤维与 NaOH 反应生成碱纤维素，然后与一氯乙酸进行醚化反应。反应溶剂可以是水、丙醇、乙醇。

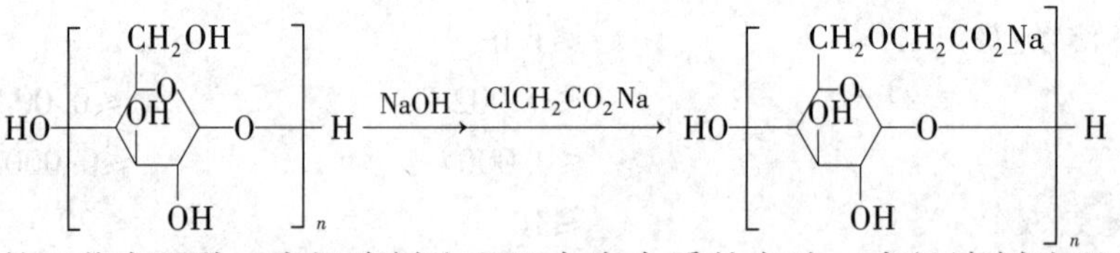

国内采用的工艺有两种：有机溶剂法和以水为介质的方法。有机溶剂法以乙醇为溶剂。将精制棉置于捏合机中，碱液按一定的流量喷入捏合机中，使纤维充分膨化，同时加入适量的乙醇，碱化温度控制在 30~40℃，时间 15~25min。碱化完全后喷入氯乙酸乙醇溶液，于50~60℃醚化 2h。再用盐酸乙醇溶液中和、洗涤以除去氯化钠，用离心机脱醇去水，最后经干燥和粉碎得成品。

以水为介质的方法是传统的方法，先将精制棉投入捏合机中，用 18%~19% 的碱液喷入捏合机中，于 30~35℃下使精制棉碱化生成碱纤维素，然后用固体氯乙酸钠进行捏合醚化。前 1~2h 温度控制在 35℃以下；后 1h 温度控制在 45~55℃。再经一段时间熟化，醚化完全后干燥，粉碎得羧甲基纤维素钠。

3. 工艺流程

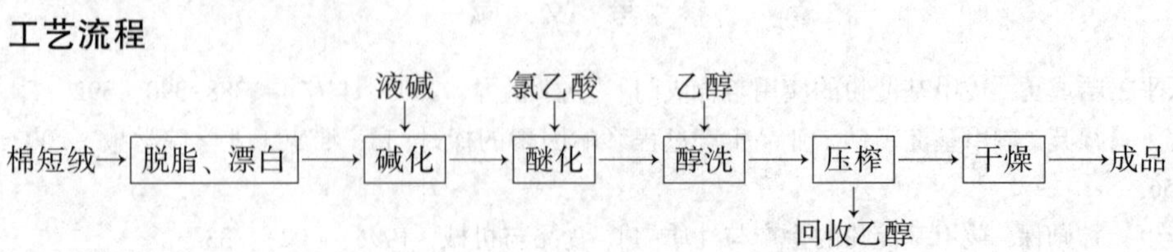

4. 操作工艺

这里介绍中黏度型 CMC 的操作工艺。将脱脂、漂白的纤维素（棉短绒）20 份投入碱化锅中，加入约 160 份 34% 的液碱，使其浸没。浸泡 30min 左右，取出。液碱可以循环使用，但应不断补充新的液碱，保持碱的浓度和容量。将浸泡的纤维素移至平板压榨机上，以 14MPa 压力压出碱液，得到碱化棉。

将碱化棉投入醚化锅中，加入90%乙醇30份，开动搅拌，缓缓滴加16份氯乙酸溶于16份90%乙醇形成的溶液，夹套中通冷却水，保持反应温度35℃以下，于2h内加完氯乙酸。然后于40℃条件下捏合搅拌反应3h。取样检查反应终点。达终点后，加70%乙醇240份于醚化棉中。搅拌0.5h。滴加几滴酚酞指示剂，物料应呈红色。加稀盐酸中和至料液pH值达7.0。过滤去酒精(回收)。再用70%乙醇240份、2次洗涤，每次搅拌0.5h后再过滤，压滤的乙醇回收利用。最后使滤饼中乙醇含量低于27%~30%。然后将醚化棉扯松，在通风条件下于≤80℃下干燥6h，干燥品经粉碎得到成品。

说明：

① 醚化反应可用喷淋方式向碱化棉中加入氯乙酸溶液。醚化开始通水冷却，加料完毕改通热水。

② 终点测定：将醚化样品用水溶解，全部溶化无杂质，则达终点。

③ 有机溶剂法，按溶剂用量多少，又可分为捏合法和淤浆法。捏合法溶剂的用量为纤维素的2.0~3.0倍，淤浆法中溶剂的用量为纤维素的10~30倍。溶剂法中使用的溶剂有四种类型，一是与水和碱液均没有相溶性的苯、氯甲烷等；二是与水有相溶性但与碱液不相溶的溶剂，如丙酮、异丙醇等；三是与水和碱液均有相溶性的溶剂，如乙醇、甲醇等；四是前三种溶剂的组合。溶媒法以有机溶剂为反应介质，反应过程中的传热、传质较好，主反应快，副反应少。一氯乙酸的利用率比水媒法高10%~20%，反应均匀稳定，性能相对较高。但是由于反应中使用了有机溶剂，物耗大，并需要增加有机溶剂回收装置，操作成本较高。

5. 质量标准

指标名称	RH₆特高	RH₆	RM₆
黏度(2%水溶液)/mPa·s	≥1200	800~1200	300~600
含钠量/%	6.5~8.5	6.5~8.5	6.5~8.5
pH值	6.5~8.0	6.5~8.0	6.5~8.0
水分/%	≤10	≤10	≤10
氯化物/%	≤3	≤3	≤3
重金属(以Pb计)/%	≤0.002	≤0.002	≤0.002
铁/%	≤0.03	≤0.03	≤0.03
砷/%	≤0.0002	≤0.0002	≤0.0002

6. 用途

用作增稠剂、乳化稳定剂、保形剂、成膜剂。我国GB 2760规定可用于方便面，最大使用量5g/kg；也可用于饮料(不包括固体饮料)，最大使用量1.2g/kg；还可用于冰棍、雪糕、糕点、饼干、果冻和膨化食品，按操作需要适量使用。

棉花糖应选高相对分子质量的CMC(DS 1.0左右)。冰淇淋应选用黏度250~260mPa·s的CMC(DS 0.6左右)，参考用量0.4%以下，果汁饮料、汤汁、调味汁、速溶固体饮料，应选用高黏度CMC(DS 0.6~0.8)。

7. 安全与贮运

操作中使用的氯乙酸高毒，醚化设备应密闭，操作人员应穿戴劳保用品。内包装为双层食品级塑料袋，贮存于阴凉、干燥通风处，严禁与有毒有害物品混运共贮。

参 考 文 献

[1] 王万森. 农作物秸秆制备羧甲基纤维素工艺的研究[J]. 天津化工，2004，18(1)：10-12.

[2] 韩彪, 栾泽超, 王世飞, 等. 捏合机辅助合成羧甲基纤维素钠的工艺条件探索[J]. 山东化工, 2022, 51(22): 30-32.

[3] 王思远, 苏慧, 徐岩, 等. 淤浆法制备高黏度羧甲基纤维素钠的工艺研究[J]. 应用化工, 2022, 51(04): 1020-1023.

9.4 琼 脂

琼脂(agar)又称琼胶、洋菜、石花菜、冻粉。为水溶性多糖化合物，主要是聚半乳糖苷，其中90%的半乳糖分子为D-型，10%的为L-型。基本结构为：

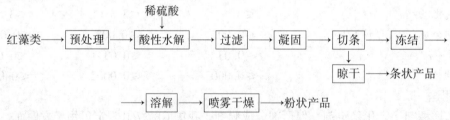

1. 性能

半透明白色至浅黄色薄膜带状或碎片、颗粒及粉末。无臭或稍具特殊臭味，口感黏滑。溶于沸水，不溶于冷水。在冷水中吸收20倍的水膨胀；溶于热水后，即使浓度很低(0.5%)也能形成坚实的凝胶，浓度在0.1%以下不能胶凝而成为黏稠液体；1%的琼脂溶液于32~42℃凝固，其凝胶具有弹性，熔点80~96℃。食用时不被酶分解，所以几乎没有营养价值。琼脂凝胶的耐热性较强；耐酸性比明胶、淀粉强，但不如果胶。

2. 生产方法

由石花菜及其他数种红藻类植物中浸出的黏液，并经脱水、干燥得到琼脂。

3. 工艺流程

稀硫酸

红藻类 → 预处理 → 酸性水解 → 过滤 → 凝固 → 切条 → 冻结

→ 晾干 → 条状产品

→ 溶解 → 喷雾干燥 → 粉状产品

4. 操作工艺

将红藻类石花菜、江蓠等用稀碱预处理，用水浸泡除去碱和杂质。用硫酸于弱酸性(pH=3.5~4.5)条件下在高压釜内(于表压0.1MPa下)加热水解。水解液(抽提液)过滤去渣，在15~20℃冷却凝固，凝胶切条后在0~10℃下晾干得条状产品。切条后在-13℃下冻结，解冻后溶解，用水调成6%~7%浓度的胶液，于85℃下喷雾干燥得粉状琼脂。

5. 质量标准

指标名称	GB 1975(食品添加剂)	化学纯
外观	类白色或淡黄色长条或粉末	—
干燥失重/%	≤22	≤22
灼烧残渣/%	≤5	6.5
吸水力/(mL/g)	符合要求	>5

水不溶物/%	≤1	≤1
鉴别试验	合格	—
明胶含量	—	合格
淀粉含量	合乎规定	合格
砷/%	≤0.0001	—
重金属(以 Pb 计)/%	≤0.004	—

6. 用途

琼脂广泛作为增稠剂、稳定剂、乳化剂和胶凝剂。用于食品、医药和日化工业，还用作蚕丝上浆剂、缓泻剂、药品的胶黏剂和胶囊、细菌培养基、固定化酶载体、细菌的包埋材料。

参 考 文 献

[1] 亓玺，樊建茹，冯云，等. 天然生物质材料的制备、性质与应用(Ⅳ)——胶凝稳定的多用途海藻胶：琼脂[J]. 日用化学工业，2022，52(04)：355-362.
[2] 谢杉玉，万博恺，朱艳冰，等. 江蓠琼脂碱法提取工艺模型的建立及应用[J]. 集美大学学报(自然科学版)，2022，27(01)：45-54.

9.5 明 胶

1. 性能

为淡黄色至黄色，半透明微带光泽的粉粒或薄片，无特殊臭味，无挥发性。在干燥环境中较稳定，在潮湿环境中易吸潮被细菌分解而变质。一般明胶含水在16%以下。明胶在冷水中难溶解，但能吸水而变软；在热水中极易溶解，冷却后成凝胶。溶于甘油、乙酸、水杨酸、苯二甲酸、尿素、硫脲、高浓溴化钾或碘化钾溶液，于稀酸、稀碱中水解。难溶于汽油、乙醇、氯仿中。明胶为天然蛋白质，具有复杂的分子结构。相对分子质量为17500~450000。

2. 生产方法

由动物的皮、骨、筋经脱脂、提胶和初级水解后，精制而得。

3. 工艺流程

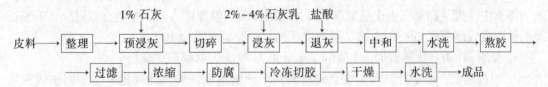

4. 操作工艺

(1) 由皮料作原料生产明胶

① 皮料整理　制取明胶的主要原料是猪、牛、羊等动物的皮，包括鲜皮和干皮。提取前先对皮料进行处理：不同种类的皮料要分开，如干皮和鲜皮，牛皮和猪皮，黄牛皮和水牛皮，头皮，脚皮等。不同部位的皮也要分开处理。再将皮去油，一般可用刀刮法。带毛的猪皮先用5%浓石灰水或0.5%~1%的硫化钠溶液浸泡，将毛脱除。大块的皮要切成10cm宽的条状。干皮在投料前应泡软。盐皮要先除去盐，在清水中泡软，为了防止细菌侵蚀，应每日换水，泡3天左右即可变软。干、鲜皮混杂时，应将鲜皮先行处理，以免变质。经整理分类

后的皮料，计量后分批分池浸泡。

② 配灰　将生石灰先加水配成厚浆，一般 1kg 石灰加水 1.2~1.5kg，然后存放 15 天左右，加水稀释，过滤，去掉粗颗粒，备用。配灰在配灰池中进行，按所需浓度加水和厚浆，在不断搅拌下，用泥浆泵将石灰水打入预浸灰池或浸灰池。

③ 预浸灰　预浸灰的目的是使皮初步膨胀，除去皮上的血污、脏物和臭味；另外由于皮和石灰作用使皮变得硬挺，切皮时较易切断。预浸灰在预浸灰池内进行。用含约 1% 氧化钙的石灰水浸泡皮料 2 天左右。

④ 切碎　切碎的目的是加快浸灰和熬胶的速度。一般用切皮机或人工将皮料切成小于 10cm×10cm 的小块。切皮时应注意尽可能切得小一些，但应以浸灰水洗时不致流失为限。同一批料要切得大小相近，使浸灰效果一致。

⑤ 浸灰　用石灰水浸泡皮原料的过程为浸灰，浸灰是明胶生产的关键工序，对提高产品质量有极大影响。浸灰时，石灰水内氧化钙含量控制在 2%~4%（相对密度 1.015~1.035）。气温高时采用低浓度，气温低时采用高浓度。浸灰时石灰水量应是湿皮的 4 倍左右，pH 值控制在 12~12.5，最适宜的浸灰温度为 15℃ 左右，最高不能超过 20℃。温度过高影响明胶的产率和质量。

浸灰时间长短由原料种类和产品品种来决定，与皮的干鲜、厚薄及浸泡时的温度有关。一般情况下，鲜猪皮的浸灰时间为 30 天左右，鲜牛皮、干牛皮、干猪皮的浸灰时间为 60 天左右。生产照相明胶时，浸灰时间更长。在浸灰时，石灰不断作用而减少，浸出的蛋白质、有机物在水中越来越多，为了加快浸灰速度必须更换石灰水。一般情况下，可按下表的天数更换石灰水。如发现石灰水混浊变黄，应提前更换。换灰时应先将旧石灰水放掉，用清水将皮料洗涤一次，再加入新石灰水。

浸灰次数	1	2	3	4 及以上
换灰时间/天	1~2	4~7	10~20	20~25

在整个浸灰操作中，为了提高浸灰效率，缩短时间，间隔 8h 左右应用压缩空气翻动一次，要求翻动彻底。浸灰终点一般可根据以下 4 种方法来确定。

a. 经验判断：根据皮的膨胀、松软、色泽等情况，通过手感目视凭实际经验来判断。

b. 收缩温度：取一小块已浸灰的皮，用清水洗净，将其与温度计一道悬挂于同一烧杯内的冷水中，缓缓加热。当皮沿其纵向开始收缩蜷曲的温度即为该皮料的收缩温度。未经处理的鲜牛皮收缩温度为 65℃ 左右。浸灰完成的皮收缩温度降为 40℃ 左右。

c. 胶原 pH 值：皮料胶原 pH 值由 6 降至 4.75 时，表明浸灰完成。

d. 出胶速度：取小样熬胶，按熬胶时间测定胶液浓度，如已达规定要求，则说明浸灰终点已到。

浸灰至一定时间后，即要按上述方法检查是否达到浸灰终点，应及时退灰，否则浸灰时间过长则影响产率。浸灰达终点后，即将石灰水放掉，将皮料转入中和池。

⑥ 退灰　退灰的目的是去除皮料吸附的石灰和其他杂物（如溶解蛋白质等）。退灰在中和池内进行，在不断搅拌下，每 0.5h 换水一次，共 10 次左右，以后每 1h 换水一次。原料和水的比例每次应为 1∶6 左右，一般 24h 可完成退灰。退灰是否彻底可用酚酞试液检查，取一块皮，滴几滴酚酞指示剂于皮上，当呈淡红色（pH 值为 9.5 左右）时，即说明退灰可结束，否则需继续退灰。

⑦ 中和　中和即是用酸来去除皮中胶原与氧化钙结合形成的钙盐。先加水使皮料浸没在水中，开动搅拌，将已稀释一倍以上的盐酸溶液慢慢加入皮料中，保持 pH 值为 3 左右。中和开始时，每 0.5h 加酸一次，4h 后，每 1h 加酸一次，约 8h 可加完全部酸，继续搅拌 4~8h。中和用酸量，鲜猪皮为皮重的 4% 左右，湿牛皮、干猪剖皮用酸量为皮重的 8% 左右。

⑧ 水洗　水洗是用清水除去中和时多余的酸及生成的盐类。水洗时应不断搅拌，每 1h 换水一次，共换 10 次左右。水洗后皮的 pH 值应符合熬胶要求，一般为 5.5 左右。

⑨ 熬胶　将原料皮和水一起加热，胶原溶于水转为明胶的过程称为熬胶。熬胶是明胶生产的关键之一，一般采取分道熬胶的方法。先在熬胶锅内加一定量的水，加热至熬胶最低温度，然后将清洗好的皮料倒入熬胶锅内，注意拉散，不能成团。然后再加水使皮料刚好浸没，缓慢升温至所需熬胶温度。注意不能加过多的水，否则胶液太稀。熬胶时的 pH 值应控制在 5.5 左右。熬胶至一定时间，当胶液达一定相对密度时，即从底部放出胶液，重新注入水进行下次熬胶，每转入下一道时，相应提高熬胶温度，一般较前次提高 5~10℃，最后一次可煮沸。放胶液时应注意不要放尽，且速度要慢，以免油脂混入胶液内。

熬胶过程的条件控制，以鲜猪皮和鲜牛皮为例，见下表。

a. 鲜猪皮

道数	1	2	3	4	5	6	7
温度/℃	55	56	70	75	85	95	100
时间/h	~4	~5	~6	~6	~6	~3 适宜	
占总胶的百分比/%	30~35	20~28	18~23	8~12	5~8	3~6	3~6
备注	1) 胶液相对密度为 1.003~1.007 2) 含胶量为 5%~7% 3) 1~3 道为照相或食用明胶，4 道为食用或工业明胶，5 道为工业明胶，6~7 道为皮胶						

b. 鲜牛皮

道数	1	2	3	4	5
温度/℃	75	80	85	90	100
时间/h	~7	~7	~8	~9	
适宜占总胶的百分比/%	~40	~30	~20	~5	~5
备注	1) 胶液相对密度为 1.002~1.007 2) 含胶量为 4.5%~7% 3) 1 道为照相或食用明胶，2 道为食用明胶，3 道为工业明胶，4~5 道为皮胶				

⑩ 过滤　过滤是为了去除胶液中的固体杂质，使明胶溶液更清亮，颜色更浅，这对于明胶的透明度和色泽有重要影响。一般可采用抽滤法。在过滤时，可加活性炭或硅藻土作助滤剂。

⑪ 蒸浓　由于淡胶液只含有 6% 左右的胶，水分太多，必须将水分蒸发。蒸发浓缩时一次吸料不能太多，以免物料沸腾时被抽走，另应注意真空度只能慢慢上升。

蒸发浓缩的要求如下：

种类	冷天		热天	
	相对密度（50℃）	含胶量/%	相对密度（50℃）	含胶量/%
明胶	1.03 左右	~15	1.04 左右	~20
皮胶	1.05 左右	~22	1.07 左右	~30

⑫ 防腐　将浓胶液从浓缩锅内放出，加入一定量的防腐剂，可以防止胶液内的细菌滋长，保证明胶的质量。一般食用明胶加入干胶量约 1% 的双氧水，工业明胶和皮胶加入干胶量约 2% 的硫酸锌。

⑬ 冻胶切胶　将冰盐水控制在 -5℃ 左右，把加入防腐剂的明胶液注入冻胶盘中，置于冰盐水浴内冷冻成块，然后把冷冻好的胶块切成薄片，厚薄要均匀，厚度一般控制在 5mL 以下。

⑭ 干燥　将切碎的胶片置于筛网上，定时（如 1h）送入烘房。明胶的干燥分为两段，第一阶段为等速干燥，风速为 3m/s 左右，温度为 20~30℃；第二阶段为减速干燥，风速为 0.5~2m/s，温度为 30~40℃。湿胶片先送入低温烘房，烘至表面结膜后再送入高温烘房。一般低、高温烘干各为 8h 左右。取样检查胶片含水量，如已达 16% 以下即可出料。

⑮ 粉碎　将干燥后合格的明胶片注入粉碎机中粉碎。

⑯ 包装　产品包装分内外两层。内层用防潮食品用塑料薄膜袋，必须用热压严密封口。外层可用麻袋、化纤袋、纸箱或木桶。每件净重不超过 50kg，包装材料均应清洁、干燥、防潮和牢固。本品贮存时应存放于清洁、干燥、通风的场地，不得露天堆放。应防止受热、受潮和日晒。运输时也应防止受热、受潮，不得与有毒品一起混装混运。

⑰ 说明

a. 原料贮存的几种常用方法：

拌灰：将 5% 左右的浓石灰水和湿皮料拌合，然后堆成小堆，其贮存温度应在 20℃ 以下，10 天左右应加新石灰水并彻底翻动。此法可保存皮料 3 个月左右。用石灰拌合不但能贮存鲜皮料，还可加快浸灰速度。

晒干：将鲜皮铺在地上通过日光晒干。晒干时要求场地清洁，灰沙少和空气流通。夏天湿皮不能在烈日下暴晒，应放在阴凉处通风晾干。

盐腌：在鲜皮两面撒上食盐，腌起来贮存。食盐用量不得少于皮重的 25% 左右。

b. 卫生要求：因明胶溶液极易滋生细菌而变质，故除在明胶中添加防腐剂外，应特别注意生产车间的卫生和消毒工作。从熬胶开始至包装成品的车间应严格消毒。凡与胶液接触的设备均应定期用蒸汽或药液消毒，进入烘房的空气也要求洁净无菌，以保证明胶的质量。

c. 水质要求：明胶生产用水应使用清洁少菌的软水，其标准如下：

总硬度　　　　　　　　　<10°　　　　铁/（mg/L）　　　　　　　<0.3

氯化物/（mg/L）　　　　<200　　　　pH 值　　　　　　　　　　6.5~7.5

（2）由骨料作原料生产明胶

① 浸酸和脱脂　生产明胶的畜骨应经过挑选，只有管状骨、肩胛骨、头骨和肋骨可以作为明胶的原料。照相明胶应以牛骨为原料，食用明胶和工业明胶可用羊骨和猪骨为原料。畜骨中含有磷酸钙和碳酸钙等矿物质，其含量占骨总量的 70% 左右，在生产明胶时应首先用酸除去这些物质。因此，先将畜骨投入耐酸瓷砖砌成的浸酸池或木桶里，把 4~5 个池子或木桶编成一组，采用逆流浸渍法。浸泡所用盐酸浓度约 5%，浸泡的最佳温度为 15~

20℃，浸泡时间为 7~8 天。在浸泡过程中应经常翻动物料，使池中介质尽量保持均匀的浓度。浸酸后的骨料称为骨素，采用冷水冲击法在水力脱脂机中洗掉骨素上的油，当冲洗后的排除水 pH 值达 4~4.5 时，停止冲洗。

② 浸灰　浸灰是用石灰水浸泡水洗后的骨素，使骨素的结构变软、膨胀，以缩短浸灰后熬胶的时间，并进一步除去骨素中的油脂等杂质，使之变成不溶解的钙皂。

将骨素放入浸灰池中，铺成一定的厚度，然后用石灰水浸泡骨素。骨素和石灰水的配比约为 1:1。第一次浸泡是用骨料量 3.7% 的熟石灰配成的石灰乳，浸泡 5~6 天后，池中水的颜色变黄时，将水弃去。第二次浸泡是由骨料量 2% 的熟石灰与适宜水配成的石灰乳，浸泡约 5 天，水颜色变黄时再次排掉。第三次浸泡用的石灰乳由 1% 的熟石灰和水配制而成，浸泡至石灰乳的颜色变黄时，应立即更换石灰乳。如此浸灰多次，当骨素的颜色呈现洁白色时，即可结束浸灰。

③ 中和　浸灰后的骨素用水洗去石灰乳，洗至 pH=9 时止。然后用稀盐酸调整到 pH 值约为 7，最后用冷水洗去骨料上的盐分。

④ 熬胶　熬胶就是用热水将骨素里面的生胶质熬煮出来的过程。首先将骨素放入熬胶锅中，加水淹没，通过控制水温及熬胶时间进行熬胶。然后将熬好的胶水放出，重新加水再熬，一般要熬 4~6 次，每次操作控制条件如下：

次数	1	2	3	4	5	6
热水温度/℃	60	65	70	75	80	煮沸
熬胶时间/h	6~7	6~7	8	8	8	4~5
胶水相对密度	1.006~1.008	1.006~1.008	1.006~1.008	1.006~1.008	1.020	1.020

⑤过滤　将各次熬胶得到的胶液混合，经压滤离心等处理，除去其中的纤维、小块骨素等杂质，然后加入胶液量 0.03% 的活性炭以除去悬浮物及臭味，再经过滤分离除掉活性炭。

⑥ 浓缩和干燥　将过滤得到的滤液蒸发除去大部分水分，倒入铝制的矩形盘中，在温度为 10℃ 条件下使其凝固成固体状物，最后在 25~35℃ 下干燥 24h，即得到骨明胶产品。

5. 质量标准

	硬性	中硬性	中性	软性
外观	无色或淡黄色透明的固体薄片或粉粒			
水分	≤16			
黏度(6.67%胶液)≥	4.5	4.0	3.5	3.0
冻力(6.67%胶液)≥	200	180	150	120
透明度(5%胶液)≥	150	120	80	50
pH 值(1%胶液)	5.5~7.0			
水不溶物/%	≤0.2			
二氧化硫%	≤0.015			
灰分/%	≤2			
砷/(mg/kg)	≤2			
重金属(以 Pb 计)/(mg/kg)	≤50			
细菌总数/(个/g)	≤10000			

6. 用途

明胶具有一定的胶冻力，其制品具有很好的弹性，口感柔软，入口即化；是目前食品工业主要的增稠剂，广泛用于糖果、果冻、冷饮、罐头、果酱、果汁和糕点等的加工中。另外，由于明胶是一种无脂肪高蛋白质，含有 18 种氨基酸，且不含胆固醇，可用于制作疗效食品和保健食品。

参 考 文 献

[1] 张丹. 生物酶法制备明胶生产过程中黏度指标的控制[J]. 中国食品工业，2023，(06)：38-39.
[2] 宋金红. 巴沙鱼皮明胶生产工艺研究及工厂设计[D]. 中国海洋大学，2012.

9.6 果 胶

1. 性能

果胶为乳白色或淡黄色的不定形粉末。是一种线型多糖类物质，平均相对分子质量 30000~300000。当果胶中部分半乳糖醛酸的 C_6 被酯化，酯化的半乳糖醛酸基对总的半乳糖醛酸基的比值称酯化度(简称 DE)。果胶按 DE 值大小分为两类：当 DE>50%，称高甲氧基果胶即 HM 果胶；另一类是 DE<50%，称低甲氧基果胶即 LM 果胶。HM 果胶的特点是胶凝强度大，时间短。从柑橘皮、苹果渣中提取的果胶为 HM 果胶。LM 果胶在钙、镁、铝等离子存在时，即使可溶性固体物低于 1%仍可形成胶冻。

2. 生产方法

从柑橘皮、香蕉皮、西瓜皮、猕猴桃皮等水果皮中提取。

3. 工艺流程

从果皮中提取果胶的一般工艺流程如下：

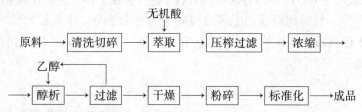

4. 操作工艺

(1) 从柑橘皮中提取

将自然风干(果胶含量为 8%左右)的新鲜柑橘皮破碎至 2~3mm 粒度，置于水中浸泡 40min，使其吸水软化，并除去糖分、芳香物质、色素及可溶性酸、盐。沥干再浸于沸水中 5~7min，以达到灭霉目的。灭霉后的果皮压去汁液，用清水漂洗数次，至洗液接近无色，捞出，此时果皮吸水量为其本身的 2~3 倍。

将预处理的果皮原料倒入抽提锅中，加水 3~4 倍，控制果胶浓度约 0.5%。萃取水采用离子交换水或自来水加 0.5%$Na_2P_2O_7$ 为好。以盐酸加 0.5%磷酸，使萃取液 pH 值控制在 1.8~2.5。萃取温度 80℃。保温萃取 50~60min，并不断搅拌。将萃取液经压滤机压滤，压滤前加入 1%的硅藻土作助滤剂。滤液为无色透明的稀果胶溶液。必要时加入 0.3%~0.5% 的活性炭，于 55~60℃进行脱色处理，脱色完毕过滤去炭渣。

将果胶清液送入真空浓缩釜，于 88.6MPa、45~55℃浓缩至果胶浓度为 4%~5%。于搅拌下，将工业乙醇以喷淋方式加入浓缩的果胶液中，控制乙醇含量50%左右。果胶呈絮状凝聚析出。经压滤，滤饼用80%乙醇洗涤1~2次，再用95%乙醇洗1~2次。滤洗液回收乙醇返回使用。

将滤出的果胶于真空干燥器中45℃左右干燥至含水量≤7%，再粉碎，通过28mm孔径筛，得成品，或根据不同需要进行标准化。

在生产中，浓缩果胶液可以不经醇析，而采用喷雾干燥法，控制干燥气流温度120℃左右。

（2）从猕猴桃皮中提取

将鲜猕猴桃皮经清水洗净后，捣碎置于容器中，加入2~3倍pH=1.8~2.0的盐酸溶液，加热至90~95℃，保温萃取1.5h，在此过程维持pH=2.0~2.5。然后趁热压滤。滤液于60℃下减压浓缩0.5h。浓缩液加0.5%活性炭，于60℃加热脱色，过滤。滤液加95%乙醇进行醇析，加醇量为50%左右。析出棉絮状凝胶。压滤，滤饼用80%乙醇洗涤。滤液、洗液回收乙醇循环使用。果胶经低温烘干，粉碎，得果胶产品。收率3%~4%。

（3）从香蕉皮中提取

将新鲜香蕉皮，经清水洗净后，切碎。于不锈钢反应锅中，用1%硫酸溶液萃取，90℃保温1.5~2.0h。趁热压滤。滤液用氢氧化钠溶液调整pH值为3.0~4.0。然后于65℃减压浓缩至10~15°Bé，压滤后加乙醇进行醇析，压滤，滤饼用乙醇洗涤，滤液和洗液回收乙醇循环使用。滤饼于60~65℃减压干燥，粉碎即得。在醇析前用活性炭脱色可得浅色产品。收率为1.93kg果胶/100kg香蕉皮（1.93%）。

（4）从西瓜皮中提取

将新鲜西瓜皮经清洗切碎，加入2~3倍水，再加1%硫酸调整pH为2，加热至90~95℃，保温1.5h，使果胶转化为可溶性果胶。

趁热将水解物压滤，滤液用4%氨水调整pH值为3~4。滤液加0.8%亚硫酸，于60~70℃脱色0.5h。脱色液于60~70℃之间减压浓缩，至含固量5%~10%。

向浓缩液中加1倍量的乙醇，使果胶沉淀后过滤，滤饼洗涤。滤液和洗液回收乙醇。滤饼于60~70℃下烘干，粉碎得果胶成品。

5. 质量标准

胶凝度（下陷法）	130±5	pH 值	2.8±0.2
干燥失重/%	≤12	砷/%	≤0.0002
灰分/%	≤7	重金属（以 Pb 计）/%	≤0.0015

6. 用途

食品增稠剂。HM 果胶用作稳定剂和乳化增稠剂，广泛用于果酱、果冻、蛋糕制品、水果软糖、蜜饯、冰淇淋、巧克力、饼干等。LM 果胶适用于低糖食品、水果制品、奶制品，LM 果胶也可作为重金属中毒的良好解毒剂。我国食品添加剂使用卫生标准 GB 2760 规定，果胶在食品中的添加量可按正常生产需要添加。

参 考 文 献

[1] 郎心茹. 咖啡果皮果胶的制备及结构特性研究[D]. 吉林农业大学，2022.

[2] 龚殿婷，刘志壮，张宏军. 从柑橘类果皮中提取果胶的试验对比研究[J]. 应用化工，2021，50(10)：2711-2713.

[3] 韩飞，袁如英，张红强，等. 柚子果胶生产工艺流程的设计[J]. 现代食品，2020，(18)：114-116.

9.7 黄 原 胶

黄原胶(xanthan gum)又称苦胶、苦胶、汉生胶、黄杆、菌胶、黄单胞多糖。它是由 D-葡萄糖、D-甘露糖、D-葡萄糖醛酸所组成的一种生物高分子聚合物，其分子中还含有乙酸和丙酮酸结构单元。黄原胶多糖分子的重复单位是：主链上 D-吡喃型葡萄糖经 β-1 键连接而成，具有类似纤维的骨架结构，每两个葡萄糖中的一个 3-位 C 原子连接一个三糖侧链，侧链为两个甘露糖和一个葡萄糖醛酸。分子中所含的羧基通常与钾、钙、钠形成盐，其相对分子质量在 100 万以上。

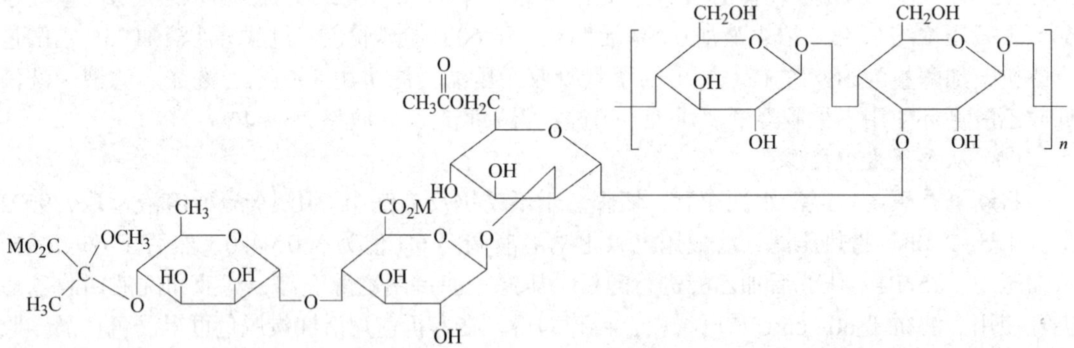

1. 性能
类白色至淡黄褐色粉末。不溶于乙醇、异丙醇和丙酮等大多数有机溶剂，溶于水，水溶液为半透明的黏稠液。当水中乙醇、异丙醇或丙酮的浓度超过 50%~60% 时，则会引起黄原胶的沉淀。黄原胶水溶液具有良好的增黏性，并且在 -4~80℃ 的范围内相当稳定。耐酸碱、耐生物酶降解的能力很强，在 pH 值 1.5~13 的范围内，黄原胶水溶液的黏度也不受 pH 值的影响。黄原胶是天然的高分子化合物，黄原胶溶胶分子能形成结合带状的螺旋共聚体，构成脆弱的类似胶的网状结构，所以能够支持固体颗粒、液滴和气泡的形态，显示出很强的乳化稳定作用和高悬浮能力。大白鼠经口 LD_{50}>10g/kg。

2. 生产方法
黄原胶由有氧水溶液发酵操作。以蔗糖、葡萄糖或玉米糖浆为碳源，蛋白质水解物为氮源，加入钙盐、少量的磷酸氢钾和硫酸镁及水制成培养基，pH 值调至 6.0~7.0，加入 1%~5% 的黄单胞菌属高产菌株种子液，培养 50~100h，发酵后得到 4~12Pa·s 的高黏度液体，灭菌后加入异丙醇或乙醇或者用高价金属使产品沉淀，最后经分离干燥、粉碎而得产品。

3. 工艺流程
黄单胞菌属 ⟶ 斜面培养 ⟶ 接种扩大培养 ⟶ 种子罐培养 ⟶ 发酵 ⟶ 巴氏灭菌 ⟶
⟶ 溶剂沉淀 ⟶ 分离洗涤 ⟶ 干燥 ⟶ 粉碎 ⟶ 过筛分级 ⟶ 成品

4. 操作工艺
将黄单胞菌属于 28~30℃ 下斜面培养 3 天。培养基组成为：葡萄糖 2.5%，$(NH_4)_3PO_4$ 0.15%，$MgSO_4$ 0.01%，KH_2PO_4 0.25%，pH=7±0.1。在接种摇瓶培养后于 28℃ 下种子罐培养 16~18h。接入发酵罐后于 29~31℃ 培养 60~72h。

发酵过程中由于阴离子基团构造多糖结构，发酵液 pH 值随发酵过程而降低，因此必须加碱控制 pH 值在 6.0~7.5 间。从发酵液提取黄原胶的方法有溶剂法和钙盐法。产品往往含有大量菌体，为此可用酶解法除去菌体，即先向发酵液中加入 0.001%~0.05% 的溶菌酶，在 53℃、pH 值 5.5 的条件下分解 2h。再加入 0.1%~0.5% 的中性蛋白酶于 pH 值 7.2、40℃ 下酶解 4h。然后进行巴氏灭菌。冷却后加入乙醇快速絮凝沉淀，经压榨离心机分离，乙醇洗涤后，在 1min 内干燥，至水分≤12%。干燥得黄原胶成品。

说明：

经巴氏灭菌后的发酵液，也可通过钙盐法沉淀出黄原胶。将发酵清液调 pH 值至 11.5，加入氯化钙使黄原胶钙沉淀出来。离心分离后分散于乙醇中解聚，再经过滤、乙醇洗涤、干燥得成品。

5. 质量标准

指标名称	GB 13886	FCC(Ⅳ)
外观	类白色或淡米黄色粉末	—
粒度	全部通过 0.175mm 孔径(80 目)筛	—
剪切性能值	≥6.0	
黏度/Pa·s	≥0.6	合格
总氮/%	≤1.7	—
干燥失重/%	≤13	≤15
灰分/%	≤13	6.5~16.0
砷/%	≤0.0003	≤0.0003
铅/%	≤0.0005	≤0.0005
重金属(以 Pb 计)/%	≤0.001	≤0.002
丙酮酸/%	—	1.5
异丙醇/%	—	0.0075
含量(产生 CO)/%	—	4.2~5.4
相当于黄原胶/%	—	91.0~118.0

6. 用途

主要作用增稠剂、乳化稳定剂、调合剂、悬浮剂、凝结剂。我国 GB 2760 规定可用于面包、乳制品、肉制品、果酱、果冻、花色酱汁，最大使用量 2.0g/kg；也可用于饮料，最大使用量 1.0g/kg；还可用于面条、糕点、饼干、酥油、速溶咖啡、鱼制品、雪糕、冰棍、冰淇淋，最大使用量 10g/kg。用于色拉调味料，可提高易倾注性和黏附性，用量 0.1%~0.5%。用于饮料，可增强口感，提高稳定性，用量 0.05%~0.2%。用于肉制品，具有稳定保水作用，抑制脱水收缩，用量 0.2%~0.5%。用于糖果，提高温度稳定性，有利于加工，用量 0.1%~0.4%。

黄原胶是阴离子多糖，不宜与阳离子型物质混配使用。

参 考 文 献

[1] 张雪梅，严海源，张忠亮，等. 黄原胶的生产及应用进展[J]. 轻工科技，2022，38(03)：15-19.
[2] 李茂玮，朱莉，吴传超，等. 表面活性剂胁迫下的高透明型黄原胶的发酵生产及其流变性能研究[J]. 食品与发酵工业，2022，48(18)：68-74+80.

[3] 戢传富，王璐，苟敏，等. 黄原胶生物合成及分子调控[J]. 中国生物工程杂志，2022，42（Z1）：46-57.

[4] 刘咏梅，丁悦，张柯. 低色素黄原胶发酵条件优化[J]. 现代盐化工，2021，48（06）：46-47.

9.8 卡 拉 胶

卡拉胶（carrageenan）又称鹿角藻、角叉胶、角叉莱聚糖。化学成分为半乳糖及脱水半乳糖共聚物硫酸酯盐。由 1,3-β-D-吡喃半乳糖和 1,4-α-D-吡喃半乳糖为基本结构单元，重复交替连接而成的没有分支的直链型多糖。根据半乳糖残基上硫酸酯基团不同，主要有 κ-型、ι-型、λ-型三类，其结构式如下：

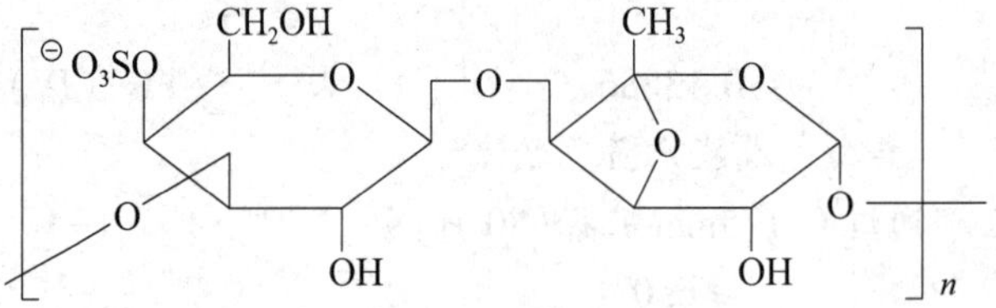

1. 性能

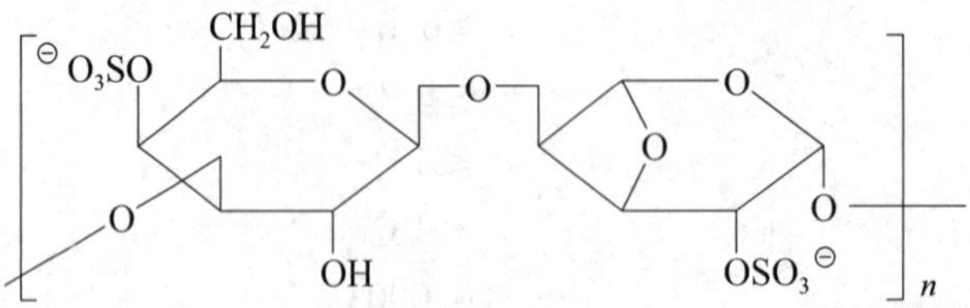

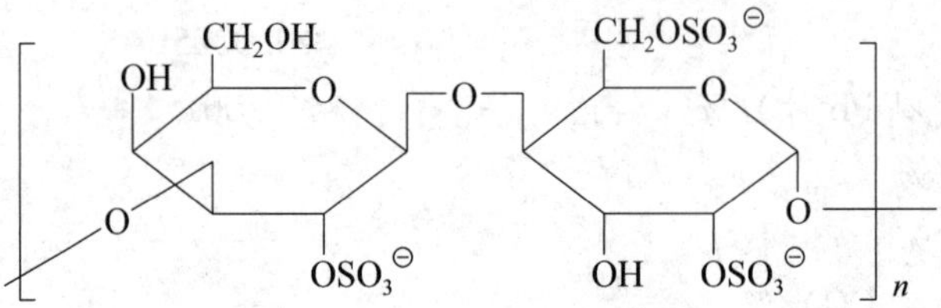

卡拉胶为白色或浅黄色颗粒或粉末，无臭、无味。在热水或热牛奶中，所有类型卡拉胶都能溶解。在冷水中，λ-型卡拉胶溶解；κ-型和 ι-型的钠盐也能溶解；但 κ-型的钾盐或钙盐只能吸水膨胀而不能溶解，能溶于约 80℃水中，形成黏性、透明或淡乳白色的易流动溶液。卡拉胶与 30 倍水煮沸 10min 形成的溶液，冷却后即成胶体，形成的凝胶是热可逆的。以 κ-卡拉胶的凝固性最好。卡拉胶常被用作胶凝剂、乳化剂、增稠剂或稳定剂等，以改变食品的质构、状态和外观。利用其胶凝性可制作果冻、果酱、软糖、胶凝状人造食品和糕点雕花等等。它具有浓度低、透明度高等优点，但也存在凝胶脆性大、弹性小、易出现收缩脱液现象等缺点。干燥的卡拉胶很稳定，在中性和碱性溶液中，即使加热也不水解，但在 pH 值<4 的酸性溶液中易发生水解。大白鼠经口服 LD_{50} 为 5.1~6.2g/kg。

2. 生产方法

由海藻类如角叉菜、沙菜、麒麟菜等，用碱性和碱土金属的盐配成的盐碱处理液处理，再经漂洗、煮胶（100℃，40~60min）、过滤、冷冻、脱水、烘干、粉碎、杀菌后制得。或者将过滤后的滤液倾入异丙醇中，在搅拌下使卡拉胶沉析出来，再经离心分离、干燥、粉碎得到卡拉胶。

3. 工艺流程

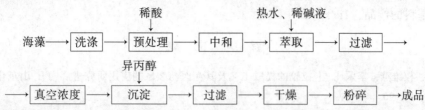

4. 操作工艺

将角叉菜、沙菜、麒麟菜经干燥后，用28%的氢氧化钠在室温下处理24h，用清水洗涤至中性，然后调节pH值至4.5，用有效氯为0.2%的NaClO漂白5min。也可使用二氧化硫漂白，再用氯化钾溶液洗涤以除去过量SO_2。然后提胶，提胶可以常压或高压提取，高压提胶效果比常压为好。高压可以由高压空气或蒸汽产生，采用高压空气提胶效果要比高压蒸汽提胶效果更好一些，提取率增加的同时基本保持成品胶的凝胶强度。若在提胶前用适量的纤维素酶(100μg)对麒麟菜进行预处理，可以提高产率且保持凝胶强度基本不变。提胶用水通常控制在原料量的40~60倍，加入少量六偏磷酸钠等有助于胶的提取。高温可缩短提胶时间，但凝胶的强度较差。一般控制在90℃，时间控制在1~5h。提胶后压滤，冷却凝胶，冻结脱水，解冻，干燥得卡拉胶。

提胶后，可在压滤器中用硅藻土或活性炭床层次过滤提取物，其中大约含1%固体。滤液通过单效或多效真空浓缩后，加入异丙醇或乙醇使之沉淀，过滤，滤饼在滚筒干燥器里干燥，除去水和残余的醇。粉碎成粉末，得卡拉胶成品。

说明：

① 在卡拉胶提取中，漂白对卡拉胶的质量至关重要，漂白是利用氧化还原法破坏藻体的发色基团。但在考虑保证漂白效果的同时，要最大限度地保护卡拉胶的结构不被破坏，减少胶质损耗。在多种漂白法中最常用的是有效氯酸钠法、双氧水法和二氧化硫法。一般漂白工艺在提胶前进行(对原料漂白)，也可采用提胶后(对胶液)进行漂白。

② 为了提高产品质量，增加凝胶强度，通常在提胶工序前，对原料进行碱处理，以利于除去卡拉胶分子中半乳糖残基的硫酸基，进而形成3,6-内醚半乳糖残基。3,6-内醚半乳糖残基中的脱水氧桥可与其他卡拉胶分子单元的氢原子形成氢键，从而促进卡拉胶凝胶双螺旋构体的形成。

5. 质量标准

指标名称	GB 15044	FAO/WHO
硫酸酯(以SO_4^{2-}计)/%	15~40	15~40
黏度/Pa·s	≥0.01	5(75℃，1.5%溶液)
干燥失重(105℃，4h)/%	≤15	≤12
总灰分/%	13~30	15~40
砷/%	≤0.0002	≤0.0003
铅/%	≤0.001	≤0.01
残留溶剂/%	—	≤1.0

6. 用途

主要作为增稠剂、调和剂、胶凝剂、稳定剂。我国GB 2760规定可用于各类食品，按操作需要适量使用。此外，还具有稳定剂和澄清剂的作用。FAO/WHO(1984)规定：加工干酪，限量 8g/kg；配制婴儿食品、以牛奶和大豆为基料的产品，300mg/kg；以水解蛋白质和氨基酸为基料的产品，1g/kg。

参 考 文 献

[1] 李团章，权维燕，李乐凡. 卡拉胶的提取工艺及其在医药领域的应用研究进展[J]. 山东化工，2023，52(05)：94-96.
[2] 宁海凤，张立峰，张洪奎. 半精制卡拉胶的制备工艺研究[J]. 肉类工业，2020，(06)：40-45.

9.9　阿拉伯胶

阿拉伯胶(Arabic gum)又称桃胶、金合欢胶，是金合欢属树渗出的胶，一种含钙、镁、钾等阳离子的相对分子质量高的多糖类物质。阿拉伯胶由 L-阿拉伯糖、L-鼠李糖、D-半乳糖和 D-葡萄糖醛酸组合的多支链的多糖，主链为短螺旋型。相对分子质量 22 万~30 万。

1. 性能

白色至淡黄色粉末或黄色至浅黄褐色半透明块状物。表面有裂纹，质脆易碎。无臭、无味，相对密度 1.35~1.49。不溶于乙醇等大多数有机溶剂，易溶于水成黏稠液，水溶液呈弱酸性。在水中溶解度可达 50%，但不形成凝胶。阿拉伯胶溶液的黏度与浓度和 pH 值有关，在 25℃ 下，50% 的水溶液的黏度最高，并在 pH 值 6~7 区间内，出现黏度最高值。当有乙醇、电解质存在时，黏度将降低。而柠檬酸钠存在时，黏度增高。其溶胶黏度随时间增长而下降。溶于甘油、丙二醇，可与羧甲基纤维素、蛋白质、糖、淀粉和大多数水溶性胶相配伍，但明胶和三价金属离子盐会使阿拉伯胶发生沉淀。兔子经口 LD_{50} 为 8g/kg。

2. 生产方法

以金合欢属阿拉伯树上自然渗出液或割破树皮收集的渗出液所凝结的块状物为原料，经挑选、除杂后粉碎再经自然干燥得粗制品。将粗制品溶于水，通过硅藻土柱过滤，往所得滤液中加乙醇析出胶体，经分离、真空干燥得产品。从母液回收的乙醇循环使用。

3. 工艺流程

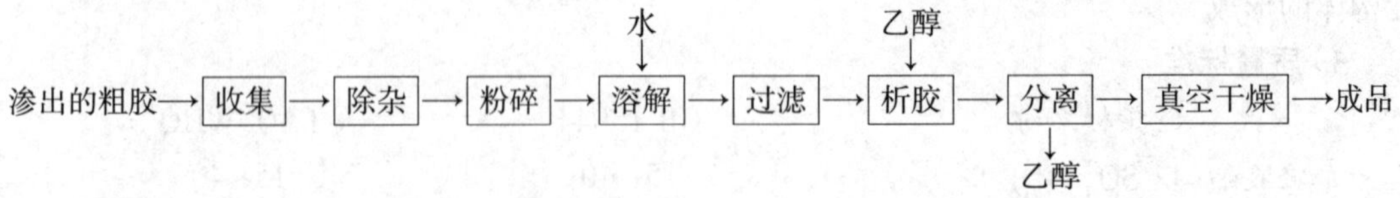

```
                              水            乙醇
                              ↓             ↓
渗出的粗胶→ 收集 → 除杂 → 粉碎 → 溶解 → 过滤 → 析胶 → 分离 → 真空干燥 →成品
                                                   ↓
                                                  乙醇
```

4. 操作工艺

一般在每年 10 月干燥季节，收集从阿拉伯树上自然渗出的粗胶，经挑选，除杂、分级后粉碎。得到的粗品用适量水溶解，通过硅藻土柱过滤，滤液中加入乙醇，析胶后分离，真空干燥得阿拉伯胶。粗胶溶于水后，也可用离心法或过滤法澄清，然后进行巴氏杀菌处理杀灭微生物和钝化酶，再经喷雾干燥制成细粉，最后过筛，得到粒子大小均匀的阿拉伯胶。

说明：

① 阿拉伯胶在 25℃ 条件下，可形成各种浓度的水溶液。浓度低于 40% 的溶液，呈现典型的牛顿流体特性；浓度高于 40% 时，溶液变成假塑性流体；浓度达到 40%~50% 时，溶液

的黏度会突增；50%浓度的溶液黏度达到最高值，形成高黏度液。溶液的黏度与温度成反比；在 pH=4.5~8 时，为高黏度区域，在 pH=6.0 附近黏度最大，加入电解质时，会使溶液黏度下降，但柠檬酸钠是例外，加入它反而会增加黏度。

② 阿拉伯胶溶液黏度随时间的延长而降低，加入防腐剂可延缓黏度的下降。

③ 使用示例，在棉花糖中，加入 1.0%~2.5% 的阿拉伯胶，可以增加棉花糖的咬劲，延长老化时间。

阿拉伯胶	1.0%~2.5%	葡萄糖	19%
明胶	0.35%	盐	0.35%
砂糖	37%	香精、色料	适量
玉米糖浆	23%	水	加至100%
蛋清粉	1.8%		

5. 质量标准

指标名称	FAO/WHO	FCC(Ⅳ)
干燥失重		
颗粒状(105℃，5h)/%	≤15	≤15
喷雾干燥法(105℃，4h)/%	≤10	—
总灰分/%	≤4	≤4.0
酸不溶灰分/%	≤0.5	≤0.5
酸未溶物/%	≤1	≤1.0
淀粉或糊精，单宁结合胶	阴性	合格
砷/%	≤0.0003	≤0.0003
铅/%	≤0.001	≤0.00005
重金属(以 Pb 计)/%	≤0.004	≤0.002
比旋光度 α_D^{20}(干基计)	−26°~−34°	—
氮(凯氏定氮法)/%	0.27~0.39	—
沙门氏菌	阴性	—
大肠菌群	阴性	—

6. 用途

用作增稠剂、稳定剂、润湿剂等。我国 GB 2760 规定，用于果汁(味)型饮料、巧克力、冰淇淋、果酱，最大用量 5.0g/kg。

美国 FDA 规定(1989)阿拉胶的使用限量为：饮料和饮料基料，2.0%；口香糖，5.6%；糖果、糖霜，12.4%；硬糖和咳嗽糖浆，46.5%；软糖，85%；代乳品，1.4%；油脂，1.5%；明胶布丁和馅，2.5%；花生制品，8.3%。可广泛用于糖果工业，起到风味固定和辅助剂、乳化稳定增稠剂、保湿剂、硬化剂等作用。

可用作面包、点心保护膜、药片保护膜、涂层糖果的糖衣成膜剂。将阿拉伯胶涂上，干燥后，自然形成薄膜。干燥后的薄膜不仅非常柔软，而且不会断裂。可用作乳化香精、钙强化饮料的乳化悬浮稳定剂。

可制作粉末香精，将阿拉伯胶制成乳化液，喷雾于香精、油性维生素、油脂等上，干燥后，自然形成内包这些物质的微胶囊。

参 考 文 献

[1] 侯孟春，廖辉，王仕英，等. 天然桃胶深加工产品研究现状[J]. 安徽农学通报，2021，27(10)：120-121.

[2] 王雪妮. 阿拉伯胶基水凝胶的合成表征和性能研究[D]. 安徽理工大学，2019.

9.10 结 冷 胶

结冷胶(kellangum)又称凯可胶(Kelcocel)是一种由微生物培养发酵的可食用胶。主要成分是一种高分子线型多糖，由 4 个单糖分子组成的基本单元重复聚合而成，其基本单元是由 1,3-和 1,4-连接的 2 个葡萄糖残基、1,3-连接的 1 个葡萄糖醛酸残基和 1,4-连接的 1 个鼠李糖残基组成。其中葡萄糖醛酸可被钾、钙、镁、钠中和成混合盐。相对分子质量约为 50 万。

1. 性能

近乎白色或米黄色粉末。无特殊的滋味和气味，约于 150℃ 不经熔化而分解。耐热、耐酸性能良好，对酶的稳定性亦高。不溶于非极性有机溶剂，也不溶于冷水，但略加搅拌即分散于水中，加热即溶解成透明的溶液，冷却后，形成透明且坚实的脆性凝胶，凝胶具有热可逆性。溶于热的去离子或螯合剂存在的低离子强度溶液，水溶液呈中性。pH 值在 3.5~7.0 时，结冷胶具有很强的抗酶分解性。

2. 生产方法

结冷胶在含有碳水化合物为碳源、磷酸盐、蛋白质为氮源及适量微量元素的介质中，由伊乐藻假单胞菌经有氧发酵、调 pH 值、澄清、沉淀、分离、干燥、粉碎制得。

3. 工艺流程

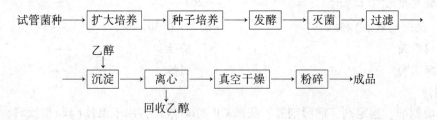

4. 操作工艺

选用假单胞菌经斜面培养，于 28℃ 在锥形瓶振荡培养 18~20h，然后接种于 300L 种子罐，于 28~30℃ 培养 18~20h，再于 3000L 发酵罐中，于 28~30℃ 下有氧发酵 72h，接着在 50t 发酵罐中，28~30℃ 下有氧发酵 72h。

种子培养基组成：蔗糖 20g，蛋白胨 5g，牛肉膏 3g，酵母浸出汁 1g，pH=7.0；发酵培养基组成：蔗糖，豆粉，蛋白胨，磷酸二氢钾等。在消毒及严格控制通气量、搅拌、温度和 pH 值的条件下发酵，发酵完成后，回收发酵液前，用巴氏灭菌法杀死活菌体。

发酵液在分离精制过程中，采用高效混合装置，加入乙醇快速絮凝沉淀，再送入特用压榨离心机，滤液回收乙醇。成品继续洗涤、脱水、脱乙醇，进行真空干燥，最后粉碎。得到含水 10%~12% 的结冷胶。

5. 质量标准

纯度(以干基计，CO_2 产生率)/%	3.3~6.8	氮/%	≤3.0
干燥失重/%	≤15	异丙醇/%	≤0.075
总灰分(105℃，25h)/%	4~12	杂菌数/(菌落/g)	≤10000
砷/%	≤0.0003	酵母和霉菌/(菌落/g)	≤400
铅/%	≤0.0005	大肠杆菌	阴性
重金属/%	≤0.003	沙门氏菌	阴性

6. 用途

在食品工业用作增稠剂、稳定剂。我国 1996 年批准其用作食品增稠剂和稳定剂，可用于蜜饯、果酱、合成食品、牛奶制品、冰淇淋、布丁、速食甜点等。

参 考 文 献

[1] 芮金红. 结冷胶生产菌株代谢工程改造[D]. 内蒙古大学，2019.
[2] 陈强，刘钟栋，白祥，等. 结冷胶发酵生产工艺研究[J]. 中国食品添加剂，2015，(03)：65-70.

9.11 β-环糊精

β-环糊精(β-cyclodextrin)又称 β-CD、环麦芽七糖、环七糊精。环糊精是淀粉在环糊葡萄糖基转移酶的作用下所产生的环状低聚糖同系物。最常见的三种环糊精是 α-、β 和 γ-型。α-环糊精是由 7 个葡萄糖单元以 α-1,4 糖苷键结合成的环状结构化合。分子式为 $(C_6H_{10}O_5)_7$，相对分子质量 1135。结构式为：

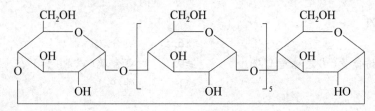

1. 性能

白色结晶性粉末，熔点 300~305℃。比旋光度 α_D^{25} +162.5°（水中）。无臭，味甜，甜度与蔗糖相当。不溶于甲醇，可溶于水，在 25℃ 100mL 水中溶解度为 1.85g。遇碘呈黄色反应。β-CD 在碱性水溶液中稳定，遇酸会缓慢水解。在强酸性溶液中，环糊精水解为开环产物，碘络合物呈黄色，结晶形状呈板状。β-CD 分子呈圆筒形立体结构，空穴深度 7×10^{-10} m，内径 $(7~8) \times 10^{-10}$ m。环的外侧呈亲水性，内腔呈疏水性，可以包合有机物分子。β-环糊精能携带结晶水，平均 1 分子携带 16 个水分子，仍能保持络合体呈结晶状。β-环糊精除用作增稠剂外，还可与多种化合物形成包合复合物，使其稳定，具有增容、缓释、保鲜、保温、防潮、掩蔽异味等作用，为新型分子包裹材料。大、小白鼠经口 LD_{50} 为 20g/kg。

2. 生产方法

将直链淀粉调浆。然后在环糊精葡萄糖转移酶（CGT 酶）的作用下于 80~85℃下液化成低黏度淀粉，再于 65℃和 pH 值 8.5 的条件下进一步转化为环糊精。反应物中约含 α-CD 31.5%、β-CD 13.4%、γ-CD 7.8%、其他糊精 47.3%。反应物浓缩后利用 β-CD 的水溶性明

显低于 α-CD 和 γ-CD 的特点，使 β-CD 结晶析出，结晶含有 99% 的 β-CD。粗结晶经脱色、重结晶得成品。

3. 工艺流程

4. 操作工艺

嗜碱性芽孢杆菌在 pH=7.2~8.0 和 37℃ 条件下斜面培养，再经种子培养，接种于发酵罐在 36~39℃ 下发酵 20~24h，制得环糊精葡萄糖基转移酶(简称 CGT 酶)。

淀粉先用适量水调浆，然后在环状葡萄糖基转移酶作用下生成环糊精。CGT 酶解淀粉的最佳条件是：50~60℃，pH=6~8，时间 20h。所生成的环糊精中 α-环糊精为 31.5%，β-环糊精为 134%，γ-环糊精为 7.8%，其他糊精为 47.3%。经脱色后过滤，弃渣。在室温下(25℃)下，β-环糊精具有水溶性显著地低于 α-环糊精和 γ-环糊精的特点，所以 β-环糊精很容易被分离出来。经浓缩、结晶、分离、精制、干燥得产品。

说明：

环状葡萄糖基转移酶(CGT 酶)是水解淀粉的胞外酶，具有液化、环化、偶合、歧化等多效催化作用。CGT 酶解反应，马铃薯淀粉最佳，玉米淀粉次之，山芋淀粉较差。为方便环糊精的分离和提取，需要用少量 α-淀粉酶降低反应液黏度，α-淀粉酶对 β-CD 基本无作用，因此对收率影响不大。在母液中除 α-γ-CD 外，还有歧化 CD(带侧链的 CD)、麦芽糖、葡萄糖等产物。一般 β-CD 的含量不低于 95%。CGT 酶解淀粉的 CD 产率为淀粉原料的 18%~24%。

5. 质量标准

总糖/%	≥86.5	灰分/%	≤0.5
β-环糊精含量(占总糖量)/%	≥95	重金属(以 Pb 计)/%	≤0.002
水分/%	≤13	砷/%	≤0.0001

6. 用途

在食品工业中作为增稠剂、乳化稳定剂。我国 GB 2760 规定可用于烘烤食品，最大使用量 2.5g/kg；也可用于汤料，最大使用量 100g/kg。

利用 β-CD 疏水性的空穴结构，可以与香料形成包合物，故用作食用香精的载体或稳定剂。实际使用参考：用于包埋香料，香料与 β-CD 的浓度比为 1:1；用于包埋天然色素，如在番茄酱中加入本品搅拌 0.5h，于 100℃ 条件下加热 2h，红色不褪；用于去除异味，可去除豆腥味、干酪素的苦味、甜菊苷的苦味、羊肉的腥味和鱼腥味等；用于制作固体酒和果汁粉，将含乙醇 43% 的威士忌 100mL，加水 186mL、β-CD 糖浆 143mL，混合搅拌 30min，喷雾干燥成固体酒，饮用时稀释 10 倍即可；用于橘子、竹笋等果蔬罐头，添加 0.01%~0.4%，可防止产生白色混浊和白色沉淀；用于冷冻蛋白粉，添加 0.25%，可提高起泡力和泡沫稳定性。此外，β-CD 还用作汤料及固体香油的载体；因 β-CD 具有界面活性剂性质，可用于乳化油性食品。

7. 安全与贮运

采用双层食用级塑料作内包装，封口，外包装为纸板箱或塑料编织袋。贮存于阴凉、干燥、通风处。严禁与有毒有害物品混运共贮。

参 考 文 献

[1] 王超凡，宋拓，丁俊美，等. 无机溶剂法制备β-环糊精的工艺研究[J]. 中国酿造，2013，32(11)：112-117.
[2] 宋拓，李俊俊，唐湘华，等. 响应面分析法优化β-环糊精的制备工艺[J]. 中国酿造，2013，32(01)：84-89.

9.12 甲 壳 素

甲壳素(chitin)的化学名称为聚乙酰氨基葡糖，又称甲壳质、几丁质、明角质、壳蛋白、壳多糖。是含氮多糖类物质，多糖类之一。含氮约7%，化学结构与纤维素相似。分子式$(C_8H_{13}NO_5)_n$，相对分子质量$(203.9)_n$。它是一种天然高分子，构成高分子的单体是2-乙酰氨基-2-脱氧-β-D-葡糖。结构式为：

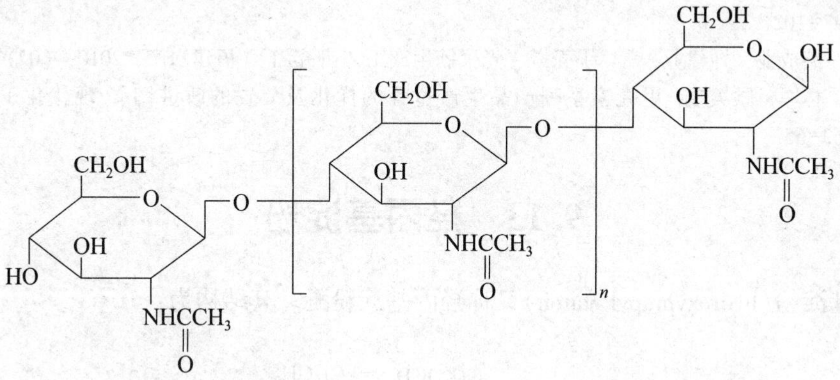

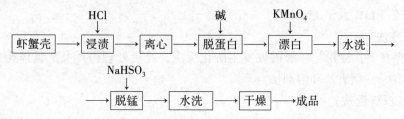

1. 性能

白色无定形半透明粉末，不溶于水、有机溶剂和碱，溶于盐酸、硝酸、硫酸等强酸。在酸性条件下可分解成壳聚糖和乙酸。

2. 生产方法

工业中应用的甲壳素取自甲壳动物的甲壳。甲壳动物的甲壳中含有15%~30%的甲壳素。如虾壳中含15%~30%；蟹壳中含15%~20%；这类资源相当丰富。

3. 工艺流程

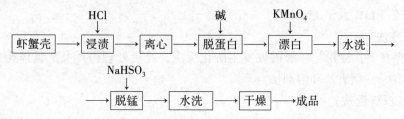

4. 操作工艺

① 将水洗风干的虾蟹壳用4%~6%盐酸浸泡，使壳内的碳酸钙、磷酸盐等无机盐(约占壳重45%)溶解变软，离心除去。水洗，用10%氢氧化钠溶液脱除蛋白质。水洗后，用1%高锰酸钾氧化漂白除杂质。再次用水洗后，用1%亚硫酸氢钠洗脱残留的锰酸根，用水充分洗涤后，干燥，得到纯净的甲壳素。

② 将水洗风干的虾蟹壳用 2mol/L 盐酸浸渍以溶解除去碳酸钙、磷酸钙等无机盐，离心分离后用水洗涤，置于 1mol/L 干酪素碱中于 100℃下浸渍 12h，并用碱液反复清洗后，于五氧化磷干燥器中真空干燥，得到甲壳素。

5. 质量标准

外观	白色无定形粉末
有效成分/%	≥85

6. 用途

甲壳素具有十分广泛的用途。广泛用于食品添加剂、织物染整、造纸工业、染料工业、玻璃纤维整理、环境保护、皮革染整、日用化工等行业，用作整理剂、软化剂、填充剂、净化剂、絮凝剂、上光剂、稳定剂、增塑剂、乳化剂、除涩剂、吸附剂、果汁稳定剂和食品保鲜剂。

参 考 文 献

[1] 李丽, 刘峰, 朱亚珠, 等. 蟹肉罐头加工下脚料甲壳素生产新工艺研究[J]. 食品工业, 2018, 39 (07): 97-102.

[2] 唐家林, 吴成业, 钟建业, 等. 甲壳素、壳聚糖生产工艺研究[J]. 福建水产, 2010, (02): 38-42.

[3] 顾正桂, 林军, 顾美娟. 甲壳素系列产品生产过程的优化及装置的改进[J]. 现代化工, 2009, 29 (01): 62-65.

9.13 羟丙基淀粉

羟丙基淀粉(hydroxypropyl starch)又称羟丙基淀粉醚。其结构为：

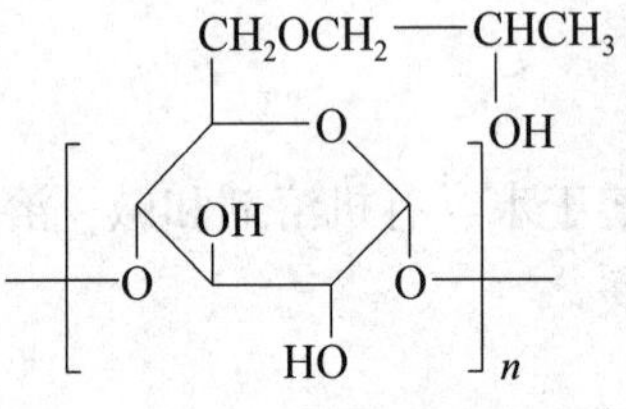

$$CH_2OCH_2 \!-\! CHCH_3$$

1. 性能

白色粉末，无臭，无味。糊化温度低、流动性好，黏度和透明度都比淀粉高。与食盐、蔗糖等混用对黏度无影响。成膜性好，沉凝性弱，具有良好的冻融稳定性，对酸碱比较稳定。小白鼠经口 LD_{50} 大于 15g/kg。

2. 生产方法

在强碱存在下，淀粉与环氧丙烷发生醚化反应，经后处理得产品。具体操作工艺有干法、湿法(水法)、微乳法和溶剂法。

3. 工艺流程(湿法)

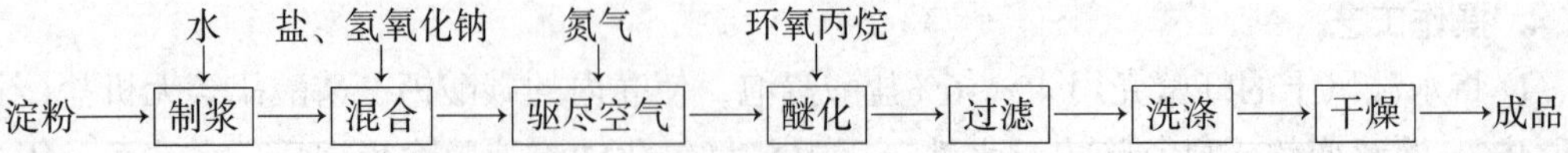

水 　盐、氢氧化钠 　氮气 　　　环氧丙烷

淀粉 → 制浆 → 混合 → 驱尽空气 → 醚化 → 过滤 → 洗涤 → 干燥 → 成品

4. 操作工艺

将木薯等淀粉加入配料锅中，加水配制成 35%~40% 的淀粉乳液，加入干淀粉质量

5%～10%的盐类(通常为硫酸钠或氯化钠)，抑制淀粉颗粒膨胀和糊化。再在搅拌下缓慢加入5%氢氧化钠溶液作催化剂，用量约为干淀粉质量的2%～3%。碱液加完后，通入氮气驱尽封闭反应器中的空气，然后加环氧丙烷(约为干淀粉质量的6%～10%)至淀粉乳中，搅拌，使反应混合物 pH＝10～12.5，在35～50℃反应8～24h。反应结束后，过滤，洗涤除去盐和可溶性的副产物，最后干燥得羟丙基淀粉。也可将淀粉用水配成15%的浆料，搅拌下加入淀粉量4%～7%、浓度为25%的氢氧化钠溶液作为催化剂，然后从反应釜底部引入 N₂ 约10min，以驱尽反应釜内的空气。最后加入环氧乙烷(≤25%)，于110℃下搅拌醚化反应1.5～2h。反应结束后冷却至室温，过滤，洗涤、干燥得产品。

说明：

① 湿法的优点是反应温和，操作过程中安全操作性好，能制得颗粒状、纯度较高的羟丙基淀粉，反应完成后易于过滤、水洗。缺点是反应时间长，产物取代度低，且有一定量的副产物生成。要获得取代度高的产品，可采用溶剂法。溶剂法使用非水溶剂(甲醇、乙醇、异丙醇等)，可以制取高取代度的羟丙基淀粉。制备时，在非水溶剂中加入淀粉，搅拌使其分散，然后加入氢氧化钠，通入环氧丙烷。在碱性条件下，淀粉同环氧丙烷进行醚化反应，并不与醇发生羟基化反应。反应结束后，除去溶剂，再经中和、水洗、干燥得羟丙基淀粉。

② 在溶剂法中，加入表面活性剂，通过乳化作用使淀粉、环氧丙烷、水、碱所组成的独立水溶液体系悬浮在有机溶剂中，从而制备水溶性或水溶胀羟丙基淀粉。该法为微乳化法。产物以固体颗粒的形式从反应混合物中直接分离，其反应条件温和，可以定量回收溶剂，产物精制简单，反应收率大于75%，取代度(MS)0.05～2.5。但对操作工艺要求高。

5. 质量标准

指标名称	QB 1229	FCC(Ⅳ)
黏度/mPa·s	≤30	—
水分/%	≤15	—
pH 值	5～8	3.0～9.0
蛋白质/%	≤0.5	≤0.5
脂肪/%	≤0.5	≤0.15
灰分/%	≤0.5	—
氯丙醇/%	≤0.0005	—
二氧化硫/%	≤0.003	≤0.005
重金属(以 Pb 计)/%	≤0.003	≤0.002
砷/%	≤0.0002	≤0.0003
铅/%	—	≤0.0001
干燥失重/%	—	15.0～21.0

6. 用途

用作增稠剂、乳化剂、凝胶剂和稳定剂。我国规定 GB 2760 可用于烘烤食品、糖果、色拉调味料、糕点、雪糕、冰棍、果冻、胶姆糖的操作，按操作需要适量使用；也可用于饮料(液、固体)，最大使用量25～50g/kg。凝胶透明性强，保水性好。

7. 安全与贮运

操作中使用的环氧丙烷有毒，且可与空气形成爆炸性混合气体。操作设备应密闭，反应釜在加入环氧丙烷前必须充入氮气，驱尽空气。操作人员应穿戴劳保用品，车间内加强通风。产品内包装为双层食用级塑料袋，封口，外包装为塑料编织袋。贮存于阴凉、通风、干燥处。严禁与有毒、有害物品混运共贮。

参 考 文 献

[1] 陈小叶. 羟烷基淀粉研究[J]. 湖北化工，2001，18(3)：20-21.

[2] 袁根福，袁丹锋. 羟烷基淀粉的研制[J]. 江苏化工，2004，(4)：22.

[3] 李光磊，惠明. 羟丙基淀粉的生产与应用[J]. 山西食品工业，2001，(01)：40-42.

[4] 申曙光，张林香. 羟丙基本薯淀粉制备工艺的优化研究. 太原理工大学学报，2000，31(4)：434-436.

9.14　淀粉磷酸酯钠

淀粉磷酸酯钠(sodium starch phosphate)又称磷酸淀粉钠。结构简式为：

1. 性能

白色至类白色粉末，无臭。不溶于乙醇，分散于水中成为不透明的糊状体。pH 值在 9 以上或 2 以下，温度升高，则黏度下降。一般为单酯型和双酯型的混合物。单酯型在常温下遇水糊化，双酯型与水一起加热则糊化。稍有吸湿性，室温下吸湿 18% 成饱和状态。大白鼠经口 $LD_{50} > 12.377g/kg$。

2. 生产方法

（1）磷酸二氢钠法

将淀粉分散于磷酸二氢钠的水溶液中，压滤后于 150~160℃ 发生磷化反应，经后处理得淀粉磷酸酯钠。

$$St—OH+NaH_2PO_4 \longrightarrow StO—PO_3HNa$$

使用磷酸二氢钠和磷酸氢二钠混合盐可制得取代度 0.2 以上的淀粉磷酸酯。在 pH 值较低条件下酯化。可发生部分淀粉水解，得到低黏度产品。

（2）三聚磷酸钠法

在低水分条件下，淀粉中的羧基与三聚磷酸钠加热反应，生成磷酸酯钠。

$$St—OH+Na_5P_3O_{10} \longrightarrow StO—PO_3HNa+NaHP_2O_7$$

三聚磷酸钠与淀粉反应的温度一般为 100~120℃，副产物焦磷酸三钠也可与淀粉反应。酯化的 pH 值范围为 5.0~8.5。

3. 工艺流程(磷酸二氢钠法)

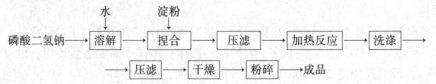

4. 操作工艺

将 150kg 一水合磷酸二氢钠投入盛有 1400L 去离子水的溶解锅中，搅拌溶解。将 1050kg 淀粉投入捏合机中，加上述配制的磷酸二氢钠溶解，捏合并调 pH 值为 5.5，捏合 2h 后，压

264

滤。滤饼送入干燥室，干燥至含水量5.7%。然后送入烘箱，在不断搅动下于155~160℃焙烘反应0.5h，迅速冷却至室温。用3600L去离子水洗涤3次，压滤、气流干燥，粉碎后过筛得淀粉磷酸酯钠。

说明：

pH值对磷化作用的影响较大，在较低pH值时，有利于磷酸盐的溶解和淀粉磷酸单酯的生成，但pH值低于4将加速淀粉的水解，如果pH值太高则会形成交联双酯。一般用正磷酸盐混合物操作淀粉磷酸酯时，pH值为5.0~6.5；用三聚磷酸盐操作时，pH值为5.0~8.5。

5. 质量标准

结合磷(以P计)/%	0.2~3	重金属(以Pb计)/%	≤0.003
干燥失重/%	≤15	砷/%	≤0.0004
无机磷(总磷的)/%	≤20	1%的水溶液pH值	6.5~7.5

6. 用途

主要用作增稠剂、乳化稳定剂和悬浮剂，我国GB 2760规定可用于果酱、饮料、汤料、冰淇淋、奶油、调味料和以粮食为主要原料制成的食品，按操作需要适量使用。因含有磷酸根，可与金属发生螯合作用，防止食品褐变。

实际使用参考：用于面制品、焙烤预制粉，1%~2%；果酱，0.02%~0.2%；布丁，1%~2%；冰淇淋，0.1%~0.5%；速溶可可，1%~2%；馅，0.3%~0.5%；调味酱，<2%。

7. 安全与贮运

产品采用双层食用级塑料袋为内包装，封口，外包装为木板圆桶。贮存于阴凉、干燥、通风处，严禁与有毒有害物品共运混贮。

参 考 文 献

[1] 杨铭铎，卢小丽，曲敏等. 淀粉磷酸酯的研究进展[J]. 哈尔滨商业大学学报(自然科学版)，2001，17(1)：43-46，66.

[2] 吴梦晗. 淀粉磷酸酯的酶法制备及应用研究[D]. 江南大学，2022.

[3] 包浩，刘忠义，彭丽，等. 大米淀粉磷酸酯的制备及其理化性质研究[J]. 中国粮油学报，2016，31(01)：5-9.

9.15 海 藻 酸 钠

海藻酸钠(sodium alginate)又称藻酸钠、藻朊酸钠、藻胶钠、褐藻酸钠。分子式为$(C_6H_7NaO_6)_n$，相对分子质量约24万。结构式为：

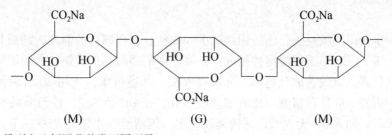

| (M) | (G) | (M) |

(G、M的排列和比例因藻种类不同而异)

1. 性能

白色或淡色黄色无定形粉末。缓慢溶于水，成黏稠均匀溶液。不溶于乙醇、乙醚、氯仿等有机溶剂。与除镁以外的二价以上的金属离子结合后，生成不溶性盐类。黏性在 pH=6～9 时稳定，加热到 80℃ 以上则黏性降低。有吸湿性，是亲水性高分子。大白鼠经口服 $LD_{50}>5000mg/kg$。

2. 生产方法

海带、巨藻、墨角藻等原藻经粉碎后以稀酸洗涤干净，用碳酸钠在 70℃ 下提取海藻酸钠，然后用水稀释，过滤除渣。滤液以盐酸酸化，使海藻酸析出，再经压榨脱水后得海藻酸。把海藻酸溶于乙醇中，加次氯酸钠漂白，用氢氧化钠中和，分离，脱除乙醇，经烘干、粉碎后制得海藻酸钠。

$$Ca(Alg)_2 + Na_2CO_3 \longrightarrow 2Na(Alg) + CaCO_3$$

$$Na(Alg) + HCl \longrightarrow HAlg + NaCl$$

$$HAlg + NaOH \longrightarrow NaAlg + H_2O$$

注：Na(Alg)代表海藻酸钠。

3. 工艺流程

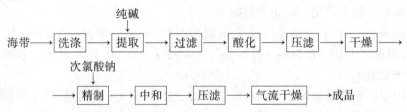

4. 操作工艺

将海带、巨藻等原藻加入清洗池，用清水洗涤干净。清洗干净的海藻，投入浸酸池，以 5% 的盐酸浸泡 24h。再进入水洗池，洗涤至洗液不呈酸性。将清洗干净的海藻切碎，沥干后(也可先进行提碘，将提碘的原藻)加入提取釜中，加 30% 纯碱溶液，在 60～80℃ 下保温浸提 8～12h 后，停止加热，加 3～4 倍量水稀释后，经转鼓式过滤机过滤，滤除残渣。

将滤液转入酸化罐中，用 30% 盐酸酸化，使酸化后溶液的 pH 值为 3～4，析出海藻酸。海藻酸充分析出后，压滤，并洗涤滤饼数次，再压干，滤饼为粗海藻酸，经干燥器气流干燥后粉碎。

将干燥粉碎后的粗海藻酸加入精制釜中，加入适量乙醇，加热回流使海藻酸溶解，海藻酸溶解后，以每 100kg 海藻酸加 3～5kg 次氯酸钠溶液的量，加入次氯酸钠溶液，在室温下搅拌 2～4h，以改善成品色泽。再用 40%～50% 的氢氧化钠溶液慢慢搅拌中和至 pH 值为 7～8，得海藻酸钠。压滤，滤饼以少量的 80% 乙醇洗涤后压干。滤饼经气流干燥后，粉碎包装即得海藻酸钠成品。

说明：

也可第一步制得藻酸凝胶，然后用纯碱中和成盐：将提碘后的原藻、纯碱和水加入提取釜中，加热，于 60～80℃ 下保温搅拌提取，使原藻中的藻酸钙形成钠盐而都溶解于水中，加入少量甲醛固定色素，以改善成品色泽。分取提取液，加适量水，先用 30 目筛粗滤，以乳化漂浮法去渣。再经 100 目筛精滤。滤液加盐酸中和，至 pH 值为 2。使海藻酸钠游离成海藻酸呈凝胶状析出，加入 5% 无水氧化钙使凝胶脱水。压滤至含水量在 75% 以下，制得海藻酸凝胶。然后加入 6%～8% 的纯碱溶液，至 pH 值为 8，过滤，滤饼经干燥，得海藻酸钠。

5. 质量标准

指标名称	GB 1976	FAO/WHO
干燥失重(105℃，4h)/%	≤15	≤15
硫酸灰分/%	30.0~37.0	—
水不溶物(干基)/%	≤3.0	≤11.0
pH 值	6.0~8.0	6.0~8.0
黏度/Pa·s	≥0.15	
透明度	合乎规定	—
砷/%	≤0.0002	≤0.0003
重金属(以 Pb 计)/%	≤0.004	≤0.004
产生的 CO_2 含量/%	—	18~21
磷酸盐	—	不得检出

6. 用途

主要用作乳化剂、增稠剂、成膜剂。我国 GB 2760 规定，可按操作需要用于各类食品，制成薄膜用于糖果防粘包装。

海藻酸钠具有良好的增稠性、成膜性、保形性、絮凝性及稳定性，作为食品添加剂，可改善食品结构、提高食品质量。在预防和治疗疾病方面，它具有降低人体内的胆固醇含量、疏通血管、降低血液黏度、软化血管等的作用，被人们誉为保健长寿食品。

参 考 文 献

[1] 张善明，刘强，张善垒. 从海带中提取高黏度海藻酸钠[J]. 食品工业科技，2002，23(3)：86-88.
[2] 孙艳宾，李宁，梁君玲，等. 海藻酸钠提取工艺研究进展[J]. 食品科技，2022，47(08)：201-206.
[3] 袁秋萍，陈均站. 海藻酸钠粗制品提纯的研究. 食品工业科技，2002，23(1)：77-78.

9.16 海 藻 酸 钾

海藻酸钾(potassium alginate)又称藻酸钾、褐藻酸钾、藻朊酸钾，主要成分为 β-D-甘露糖醛酸钾与 α-L-古罗糖醛酸钾的聚合物，分子式为 $(C_6H_7KO_6)_n$，相对分子质量约 24 万。

1. 性能

白色或淡黄色纤维状粉末，几乎无臭，无味，可燃。不溶于乙醇、乙醚、氯仿，易溶于水成黏稠液，1%的水溶液在 pH 值 6~9 时稳定，在 Ca^{2+} 等高价离子存在时可形成凝胶。可与羧甲基纤维素、蛋白质、糖、淀粉和大多数水溶性胶相配伍。大白鼠经口服 LD_{50}>5000mg/kg。

2. 生产方法

海带、巨藻、墨角藻和马尾藻等原藻粉碎后经稀酸洗涤干净，用碳酸钾在 70℃下以提取海藻酸钾，然后用水稀释，过滤除渣。滤液以盐酸酸化，使海藻酸析出，再经压榨脱水后得海藻酸。把海藻酸溶于乙醇中，漂白，用氢氧化钾中和，分离，脱除乙醇，经烘干、粉碎后制得海藻酸钾。

$$Ca(Alg)_2 + K_2CO_3 \longrightarrow 2K(Alg) + CaCO_3$$

$$K(Alg) + HCl \longrightarrow HAlg + KCl$$

$$HAlg + KOH \longrightarrow KAl + H_2O$$

注：K(Alg)代表海藻酸钾。

3. 工艺流程

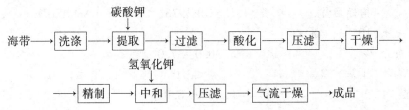

4. 操作工艺

将海带、巨藻等原藻加入清洗池,用清水洗涤干净。清洗干净的海藻,投入浸酸池,以5%的盐酸浸泡24h。再进入水洗池,洗涤至洗液不呈酸性。将清洗干净的海藻切碎,沥干后(也可先进行提碘,将提碘的原藻)加入提取釜中,加30%碳酸钾溶液,在60~80℃下保温浸提8~12h后,停止加热,加3~4倍量水稀释后,经转鼓式过滤机过滤,滤除残渣。

将滤液转入酸化罐中,以30%盐酸酸化,使酸化后溶液的pH值为3~4,析出海藻酸。海藻酸充分析出,压滤,并洗涤滤饼数次,再压干。滤饼为粗海藻酸,经干燥器气流干燥后粉碎。

将干燥粉碎后的粗海藻酸加入精制釜中,加入适量乙醇,加热回流使海藻酸溶解,海藻酸溶解后,在室温下搅拌漂白处理2~4h,以改善成品色泽。再用40%~50%的氢氧化钾溶液慢慢搅拌中和至pH值为7~8,得海藻酸钾。压滤,滤饼以少量的80%乙醇洗涤后压干。滤饼经气流干燥后,粉碎包装即得海藻酸钾成品。

说明:

在实际操作中,也可第一步制得藻酸凝胶,然后用碳酸钾中和成盐:将提碘后的原藻、碳酸钾和水加入提取釜中,加热,于60~80℃下保温搅拌提取,使原藻中的藻酸钙形成钾盐而溶解于水中。加入少量甲醛固定色素,以改善成品色泽。分取提取液,加适量水,先用30目筛粗滤,以乳化漂浮法去渣。再经100目筛精滤。滤液加盐酸中和,至pH值为2。使海藻酸钾游离成海藻酸呈凝胶状析出,加入5%无水氧化钙使凝胶脱水。压滤至含水量在75%以下,制得海藻酸凝胶。然后加入6%~8%的碳酸钾溶液,至pH值为8,静置8h,过滤,滤饼经沸腾干燥,得海藻酸钾。

5. 质量标准

指标名称	FAO/WHO	FCC(IV)
CO_2 得率/%	16.5~19.5	16.5~19.5
相当于海藻酸钾含量/%	89.25~105.5	89.25~105.5
干燥失重/%	15	15
灰分(干燥后)/%	22~23	—
水不溶物(干基)/%	1.0	—
钠	不得检出	—
磷酸盐	不得检出	—
砷/%	≤0.0003	≤0.0003
铅/%	≤0.0005	≤0.001
重金属(以Pb计)/%	≤0.002	≤0.002
杂菌总数/(菌落/g)	≤5000	—

酵母和霉菌/(菌落/g)	≤500	—
大肠菌群	阴性	—
沙门氏菌	阴性	—

6. 用途

用作增稠剂、稳定剂和乳化剂。我国 GB 2760 规定，可按操作需要适量用于各类食品。美国 FDA(1989)规定，加工水果和果汁，0.25%；糖果、糕点，1%；布丁，0.7%；其他食品按工艺要求，使用不超过 0.01%。

7. 安全与包装

操作中使用强酸、强碱，车间应加强通风，操作人员应穿戴劳保用品。产品内包装为双层食用级塑料袋，封口，外包装为木板圆桶。贮存于阴凉、干燥、通风处。严禁与有毒有害物品混运共贮。

参 考 文 献

[1] GB 29988—2013. 食品安全国家标准　食品添加剂　海藻酸钾(褐藻酸钾)[S].

9.17　海藻酸丙二醇酯

海藻酸丙二醇酯(propylene glycol alginate)又称褐藻酸丙二醇酯、藻酸丙二醇酯、海藻酸羟丙酯。分子式$(C_9H_{14}O_7)_n$，相对分子质量 1000~2500，结构式为：

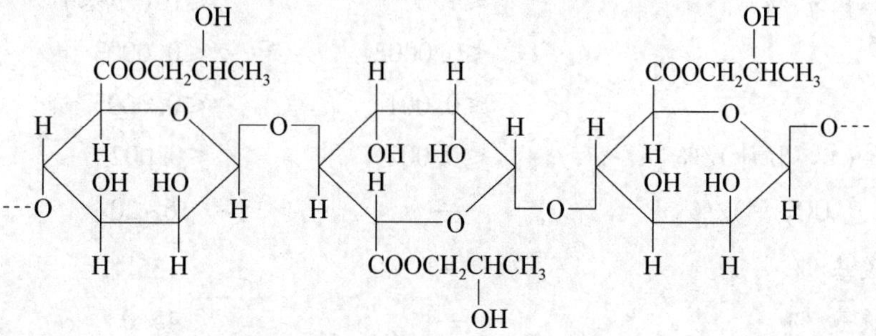

1. 性能

白色至黄色粉末，几乎无味，略带芳香味。不溶于乙醇、苯等有机溶剂，有吸湿性，可在冷水中缓慢溶解，易溶于热水。水溶液 pH 值为 3~4 时形成凝胶，不产生沉淀。对酸、盐及金属离子均较稳定，耐盐析，在高浓度电解质溶液中也不盐析。水溶液于60℃以下稳定，但煮沸则黏度急剧下降。褐变温度155℃，炭化温度220℃，灰化温度400℃。大白鼠经口服 LD_{50} 为 7200mg/kg。

2. 生产方法

环氧丙烷与海藻酸在碱催化下反应，经后处理得海藻酸丙二醇酯。

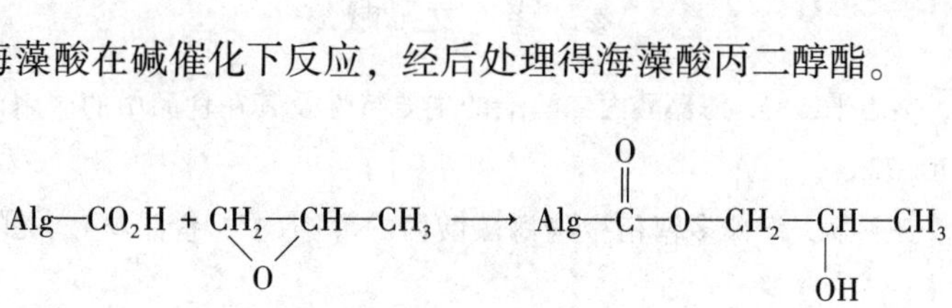

具体操作工艺有高压反应法、真空反应法、吹入法、管道反应法。

3. 工艺流程

4. 操作工艺

在不锈钢高压釜中加入含有海藻酸钙、海藻酸钠的30%海藻酸水溶液胶，充分充入氮气，驱尽高压釜中的空气，然后加入环氧丙烷，在79℃、压力为344.5kPa条件下反应半小时后，用流动冷水冷却降温，待压力消失，反应物料在真空条件下过滤，并用丙酮洗涤、干燥、粉碎得成品。

也可将海藻酸和乙酸钠及乙酸钙放在同一管道中与环氧丙烷反应。海藻酸100kg，离子化后通到一个下方为网状过滤网的装置中，用泵抽入13.1kg环氧丙烷和34kg甲醇的混合气体，在50℃下反应2.5h，停止反应。用水冷却至室温，用甲醇洗涤，反应过程通过环氧丙烷循环。滤饼含藻酸丙二醇酯80%，经分离精制得成品。

5. 质量标准

指标名称	GB 10616	FCC(Ⅳ)
酯化度/%	≥75	≥40
干燥失重/%	≤20	≤20
不溶性灰分/%	≤1.5	≤10(干基)
砷/%	≤0.0002	≤0.0003
铅/%	≤0.001	≤0.0005
重金属(以 Pb 计)/%	≤0.002	≤0.002
含量(产 CO_2 量)/%	—	16~20
游离羧基/%		35
中和羧基/%		45.0

6. 用途

主要作为增稠剂、乳化剂和稳定剂。我国 GB 2760 规定可用于乳化香精作乳化稳定剂，最大使用量 2.0g/kg；用于冰淇淋，最大使用量 1.0g/kg；用于啤酒和饮料，最大使用量 0.3g/kg；用于乳制品、果汁，最大使用量 3.0g/kg；用于口香糖、巧克力、炼乳、氢化植物油、沙司和植物蛋白饮料，最大使用量 5.0g/kg。由于海藻酸丙二醇酯在 pH 值 3~4 的酸性环境下仍然十分稳定，不会产生絮状沉淀，故常用于中性或酸性的饮料中。

参 考 文 献

[1] 王姣姣，杨晓光，秦志平，等. 海藻酸丙二醇酯的主要特性及其在食品中的应用[J]. 安徽农业科学，2016，44(07)：70-72.

[2] 秦益民，张国防，王晓梅. 海藻多糖衍生物海藻酸丙二醇酯[J]. 食品科技，2012，37(03)：238-242.

9.18　羟丙基甲基纤维素

羟丙基甲基纤维素（hydroxypropyl methyl cellulose）又称羟丙基纤维素甲醚，简称 HPMC。分子式为 $(C_{10}H_{18}O_6)_n$，相对分子质量 $234.96n$。结构式为：

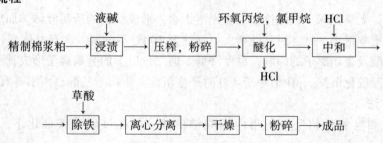

1. 性能

白色纤维状或颗粒状粉末。无臭无异味。在水中溶胀形成透明胶体溶液。不溶于无水乙醇、醛及氯仿。在大多数电解质中稳定，具有良好的成膜性。

2. 生产方法

精制棉经碱渍制成碱纤维，然后与环氧丙烷、氯甲烷反应，经后处理得羟丙基甲基纤维素。

3. 工艺流程

精制棉浆粕 → 浸渍（液碱）→ 压榨，粉碎 → 醚化（环氧丙烷，氯甲烷）（HCl）→ 中和（HCl）→ 除铁（草酸）→ 离心分离 → 干燥 → 粉碎 → 成品

4. 操作工艺

将一定量的精制棉短绒浸于45%浓度的配比量液碱中，温度35~40℃，时间0.5~1.0h，然后取出进行压榨，于35MPa压力下压至质量为棉绒重的2.7倍时，停压，进行粉碎疏松。于35℃下陈化16h。

将陈化的碱纤维投入醚化反应釜中，通氮驱空气，依次加入氯甲烷、环氧丙烷，在80℃、压力1.8MPa下，反应5~8h。然后在90℃的热水中，加入适量盐酸及草酸（除铁），用以洗涤物料。洗涤时，体积会膨大。用离心机脱水，一直洗涤至中性。最后离心脱水至含水量达60%以下，以130℃的热空气流干燥至含水5%以下。再粉碎，过20目筛，得成品。

5. 质量标准

指标名称	FAO/WHO
羟丙氧基含量/%	3~12
甲氧基含量/%	19~30
水分/%	≤10
1%溶液 pH	5~8
砷/(mg/kg)	≤3
铅/(mg/kg)	≤10
重金属(以 Pb 计)/(mg/kg)	≤40

6. 用途

用作增稠剂、稳定剂、乳化剂。按 FAO/WHO 规定，可用于冷饮，用量按产品计 10g/kg。广泛用于合成树脂、石油化工、陶瓷、造纸、皮革、纺织印染、医药、食品、化妆品和其他日用化学品等各工业部门，作为增稠剂、分散剂、黏结剂、赋形剂、胶囊、耐油涂层和填料等。

参 考 文 献

[1] 张奇. 羟丙基甲基纤维素(HPMC)生产废水处理工艺设计[D]. 齐鲁工业大学, 2015.
[2] 赵明, 吕少一. 羟丙基甲基纤维素生产技术与市场发展现状[J]. 纤维素科学与技术, 2012, 20(03): 57-69.

9.19 聚丙烯酸钠

聚丙烯酸钠(sodium polyacrylate)为具有亲水和疏水基因的高分子化合物。结构式为：

$$\{CH_2-CH\}_n \qquad (n = 1\,万\sim数万)$$
$$|$$
$$COONa$$

1. 性能

白色粉末。无臭无味。吸湿性强。缓慢溶于水，形成黏稠的透明液体。加热处理，有机酸类对其黏性影响很小，碱性时黏性增大。强热至 300℃ 不分解。久存黏度变化极小，且不易腐败。易受酸及金属离子的影响，黏度降低。遇二价以上的金属离子形成其不溶性盐，引起分子交联而凝胶化沉淀。pH 值小于 4.0 时产生沉淀。不溶于乙醇、丙酮等有机溶剂。

2. 生产方法

由丙烯酸和氢氧化钠反应制得丙烯酸钠单体，再在过硫酸铵催化下，聚合成聚丙烯酸钠。

$$CH≡CHCOOH + NaOH \longrightarrow CH_2=CHCOONa + H_2O$$

$$nCH≡CHCOONa \xrightarrow[\text{聚合}]{\text{过硫酸铵}} \{CH_2-CH\}_n$$
$$|$$
$$COONa$$

3. 工艺流程

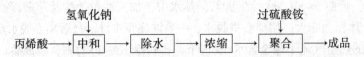

272

4. 操作工艺

在反应釜内加入丙烯酸，和氢氧化钠溶液进行中和反应，生成丙烯酸钠单体。除去体系中的水分，将丙烯酸钠浓缩，调整 pH 值，加入催化剂过硫酸铵进行聚合反应，制得聚丙烯酸钠。

5. 质量标准

外观	白色粉末	硫酸盐(以 SO_4^{2-} 计)/%	≤0.49
干燥失重/%	≤10	砷(以 As_2O_3 计)/(mg/kg)	≤2
灼烧残渣/%	≤76	重金属(以 Pb 计)/(mg/kg)	≤20
低聚物(聚合度 1000 以下)/%	≤5	残留单体/%	≤1

6. 用途

在酱制品、稀奶油、番茄沙司中作增稠剂和稳定剂。果汁、酒类中作分散剂。可使冰淇淋改善味感，增强稳定性。冷冻和水产加工品的表面冻胶剂，起保鲜作用。用于糕点、面条中提高原材料利用率，改善口感和风味，用量 0.05%。用于某些罐头食品、水产糜状制品、紫菜干中，可强化组织，保持新鲜味，增强味感。还可改变蛋白质结构，增强食品的黏弹性，改善组织。

参 考 文 献

[1] 陈磊，玉珍拉姆，周娅楠，等. 利用两种链转移剂合成低分子量聚丙烯酸钠的对比研究[J]. 西南民族大学学报(自然科学版)，2018，44(06)：590-595.

[2] 王少鹏，李靖靖. 正交试验法优化高分子量聚丙烯酸钠合成工艺[J]. 中州大学学报，2017，34(02)：109-112.

9.20 食品增稠剂

1. 性能

食品增稠剂也称食品增黏剂或糊料，是指能改善食品物理性质或组织状态、使食品黏滑适口的食品添加剂，可对食品起乳化、稳定作用。目前国内外常用的动物来源增稠剂有明胶、酪蛋白酸钠等；常用的植物增稠剂有阿拉伯胶、罗望子多糖胶、田菁胶、琼脂、海藻酸钠、海藻酸丙二醇酯、卡拉胶(又称鹿角藻胶、角叉胶)、果胶、羧甲基纤维素钠、羧甲基淀粉钠、淀粉磷酸酯钠、羟丙基淀粉，另外还有 β-环状糊精、黄原胶等。这里介绍几例复配型增稠剂。

2. 工艺配方

配方一

海藻酸钠	85.0	柠檬酸钙	12.0
无水吡咯啉酸钠	3.0		

配方二

海藻酸钠	65.0	羧甲基纤维素钠	15.0
丙二醇海藻酸酯	11.0	多磷酸钠	9.0

将各物料混合制得冷饮类使用的稳定增稠剂。

配方三

果胶	65.0	柠檬酸钠	1.0
柠檬酸	2.0	糖类	32.0

将各物料混合得稠化胶凝剂。用于制造果子冻、冻胶。

配方四

海藻酸丙二醇酯	60.0	海藻酸钠	40.0

配方五

海藻酸钠	85.0	吡咯啉酸钠	3.0
柠檬酸钙	12.0		

将各物料混合均匀，制得食品用增稠剂。

参 考 文 献

[1] 王敏，王倩，吴荣荣. 食品增稠剂的复配研究[J]. 中国酿造，2008，(12)：13-14.

[2] 谭晓军. 几种食品增稠剂的开发和应用[J]. 化工之友，2000，(03)：22.

第10章 营养强化剂

10.1 概 述

营养强化剂又称营养增补剂，是一类为增强营养成分而加入食品中的天然的或人工合成的属于天然营养范围的食品添加剂。其目的是用于平衡天然食品中某些营养素的不足，以强化天然营养素的含量；补偿加工中的损失，提高食品的营养价值；增补人体对天然营养素的需要，防止由于缺乏某种天然营养素所导致的各种特殊疾病。随着社会的发展，人民生活水平的提高，以及人们对健康的需求，使营养强化食品的需求逐年增加，营养强化剂已成为食品添加剂新品种开发的主流。

营养强化剂主要可分为维生素、氨基酸、矿物质三大类。

目前世界上所用的营养强化剂总数约130余种。美国批准使用的氨基酸类有30种，我国规定可以用于营养强化的氨基酸类只有赖氨酸盐酸盐和牛磺酸等3种。赖氨酸属于8种人体必需氨基酸之一，也是需要量最多的氨基酸。市场上有赖氨酸盐酸盐和赖氨酸天冬氨酸盐。赖氨酸盐酸盐为无色、无味的结晶性粉末，易溶于水，对食品的色、香、味没有影响。赖氨酸天冬氨酸盐为白色粉末，易溶于水，但有异味，使用时应注意对食品的口味影响。赖氨酸主要用于谷物制品中氨基酸的强化，应该注意的是，在使用过程中应考虑食品中原有含量，确定科学的添加量。

牛磺酸是一种氨基磺酸，不属于人体必需氨基酸。但牛磺酸对婴幼儿的大脑和视神经发育起非常重要的作用，对机体还具有排毒和抗氧化的作用。国家标准中对牛磺酸的使用范围比较宽松，可以添加在婴幼儿食品、乳制品、谷物制品、饮料及乳饮料中。在供中小学生食用的营养强化食品中，适度强化牛磺酸，对促进学生的大脑发育和保护视神经有好处。

维生素有脂溶性和水溶性两类，常用的维生素有维生素 A、维生素 D、维生素 E、维生素 B_1、维生素 B_2、维生素 B_6、维生素 B_{12}、维生素 C、维生素 K、烟酸、胆碱、肌醇、叶酸、泛酸和生物素等。其中维生素 A、维生素 D、维生素 E、维生素 K 属于脂溶性维生素。脂溶性维生素 A、维生素 E 制剂是以油状存在，只溶于油类或脂溶剂。其他属于水溶性维生素。

维生素是应用最早、最广泛的营养强化剂，我国允许用作营养强化剂的维生素及其衍生物有31种。

矿物质也称为无机盐，是构成人体组织和维持机体正常生理活动的重要物质。人体不能合成，但会随人体的代谢排出体外，因此需要不断从膳食中补充。根据矿物质在人体中的含量多少，一般分为常量元素和微量元素。常量元素有 Ca、P、Mg、K、Na、Cl、S 等7种。微量元素有 Fe、Zn、Cu、Mn、I、Mo、Co、Se、Cr、Ni、Sn、Si、F、V 等14种。我国允许使用的矿物质类营养强化剂共有48种，其中铁盐和钙盐各12种，锌盐7种，锰盐4种。

在进行营养强化时，需要根据食品的特点选择不同的矿物盐，其原则是吸收利用率要高，对食品色、香、味、形没有影响，价格尽可能低廉。

除了维生素、氨基酸和矿物质类营养强化剂外，目前我国允许在食品中强化的还有亚油酸、亚麻酸和花生四烯酸3种脂肪酸。亚油酸的强化可以通过添加入植物油中的方式实现，玉米胚芽油、葵花籽油等植物油中富含亚油酸。亚麻酸富含于海产动物脂肪中，亚麻酸与婴儿的视觉和神经发育有关，适合于婴幼儿食品。由于亚麻酸产自深海鱼油，有比较明显的腥味，因此添加时应注意对食品口味的影响。花生四烯酸是人体不能直接合成的不饱和脂肪酸，对婴儿的神经系统尤其是大脑发育至关重要，同时还具有促进生物体内脂肪代谢，降低血脂、血糖、胆固醇的作用。

营养强化剂一般用于添加在大量消费的食品中，如米、面粉、方便面、酱油、奶油、奶粉、软饮料、糕点等。在使用强化剂时，必须注意保持机体营养的平衡，防止过量摄入引起中毒。食品的强化需要以营养素供给量标准为依据。

我国食品强化剂发展具有广泛的前景，无论新品种开发、产品质量，还是产品产量上，都具有很大的发展空间。

参 考 文 献

[1] 龚姗姗. 关于食品工程中营养强化剂应用的思考[J]. 食品安全导刊, 2018, (06)：49-50.

[2] 马希朋, 索爽, 孙程, 等. 食品营养强化剂预混料的动态吸附制备方法[J]. 食品工业, 2023, 44 (05)：52-56.

[3] 马志扬, 李湖中, 刘德文, 等. 食品营养强化剂化合物使用频次的调查[J]. 中国食品卫生杂志, 2017, 29(06)：723-729.

[4] 耿铭眼. 食品营养强化剂的应用前景[J]. 吉林农业, 2017, (09)：95.

10.2　L-赖氨酸

L-赖氨酸(L-lysine)又称L-己氨酸、L-2,6-二氨基己酸、L-α,ε-二氨基己酸。分子式 $C_6H_{14}N_2O_2$，相对分子质量146.19。结构式为：

$$H_2N-CH_2CH_2CH_2-\overset{\displaystyle NH_2}{\underset{}{CH}}-\overset{\displaystyle O}{\overset{\|}{C}}-OH$$

1. 性能

无色针状结晶。224℃分解，在210℃变黑。极易溶于水，微溶于醇，不溶于乙醚。在空气中吸收二氧化碳。是人类和动物生长所必需的氨基酸。无毒。易潮解，其盐酸盐较稳定。

2. 生产方法

(1) 蛋白质水解抽提法

一般以血粉为原料，用25%硫酸水解，水解液用石灰中和，过滤去渣。滤液真空浓缩，然后过滤除去不溶解的中性氨基酸，在热滤液中加入苦味酸，冷却至5℃，保温12～16h，析出L-赖氨酸苦味酸盐结晶。冷水洗涤后，结晶用水重新溶解，加盐酸生成赖氨酸盐酸盐，滤去苦味酸，滤液浓缩结晶，得赖氨酸盐酸盐。

(2) 直接发酵法

这是目前赖氨酸工业生产的主要方法。该法利用微生物的代谢调节突变株、营养要求性

276

突变株(突变株的 L-赖氨酸生物合成代谢调节部分或完全被解除)，以淀粉水解糖、糖蜜、乙酸、乙醇等原料直接发酵生成 L-赖氨酸。

（3）酶法

利用微生物产生的 D-氨基己内酰胺外消旋酶使 D 型氨基己内酰胺转化为 L 型氨基己内酰胺；再经 L-氨基己内酰胺水解酶作用生成 L-赖氨酸。D-氨基己内酰胺外消旋酶产生菌有奥贝无色杆菌、裂环无色杆菌、粪产碱杆菌等。具有 L-氨基己内酰胺水解酶的菌种有劳伦氏隐球酵母、土壤假丝酵母、丝孢酵母等。

（4）合成法

以己内酰胺为原料，得到外消旋赖氨酸，经拆分得 L-赖氨酸。

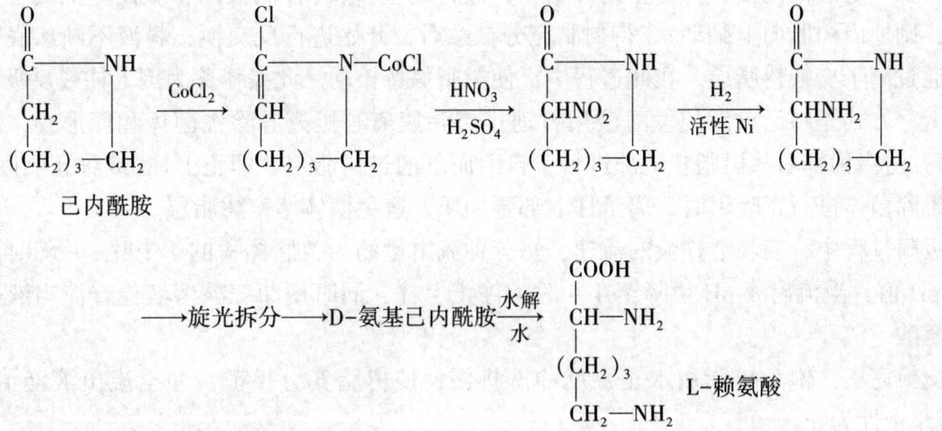

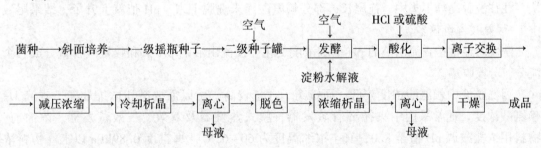

3. 工艺流程

（1）直接发酵法

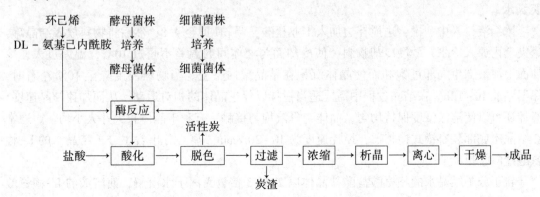

（2）酶法

4. 操作工艺

在赖氨酸发酵生产时，通过控制培养物中的生物素、L-苏氨酸和 L-甲硫氨酸的含量，温度，pH 值，溶解氧(通风量、搅拌速度)等条件，保证 L-赖氨酸生产菌大量积累赖氨酸。赖氨酸发酵时间以 16~20h 为界，分为前、后两个时期，前期为菌体生长期，后期为赖氨酸生成期。两个时期温度、pH 值、溶氧浓度的控制稍有差异。

从发酵液中提取 L-赖氨酸主要包括离子交换、真空浓缩、中和析晶、脱色重结晶、干燥等步骤。

发酵结束，将发酵液加热升温至 80℃，保温 10min，灭菌体，冷却，加工业盐酸或工业硫酸调 pH 值至 2.0。含赖氨酸量高的发酵液，需适当稀释。然后，发酵液和菌体从树脂下部进料至一定液面高度，为防止菌体堵塞，进行真空抖料(柱阀关闭，从顶上抽真空，急开下口，则柱内树脂向上翻动)，待树脂充分扩散后，开始进行反交换，料液不断从底部向上流动通过离子交换树脂层。在此过程中，使树脂保持松动。此操作称为倒上柱或反吸附。另一种上柱方式是将已灭活的发酵液用自动排渣高速离心机离心除去菌体和固形物，清液调 pH 值并适当稀释后从树脂柱上部进料，自上而下通过树脂层，即正上柱(或称正吸附)。发酵液不除菌体进行正吸附时，离子柱上部要加压，避免菌体堵塞树脂层。

吸附过程中，控制上柱液的流速，每分钟流出量约为树脂体积的 1/100，并随时测定流出液 pH 值，当流出液 pH 值降至 4.5 时，停止上柱，同时用茚三酮溶液检查流出液是否含有赖氨酸。

交换完毕，饱和树脂用水正、反冲洗排污，使树脂充分扩散，冲至流出液澄清透明，pH 值呈中性为止。

先用 1mol/L 氨水洗脱，当流出液 pH 值达到 8.0 时改用 2mol/L 氨水进行洗脱。洗脱过程是吸附的逆过程，在洗脱过程中，洗脱液流速要控制在每小时一倍树脂体积量。流速太快，往往洗脱高峰不集中，拖尾长，部分赖氨酸尚未洗脱下来，pH 值就上升了，结果尾液中 L-赖氨酸含量较多。

洗脱时经常检查流出液的 pH 值和浓度变化。按流出液的 pH 值和赖氨酸含量分成三个流分，分段收集。

因洗脱液中赖氨酸浓度较低，而铵离子含量较高，所以需要减压浓缩驱氨，提高 L-赖氨酸浓度。通常采用中央循环管蒸发器，膜式蒸发器及双效、三效蒸发器。浓缩前，物料用浓盐酸调 pH 值至 8.0，真空浓缩温度为 60~65℃，真空度 0.89kPa 以上。物料浓缩至 22°Bé(L-赖氨酸含量约 90%)。氨回收装置与蒸发器相连接，在浓缩过程中，回收淡氨水。

浓缩液放入中和罐，边搅拌边加入工业盐酸，调 pH 值至 4.8，然后将物料放入结晶罐，罐夹套内通入冷水，缓慢冷却物料，使冷却面与液体间的温差不超过 10℃，温差过大，冷却面上溶液产生局部过饱和而使晶体沉积在结晶罐内壁上。当物料温度降至 10℃ 左右时，保温结晶 10~12h。在结晶过程中需要适当搅拌以促进晶体的相对运动，从而加速结晶速度。搅拌还可以使溶液浓度保持均匀，晶体与母液均匀接触，有利于晶体长大并大小均一。通常在结晶罐底部装有锚式搅拌器，搅拌速度为 10~20r/min。离心分出含 1 分子结晶水的 L-赖氨酸盐酸盐粗品。

含 1 分子结晶水的赖氨酸盐酸盐晶体以 2.5~3 倍量无离子水溶解，使溶液的 L-赖氨酸含量为30%~35%。活性炭用量是根据活性炭脱色能力的强弱及粗赖氨酸晶体的色泽深浅程度而定。一般为粗赖氨酸晶体质量的3%~5%。

活性炭脱色时，溶液的温度及脱色时间对脱色效果有一定的影响。在较高温度下，分子运动速度加快，溶液的黏度减少，降低了分子运动的阻力，这样有利于吸附过程的进行。脱色过程时间长，被吸附物质分子与活性炭表面的接触机会增多，有利于吸附作用。脱色温度控制在70~80℃，脱色时间1h。然后，趁热用板框压滤机过滤并用水洗涤，合并滤液和洗涤液，真空浓缩至22°Bé，放冷，结晶。

得到的L-赖氨酸盐酸盐精品用真空干燥或热风干燥或远红外线干燥，于60℃条件下干燥至含水量≤0.1%。

5. 质量标准

指标名称	饲用级	食用级	药用级
纯度(含量)/%	≥98	≥98.5	≥98.5
溶液 pH 值	5.0~6.0	5.6~6.0	5.6~6.0
比旋光度$[\alpha]_D^{20}$	+18.0~22.0°	+19.0~21.5°	+20.5~21.5°
干燥失重/%	≤1.5	≤0.6	≤0.1
灼烧残渣/%	≤0.5	≤0.3	≤0.1
氯化物(以 Cl^- 计)/%	—	19.0~19.6	19.1~19.5
铵盐(以 NH_4^+ 计)/%	≤0.04	≤0.02	≤0.02
硫酸盐(以 SO_4^{2-} 计)/%	—	≤0.03	≤0.03
铁/(mg/kg)	—	—	≤30
砷/(mg/kg)	≤2	≤2	≤2
重金属(以 Pb 计)/(mg/kg)	≤30	≤20	≤10
纸层析	一点	一点	一点
	(点样 10mg)	(点样 30mg)	(点样 50mg)
热源	—	—	无

6. 用途

用于强化食品中的赖氨酸，促进儿童生长发育，增进食欲和胃酸分泌。用于儿童营养食品及病后体质康复。广泛用于食品和饲料添加剂中，还用于医药中。添加标准量：100g 面粉可添加 150mg；100g 面包可添加 100mg。也用于生化研究和细菌培养。

参 考 文 献

[1] 张周利. 玉米秸秆水解液发酵生产 L-赖氨酸的研究[D]. 河南农业大学, 2021.
[2] 阮浩哲. 基于优化糖摄取途径构建 L-赖氨酸产生菌[D]. 江南大学, 2021.
[3] 杨帆, 王琳琳, 时德通, 等. 响应面法优化赖氨酸发酵生产条件的研究[J]. 食品工业, 2019, 40 (02): 200-203.

10.3 甘 氨 酸

甘氨酸(glycine，Gly)又称氨基乙酸，分子式 $C_2H_5NO_2$，相对分子质量 75.1。结构式为：

$$\text{NH}_2\text{—CH}_2\text{—}\overset{\displaystyle O}{\overset{\|}{C}}\text{—OH}$$

1. 性能

白色结晶或结晶性粉末。熔点233℃（分解），相对密度1.1607。溶于水，微溶于吡啶，不溶于乙醚和乙醇。有甜味。本品无毒、无腐蚀。与盐酸反应生成氢氯化合物。

2. 生产方法

（1）氯乙酸法

以六次甲基四胺水溶液为反应介质，高浓度氨与氯乙酸作用，经甲醇（或乙醇）沉淀，离心分离后得成品。

$$\text{H}_3\text{N} + \underset{\displaystyle Cl}{\text{CH}_2}\overset{\displaystyle O}{\overset{\|}{C}}\text{—OH} \xrightarrow{\text{六次甲基四胺}} \text{H}_2\text{N—CH}_2\overset{\displaystyle O}{\overset{\|}{C}}\text{OH} + \text{HCl}$$

（2）Strecker法

将甲醛、氰化钠、氯化铵混合反应生成亚甲基氨基乙腈，然后在硫酸存在下发生醇解，再用$Ba(OH)_2$水解并酸化得到产品。

（3）蚕丝水解液提取法

将废蚕丝用盐酸于110~120℃下水解，脱色过滤后，用离子交换柱分出甘氨酸。同时也可以分离得到丙氨酸、丝氨酸。

这里主要介绍氯乙酸法。

3. 工艺流程

```
         氨          甲醇
          ↓           ↓
氯乙酸 ┐
      ├─→ 氨化 ─→ 沉淀 ─→ 分离 ─→ 成品
六次甲基四胺 ┘
```

4. 操作工艺

先将六次甲基四胺175kg投入氨化反应罐中，然后加入氨水（相当于440kg液氨），冷却下搅拌，溶解完全后滴加氯乙酸800kg，于30~50℃下搅拌反应，然后在72~78℃下保温3h。出料冷却后，加入甲醇进行醇析，静置10h后回收醇，粗结晶用醇（甲醇或乙醇）精制，得到白色结晶。

5. 质量标准

（1）HGB 3075

指标名称	二级	三级
含量/%	≥99.5	≥98.5
硫酸盐（以SO_4^{2-}计）/%	≤0.01	≤0.02
氯化物（以Cl^-计）/%	≤0.003	≤0.005
水不溶物/%	≤0.01	≤0.02
铵盐/%	≤0.02	≤0.03
灼烧残渣/%	≤0.02	≤0.05
铁含量/%	≤0.001	≤0.003

（2）国外质量标准

指标名称	美国食用化学品法典	日本(食品级)
含量/%	98.5~101	98.5~101.5
溶状	—	无色透明
pH 值		5.5~7.0
干燥失重/%	≤0.2	≤0.30
氯代物(以 Cl^- 计)/%		≤0.021
重金属(以 Pb 计)	≤0.002%	≤20μg/g
砷	≤3mg/kg	≤4μg/g(As_2O_3)
强热残渣/%	≤0.1	≤0.1
易炭化物试验	合格	—

6. 用途

在食品工业中用作酿造、肉食加工和清凉饮料的配方和糖精去苦剂及食品添加剂。甘氨酸可作为调味品单独使用，也可以与谷氨酸钠、DL-丙氨酸、枸橼酸等配合使用。在饲料添加中可作诱食剂。本品在化肥工业中用作脱除二氧化碳的溶剂。在医药工业中用作金霉素的缓冲剂，又是咪唑酸乙酯的中间体，其本身也是一种辅助治疗药，可治疗神经性胃酸过多，对抑制胃溃疡的酸过多亦有效。也可用于电镀液、农药中间体或用作其他氨基酸的原料。

参 考 文 献

[1] 覃华龙. 甘氨酸生产工艺优化[J]. 广州化工，2023，51(01)：243-245.

[2] 程明立，史建公，张毅，等. 甘氨酸合成方法研究进展[J]. 中外能源，2022，27(10)：70-74.

[3] 李玉芳. 我国甘氨酸合成技术研究进展[J]. 精细与专用化学品，2022，30(02)：48-50.

10.4　L-天冬氨酸

L-天冬氨酸(L-aspartic acid)也称 L-α-氨基丁二酸、L-氨基琥珀酸。分子式 $C_4H_7NO_4$，相对分子质量 133.1。结构式为：

$$HOOCCH_2CH(NH_2)COOH$$

1. 性能

无色或白色斜方晶系叶片状晶体或结晶性粉末。无臭。稍有酸味。有左旋光。熔点270~271℃。相对密度(d_{13}^{13})1.6613。比旋光度+25.7°(3mol/L HCl 中)。难溶于水(0.42g/100mL，20℃)，易溶于热水(53g/100mL，97℃)，溶于酸和碱溶液中，不溶于乙醇和乙醚。天然品广泛存在于各种动植物蛋白中，甜菜的糖蜜中含量丰富。

2. 生产方法

方法一

由各种富含 L-天冬氨酸的蛋白质，用酸水解后用氢氧化钙中和，得 L-谷氨酸与 L-天冬氨酸的钙盐，再经分离后制得 L-天冬氨酸。

方法二

在酶的催化作用下富马酸与氨作用，可高收率地制得 L-天冬氨酸。

$$\underset{\substack{\| \\ HOOCCH}}{HCCOOH} + NH_3 \xrightarrow{\text{天冬酶}} \overset{NH_2}{\underset{|}{HOOCCH_2CHCOOH}}$$

方法三

以铂黑为催化剂，对草酸酰乙酸与氨进行还原反应即制得 L-天冬氨酸。

$$\underset{\substack{| \\ O=CCH_2COOH}}{COOH} + NH_3 \xrightarrow{Pt} \overset{NH_2}{\underset{|}{HOOCCH_2CHCOOH}}$$

3. 质量标准

外观	白色斜方板状晶体或结晶性粉末
含量/%	≥98.5
干燥失重/%	≤0.25
灼烧残渣/%	≤0.1
砷/(mg/kg)	≤3
重金属(以 Pb 计)/(mg/kg)	≤10

4. 用途

天冬氨酸属于非人体必需氨基酸，可用作营养增补剂，添加于各种清凉饮料。医药上用作氨解毒剂、肝功能促进剂、疲劳恢复剂等。还可用作生化试剂、培养基等。

参 考 文 献

[1] 韩卫强，解茹，梁玉霞，等. 双酶法制备 L-天冬氨酸的循环生产工艺[J]. 北京化工大学学报(自然科学版)，2023，50(02)：70-77.

[2] 姜国政. 全细胞生产 L-天冬氨酸的菌种优化及工艺提升技术研究. 山东省，烟台恒源生物股份有限公司，2020-05-07.

[3] 缪静，冯志彬，张建，等. 透膜法生产 L-天冬氨酸的工艺研究[J]. 现代化工，2017，37(04)：105-108.

10.5 牛 磺 酸

牛磺酸(taurine)又称牛胆碱、牛胆素、2-氨基乙磺酸。分子式 $C_2H_7NO_3S$，相对分子质量 125.15。

1. 性能

白色棒状结晶或结晶性粉末，无臭，味微酸。微溶于乙醇、丙酮，易溶于水。水溶液 pH 值 4.1~5.6。对热稳定，熔点>300℃(分解)。

2. 生产方法

(1) 乙醇胺法

① 将乙醇胺与盐酸反应生成 β-氯乙胺盐酸盐，后再经磺化、酸化及提纯得到产品牛磺酸。

$$HOCH_2CH_2NH_2 + 2HCl \longrightarrow ClCH_2CH_2NH_2 \cdot HCl$$

$$\longrightarrow H_2NCH_2CH_2SO_2Na \longrightarrow H_2NCH_2CH_2SO_3H$$

② 乙醇胺与硫酸生成硫酸酯，再与亚硫酸钠发生磺化，得到牛磺酸。

$$NH_2CH_2CH_2OH + H_2SO_4 \longrightarrow NH_2CH_2CH_2OSO_3H + H_2O$$

$$NH_2CH_2CH_2OSO_2H + Na_2SO_3 \longrightarrow NH_2CH_2CH_2SO_3H + Na_2SO_4$$

③ 乙醇胺盐酸盐与亚硫酰氯发生氯化，然后与亚硫酸钠发生磺化，得到牛磺酸。第一步反应生成的副产物二氧化硫用碱吸收，制得亚硫酸钠。

$$NH_2CH_2CH_2OH \cdot HCl + SOCl_2 \longrightarrow NH_2CH_2CH_2Cl \cdot HCl + SO_2$$

$$NH_2CH_2CH_2Cl \cdot HCl + Na_2SO_3 \longrightarrow NH_2CH_2CH_2SO_3H + 2NaCl$$

$$SO_2 + 2NaOH \longrightarrow Na_2SO_3 + H_2O$$

（2）丙烯酰胺法

由丙烯酰胺与亚硫酸氢钠磺化反应生成 β-磺酸丙酰胺盐，然后用次氯酸钠进行氧化和重排得到牛磺酸。丙烯酰胺法的收率高于乙醇胺法。

$$CH_2 = CHCONH_2 + NaHSO_3 \longrightarrow NaO_3SCH_2CH_2CONH_2$$

$$NaO_3SCH_2CH_2CONH_2 + NaOCl + H^+ \longrightarrow HO_3SCH_2CH_2NH_2$$

3. 工艺流程

4. 生产工艺

（1）工艺一

在氯化反应锅中加入 165kg 36%的浓盐酸，在搅拌下缓慢滴加 102kg 乙醇胺，控制滴加温度不超过 40℃。充分搅拌，升温至 150℃。缓慢通入氯化氢气体，至饱和不再吸收为止。

反应液冷却至室温，注入适量的乙醇稀释反应物，继续冷至 10℃ 以下过滤。滤饼用少量无水乙醇洗涤（洗涤液和结晶母液可回收乙醇及部分中间体），得到中间产物，即 β-氯乙胺盐酸盐。将 β-氯乙胺配成约 80%的水溶液，滴加至沸腾的 200kg 亚硫酸钠配制的水溶液中，搅拌反应 5~6h。然后再稍升高温度，蒸出水分。此时有氯化钠晶体析出。趁热过滤，去除氯化钠晶体。滤液酸化后，冷至 0℃ 左右，析出粗品结晶。粗品加入适量水和活性炭，煮沸 0.5h，趁热滤去炭渣。滤液冷却析晶，过滤，干燥得牛磺酸。

（2）工艺二

在装有搅拌器和回流冷凝器的反应烧瓶中，加入 36.6g 乙醇胺及 100mL 甲苯，在水浴冷却及搅拌下滴加 61.4g 98%的硫酸，约需 50min 滴完。再加入 1.4g 十六烷基三乙基氯化铵，加热回流 1.5~2h，分离出理论量的水（约 11mL）。经冷却、过滤、洗涤、干燥得 2-氨基乙基硫酸氢酯 83g，熔点 273~279℃，收率 98.1%。

在反应烧瓶中加入 75.6g 亚硫酸钠及水 250mL，在氮气保护下缓缓且均匀地加入 28.2g 2-氨基乙基硫酸氢酯，加完后继续回流 10~12h 生成牛磺酸。减压蒸去其中的水分，再慢慢加入浓盐酸 100mL 搅拌约 1h，使产物溶解完全。滤出无机盐晶体，并用 20mL 浓盐酸洗涤 2次。滤液减压浓缩至原体积的一半，加入 95%的乙醇 50mL，即有部分结晶析出。放入冰箱冷冻 1~2h，过滤得粗品。再用浓盐酸重结晶一次即得产品 21.3g，熔点 298~301℃，总收率为 83%。

（3）实验室制法

在反应瓶中加入 200mL 36%浓盐酸，搅拌下滴加入 151g 95%乙醇胺，控制滴加温度 <40℃。加完后升温至 150℃，缓慢通入氯化氢气体，至饱和不吸收为止。将反应液冷却，用乙醇稀释后，冷至 10℃，过滤，得 β-氯乙胺盐酸盐。将 β-氯乙胺配成 80%水溶液，滴加至

沸腾的亚硫酸钠水溶液中，搅拌反应4~5h，然后升温蒸出水分，析出NaCl，热滤后，酸化，冷至0℃析晶得粗品。粗品用活性炭脱色后，热滤，析晶，干燥得牛磺酸。

5. 质量标准

	GB 14759	日本
含量/%	≥98.5	≥98.5
溶液澄清度(1g/40mL)	≤0.5号浊度标准	合格
易炭化物试验	阴性	合格
氯化物/%	≤0.1	≤0.011
硫酸盐/%	≤0.2	≤0.014
灼烧残渣/%	≤0.1	≤0.1
重金属(以Pb计)/%	≤0.001	≤0.002
砷/%	≤0.0002(以As计)	≤0.002(以As_2O_3计)
干燥失重/%	≤0.2	≤0.2
铵盐(以NH_4^+计)/%	—	≤0.02

6. 用途

牛磺酸为营养强化剂，是人体生长、发育所必需的氨基酸，对促进儿童，尤其是婴幼儿大脑等重要器官的生长、发育有很重要的作用。我国GB 14880规定可用于乳制品、婴幼儿食品及谷类制品，使用量为0.3~0.5g/kg；也可用于饮液和乳饮料，使用量为0.1~0.5g/kg；尚可用于儿童口服液，最大用量为4.0~8.0g/kg。还用于医药，具有消炎、镇痛、解热作用。

7. 安全与贮运

生产中使用乙醇胺、盐酸等具有刺激性、腐蚀性化学品，设备应密闭，车间内加强通风。操作现场乙醇胺最高容许浓度为6mg/m³。产品应装于双层食用级塑料袋内，外用纸板圆桶包装。不得与有害物质混放共运。保存于阴凉干燥处。

参 考 文 献

[1] 陈建，欧阳金波，刘峙嵘，等.牛磺酸的合成工艺及结晶纯化研究进展[J].现代化工，2021，41(03)：57-62.
[2] 詹妮.高压脉冲电场辅助酶解河蚌肉制备牛磺酸研究[D].吉林大学，2020.

10.6 天 然 干 酪

1. 性能

干酪是在乳中(也可用脱脂乳或稀奶油)加入适量的乳酸菌发酵剂和凝乳酶，使蛋白质(主要是酪蛋白)凝固后，排除乳清，将凝块压成块状而制成的产品。制成后未经发酵的称新鲜干酪；经长时间发酵成熟而制成的产品称成熟干酪。这两种干酪统称天然干酪。干酪的营养价值很高，其中除含有丰富的蛋白质、脂肪和盐类外，还含有维生素及微量成分等。干酪大体上可以归纳成三大类，即：天然干酪、融化干酪和干酪食品。天然干酪的种类很多，世界上干酪种类达800种以上。分类方法随干酪产地、制造方法、理化性质、形状外观等而异。

2. 工艺流程

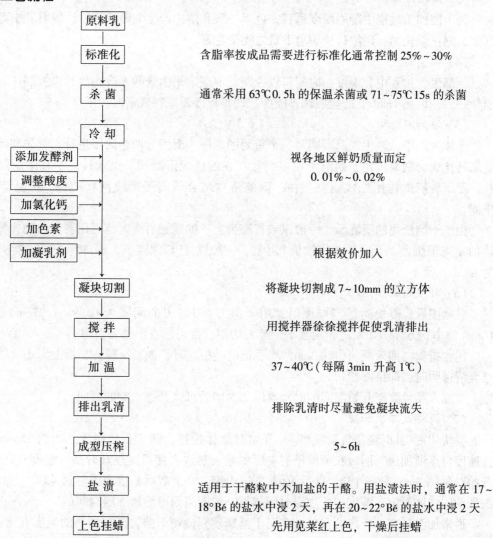

原料乳

↓

标准化   含脂率按成品需要进行标准化通常控制 25%~30%

↓

杀菌   通常采用 63℃0.5h 的保温杀菌或 71~75℃15s 的杀菌

↓

冷却

↓

添加发酵剂 →   视各地区鲜奶质量而定

调整酸度   0.01%~0.02%

加氯化钙

加色素

加凝乳剂 →   根据效价加入

↓

凝块切割   将凝块切割成 7~10mm 的立方体

↓

搅拌   用搅拌器徐徐搅拌促使乳清排出

↓

加温   37~40℃（每隔 3min 升高 1℃）

↓

排出乳清   排除乳清时尽量避免凝块流失

↓

成型压榨   5~6h

↓

盐渍   适用于干酪粒中不加盐的干酪。用盐渍法时，通常在 17~18°Bé 的盐水中浸 2 天，再在 20~22°Bé 的盐水中浸 2 天

↓

上色挂蜡   先用苋菜红上色，干燥后挂蜡

3. 操作工艺

（1）原料及预处理

生产干酪的原料，必须用奶畜分泌的新鲜良质乳。感官检查合格后，测定酸度或酒精试验。必要时进行青霉素及其他抗生素试验。然后进行严格过滤和净化，并按照产品需要进行标准化。此外，不得使用近期内注射过抗生素的奶畜所分泌的乳。

（2）添加发酵剂和预酸化

原料乳经杀菌以后，除芽胞菌外，无论是有害或有益的微生物（如乳酸菌）全部被消灭。但乳中如缺乏乳酸菌，不可能获得正常成熟的干酪。因此，凡经过杀菌处理的原料乳，必须加入发酵剂，以促使干酪正常发酵。同时由于乳酸的生成，使一部分的钙盐变成可溶性，可以促进皱胃酶对乳的凝固作用。

乳经杀菌后，直接打入干酪槽中，冷却到 30~33℃然后加入经过搅拌并用灭菌筛过滤的发酵剂，充分搅拌。为了使干酪在成熟期间能获得预期的效果，达到正常的成熟，加发酵剂后应使原料乳进行短时间的发酵，也就是预酸化。经 10~15min 的预酸化后，取样测定酸度。

（3）加入添加剂

为了使加工过程中凝固硬度适宜、色泽一致和防止产生气菌的污染，原料乳中需加入下列添加剂：氯化钙、硝酸盐、胡萝卜素之类的色素。

（4）调整酸度

干酪生产过程中，温度、时间可以控制，但酸度是由乳酸而产生故难以控制。为使产品质量一致，可用 1mol/L 的盐酸调整酸度。调整程度随原料乳情况而定。

（5）添加凝乳酶

干酪生产中，乳中加酶凝固是一个重要的工序。凝固分两个阶段进行：首先酪蛋白被凝乳酶转化成为副酪蛋白，副酪蛋白在钙盐存在的情况下凝固。也就是说牛乳中的酪蛋白胶粒，受凝乳酶的作用变成副酪蛋白，副酪蛋白结合钙离子形成网状结构，把乳清包围在中间。

生产干酪所用的凝乳酶，一般以皱胃酶为主，如无皱胃酶时也可用胃蛋白酶代替。酶的添加量需根据酶的活力（也称效价）而定。一般以 35℃ 保温下，经 30~35min 能进行切块为准。

（6）凝块切割

乳凝固后，凝块达适当硬度时，用干酪刀（刃与刃的间隔为 0.79~1.27cm）切成 7~10mm 的小立方体。切割时先用水平干酪刀切割，再用垂直干酪刀切割。

用食指斜向插入凝块中约 3cm，当手指向上抬起时，如裂纹整齐，指上无小片凝块残留且乳清透明时，即可开始切割。

自加入凝乳酶至开始凝固的时间乘以 2.5 即为可以开始切割的时间。

（7）搅拌及二次加温

凝块切割（此时测定乳清酸度），开始时徐徐搅拌，防止凝块碰碎。大约 15min 后，搅拌速度可逐渐加快，同时在干酪槽的夹层中通入热水，使温度逐渐升高。温度升高速度为：开始时每隔 3min 升高 1℃，以后每隔 2min 升高 1℃，最后使槽内温度达 42℃。加温时间，按乳清的酸度而定。酸度越低加温时间越长，酸度高则可缩短加温时间。

通常加温越高，排出的水分越多，干酪越硬。特硬干酪，二次加热的温度有达 50℃ 的，这是一种特硬干酪的加工方法，也称为热烫（通常加热至 44℃ 以上就称热烫）。采用这样高的温度时，必须使用嗜热细菌发酵剂。一般发酵剂中的乳酸菌，可能被杀死或抑制。

加温速度不宜过快，如过快时，会使干酪粒表面结成硬膜，影响乳清的排出，最后使成品水分过高。

（8）排除乳清及成型压榨

二次加热后，当乳清酸度达到 0.12%（牛奶干酪）且干酪粒已收缩到适当硬度时，即可将乳清排出。试验干酪粒硬度的方法为：把干酪粒放于手掌中，尽力压出水分后放松手掌，如干酪粒富有弹性，搓开仍能重新分散时，表示干酪粒已达适当的硬度。

乳清排除后，将干酪粒堆积在干酪槽的一端，用带孔木板或不锈钢板压 5min，使其成块，并继续压出乳清。然后将其切成砖状小块，装入模型中，成型 5min，成型后用布包裹，再放入模型中用压榨机压榨 4h。当压榨开始 1h 后，上下翻转一次，并修整形状。

（9）加盐

干酪的加盐方法，通常有下列 4 种：

① 将食盐撒布在干酪粒中，并在干酪槽中混合均匀。

② 将食盐涂布在压榨成型后的干酪表面。

③ 将压榨成型后的干酪，取下包布，置于盐水池中腌渍，盐水的浓度第一天到第二天保持在 17%~18%，以后保持在 20%~23%。为了防止干酪内部产生气体，盐水的温度应保持在 8℃左右，腌渍时间一般为 4 天。

④ 采用上列几种方法的混合法加盐。

（10）成熟

为了改善干酪的组织状态，增加干酪特有的滋气味，加盐后的干酪必须进行 2 个月以上的成熟。干酪的成熟是复杂的生物化学和微生物学过程。目前认为，干酪的成熟是以乳酸发酵、丙酸发酵为基础，并与温度、湿度和微生物的种类有密切关系。

（11）上色挂蜡及贮藏

为了防止长霉和增加美观，将成熟后的干酪清洗干燥后，用食用色素染成红色。等色素完全干燥后再在 160℃ 的石蜡中进行挂蜡，或用收缩塑料薄膜进行密封。

成品干酪，放在 5℃ 及相对湿度 80%~90% 的条件下进行贮藏。但干酪最好在 -5℃ 和 90%~92% 的相对湿度下进行贮藏，这样可以保存 1 年以上。

4. 用途

干酪中含有大量人体必需氨基酸，与其他动物性蛋白质比较，质优且量多，含有丰富的营养成分，相当于原料乳中蛋白质和脂肪浓缩 10 倍。用作营养强化剂。

参 考 文 献

[1] 李彤. 添加脂肪替代物生产低脂新鲜干酪工艺的优化[D]. 内蒙古农业大学，2022.
[2] 辛跃珍，刘淑玲. 软质干酪生产工艺研究[J]. 中国奶牛，2020，(11)：49-52.

10.7 维生素 A

维生素 A(vitamin A) 又称视黄醇，化学名称为全反 3,7-二甲基-9-(2,6,6-三甲基环己-1-烯基-1-)2,4,6,8 一壬四烯-1-醇。分子式 $C_{20}H_{30}O$。相对分子质量 286.46。结构式为：

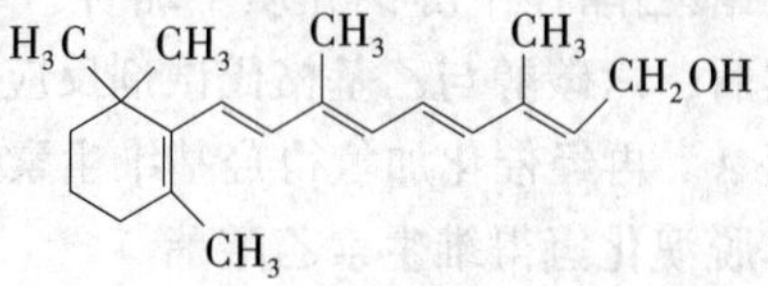

1. 性能

淡黄色片状晶体，熔点 62~64℃，沸点 120~125℃。在波长 325~328nm 处有一特殊吸收峰。不溶于水和甘油，溶于氯仿、乙醚、环己烷、石油醚和油脂等，微溶于乙醇。光照下不稳定，在空气中易氧化，亦可被脂肪氧化酶分解，加热或有重金离子存在下可促进氧化成环氧化物，进一步氧化可生成醛或酸。因此，一般置于铝制容器内、充氮气密封保存。使用时可加入抗氧化剂和其他稳定剂，则在加热下也较为稳定，但在酸性条件下不稳定。

纯品维生素 A 很少作为食品添加剂使用，一般使用维生素 A 油，也有使用含维生素 A 和维生素 D 的鱼肝油。维生素 A 油为黄至带红色的橙黄色液体，冷冻后固化，有异臭，耐光和耐氧性弱，易被脂肪氧化酶分解。不溶于水和甘油，混溶于氯仿、乙醚和脂肪。维生素

287

A 使用量均以视黄醇计，1IU(国际单位)维生素 A 活性等于 0.3μg 视黄醇。

2. 生产方法

(1) 提取法

主要从鱼肝油中分离提取，用碱处理后，在高真空下蒸馏得到浓缩液，再用层析法精制。

(2) 合成法

合成法以柠檬醛为原料，经与丙酮缩合后环化，首先得到β-紫罗兰酮。β-紫罗兰酮是维生素 A 合成的关键中间体。

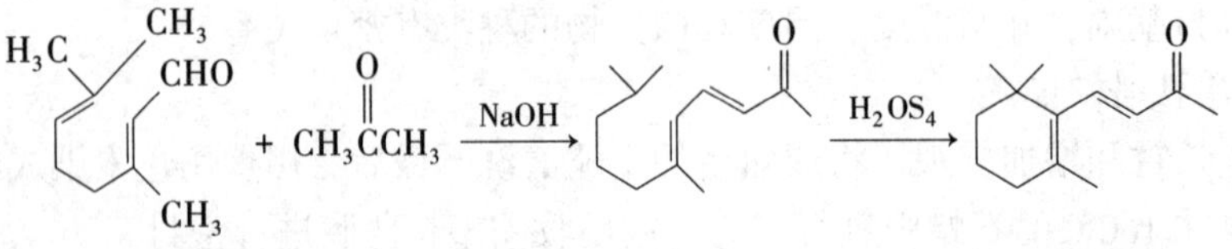

柠檬醛　　　　　　　　　　　　　　　　β-紫罗兰酮

另以乙炔与甲基乙烯酮为原料合成制备维生素 A 的另一关键中间体是六碳醇。丙酮和甲醛发生羟醛缩合反应生成乙酰基乙醇，再用草酸脱水得甲基乙烯酮。

$$CH_3\overset{O}{\overset{\|}{C}}CH_3 \xrightarrow{HCHO} CH_3\overset{O}{\overset{\|}{C}}CH_2CH_2OH \xrightarrow{草酸} CH_3\overset{O}{\overset{\|}{C}}CH{=}CH_2$$

乙炔经置换反应生成乙炔基钙后，与甲基乙烯酮在低温下进行加成反应，生成 1-乙炔基-1-乙烯基乙醇钙，再与氯化铵发生复分解反应生成 1-乙炔基-1-乙烯基乙醇，在酸溶液中重排得六碳醇。

$$CH{\equiv}CH \xrightarrow[-40℃左右]{Ca,\ NH_3,\ Fe(NO_3)_3,\ H_2O} (CH{\equiv}C)_2Ca \xrightarrow[-40℃以下]{甲基乙烯酮}$$

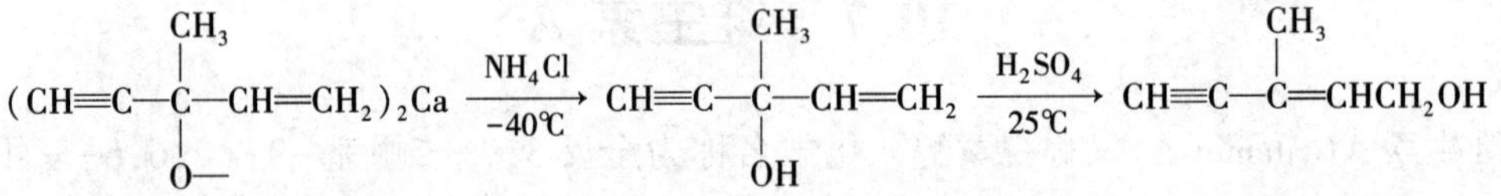

1-乙炔基-1-乙烯基乙醇钙　　　　1-乙炔基-1-乙烯基乙醇　　　　六碳醇

先由β-紫罗兰酮与一氯乙酸乙酯在甲醇钠介质中缩合，缩合物在氢氧化钠和甲醇中水解，脱羧基得到十四碳醛。然后，六碳醇与乙基格氏试剂反应制成双溴镁化物；与十四碳醛缩合、水解得羟基去氢维生素 A。再经催化加氢得羟基维生素 A，在吡啶中与乙酰氯酯化得羟基维生素乙酸酯，再加溴、脱溴化氢得维生素乙酸酯。

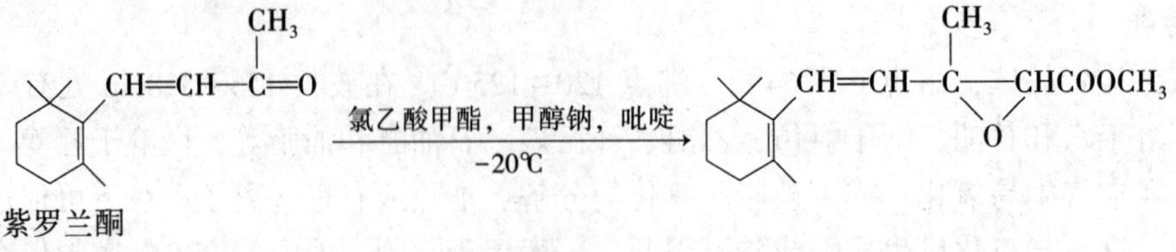

β-紫罗兰酮

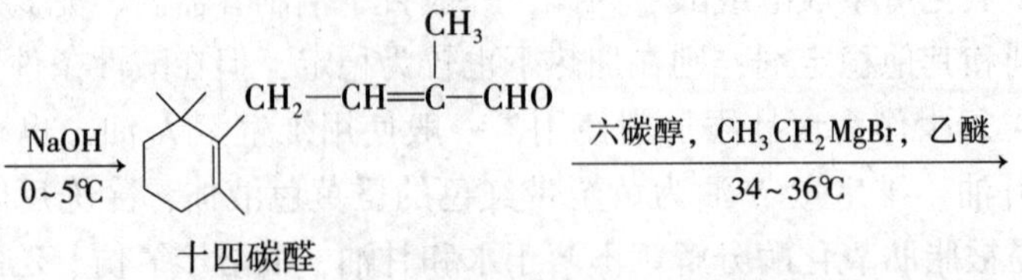

十四碳醛

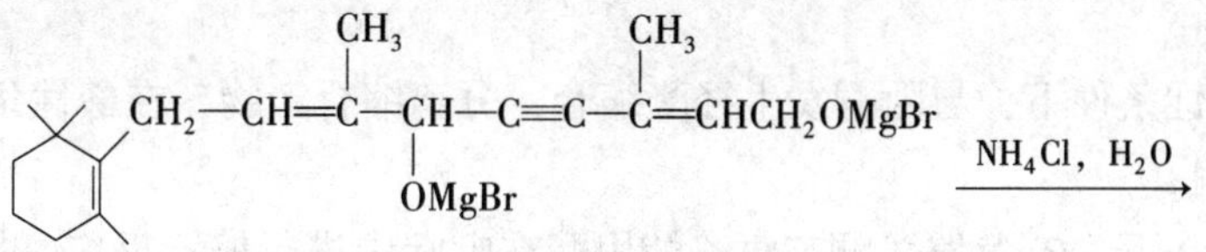

$$CH_2-CH=C-CH-C\equiv C-C=CHCH_2OMgBr$$

(羟基去氢维生素 A 醇双溴镁化物, with CH₃ substituents and OMgBr groups on cyclohexene ring)

$$\xrightarrow{NH_4Cl,\ H_2O}$$

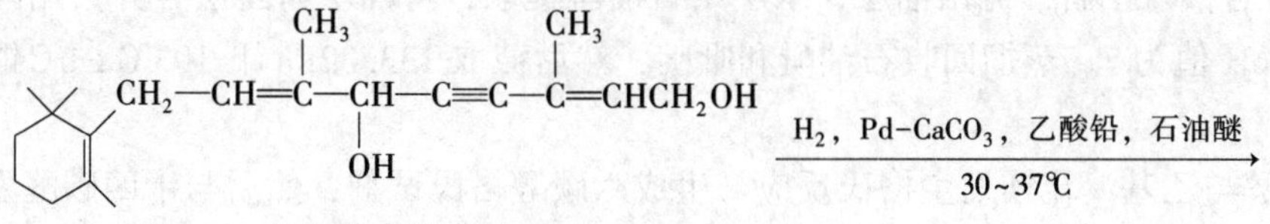

羟基去氢维生素 A 醇双溴镁化物

$$\xrightarrow[30\sim37℃]{H_2,\ Pd-CaCO_3,\ 乙酸铅,\ 石油醚}$$

羟基去氢维生素 A 醇

$$\xrightarrow[-3\sim0℃]{吡啶,\ 乙酰氯,\ 二氯甲烷}$$

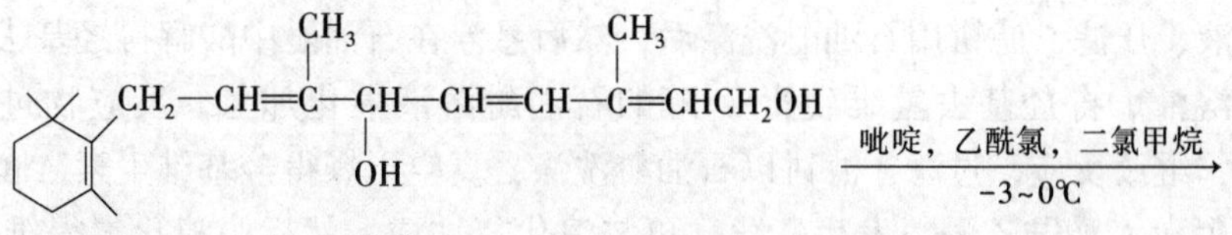

羟基维生素 A 醇

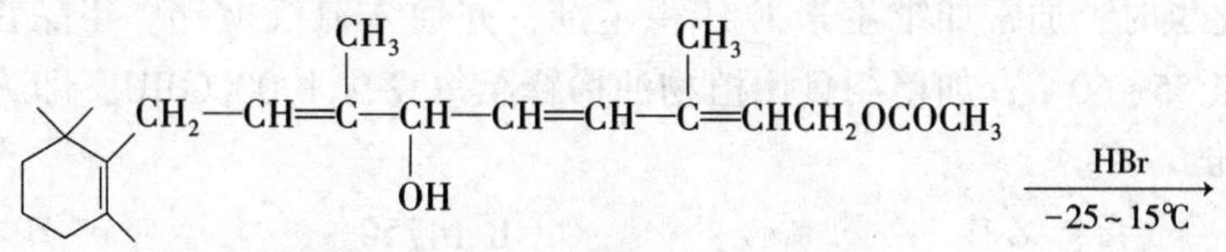

$$\xrightarrow[-25\sim15℃]{HBr}$$

羟基维生素 A 醋酸酯

$$\xrightarrow[3\sim5℃]{NaHCO_3}$$

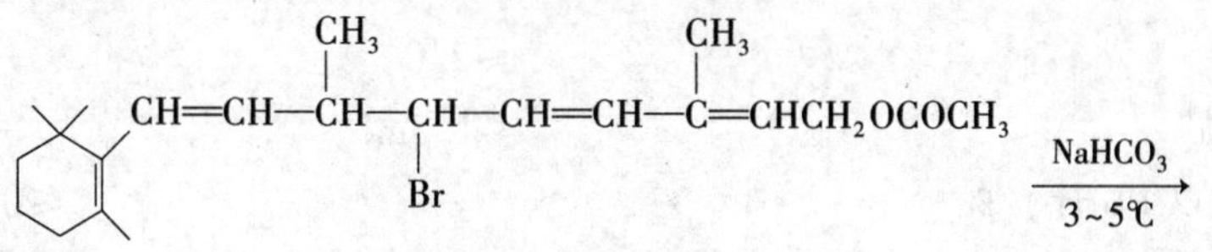

溴化维生素 A 乙酸酯

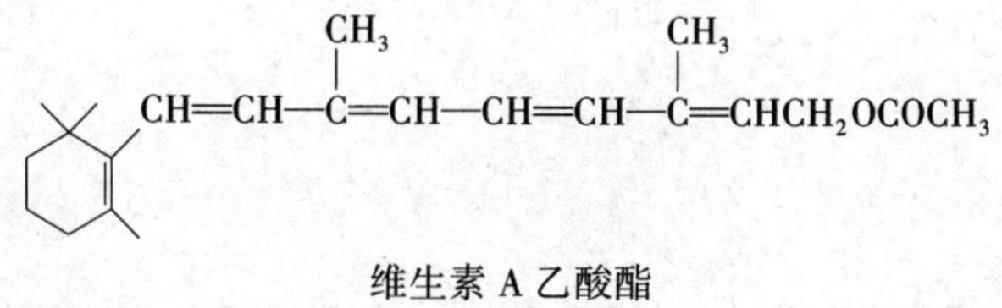

维生素 A 乙酸酯

3. 生产方法

（1）提取法

天然鱼肝油的原油中的含量通常为 600IU/mL，浓缩液中的含量可达 5000~50000IU/mL。将新鲜鱼类肝脏粉碎，加 1%~2%氢氧化钠溶液调 pH 值至 8~9，以破坏维生素 A 与蛋白质间的联系。含油量少的原料，另外添加肝油或鱼油作为稀释用油，在搅拌下加热 30~60min，使组织消化溶解。析出肝油用高速离心机分离而得鱼肝油。这样制得的产品，只能制成胶丸作营养素补充品用。使用分子蒸馏法在高真空、110~270℃温度下蒸馏鱼肝油制得浓缩液，基本上除去了腥臭味，可用于食品添加剂。

将氢氧化钠的甲醇溶液加入分子蒸馏得的维生素 A 油中，加热皂化。以甲醇稀释后，用苯提取不皂化物。将此不皂化物溶于甲醇，冷却至-10℃以下，除去甾醇类。经加入尿素除去高级醇类等精制步骤，得醇型维生素 A。用乙酰氯或棕榈酰氯等酯化，生成维生素 A 的乙酸酯或棕榈酸酯。将其溶于食用植物油中，调整维生素 A 的浓度为 300~500mg/g，加入适量抗氧剂，即得维生素 A 酯油产品。

（2）合成法

柠檬醛在碱性条件下，与丙酮发生羟醛缩合，分离缩合产物，在酸性条件下环化并分离得到β-紫罗兰酮。

在甲醇钠存在下，β-紫罗兰酮与氯乙酸甲酯在吡啶中进行缩合反应，然后在氢氧化钠-水-甲醇混合液水中解。分出油层，水层用石油醚提取，将油层与醚层合并，用酸性饱和盐水洗涤至 pH 值为 7。蒸馏回收石油醚和吡啶，然后截取 133.32Pa 下 103℃±1℃馏分的十四碳醛。

六碳醇与乙基溴化镁发生格氏反应，生成六碳醇格氏试剂，然后与十四碳醛发生加成并水解。反应完毕，回收溶剂后，加石油醚溶解粗缩合物。冷至 10℃，加入晶体，结晶，滴加 NaOH 溶液、压滤，滤饼用石油醚洗涤后，然后悬浮在石油醚中酸解得羟基去氢维生素 A 醇的石油醚溶液。将羟基去氢维生素 A 醇的石油醚溶液催化加氢，反应物过滤，滤液在 15℃下放置，继续反应，过滤，滤饼以石油醚洗涤，真空干燥得羟基维生素 A 醇。

羟基维生素 A 醇与乙酰氯发生酯化，再与溴化氢加成，然后脱溴化氢得维生素 A 乙酸酯粗品。脱溴化氢时，通常加维生素 E 作稳定剂，并通入氮气搅拌。粗品在乙醇中重结晶两次，粗品熔点 55~60℃，加精制食用植物油稀释至每克含 1000000IU，即为成品。

4. 质量标准

指标名称	GB 14750	日本
含量/%	≥95.0	—
酸值	≤2.0	—
过氧化值	≤1.5mL	—
重金属(以 Pb 计)/%	—	≤0.02
品质	—	无不愉快气味
砷(以 As_2O_3 计)/%	—	≤0.0004
干燥失重/%	—	≤5.0
灼烧残渣/%	—	≤5.0

5. 用途

维生素 A 是人类生长、视觉细胞分化与增殖、生殖以及免疫系统的完整性功能的必需化合物，具有促进生长发育和繁殖，延长寿命，维持上皮组织结构完整和保护视力的功能，常用以防止角膜软化、夜盲症、皮肤干燥等症，其作用对儿童尤为重要。维生素 A 广泛存在于动物的肝脏、牛奶、鸡蛋之中，植物不含维生素 A，但含有维生素的前体胡萝卜素，人体和动物机体能将胡萝卜素转化成为维生素 A。

我国 GB 2760 规定可用于芝麻油、色拉油和人造奶油，使用量为 40.0~9.0mg/kg；用于乳及乳饮料，使用量为 0.6~1.0mg/kg；用于固体饮料，最大使用量为 4~8mg/kg；还可用于冰淇淋，最大使用量为 0.6~1.2mg/kg。

6. 安全与贮运

合成法中使用溴化氢、硫酸、丙酮、甲醛、乙酰氯、甲醇钠等有毒、有刺激性、腐蚀性或易燃物质，生产设备应密闭，操作人员应穿戴劳保用品，车间内加强通风，注意防火。

产品于铝桶或其他适宜的容器内，充氮气密封包装，不得与有毒有害物质共运混放，保存于阴凉避光处。

参 考 文 献

[1] 易文. 制备维生素 A 衍生物的方法[J]. 精细与专用化学品, 1996, (1): 17.
[2] 王欣慧, 王颖, 姚明东, 等. 维生素 A 生物合成的研究进展[J]. 化工学报, 2022, 73(10): 4311-4323.

10.8　维生素 B₁

维生素 B₁(vitamin B₁)通常以盐酸盐形式存在，即维生素 B₁ 盐酸盐，又称盐酸硫胺素，化学名称为：3-[(4-氨基-2-甲基-5′-嘧啶基-)甲基]-5-(β-羟乙基)-4-甲基氯化噻唑盐酸盐。分子式 $C_{12}H_{17}ClN_4OS \cdot HCl$，相对分子质量337.27。结构式为：

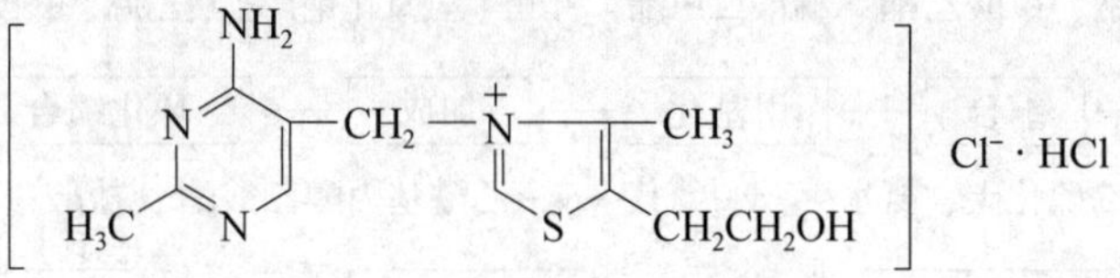

1. 性能

白色针状结晶或结晶性粉末，熔点 248~250℃(分解)，易吸潮，长时间保存吸收约4%水分而缓慢分解着色。米糠似的特异臭，味苦。极易溶于水(1g 溶于 1mL 20℃的水)，微溶于乙醇，不溶于乙醚、苯、氯仿和丙酮。在空气和酸性溶液(pH 值3.0~5.0)中热稳定性较好，中性和碱性条件下易分解，氧化还原作用均可使其失去活性。1%水溶液 pH 值为3.13。

在机体内维生素 B₁ 参与糖类的代谢(每克糖约需 1μg 维生素 B₁)，对维持机体的正常神经传导，以及心脏、消化系统的正常活动具有重要的作用。饮食中缺乏维生素 B₁ 会引起脚气病、肌肉萎缩、多种神经炎症等。缺乏维生素 B₁ 之所以会引起功能失调是因为只有维生素 B₁ 的存在才能使丙酮酸(葡萄糖的一种代谢产物)输送入克雷布斯循环，以合成大量的三磷酸腺苷，后者能为肌体的肌肉运动或神经传递功能提供足够的能量。至今尚未发现过量的维生素 B₁ 有明显的害处，过量的维生素 B₁ 会从尿中排出，但多量静脉注射会引起神经冲动。

2. 生产方法

丙烯腈与甲醇在钠存在下发生加成，得到甲氧基丙腈；在钠存在下，与甲酸乙酯缩合，缩合物甲基化后与甲醇加成，然后与盐酸乙脒环化缩合为3,6-二甲基-1,2-二氢-2,4,5,7-四氮萘，然后于98~100℃下水解，再在碱性条件下开环生成2-甲基-4-氨基-5-氨甲基嘧啶。接着与二硫化碳和氨水作用，再与γ-氯代-γ-乙酰基丙醇乙酸酯缩合，然后在盐酸中、75~78℃下水解和环合成硫代硫胺盐酸盐，最后用氨水中和，过氧化氢氧化，盐酸酸化得维生素 B₁ 盐酸盐。

也可以先制得维生素 B₁ 硝酸盐，然后在氯化钙存下的盐酸甲醇溶液中回流转化为盐酸盐。将硝酸维生素 B₁ 溶于甲醇中，加热，然后快速加盐酸、氯化钙甲醇溶液，在48~52℃，保持5h进行热转化，降温至10℃，停止搅拌，静置过夜。离心分离，滤饼用乙醇洗涤，自然干燥，生成粗品盐酸维生素 B₁。在50~55℃下，加活性炭脱色5~10min，过滤，滤液加入65℃的无水乙醇中，搅拌后放置过滤，在10℃以下分母液，甩干，在40~50℃/4kPa下真空干燥得维生素 B₁ 盐酸盐。

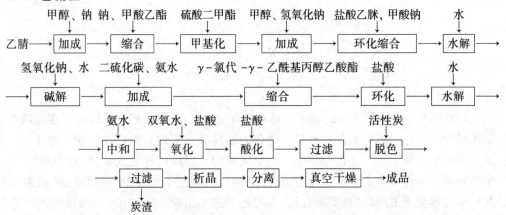

也可由米糠或酵母水解后提取得到。

3. 工艺流程

甲醇、钠　钠、甲酸乙酯　硫酸二甲酯　甲醇、氢氧化钠　盐酸乙脒,甲酸钠　　水

乙腈 → [加成] → [缩合] → [甲基化] → [加成] → [环化缩合] → [水解] →

氢氧化钠、水　二硫化碳、氨水　　γ-氯代-γ-乙酰基丙醇乙酸酯　盐酸　　水

→ [碱解] → [加成] → [缩合] → [环化] → [水解] →

氨水　双氧水、盐酸　盐酸　　　　　　活性炭

→ [中和] → [氧化] → [酸化] → [过滤] → [脱色] →

→ [过滤] → [析晶] → [分离] → [真空干燥] → 成品

　　　炭渣

4. 生产工艺

（1）γ-氯代-γ-酰基丙醇乙酸酯制备

将 2-甲基呋喃在氢气氛中还原水解得到 γ-乙酰基丙醇，然后在吡啶存在下与乙酐在 140~145℃下进行乙酰化，反应 4h 后，得 γ-乙酰基丙醇乙酸酯，再于低温下发生氯化，制得 γ-氯代-γ-乙酰基乙酯。

（2）盐酸乙脒的制备

在反应器中，加入乙腈和甲醇，在盐酸存在下于 0~10℃反应，然后在 20~25℃搅拌反应 8h，再与氨发生氨化，得到盐酸乙脒。

（3）维生素 B_1 盐酸盐制备

在钠存在下，以苯为溶剂，丙烯腈与甲醇发生加成。生成的甲氧基丙腈，在钠存在下，进一步与甲酸乙酯在 30℃下，搅拌反应 30~35h。得到的缩合物与硫酸二甲酯在 48~52℃下发生甲基化反应，反应时间 2~3h。然后在氢氧化钠存在下，与甲醇发生加成，生成 α-二甲氧基-β-甲氧基丙腈。

在环化缩合反应器中，加入 α-二甲氧基-β-甲氧基丙腈，在甲酸钠存在下，与盐酸乙脒进行环化缩合，反应在 12~15℃、15~18℃和 48℃左右各搅拌反应 3h。环化缩合物水解，然后与氢氧化钠水溶液于 107~110℃下，碱解反应 5h，得到 2-甲基-4-氨基-5-甲氨基嘧啶。再与二硫化碳于 27~30℃下反应 2h，得到的加成物与 γ-氯代-γ-乙酰基丙醇乙酸酯于 35~40℃下，搅拌反应 10h，生成的缩合物在盐酸存在下发生环合，经水解、中和得硫代硫胺。用双氧水氧化后加盐酸酸化，得到维生素 B_1 盐酸盐。

精制：将维生素 B_1 盐酸盐溶于水中，加入活性炭，于 50~55℃下脱色 5~10min，趁热过滤，滤液加入 65℃的无水乙醇中，搅拌后放置过夜，冷却至 10℃以下析晶，于 10℃以下离心分出母液。晶体于 40~45℃/4kPa 下真空干燥，得维生素 B_1 盐酸盐。

5. 质量标准

指标名称	GB 14751	FCC(Ⅳ)
含量(以干基计)/%	98.5~101.5	98.0~102.0
溶液的呈色	不深于对照色	合格
pH 值	2.7~3.4	2.7~3.4
硝酸盐	不得产生棕色环	合格
干燥失重/%	≤5.0	≤5.0
灼烧残渣/%	≤0.1	≤0.1
重金属(以 Pb 计)/%	≤0.002	≤0.001

6. 用途

维生素 B_1 对维持正常的神经传导，以及心脏、消化系统的正常活动具有重要的作用。缺乏时，易患脚气病或多发性神经炎等症。我国 GB 14880 规定可用于谷类及其制品，使用量为 3.0~5.0mg/kg；用于饮料、乳饮料，使用量为 1~2mg/kg；用于婴幼儿食品，使用量为 4~8mg/kg。

7. 安全与贮运

合成法使用多种有毒、刺激性化学品，生产设备应密闭，操作人员应穿戴劳保用品，车间内加强通风。

产品用内衬食品用塑料袋、外用密封铁桶包装。不得与有毒、有害物质共运混放。避免密封保存。

参 考 文 献

[1] 蒋与刚，王锋，徐雅馨，等. 膳食维生素 B_1 参考摄入量研究进展[J]. 营养学报，2023，45(01)：10-14.
[2] 俞雄. 维生素 B_1 盐酸盐的新环合合成法[J]. 国外医药·合成药·生化药·制剂分册，1991，(05)：317-318.

10.9 维生素 B_2

维生素 B_2(vitamin B_2) 又称核黄素，化学名称为 7,8-二甲基-10-(D-核糖型-2,3,4,5-四羟基戊基)-异咯嗪。分子式 $C_{17}H_{20}N_4O_6$。相对分子质量 376.36。结构式为：

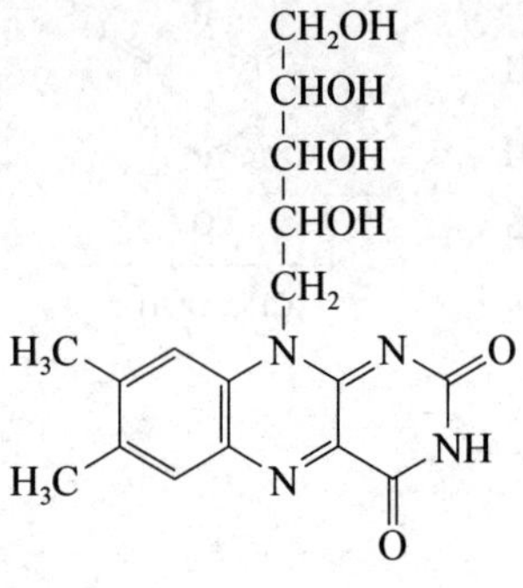

1. 性能

黄色至橙黄色结晶性粉末。熔点 282℃（分解）。稍溶于乙醇、环己醇、苯甲醇、乙酸，微溶于水，不溶于乙醚、氯仿、丙酮和苯。在酸性溶液中稳定，在碱性溶液中或受光照时都易被破坏，对还原剂也不稳定。微臭，味微苦。

2. 生产方法

（1）发酵法

以葡萄糖、玉米浆、无机盐等为培养基，用 Ascomycetes 类的特种活性菌经孢子、种子培养，于 28℃ 深层发酵 9 天得维生素 B_2 发酵液，再经酸化、水解、还原、氧化、碱溶、酸析、重结晶等处理得维生素 B_2。

（2）合成法

葡萄糖经氧化后转变为钙盐，再加热转化为核糖酸，还原得 D-核糖。核糖与 3,4-二甲苯胺缩合，还原后，再与重氮苯偶合，然后与巴比妥酸环合成得维生素 B_2。

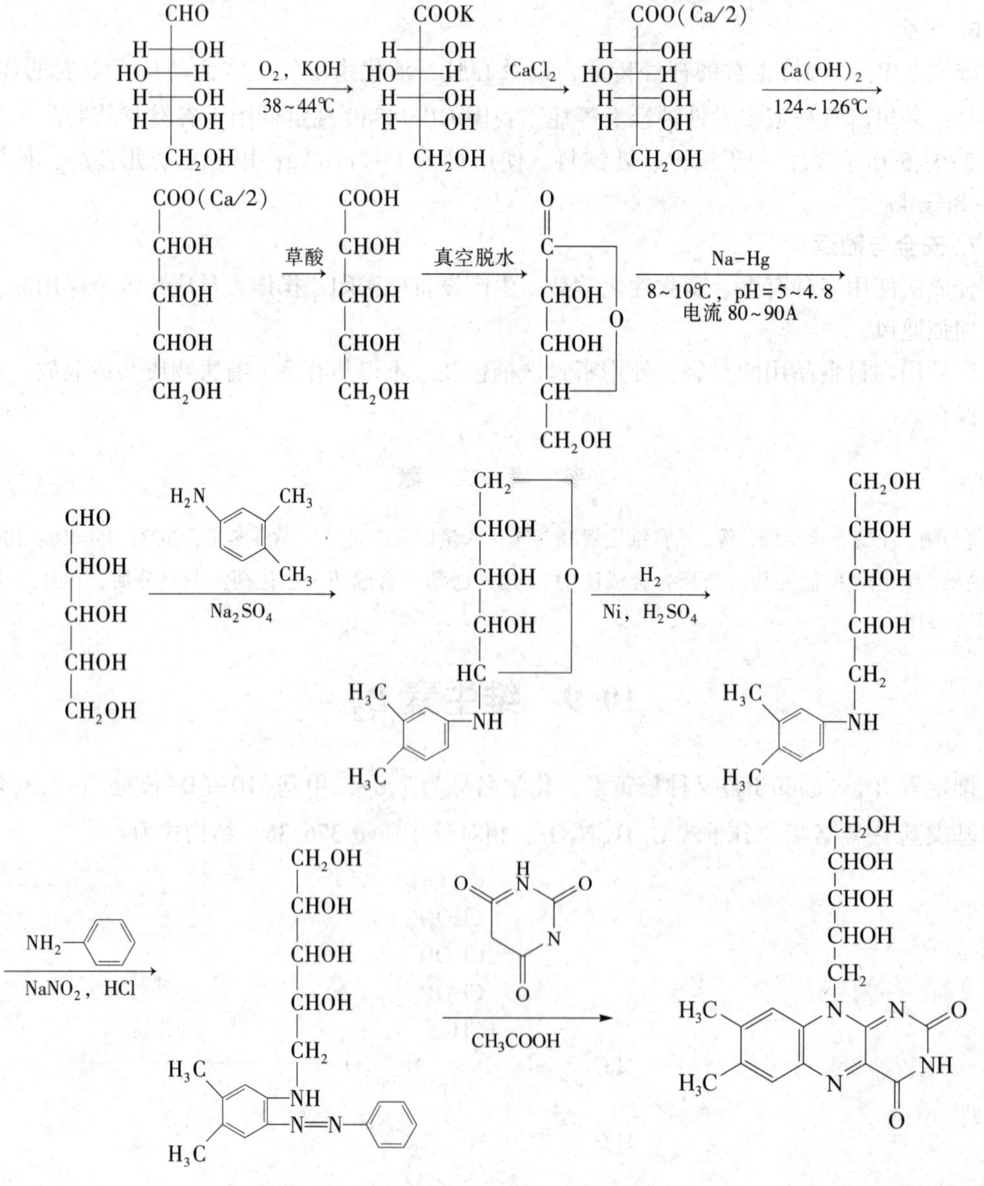

3. 工艺流程(合成法)

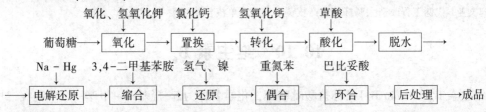

4. 生产工艺

将葡萄糖溶于水，加入氢氧化钾，于38~44℃通入空气氧化，得到的葡萄糖酸钾与氯化钙作用转变为钙盐。葡萄糖酸钙在氢氧化钙存在下加热至124~126℃，转化为D-核糖酸钙。用草酸酸化后真空下发生分子内脱水，得到核糖酸内酯。核糖酸内酯于8~10℃、pH=4.8~5.0、电流80~90A下用钠汞齐电解还原得到D-核糖。

在硫酸钠存在下，D-核酸与3,4-二甲基苯胺于28~30℃、pH=3.9~4.7条件下发生缩合，生成3,4-二甲基苯胺基-N-D-核糖苷硫酸钠复盐，将复盐溶于乙醇中，在阮氏镍催化下，加氢还原，还原温度40~50℃，氢气压3.5~4.0MPa。也可用保险粉进行还原。还原物与硫酸重氮苯盐(由苯胺、浓硫酸、亚硝酸钠于0~5℃下制得)进行偶合，偶合反应条件：15~27℃，pH=3.3~3.8，偶合反应得1-(D-核糖氨基)-6-偶氮苯基-3,4-二甲苯。偶合物在乙酸、乙酸丁酯中与巴比妥酸加热回流，发生环合反应生成维生素 B_2。

5. 质量标准

指标名称	GB 14752	FAO/WHO
含量/%	98.0~102.0	≥98
比旋光度	−120~140℃	—
感光黄素/%	≤0.025	阴性
干燥失重(105℃，4h)/%	≤1.5	≤1.5
灼烧残渣/%	≤0.3	≤0.1
重金属(以Pb计)/%	≤0.001	≤0.004
砷/%	≤0.0003	≤0.0003

6. 用途

维生素 B_2 存在于绿色蔬菜、黄豆、稻谷、小麦、酵母，动物肝、心及乳类中。我国GB 14880规定可用于谷类及其制品，使用量为3.0~5.0mg/kg；用于饮料、乳饮料，使用量为1~2mg/kg；用于婴儿幼儿食品，使用量为4~8mg/kg；用于食盐，使用量为100~150mg/kg；还可用于固体饮料，量大使用量为10~13mg/kg。此外，也作为黄色着色剂。

7. 安全与贮运

生产中使用苯胺、草酸、硫酸、3,4-二甲基苯胺等有毒或腐蚀性化学品，反应设备应密闭，车间内加强通风，操作人员应穿戴劳保用品。

产品用内衬一层食品级聚乙烯塑料袋和两层牛皮纸袋的纸桶包装。不得与有毒有害物质共运混放，贮存于阴凉、避光、干燥处。

参 考 文 献

[1] 谷振宇，夏苗苗，苏媛，等.代谢工程改造嘌呤合成途径以提高核黄素产量[J].食品与发酵工业，2022，48(11)：10-15.

[2] 尤甲甲. 代谢工程改造枯草芽孢杆菌高效合成核黄素[D]. 江南大学, 2021.

[3] 户文亚. 代谢工程改造大肠杆菌生产核黄素和黄素单核苷酸[D]. 天津大学, 2021.

10.10　维生素 B$_6$

维生素 B$_6$(vitamin B$_6$)又称盐酸吡哆醇, 化学名称为 5-羟基-6-甲基-3,4-吡啶二甲醇盐。分子式 C$_8$H$_{11}$ClNO$_3$, 相对分子质量 205.64。结构式为:

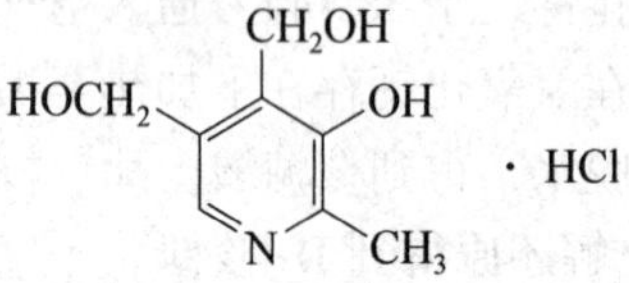

1. 性能

白色至淡黄色结晶或结晶性粉末, 无臭, 味酸苦。熔点 206℃(分解)。加热升华。易溶于水(19g/100mL, 25℃)和丙二醇(27.3g/1000mL, 25℃), 微溶于乙醇(0.47g/100mL, 25℃), 不溶于乙醚、氯仿。耐酸性、耐碱性较好, 但耐热性差。干燥品对光和空气较稳定, 在水溶液中可被空气氧化而变色, 加热至 120℃时, 可发生聚合。

2. 生产方法

(1)噁唑法

α-氨基丙酸在酸性条件下与乙醇酯化, 然后在乙醇中与甲酰胺发生甲酰化, 再于氯仿中由五氧化二磷催化闭环, 最后于酸性条件下与 2-异丙基-4,7-二氢-1,3-二噁庚英, 发生环加成反应, 经芳构化、水解得维生素 B$_6$。

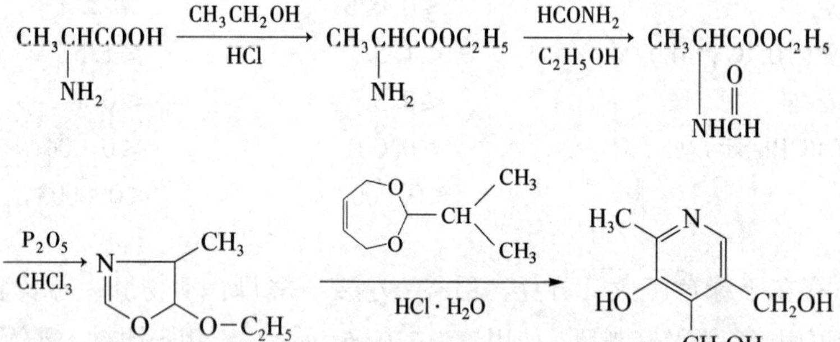

也可用 α-氨基丙酸、草酸同步与乙醇酯化、酰化, 制备 N-乙氧草酰丙酸乙酯, 在三氯氧磷-三乙胺-甲苯体系中失水环合, 得 4-甲基-5-乙氧基噁唑羧酸乙酯, 经碱性水解, 酸化脱羧, 得 4-甲基-5-乙氧基噁唑, 再与 2-异丙基-4,7-二氢-1,3-二噁庚英发生环加成反应, 经芳构化、酸性水解得维生素 B$_6$。

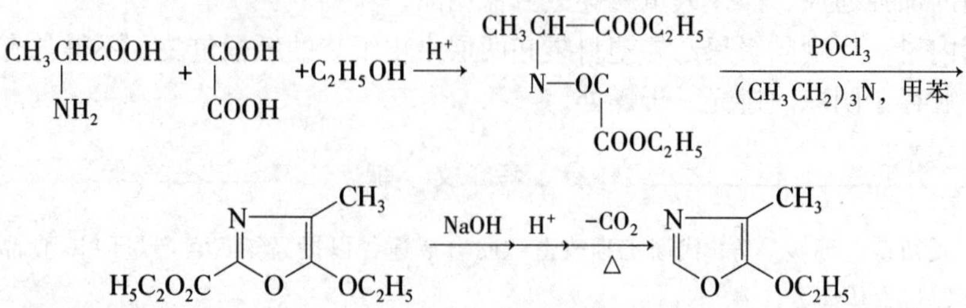

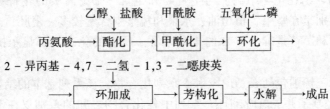

（2）吡啶酮法

氯乙酸与甲醇发生酯化后，再与甲醇钠醚化，然后经缩合、环化、硝化、氧化、催化氢化、重氮化、水解成盐得维生素 B_6。

3. 工艺流程（噁唑法）

$$丙氨酸 \longrightarrow \boxed{酯化} \xrightarrow{乙醇、盐酸} \boxed{甲酰化} \xrightarrow{甲酰胺} \boxed{环化} \xrightarrow{五氧化二磷} \longrightarrow$$

2-异丙基-4,7-二氢-1,3-二噁庚英

$$\longrightarrow \boxed{环加成} \longrightarrow \boxed{芳构化} \longrightarrow \boxed{水解} \longrightarrow 成品$$

4. 生产工艺

将 α-氨基丙酸、无水乙醇和催化量的酸投入酯化反应器中，搅拌下，加热回流反应 3~4h，蒸馏分出丙氨酸乙酯，然后在乙醇中与甲酰胺发生 N-甲酰化反应，得到 N-甲酰基丙氨酸乙酯。

以三氯甲烷为溶剂，N-甲基丙酰胺与五氧化二磷作用，加热回流发生分子内脱水成环，生成 4-甲基-5-乙氧基噁唑，进一步与 2-异丙基-4,7-二氢-1,3-二噁庚英发生环加成反应，进一步脱氢芳构化，盐酸下水解得维生素 B_6 盐酸盐。

5. 质量标准

指标名称	GB 14753	FCC（IV）
含量/%	≥98.0	98.8~100.5
干燥失重/%	≤0.5	≤0.5
灼烧残渣/%	≤0.1	≤0.1
酸度（pH 值）	2.4~3.0	—
氯化物（以干基计）/%	—	16.9~17.6
重金属（以 Pb 计）/%	≤0.003	≤0.002

6. 用途

维生素强化剂。我国 GB 14880 规定，可用于婴幼儿食品和强化饮料，用量为 3~4g/kg；用于固体饮料，用量为 0.007~0.01g/kg。

7. 安全与贮运

生产中使用三氯甲烷、盐酸、乙醇等有毒或有刺激性化学品，设备应密闭，车间应加强通风。

使用双层食品塑料袋密封包装，不得与有毒、有害物质共运、混放。贮存于阴凉、避光、干燥处。

参 考 文 献

[1] 王腾鹤，王岩岩，刘林霞，等. 大肠杆菌中利用整合型蛋白支架合成维生素 B_6[J]. 食品与发酵工业，49(13)：17-22.

[2] 周后元，方资婷，叶鼎彝. 维生素 B_6 的合成新工艺[J]. 中国医药工业杂志，1994，25(9)：385-389.

10.11　维生素 E

维生素 E(vitamine E)又称 DL-α-生育酚。合成品 α-生育酚分子式 $C_{29}H_{50}O_2$，相对分子质量 430.72。天然品共有 α、β、γ、δ、ε、ζ、η 等 7 种异构体。其生物学效价 $\alpha>\beta>\gamma>\delta$，而抗氧化能力则 $\alpha<\beta<\gamma<\delta$。商品维生素 E 分为 2 种，$\alpha$-生育酚含量高称高 α-型，宜作营养补充剂，而低 α-型则用作抗氧化剂。

1. 性能

维生素 E 包括一组在化学结构上与生育酚和生育三烯酚有关的化合物，它们广泛分布于植物组织中，特别是在坚果、植物油、水果和蔬菜中含量较多。麦胚、玉米、葵花籽、油菜籽、豆油、苜蓿和莴苣是维生素 E 的丰富来源。所有的化合物都显示抗氧化活性和维生素 E 活性。

生育酚和生育三烯酚包括 α、β、γ 和 δ 系列化合物，该系列基本的结构单元是带有一个叶绿醇侧链的 6-羟基苯并二氢吡喃环。系列中各化合物之间的差别仅在于连接到芳环上的甲基的数目不同。

维生素 E(合成品)为黄色至琥珀色澄清黏性油液。沸点 200~250℃(13.33Pa)，相对密度(d_{25}^4)1.5045。在酸中非常稳定，对热稳定(200℃不分解)。在可见光下较稳定，在空气中以及在阳光下氧化并变黑。不溶于水，易溶于乙醇，混溶于丙酮、氯仿、乙醚和植物油。

维生素 E(天然品)为红色接近无臭的澄清黏性油，有少量微晶体蜡状物质。相对密度(d_4^{20})0.932~0.955。具有对热稳定的抗氧化性。在空气中以及在光照下缓慢地氧化并变黑。不溶于水，溶于乙醇，可与丙酮、氯仿、乙醚、植物油溶混。

2. 生产方法

(1) 合成法

2,3,5-三甲基氢醌与叶绿醇在无水氯化锌催化下缩合。

2,3,5-三甲基氢醌　　　　　　　叶绿醇

(2) 提取法

由植物油真空脱臭所得的馏出物经浓缩、精制而得。

3. 操作工艺

(1) 合成法

α-维生素 E 的化学合成是基于 2,3,5-三甲基氢醌与叶绿醇、异丁绿醇或叶绿基卤化物的缩合反应。缩合反应在乙酸或惰性溶剂，例如苯中进行，使用酸性催化剂，例如氯化锌、甲酸或乙醚三氯化硼盐。过去是使用天然的叶绿醇或异叶绿醇，生成的产物是两种异构体的混合物。现在使用合成的异叶绿醇，生成全外消旋 α-维生素 E，它是 8 种立体异构体的外消旋混合物。经真空蒸馏将粗产品纯化。β-、γ-、δ-维生素 E 的全外消旋体也可用同样的方法合成。除了三甲基喹啉外，也可以使用二甲基喹啉或一甲基喹啉，2,5-二甲基喹啉生成全外消旋-β-维生素 E，2,3-二甲基喹啉生成全外消旋-γ-维生素 E，甲基氢醌生成外消

旋 δ-维生素 E。

一种合成的水溶性的 α-维生素 E，即 D-α-维生素 E 聚乙烯乙二醇(1000)丁二酸酯(TPGS)是 D-α-生育酚丁二酸酯与聚乙烯乙二醇进行酯化反应，生成物的平均相对分子质量为 1000，它是一种浅黄色的蜡状物质。1g 的 D-α-维生素 E 可生成 260mg 的产品，并可在水中形成浓度为 20% 的透明溶液。

（2）提取法

主要的天然资源是植物油脱臭中所得的馏出物，除了维生素 E 以外，提取液中也含有甾醇、游离的脂肪酸和三酸甘油酯。通过多种方法可将维生素 E 分离出来，与一种低相对分子质量的醇进行酯化反应，然后洗涤，进行真空蒸馏，通过皂化反应，液-液提取。进一步的纯化要经过蒸馏、萃取或结晶，或者是这些方法结合起来使用。如此得到的混合物中含有高浓度的 γ-和 δ-维生素 E，再通过甲基化反应将它们转变成 α-维生素 E，继续乙酰化反应可得到比较稳定的 α-维生素 E 乙酸酯。

4. 质量标准

（1）合成品（FCC）

含量/%	96.0~102.0	酸性	通过试验
铅/(mg/kg)	≤10	折射率	1.503~1.507
重金属/(mg/kg)	≤40		

（2）天然提取品（FCC）

指标名称	高 α-型	低 α-型
总生育酚/%	≥50	≥50
其中 D-α-生育酚/%	≥50	—
生育酚总量/%	—	80
铅(Pb)/(mg/kg)	≤10	≤10
重金属/(mg/kg)	≤40	≤40
比旋光度	≥+24°	≥+20°

5. 用途

营养增补剂、抗氧化剂。用于油脂、奶油或使用此类油脂的食品作为抗氧化剂。添加量 0.01%~0.03%。

参 考 文 献

[1] 王岩岩，刘林霞，金朝霞，等. 代谢工程在维生素生产中的应用及研究进展[J]. 生物工程学报，2021，37(05)：1748-1770.
[2] 文娟，张紫帆，刘春秀，等. 食品运载体系包埋维生素 E 的研究进展[J]. 食品工业科技：1-12.

10.12 维生素 D₂

维生素 D_2(vitamin D_2)又称麦角钙化醇、麦角钙化甾醇、骨化醇、维丁二素、抗佝偻病维生素。化学名称为 9,10-断链麦角甾-5,7,10(19)-22-四烯-3-β-醇。分子式 $C_{28}H_{44}O$，相对分子质量 396.66。结构式为：

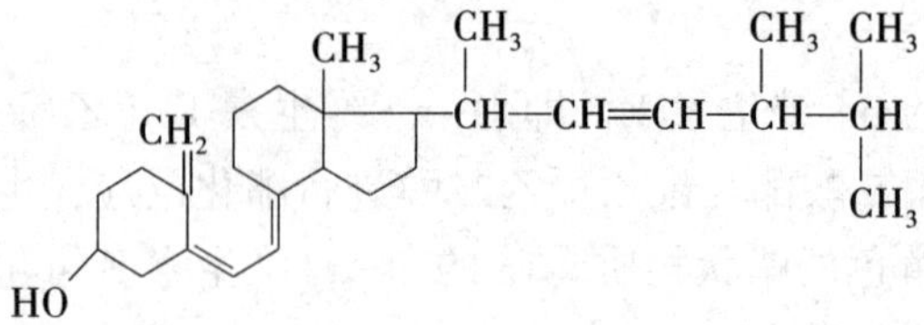

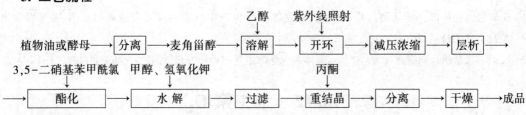

1. 性能

无色针状结晶或白色柱状结晶性粉末，无臭无味。熔点 115~118℃。不溶于水，微溶于植物油，易溶于乙醇、乙醚、环己烷和丙酮，极易溶于氯仿。耐热性好，但在空气中易氧化，对光也不稳定。在波长 265nm 处有明显吸收峰。在植物油中稳定，有无机盐存在时加速分解。小鼠口服 LD_{50} 为 1mg/kg。

2. 生产方法

维生素 D_2 自然存在于肝、奶和蛋黄中，工业上的生产方法是先从植物油、香菇或酵母中提取人体不能吸收的麦角甾醇，溶于氯仿、乙醚或环己烷，在石英玻璃烧瓶中，用紫外线照射使麦甾醇分子 C_9 和 C_{10} 间断裂转化成维生素 D_2。粗品用 3,5-二硝基苯甲酰氯酯化后，皂化，用丙酮使游离的维生素 D_2 重结晶得到成品。

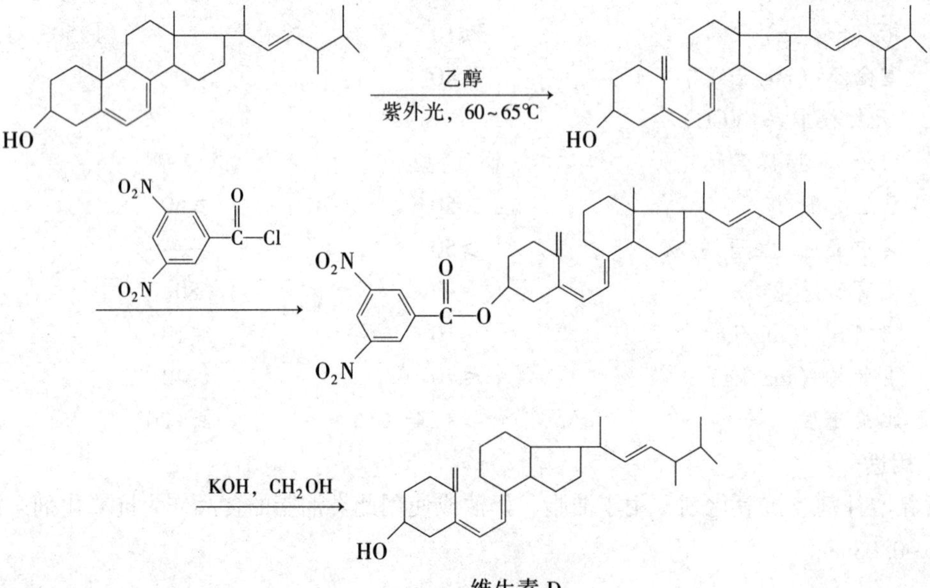

HO
乙醇
紫外光，60~65℃
→ HO

O_2N
O_2N
-C-Cl
→
O_2N
O_2N
-C-O- ...

KOH, CH_2OH
→ HO
维生素 D_2

3. 工艺流程

植物油或酵母 → 分离 → 麦角甾醇 → 溶解（乙醇）→ 开环（紫外线照射）→ 减压浓缩 → 层析 →

→ 酯化（3,5-二硝基苯甲酰氯）→ 水解（甲醇、氢氧化钾）→ 过滤 → 重结晶（丙酮）→ 分离 → 干燥 → 成品

4. 生产工艺

从植物油、酵母或香菇中分离出麦角甾醇。将麦角甾醇溶于乙醇中，然后用镁光灯或汞灯等紫外光源照射，使麦角甾醇发生逆向电环化反应，即开环反应，使分子中的 C_9 和 C_{10} 间断链后得维生素 D_2 的粗品。

将粗品于 45~50℃/$2.13×10^4$Pa 下减压浓缩，再用 Al_2O_3 层析，将维生素 D_2 粗品溶于甲苯，在吡啶存在下与 3,5-二硝基苯甲酰氯酯化，得到 3,5-二硝基苯甲酸维生素 D_2 酯，后者用 5% 氢氧化钾的甲醇溶液在氮气下回流皂化，使其形成碱金属盐而转移至水溶液中分离出来。过滤去除杂质，将母液静置沉淀，用丙酮使游离的维生素 D_2 重结晶，分离、干燥后即得维生素 D_2。

5. 质量标准

指标名称	GB 14755	FCC(Ⅳ)
含量(以 $C_{28}H_{44}O$ 计)/%	97.3~103.0	97.0~103.0
麦角甾醇(洋地黄皂苷试验)	不发生浑浊或沉淀	合格
比旋光度	+102.0°~107.0°	+103.0°~106.0°
吸光度(E265nm)	460~490	--
熔点/℃	—	115~119
还原性物质	—	合格

6. 用途

用作维生素强化剂。维生素 D_2 能保持钙和磷的代谢正常，能促进小肠对钙和磷的吸收，保持血中钙、磷的正常比例。缺乏时，儿童易得佝偻病。我国 GB 14880 规定可用于强化乳及乳饮料，使用量为 10~40μg/kg；用于强化乳制品，使用量为 63~125μg/kg；用于强化奶油，使用量为 125~156μg/kg；用于强化婴幼儿食品，使用量为 50~100μg/kg；还可用于强化固体饮料和冰淇淋，最大使用量为 10~20μg/kg。在食品中通常与维生素 A 并用，一般使用含有维生素 A 和维生素 D_2 的鱼肝油或其浓缩物。

7. 安全与贮运

生产中使用苯、乙醇、吡啶、3,5-二硝基苯甲酰氯、甲醇等有毒、易燃或腐蚀性化学品，生产设备应密闭，车间内加强通风，操作人员应穿戴劳保用品。

包装材料应符合卫生标准，包装必须充氮、密封、避光。运输时避免日晒、雨淋。于 0℃ 左右贮存，避免受潮，不得与有毒有害物质共运混存。

参 考 文 献

[1] 宋文霞，韩小龙，郭利美，等. 维生素 D_2 的生产与研究进展[J]. 食品科技，2006，(07)：16-19+42.
[2] 谭天伟，罗晖，邓利. 维生素 D_2 生产新工艺[J]. 精细与专用化学品，2000，(19)：18-19.

10.13　维生素 K_1

维生素 K_1(vitamin K_1) 又称植物甲萘醌，化学名称为 2-甲基-3-植醇基-1,4-萘醌。分子式 $C_{31}H_{46}O_2$，相对分子质量 450.71。结构式为：

维生素 K 族有 K$_1$、K$_2$、K$_3$ 和 K$_4$，它们都是 2-甲基萘醌的衍生物。维生素 K$_1$ 参与肝内凝血酶原的合成作用较维生素 K$_2$、K$_3$ 和 K$_4$ 快和强。维生素 K 一般指维生素 K$_1$，维生素 K (K$_1$) 结构式通式如下：

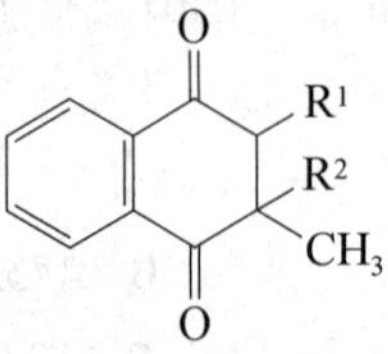

1. 性能

黄色至橙色透明黏稠液体，无臭或几乎无臭。不溶于水，微溶于乙醇，易溶于氯仿、乙醚和植物油。折射率 $n_D^{25} 1.525 \sim 1.528$，相对密度 0.967。遇光易分解，加热至 120℃ 分解。维生素 K 的活性随着 2-位和 3-位碳上的取代基的不同变化较为明显，2-位碳上的甲基换为乙基、烷基或氢原子，其生理活性将降低；如在 2-位碳或 3-位碳上引入氯原子，则成为维生素 K 的对抗物。

2. 生产方法

在单质锌存在下，邻甲基萘醌与乙酐发生还原、乙酰化生成乙酰化甲萘醌。然后于醚中与植物醇在三氟化硼催化下缩合得二氢化维生素 K$_1$。最后经水解脱去乙酰基，用氧化银氧化、提纯、精制得到维生素 K$_1$。

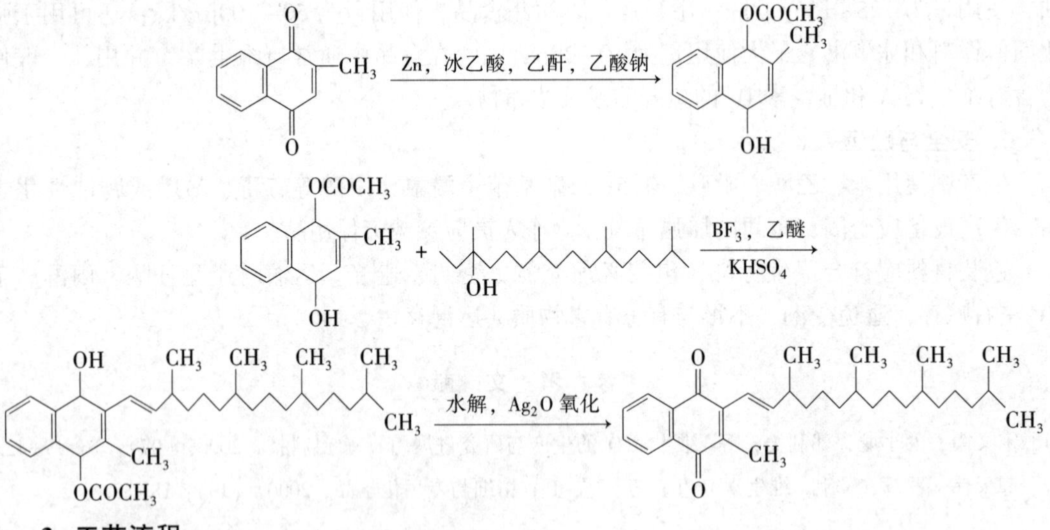

3. 工艺流程

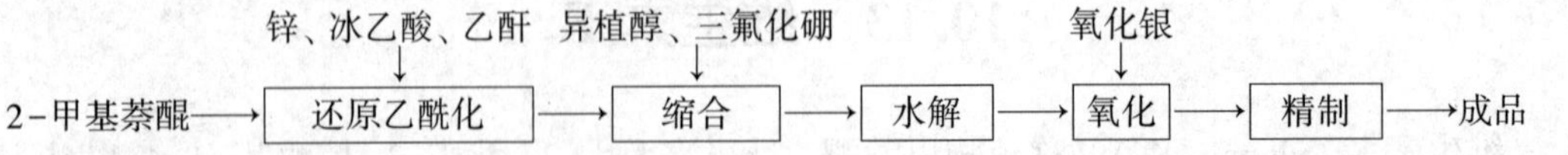

4. 生产工艺

在还原酰化反应釜中，加入 2-甲基萘醌、冰乙酸、锌、乙酐、乙酸钠，搅拌加热至 138~140℃，回流反应 2h，得到还原乙酰化产物 1-乙酰-2-甲基萘二氢醌。然后在乙醚中，以三氟化硼为催化剂，加入适量硫酸氢钾，1-乙酰-2-甲基萘二氢醌与异植醇发生缩合反应，生成二氢化维生素 K，经水解脱去乙酰基，再用氧化银氧化得维生素 K$_1$ 粗品，经分离、提纯、精制得维生素 K$_1$。

302

5. 质量标准

含量/%	97.0~103.0	顺式异构体/%	≤21.0
甲萘醌/%	≤0.2		

6. 用途

用作维生素强化剂。我国 GB 14880 规定，可用于婴幼儿食品，使用量为 420~475μg/kg。

7. 安全与贮运

生产中使用冰乙酸、乙酐和乙醚等有刺激性或易燃化学品，设备应密闭，车间内加强通风，操作人员应穿戴劳保用品。

使用避光容器密封包装。不得与有毒有害化学品共运、混贮，贮存于阴凉、避光、干燥处。

参 考 文 献

[1] 宋文霞，韩小龙，郭利美，等. 维生素 D₂的生产与研究进展[J]. 食品科技，2006，(07)：16-19+42.

[2] 谭天伟，罗晖，邓利. 维生素 D₂生产新工艺[J]. 精细与专用化学品，2000，(19)：18-19.

10.14　维生素 C 磷酸酯镁

维生素 C 磷酸酯镁（magnesium vitamin C phosphate）又称抗坏血酸磷酸酯镁。分子式 $C_{12}H_{12}O_{18}P_2Mg_3 \cdot 10H_2O$，相对分子质量 759.26。结构式为：

1. 性能

白色或淡黄色粉末，无味无臭，有吸湿性。不溶于乙醇、氯仿和乙醚等有机溶剂，溶于水，易溶于稀酸。耐光、耐热，在空气中较稳定。

2. 生产方法

由 L-抗坏血酸与丙酮缩合生成 5,6-O-异亚丙基-L-抗坏血酸，对 L-抗坏血酸中的 5,6-羟基进行保护；然后用三氯氧磷进行磷酸化反应，去保护基后与氧化镁反应得到产品。

3. 生产流程

丙酮、氯化亚锡　　　　　三氯氧磷　　　　　　　氧化镁

L-抗坏血酸 ──→ 缩合 ──→ 过滤 ──→ 磷酸化 ──→ 精制 ──→ 中和 ──→ 成品

4. 生产工艺

在反应烧瓶中，加入 20g L-抗坏血酸和 500mL 丙酮，加入 1.04g 氯化亚锡（SnCl₂·2H₂O）催化剂，沸石 3 颗，烧瓶上装一索氏提取器，内装无水硫酸钠 40g，无水硫酸钠用干燥滤纸包裹，于 80℃下回流 1.5h。反应完成后，过滤，滤液常压蒸馏回收丙酮。待大部分丙酮蒸出后，加入少量正己烷，冷却、抽滤，用少量 4:7(体积比)丙酮与正己烷洗涤产物，干燥得白色产品 5,6-O-异亚丙基-L-抗坏血酸，熔点 217℃~219℃。

将 5,6-O-异亚丙基-L-抗坏血酸溶于水中，添加 2.2mol/L 的吡啶和 10mol/L 的氢氧化钾至 pH＝12~12.5，于 0℃~10℃下，滴加稍过量的三氯氧磷，反应完毕，经阳离子交换树脂精制后，用氧化镁中和得维生素 C 磷酸酯镁。

5. 质量标准

含量(以干基计)/%	≥95.0	磷酸盐(以 P 计)/%	≤1.0
比旋光度	+12.6°~+16.6°	氯化物(以 Cl⁻ 计)/%	≤0.5
pH 值	7~9	重金属(以 Pb 计)/%	≤0.002
干燥失重/%	≤18±2	砷盐(以 As 计)/%	≤0.0003

6. 用途

用作维生素强化剂和抗氧化剂。GB 2760 规定可用于含油脂食品、方便面、食用油脂、氢化植物油，最大使用量为 0.2g/kg，也可用于婴儿配方食品，最大使用量为 0.01g/kg(以油脂中抗坏血酸计)。

7. 安全与贮存

生产中使用丙酮、三氯氧磷、吡啶等刺激性化学品，生产设备密闭，操作人员应穿戴劳保用品，车间内加强通风。

产品内包装为双层食品用塑料袋，外包装为圆木桶。严禁与有毒、有害、有腐蚀性物质混运、共贮。贮存于阴凉、通风干燥处。

参 考 文 献

[1] 任保增，曹晓伟，魏金慧，等. 维生素 C 磷酸酯镁合成工艺条件研究[J]. 河南化工，2009，26(05)：10-11.

[2] 卢雪娟，张会轻，王云霞. 基团保护法合成维生素 C 磷酸酯镁[J]. 河北化工，2008，(09)：42-43.

[3] 张玮，韩文爱. 维生素 C 磷酸酯镁提纯方法的改进[J]. 河北化工，2008，(03)：39-40.

10.15 烟 酸

烟酸(nicotinic acid)又称尼古丁酸、蒸酸、维生素 PP、吡啶-3-甲酸。分子式 $C_6H_5NO_2$，相对分子质量 123.11。结构式为：

1. 性能

为白色至浅黄色针状结晶或结晶粉末。无臭或带微臭，味微酸，水溶液呈酸性，pH 值为 3.0~4.0，熔点 234~236℃。有升华性。溶于沸水或沸乙醇中，略溶于水、乙醇，几乎不溶于乙醚，易溶于碳酸盐溶液中，性质稳定。与重金属形成难溶于水的盐。烟酸被认为是辅酶Ⅰ及辅酶Ⅱ的组分，与体内新陈代谢有关。烟酰胺与烟酸作用相同。大白鼠经口服 LD_{50} 为 7000mg/kg。

2. 生产方法

(1) 3-甲基吡啶法

3-甲基吡啶用高锰酸钾氧化后酸化，经脱色、精制得产品烟酸。

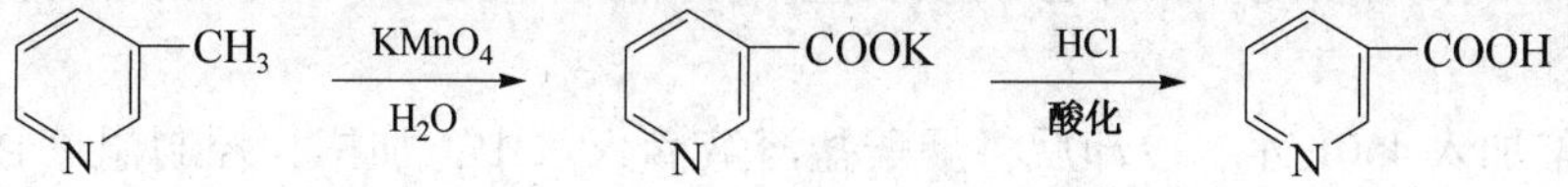

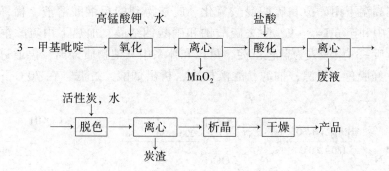

（2）喹啉法

喹啉用混酸氧化脱羧后，精制得烟酸。

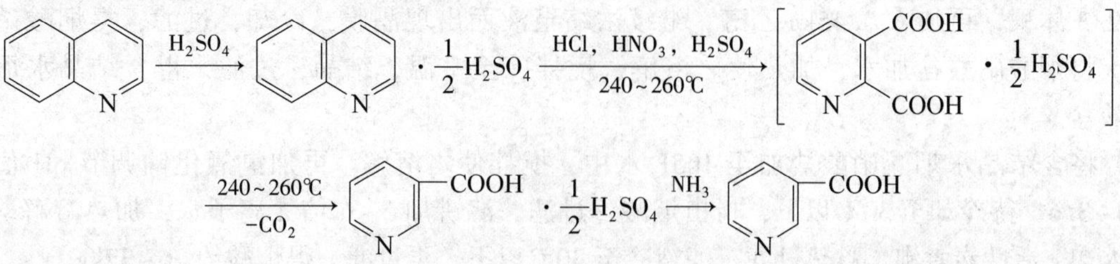

3. 工艺流程

（1）3-甲基吡啶法

高锰酸钾、水　　　　　　盐酸

3-甲基吡啶 —→ 氧化 —→ 离心 —→ 酸化 —→ 离心 —→

　　　　　　　　　MnO₂　　　　　　　　废液

活性炭，水

—→ 脱色 —→ 离心 —→ 析晶 —→ 干燥 —→产品

　　　　　炭渣

（2）喹啉法

　　　　　　　混酸　　　　氨　　活性炭

喹啉 ┐
　　　├→ 成盐 —→ 氧化 —→ 脱羧 —→ 中和 —→ 脱色 —→ 过滤 —→ 精制 —→成品
硫酸 ┘
　　　　　　　　　　　　　　　　　　　　　　　　炭渣

4. 操作工艺

（1）3-甲基吡啶法

在氧化反应中，加入470L水、118kg 3-甲基吡啶。升温至80℃，分次加入294kg高锰酸钾，并控制温度在85~95℃。加完后，搅拌0.5h。蒸馏回收未反应的3-甲基吡啶，供下批投料用。趁热过滤，除去二氧化锰，得烟酸钾水溶液。

将上述烟酸钾水溶液用31%盐酸酸化至pH值为3.8~4.0，冷却至30℃再过滤，得烟酸粗品106kg左右。加480L左右的蒸馏水于脱色釜中，投入粗品待其溶解，再加入4.5kg的活性炭，加热至沸腾。趁热过滤，滤液冷至24℃以下，再过滤、干燥，得烟酸精品约100kg左右。

（2）喹啉法

首先，将695kg 98%硫酸投入到反应釜中，慢慢滴加150kg喹啉，约2~3h加完，将釜内温度升至150℃，保温1h。再升温至190℃滴加642kg混酸(625kg硝酸与17kg盐酸)，控温在 240~250℃下继续搅拌，保温脱羧反应 3h，待冷却至 130℃时出料，得烟酸硫酸盐溶液。

向中和釜加入 450L 水，冷却后将烟酸盐溶液滴入水中，加毕，控制温度在 90℃以下，第一次通氨气至 pH 值为 2.0~2.5 时，加 11kg 活性炭，煮沸 1h，冷却，过滤。滤液第二次通氨至 pH 值为 3.6，降温至 20℃以下，过滤，用冷水洗涤，得烟酸粗品。

将上述烟酸粗品、53L 水、6kg 硝酸依次投入溶解浓缩釜中加热使之溶解，然后浓缩至 2/3 体积，再加入 0.45kg 乙醇，继续浓缩至液面出现晶膜，冷却，过滤，得烟酸硝酸盐。将烟酸硝酸盐加水，加热使之溶解，搅拌冷至室温，结晶，过滤，得含结晶水烟酸硝酸盐。

将含结晶水烟酸硝酸盐加至 105L 水中，搅拌使之溶解。再加氢氧化钠调节 pH 值为 3.4~3.6，待冷却至 30℃以下，析出烟酸，过滤。滤饼加 5~6 倍无离子水，加热溶解。另加入 2kg 活性炭煮沸，趁热过滤，滤液冷至 30℃以下，再过滤，得烟酸约 36~37kg。

说明：

喹啉法得到的粗品也可采用下列工艺精制：

将喹啉在高温下用硝酸和硫酸混酸氧化、脱羧得到的粗烟酸溶液，稀释后用 30%~33%烧碱溶液中和至 pH=8~9，除去硫酸钠和硝酸钠结晶，加热下用硫酸铜置换成烟酸铜盐，生成吡啶-3-甲酸铜为蓝色沉淀，可以和体系中其他物质分离，再通过碱化和酸化得粗品烟酸，经脱色，煮沸，抽滤，滤液放冷，析出烟酸，过滤，在 70℃下干燥得精制烟酸。

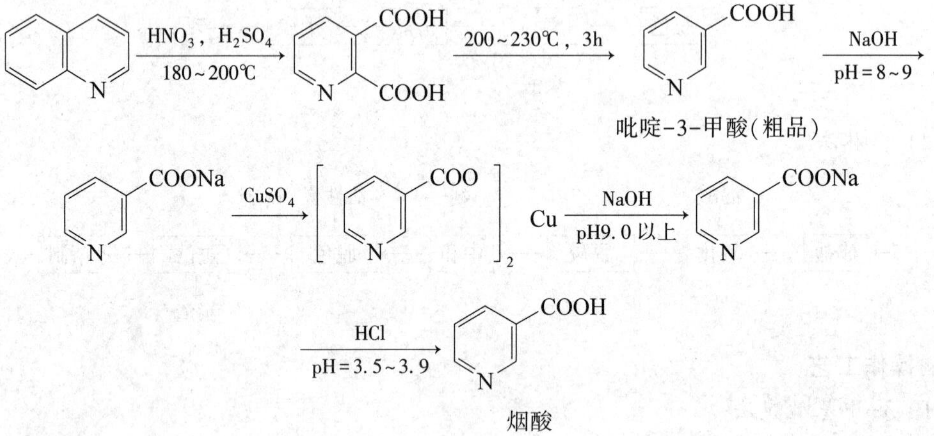

5. 质量指标

指标名称	GB 7300	FCC
含量(以 $C_6H_5NO_2$，干品计)/%	99.0~101.0	99.5~101.0
熔点/℃	234~238	234~238
氯化物(以 Cl^- 计)/%	≤0.02	—
硫酸盐(以 SO_4^{2-} 计)/%	≤0.02	—
重金属(以 Pb 计)/%	≤0.002	0.0002
干燥失重/%	≤0.5	≤1.0
炽灼残渣/%	≤0.1	≤0.1

6. 用途

用作维生素强化剂。我国 GB 14880 规定，可用于谷物及其制品，用量为 40~50mg/kg；用于婴幼儿食品、强化饮料，用量为 30~45mg/kg；用于强化乳饮料，用量为 10mg/kg；用于固体饮料，可按稀释倍数增加用量。本品也可作肉制品的发色剂使用，代替部分亚硝酸盐（与维生素 C），用量为 0.01%~0.02%。医药中用作脑血流促进剂。

7. 安全与贮运

原料 3-甲基吡啶有毒，且属二级易燃液体，生产中还使用强氧化剂、强酸等原料。氧化设备应密闭，操作人员应穿戴劳保用品，车间内加强通风。废水应经处理达标后排放。

包装材料必须符合食品卫生标准，不得与有毒、有害或其他污染的物品混放、混运、混存，贮存于避光、阴凉、干燥处。

参 考 文 献

[1] 朱冰春，王宇光，卢晗峰，等. 烟酸的合成方法进展. 化工时刊，2004，18(2)：1-4.
[2] 张群. 生物法制备烟酸关键技术研究[J]. 食品与生物技术学报，2022，41(09)：112.
[3] 李艳云，尹振晏，宫彩红. 烟酸的合成[J]. 化工中间体，2005，(08)：19-21.

10.16 叶 酸

叶酸(folic acid)又称维生素 B_c、维生素 M、蝶酰谷氨酸。分子式 $C_{19}H_{19}N_7O_6$，相对分子质量 441.4。结构式为：

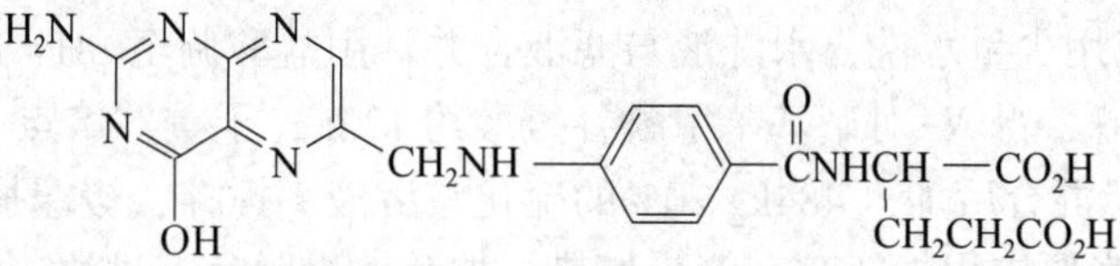

1. 性能

黄色或淡橙色结晶或结晶性粉末。无臭。用热水重结晶得薄片结晶。空气中稳定，对光不稳定，分解而失去生理活性，微溶于水、甲醇，不溶于醚、丙酮、苯和氯仿，易溶于酸性或碱性溶液。无明确熔点，250℃ 以上颜色逐渐变深，最后为黑色胶状物。

2. 生产方法

对硝基苯甲酸与亚硫酰氯反应得到酰氯后与谷氨酸反应，得到酰胺衍生物，然后用硫化铵还原硝基，最后与 2,4,5-三氨基-6-羟基嘧啶缩合成环，得到叶酸。

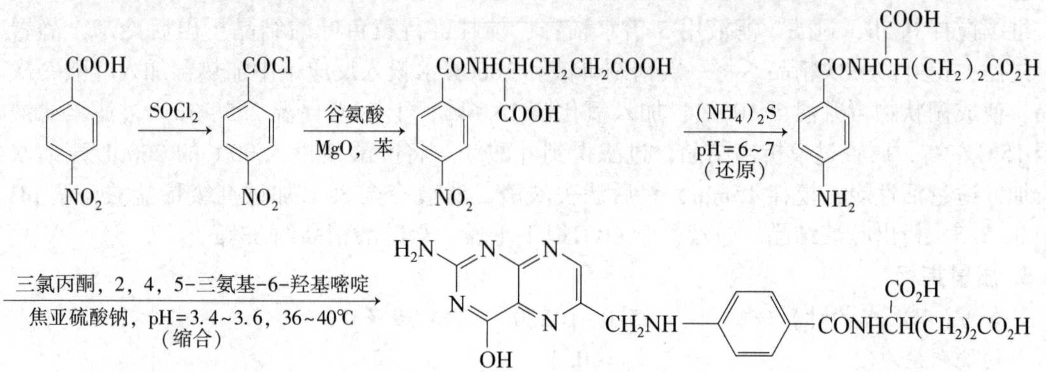

3. 工艺流程

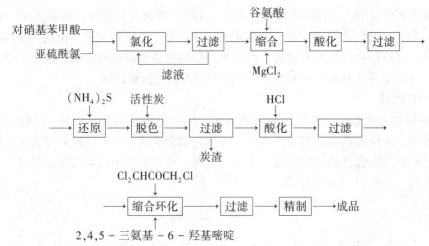

4. 操作工艺

在氯化反应釜中，投入200kg干燥的对硝基苯甲酸，通过反应釜的真空系统将200kg亚硫酰氯吸入氯化反应釜中。搅拌下，加热至90℃，保温回流30~40h，然后冷至60℃，出料至析晶锅，冷却析晶，过滤，得棕色长针状结晶约180kg。母液循环使用。对硝基苯甲酰氯结晶须避水密闭放置。

向缩合反应釜投入460L水、48.0kg氯化镁和97.4kg谷氨酸，调节pH值为8~9，搅拌至全溶，降温到20℃时缓缓滴加对硝基苯甲酰氯的苯溶液（合180kg对硝基苯甲酰氯和500kg苯），控制温度不超过30℃，pH值≥7.5。加毕，继续搅拌2h，静置分层，取下层水溶液过滤，上层苯液用少量水洗，水洗液与滤液合并，用盐酸调至pH=1，强力搅拌，静置24h，析出结晶。过滤，得N-对硝基苯甲酰谷氨酸约132kg（干重，熔点110~112℃），转入还原釜，加水350L，混合后加入484kg 20%的硫化铵溶液，搅拌，缓缓加热煮沸蒸发待溶液pH值为6~7，体积为原体积1/3时，停止加热，加活性炭脱色，过滤，滤液自然冷至室温，用盐酸调至pH值为3~3.5，静置24h，析出结晶，过滤，滤饼用水洗涤，干燥得还原物约77kg，熔点170~172℃。

将43.4kg结晶乙酸钠溶于36~40℃、300L的水中，在搅拌下加入2,4,5-三氨基-6-羟基嘧啶硫酸盐106.6kg，N-对氨基苯甲酰谷氨酸77kg，焦亚硫酸盐171.4kg。用盐酸调节pH值为3.4~3.6，加入三氯丙酮水溶液（含三氯丙酮132kg、水960L）在36~40℃保温6h，析出红色沉淀。再静置5h，过滤。得叶酸粗品约33.6kg（干重）。

将50kg，36%~38%盐酸加入反应釜中，在搅拌下缓慢加入叶酸粗品33.6kg，待全溶后，继续搅拌0.5h，过滤，滤液用5倍水稀释、搅拌，待黄色叶酸结晶析出后冷却，静置2h，过滤，得叶酸一次精品。将一次精制母液和1600L水投入反应罐中加热，加入叶酸一次精品，使成糊状物再升温至100℃，加入氧化镁16.6kg，于90℃保温2.5~3h。过滤，滤液冷至15℃左右，放置过夜析出结晶，过滤得到叶酸镁。将叶酸镁投入90℃的2000L蒸馏水中，加入适量活性炭，搅拌15min，然后滤去炭渣，滤液冷至80℃加试剂级稀盐酸，调pH值至3~3.5，析出叶酸结晶。过滤，于60℃以下干燥，得叶酸精品约33kg。

5. 质量指标

含量（以无水物计）/%	95.0~102.0	水分/%	≤8.5
灼烧残渣/%	≤0.3		

6. 用途

叶酸是体内细胞生长和繁殖所必需的物质，用于防治 DNA 新生合成受阻、细胞中 DNA 含量下降、血细胞的成熟分裂停滞等。在食品方面，用作营养增补剂，用于改性奶粉，一般用量 0.01mg/100g。

参 考 文 献

[1] 温高举. 叶酸的合成工艺研究[D]. 东南大学，2017.
[2] 陈文华. 叶酸的合成[J]. 中国医药工业杂志，2014，45(06)：511-512.
[3] 郑连义，康怀萍，刘红梅. 叶酸的合成[J]. 中国新药杂志，2001，(12)：921-922.

10.17 肌 醇

肌醇(inositol)又称环己六醇、肌糖。分子式 $C_6H_{12}O_6$，相对分子质量 180.16。结构式为：

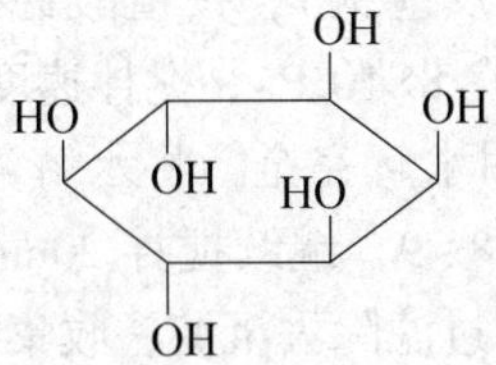

1. 性能

不含结晶水的肌醇为无吸湿性的白色结晶性粉末。含二分子结晶水的为风化性结晶，100℃失水。熔点 225~227℃（无水物），218℃（二水合物）。相对密度 1.752（无水）。在水中溶解度：25℃时 14g/100mL，60℃时 28g/mL。不溶于乙醚，微溶于乙醇。无臭，味甜。在空气中稳定。水溶液对石蕊呈中性。

2. 生产方法

米糠或米糠饼经酸水浸泡、过滤，加石灰乳中和沉淀，沉淀物干燥得菲汀（植酸钙镁）。菲汀经高压水解、中和、脱色、浓缩结晶后，离心分离得粗品，粗品经溶解、脱色、除杂、结晶、干燥得纯品。

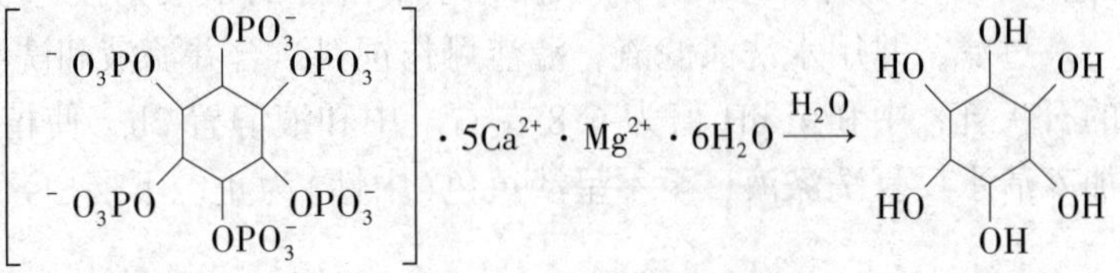

3. 工艺流程

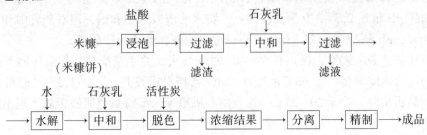

309

4. 操作工艺

工艺一

(1) 浸泡

将榨油后的米糠饼磨碎，过筛，称量备用。在搪瓷反应锅中，先加入酸性溶液（按100kg 糠饼粉加 500L 清水和 2.5L 的浓硫酸配制而成），然后按量加入米糠饼粉，搅拌 40min 左右，用酸调 pH 值为 2~3。在 20~25℃ 下浸泡 6~8h（冬季可浸泡 10~12h），用布袋过滤，收集滤液，滤渣作饲料用。滤液投入中和锅，加入新鲜石灰乳（生石灰∶水=1∶10，过 100 目筛），调 pH 5.8~6.0，静置 2~3h，虹吸除去上层清液，沉淀用布过滤，挤压至干，在 80℃ 左右烘干后即为植酸钙。

把滤液加入石灰水（石灰∶水=1∶100，取上层液）后，搅匀，用氢氧化钠调 pH=8.0 左右，静置分层后过滤，收集滤液。滤液用盐酸调 pH=3.0，然后加入适量 2% 氯化钙溶液，搅匀，再加纯碱中和，pH 值至 4.5 左右，静置沉淀，收集沉淀物，甩干后再送烘箱烘干即为植酸钙镁产品。

(2) 水解

把植酸钙镁移入搪瓷反应罐（或反应锅），按植酸钙镁的量加入 3 倍清水，搅拌均匀，缓慢加热，加压水解 10h 左右（压力在 $8×10^5$ Pa，搅拌速度为 60r/min 左右），然后取样测定 pH 值。当 pH 值达 3.0 左右时，表明水解完全。将水解液移入中和锅中。在水解液中，加入石灰乳，边加边搅拌，使 pH 值达 8~9，继续搅拌 20min 左右，保持 pH 值在 8~9。此时磷酸氢钙、磷酸二氢钙已生成沉淀，过滤除去沉淀，收集滤液移入脱色缸中。

(3) 脱色

在上述中和滤液中，加入 2% 活性炭，加热至 70~80℃，搅拌脱色 30min 左右，过滤收集脱色液于浓缩锅中，加热浓缩至溶液相对密度为 1.30 左右，然后冷却、分离，即得肌醇粗品。把粗品用 1 倍左右的蒸馏水溶解，然后加入 4%~5% 活性炭，在 80℃ 左右搅拌 30min，过滤，收集滤液于搪瓷桶中，在 30℃ 左右条件下静置结晶，然后过滤。

(4) 干燥

把结晶物用 95% 乙醇洗涤 1~2 次，离心后，放入烘箱烘干，即得肌醇精品（白色结晶）。

工艺二

在搪瓷浸提锅中，将 1 份糠粕和 10 份水投入浸泡池，用盐酸或硫酸调 pH 值至 2.5~3.0，于室温下浸泡 4~8h（冬季长，夏季短）。糠粕中不溶性的植酸钙镁钾复盐转化为可溶性植酸钙镁酸式盐。过滤，并用水洗涤滤渣，滤渣可作饲料。合并滤液和洗液。用压缩空气搅拌，加入新鲜的石灰乳，中和至 pH 值为 6.8 左右。中和液静置 2h，使植酸钙充分沉淀，吸去上层清液，加入清水反复洗涤液，至不呈淡黄色（中性）为止。下层白浆用压滤机压滤，得膏状植酸钙。

将植酸钙镁和水投入高压水解锅内，密闭加热，内压逐渐升至约 0.5MPa，搅拌反应 8h。检查物料 pH 值达 2.5~3.0 为反应终点。将水解液放入中和锅，用石灰乳中和，温度保持在 70~80℃，pH 值控制在 7~8。用离心机甩出滤液，滤渣为磷酸钙。

将滤液加热至 80~90℃，投入 0.5%~0.7% 活性炭，并不断搅拌，然后用砂蕊棒进行抽滤。滤出的清液入浓缩锅，在 90℃ 浓缩 4~5h，当相对密度达 1.24~1.28 时即可出料，冷却，待有结晶析出时，冷至 20~25℃，送入离心机甩干，即得黄色肌醇粗品。甩出粗母液可再次浓缩结晶。

将水或上次精制的母液加入粗品中，加热溶解，加入活性炭脱色，再加入氢氧化钡溶液和草酸铵溶液，分别沉淀除去硫酸根和钙离子。趁热过滤，滤液冷至30℃，结晶，过滤，滤饼用少量乙醇洗涤，在80℃干燥6h，最后过18目筛，得肌醇。

说明：

① 用新鲜米糠也可制备肌醇，其生产工艺仅在第一步浸泡时有所不同。首先把米糠用8倍左右的酸水浸泡，使用pH值至2~3，并加入约0.5%铵盐，以减少原料中的蛋白质、糖类进入酸液而影响质量和产品收率。然后浸泡、中和即得植酸钙，由植酸钙进一步水解，纯化得肌醇。

② 水解植酸钙主要是利用磷酸的不溶性，将产品中的磷酸盐与肌醇分开，水解程度以pH值达3~4为准。

③ 植酸钙经水解除去了部分磷酸盐，但尚有可溶性磷酸盐存在，加石灰乳中和，可除去磷酸盐沉淀，但pH值必须保持在8~9。

④ 也可以麸皮原料制备肌醇，在浸提锅中，用1%~1.5%的盐酸于30℃浸泡麸皮4~8h，以板框压机过滤，滤渣经2次浸泡，滤液用石灰乳中和至pH=7，充分搅拌10min，过滤、洗涤得植酸钙粗品。将粗品溶解于pH=1~2的盐酸溶液，加入活性炭脱色过滤。滤液用10%的Na_2CO_3的溶液调pH=4.5，搅拌10min，静置1~1.5h。弃去上层清液，下层经压滤得膏状植酸钙。

在高压水解反应锅中，将膏状植酸钙和水加入混合打浆，浓度控制在25%，加热至内压0.5MPa搅拌反应8h，反应终点pH值为2.5~3.0。水解液放入中和锅，用石炭乳在70~80℃下中和至pH值7~8。过滤去渣。得到的水解液加热至80~90℃，加入0.5%~0.7%的活性炭，脱色后过滤。滤液在90℃下浓缩4~5h，至相对密度1.24~1.28时出料。冷却至20~25℃结晶、分离得黄色肌醇粗品，滤液再进行浓缩结晶得粗品。粗品加热溶解于水，加活性炭脱色，加入氢氧化钡溶液和草酸铵溶液，沉淀除去硫酸根和钙离子。趁热过滤，滤液冷却至30℃，再结晶、分离并用少量的乙醇洗涤。最后在80℃下干燥8h得成品。

5. 质量标准

指标名称	FCC	京 QIHG10-2988
含量(干基)/%	≥97.0	≥98.0
干燥失重(105℃，4h)/%	≤0.5	≤0.2
灼烧残渣/%	≤0.1	≤0.1
熔点/℃	≤224~227	—
重金属(以Pb计)/%	≤0.002	≤0.002
硫酸物/%	≤0.006	—
氯化物/%	≤0.005	≤0.005
钙试验	阴性	合格
铅/%	≤0.001	—
砷/%	≤0.0003	—
水溶液性试验	—	合格
醛/%	—	≤0.005
中性试验	—	合格

6. 用途

用作维生素强化剂，是我国 GB 14880 规定允许使用的食品强化剂，用于婴幼儿食品，使用量为 210~250mg/kg，也可用于饮料，使用量为 25~30mg/kg。本品为复合维生素 B 之一，具有与生物素、维生素 B_1 等相类似的作用。能促进细胞的新陈代谢，改善细胞营养的作用，能助长发育，增进食欲，在医药中用于治疗脂肪肝症、肝硬化症、血中胆固醇过高症，以及用于治疗动脉硬化、高血脂病，也用作生化试剂、有机合成原料。

7. 安全与贮存

操作人员应穿戴劳保用品，生产设备应洁净。严格按操作规程进行，确保产品质量。用食品用塑料袋包装，密封保存，贮于阴凉、通风、干燥处，严禁与有毒有害品混存共运。

参 考 文 献

[1] 张齐全. 代谢工程改造毕赤酵母生产肌醇[D]. 中国农业科学院，2021.
[2] 鹿依萍. 酶法由葡萄糖合成肌醇技术的研究[D]. 大连理工大学，2018.
[3] 黄贞杰，陈由强，陈丽霞，等. 代谢工程改造酿酒酵母合成肌醇[J]. 微生物学通报，2017，44（10）：2289-2296.

10.18 烟 酰 胺

烟酰胺（nicotinamide）又称尼克酰胺，化学名称吡啶-3-甲酰胺。分子式 $C_6H_6N_2O$，相对分子质量 122.13。结构式为：

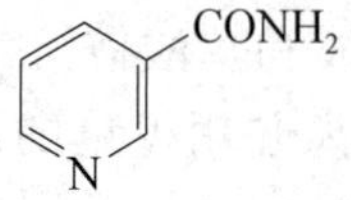

1. 性能

白色结晶性粉末，几乎无臭，味微苦。熔点 128~131℃。相对密度 1.400。1g 本品可溶于 1mL 水、1.5mL 乙醇或 10mL 甘油，不溶于乙醚。10% 的水溶液的 pH 值为 6.5~7.5。在无机酸或强碱中加热则水解为烟酸或烟酸盐。在波长 260nm 处有一显著吸收峰。在干燥空气中对热、光均稳定。大白鼠经口服 LD_{50} 为 2.5~3.5g/kg。

2. 生产方法

3-甲基吡啶用高锰酸钾氧化，然后酸化得烟酸，烟酸与氨发生反应经铵盐转变为烟酰胺。

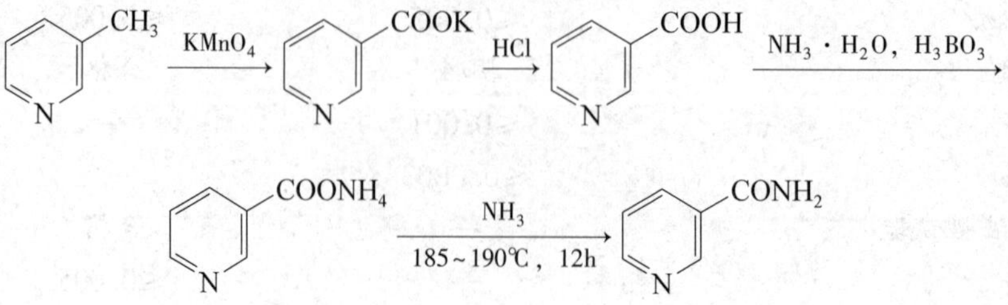

3. 工艺流程

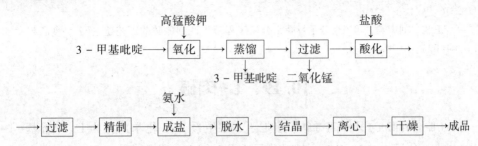

4. 生产工艺

在氧化反应釜中，于80℃下将高锰酸钾分批加入3-甲基吡啶与水的混合物中，然后，继续在85~90℃下搅拌反应30min。蒸馏回收未反应的3-甲基吡啶，趁热过滤除去生成的二氧化锰。所得烟酸钾溶液用盐酸调pH值至3.8~4.0，冷却至30℃结晶，过滤得烟酸粗品。粗品溶于热水，加入活性炭脱色，过滤后冷却、结晶得成品烟酸。

在氨化反应釜中，加入硼酸、烟酸和氨水，搅拌下通入氨气，升温溶解。然后蒸馏回收氨，至120℃后继续浓缩脱水。当温度达145℃后开始加入液氨，并在185~190℃下继续通氨反应20~30h。然后降温至130℃，加蒸馏水稀释，加入活性炭，并在70~80℃下通氨脱水2h。趁热过滤，滤液用氨饱和，冷却至6℃以下结晶。分离结晶，并用乙醇洗涤、干燥得烟酰胺。

5. 质量标准

指标名称	FCC	日本
含量(干基)/%	98.5~101.0	98.5~101.0
干燥失重(在硅胶上4h)	≤0.5	≤0.5
灼烧残渣/%	≤0.1	≤0.1
熔点/℃	128~131	128~131
重金属(以Pb计)/%	≤0.003	≤0.003
易炭化物试验	阴性	合格
pH值	—	6.0~7.5

6. 用途

维生素强化剂。我国GB 14880规定，可用于谷物及制品、婴幼儿食品、饮料的强化。强化乳粉用量40~50mg/kg，强化面包、饼干用量为35~50mg/kg，小麦粉用量为35~44mg/kg，玉米粉用量为35~53mg/kg。在肉制品中作护色助剂，使用时用量为0.01~0.022g/kg(与维生素C合用)，保持和增强火腿、香肠的色、香、味。

7. 安全与贮运

生产中使用的3-甲基吡啶有毒，同时还使用强氧化剂高锰酸钾及具有腐蚀性的氨等原料。反应设备应密闭，车间内加强通风，操作人员应穿戴劳保用品。

产品用双层食品用塑料袋包装，外包装为木板圆桶。严禁与有毒、有害物品共运混贮，贮存于阴凉、干燥、通风处。防晒、防潮。

参 考 文 献

[1] 苏星. 氨氧化法生产烟酸胺[J]. 广东化工, 2003, (2): 4.

[2] 陈俊灯，程亮，陈尚东，等. 烟酰胺连续离子交换纯化工艺技术研究[J]. 当代化工，2018，47(11)：2313-2316.

[3] 郭军玲，王哲，刘中美，等. 高分子量腈水合酶工程菌生产烟酰胺的工艺建立[J]. 食品与发酵工业，2018，44(02)：8-14.

10.19　L-肉碱

L-肉碱(L-carnitine)又称肉毒碱、卡尼丁、维生素 B_T。化学名称为 L-3-羟基-4-三甲氨基丁酸内盐。分子式 $C_7H_{15}NO_3$，相对分子质量 161.20。结构式为：

$$(CH_3)_3N^{\oplus}\!\!-\!\!CH_2\underset{|}{\overset{}{C}}HCH_2CO_2^{\ominus}$$
$$OH$$

1. 性能

白色结晶或透明粉末，熔点 195~197℃(分解)。易溶于水、乙醇和碱液，难溶于丙酮。具有旋光性。L-肉碱是动物体内与能量代谢有关的重要物质。它作为载体参与脂肪酸代谢和长链脂肪酸的合成；同时能调节体内的酰基、辅酶 A 的比率，及时运送支链氨基酸的代谢产物支链酰基，排出体内过量的和非生理性的酰基，从而排除因肌体内酰基积累而造成的毒性。兔经口 LD_{50} 为 2272~2444mg/kg。

2. 生产方法

(1) 合成法

以环氧氯丙烷与三甲胺作用，经氰化、盐酸水解，制成 DL-肉碱，经解析除去 D-肉碱，制取 L-肉碱。该反应第一步季铵化收率为 91%，氰化反应收率为 93%。

$$CH_2\!-\!CH\!-\!CH_2Cl \xrightarrow[HCl \cdot H_2O]{(CH_3)_3N} (CH_3)_3\overset{\oplus}{N}\!-\!CH_2\!-\!\underset{|}{\overset{}{C}}HCH_2Cl \xrightarrow{NaCN}$$
$$OH$$

$$(CH_3)\overset{\oplus}{N}CH_2\!-\!\underset{\overset{|}{OH}}{\overset{\overset{OH}{|}}{C}}HCH_2CN \xrightarrow{HCl} (CH_3)_3\overset{\oplus}{N}\!-\!CH_2\!-\!\underset{\overset{|}{OH}}{\overset{}{C}}H\!-\!CH_2CO_2^{\ominus}$$

也可由溴乙酰乙酸乙酯为原料，先用四氢硼化钠还原，然后与三甲胺季铵化，得到溴代三甲胺-B-羟基丁酸乙酯，最后用盐酸水解，得肉碱。

$$BrCH_2\underset{\overset{|}{O}}{\overset{}{C}}CH_2CO_2C_2H_5 \xrightarrow{NaBH_4} BrCH_2\underset{\overset{|}{OH}}{\overset{}{C}}HCH_2CO_2C_2H_5 \xrightarrow[H_2O]{(CH_3)_3N}$$

$$(CH_3)_3\overset{\oplus}{N}CH_2\underset{\overset{|}{OH}}{\overset{}{C}}HCH_2CO_2C_2H_5 \xrightarrow{HCl} (CH_3)_3\overset{\oplus}{N}CH_2\underset{\overset{|}{OH}}{\overset{}{C}}HCH_2CO_2^{\ominus}$$

(2) 提取法

L-肉碱天然存在于各种肉类和乳类中，因此可以从含 L-肉碱的牛肉、牛乳中直接提取。从 450g 牛肉浸膏中可提取得到 0.6g 结晶肉碱，从 56kg 牛乳中可提取含 2% L-肉碱的乳糖粉末 100g。但提取法成本较高。

(3) 发酵法

利用酵母、曲霉、根霉等微生物液体深层培养或固体发酵，可以得 L-肉碱。但由于菌种的筛选工作比较复杂，目前的发酵水平还比较低。据报道，以 2%DL-肉碱为原料，25℃

发酵44h，得L-肉碱0.4%。

瑞士龙沙公司利用脓杆菌连续转化γ-丁基甜菜碱生产L-肉碱，产量为15g/L，转化率达42%。

3. 工艺流程

（1）合成法

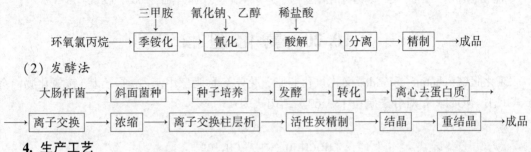

（2）发酵法

4. 生产工艺

（1）合成法

在季铵化反应锅中，加入环氧氯丙烷、三甲胺、稀盐酸，反应生成3-氯-2-羟基丙基三甲基铵氯化物，收率91.5%。分离得到的季铵盐溶于乙醇-水溶液中，与氰化钠发生氰化反应，生成3-氰基-2-羟丙基三甲基铵氯化物，然后用浓盐酸水解，经分离精制（活性炭脱色）得肉碱。水解反应收率86%。

（2）发酵法

发酵中用于细菌培养基材料的有蛋白胨、酵母膏、牛肉膏、富马酸、磷酸盐、硫酸盐以及L-肉碱的前体物（γ-丁基甜菜碱，巴豆甜菜碱等）；用于L-肉碱提取的材料有活性炭、氨水、乙醇、丙酮等。菌种采用具有羟化酶或L-肉碱水解酶（巴豆甜碱水解酶）活性脓杆菌、大肠杆菌、假单孢菌、无色杆菌等。诱导培养，达到稳定期后加前体转化，发酵温度30~37℃。离子交换柱层析时，采用强酸型离子交换树脂。结晶时，精制液浓缩后，用无水乙醇静止结晶。产品形式除肉碱内盐外，还有肉碱酒石酸盐、盐酸盐等。

说明：

合成法得到的外消旋肉碱，可用酶转化法进行拆分，将合成得到的DL-肉碱，先进行乙酰化制成酰胺或腈等，然后利用微生物来源的酶进行选择性水解拆分。如用假单孢菌等微生物的酰胺酶选择性水解DL-肉碱酰胺或肉碱腈，可制得光学纯度99%以上的L-肉碱。此外，还可以进行β-脱氢肉碱的酶法转化，反式巴豆甜菜碱的酶法水解和γ-丁基甜碱的酶法羟化等方法制备L-肉碱。

5. 用途

L-肉碱是我国新批准使用的食品强化剂。主要用于强化以大豆为基础的婴儿食品，促进脂肪的吸收利用。我国规定可用于婴儿配方食品，使用量为70~90mg/kg；用于饮料、乳饮液、饼干，使用量为600~300mg/kg；用于乳粉，使用量为300~400mg/kg；还可用于固体饮料、胶囊，使用量为250~600mg/kg（以L-肉碱计，1g酒石酸盐相当于0.68g L-肉碱）。

L-肉碱为食欲增进剂，有兴奋食欲、调节胃肠机能、促进消化液分泌和增强消化酶活性作用。在临床上可作为治疗缺血性心脏病、充血性心衰竭，慢性肾功能衰竭等疾病的辅助药物。还大量用作减肥健美食品，另外，作为饲料添加剂，可促进动物生长、改善肉质和增强抗病能力。

参 考 文 献

[1] 张红素. L-肉毒碱的合成与应用[J]. 贵州化工，2001，26(4)：51.

[2] 朱龙宝，杨幼慧，刘观福. 微生物酶法转化生产 L-肉碱的研究进展[J]. 微生物学杂志，2005，(01)：65-67.

[3] 孙志浩，郑璞，王蕾，等. L-肉碱的酶法生产[J]. 精细与专用化学品，2002，(Z1)：15-17.

10.20 氯化胆碱

氯化胆碱(choline chloride)又称氯化胆脂，化学名称为三甲基(2-羟乙基)铵氯化物。分子式 $C_5H_{14}NOCl$，相对分子质量 139.62。结构式为：

$$\left[HOCHCH_2\!-\!\overset{+}{N}\!-\!CH_3 \right] Cl^{\ominus}$$

1. 性能

白色吸湿性结晶。有鱼腥臭，碱苦味，吸湿性强。不溶于苯、氯仿和乙醚，易溶于水、乙醇、甲醇。水溶液呈中性。碱性溶液中不稳定。50%氯化胆碱粉剂为白色或黄褐色干燥的流动性粉末或颗粒，具有吸湿性，有特异性臭味。70%氯化胆碱水溶液可与甲醇、乙醇任意混溶，但几乎不溶于乙醚、氯仿或苯，具有吸湿性，吸收二氧化碳放出氨臭味。

2. 生产方法

由三甲胺盐酸盐溶液与环氧乙烷反应制得。或由氯乙醇与三甲胺反应制得。

$$(CH_3)_3N \cdot HCl + CH_2\!-\!CH_2 \longrightarrow (CH_3)_3\overset{+}{N}\!-\!CH_2\!-\!CH_2OHCl^{\ominus}$$
$$\underset{O}{}$$

$$(CH_3)_3N + ClCH_2CH_2OH \longrightarrow (CH_3)_3\overset{+}{N}\!-\!CH_2CH_2OHCl^{\ominus}$$

3. 工艺流程

$$\text{三甲胺盐酸盐} \longrightarrow \boxed{\text{季铵盐化}} \longrightarrow \boxed{\text{提纯}} \longrightarrow \text{成品}$$

环氧乙烷

4. 操作工艺

将 70%三甲胺盐酸盐和环氧乙烷按 138：45 的质量比分别用泵连续送入带搅拌器的反应釜中，于 50~70℃下搅拌反应。反应物在反应器中反应时间为 1~1.5h。生成物连续引出反应器后进入汽提塔。反应器内的液面应保持稳定，使反应连续进行。反应过程中 pH 值由低向高变化，反应开始约为 7，反应终了时物料的 pH 值约为 12。氯化胆碱粗产品引入汽提塔后，由塔底吹入的氮气，除去剩余的三甲胺和环氧乙烷，并使反应副产物氯乙醇与三甲胺和水作用。最后得到浓度为 60%~80%氯化胆碱。

另可将 78kg 30%三甲胺溶液加进 32kg 无水氯乙醇中，于 50℃下，反应 14h，制得浓度约为 80%的氯化胆碱。

说明：

反应的转化率与物料的 pH 值有关，当转化率为 10%~90%时，pH 值约从 7 提高到 8.0~8.8。当转化率超过 90%时，pH 值迅速提高，约为 12。

粗品中常含有少量三甲胺盐酸盐、0.1%~2.0%三甲胺、1%~2%环氧乙烷和0.1%~0.5%氯乙醇。

5. 质量标准

含量(以无水物计)/%	≥98.0	砷/%	≤0.0003
水分/%	≤0.5	重金属(以Pb计)/%	≤0.002
灼烧残渣/%	≤0.05	铅/%	≤0.001

6. 用途

食品强化剂。用作营养剂、增补剂及治疗恶性贫血。可用于婴幼儿食品,使用量为380~790mg/kg。也是肝胆疾病辅助药。用于治疗肝炎、肝硬变、肝中毒等。大量用作畜禽生长促进剂,以饲料添加剂的方式使用。

7. 安全与贮存

原料中三甲胺和环氧乙烷均有毒且易燃。生产设备要密封,严防泄漏。生产场地要通风良好,操作人员应穿戴劳保用品。

产品的粉剂用食品级塑料袋包装,液体用符合卫生标准的食品级塑料桶包装。严禁与有毒、有害物质混贮共运。

参 考 文 献

[1] 季国尧,季盛. 环氧乙烷法连续合成氯化胆碱的工艺探究[J]. 浙江化工,2021,52(08):14-17.
[2] 杜清,秦民坚,吴刚. 正交实验法优化明党参中氯化胆碱的提取工艺[J]. 中西医结合心血管病电子杂志,2018,6(29):113-115.
[3] 毕丽媛. 盐酸生产氯化胆碱工艺研究[D]. 青岛科技大学,2017.

10.21 泛 酸 钙

泛酸钙(calcium pantothenate)又称右旋泛酸钙、D-泛酸钙。化学名称为 N-(2,4-二羟基-3,3-二甲基丁酰)-β-氨基丙酸钙。分子式 $C_{18}H_{32}CaN_2O_{10}$,相对分子质量476.54。结构式为:

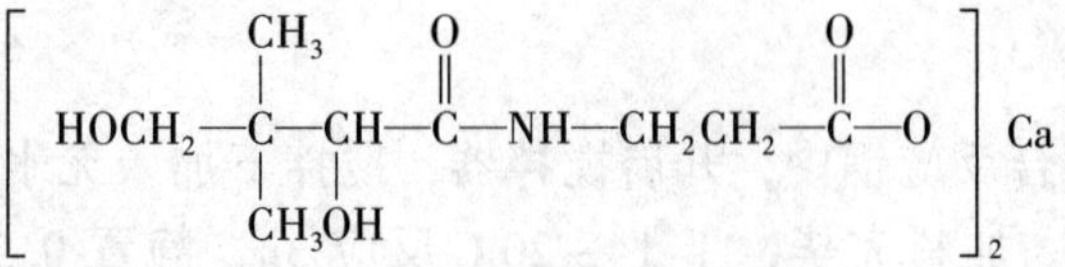

1. 性能

白色针状结晶白色粉末,无臭、稍带苦味。有轻微吸潮性。在空气和日光中稳定,对酸碱不稳定,pH=5.0~7.0时稳定。1g泛酸钙溶于约3mL水,溶于甘油,不溶于乙醚、乙醇和氯仿。D-泛酸钙具有维生素的生理活性,L-泛酸钙则无生理活性。D-泛酸钙参与蛋白质、脂肪、糖在体内的陈新代谢。大白鼠经口服 $LD_{50}>10g/kg$。

2. 生产方法

甲醛与异丁醛在碳酸钾存在下进行羟醛缩合,得到的β-羟基醛与氰化钠发生加成,在酸性条件下水解。水解物经蒸馏得 α-羟基-β,β-二甲基-γ-丁内酯,再与氨基丙酸钙反应,得外消旋泛酸钙。经拆分后得右旋泛酸钙。

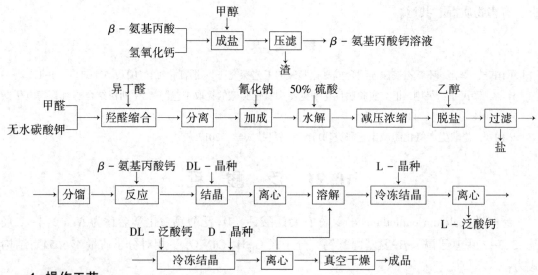

3. 工艺流程

β-氨基丙酸
氢氧化钙 → 成盐 ← 甲醇 → 压滤 → β-氨基丙酸钙溶液
                                ↓
                                渣

甲醛
无水碳酸钾 → 羟醛缩合 ← 异丁醛 → 分离 → 加成 ← 氰化钠 → 水解 ← 50%硫酸 → 减压浓缩 → 脱盐 ← 乙醇 → 过滤 →
                                                                                              ↓
                                                                                              盐

→ 分馏 → 反应 ← β-氨基丙酸钙 → 结晶 ← DL-晶种 → 离心 → 溶解 → 冷冻结晶 ← L-晶种 → 离心 →
                                                                                        ↓
                                                                                        L-泛酸钙

→ 冷冻结晶 ← DL-泛酸钙 D-晶种 → 离心 → 真空干燥 → 成品

4. 操作工艺

（1）羟醛缩合

将37%甲醛投入缩合反应锅中，开启搅拌器，搅拌下加入无水碳酸钾，控制反应温度14~20℃，滴加异丁醛。加料完毕，于14~20℃反应3h，静置0.5h，分离上层油状物为2,2-二甲基-3-羟基丙醛。

（2）制备α-羟基-β,β-二甲基-γ-丁内酯

在加成反应锅中，将2,2-二甲基-3-羟基丙醛溶于4倍的水中，搅拌下，加入氰化钠（用6倍的水溶解）溶液和氯化钙溶液。搅拌均匀后加入50%的硫酸溶液。反应产生的氢氰酸导入硫酸亚铁溶液中吸收，在60~65℃反应6h，接着在80~85℃反应3h。减压浓缩至稠厚液，加入95%乙醇使无机盐沉淀，过滤去盐。滤液先回收乙醇，再分馏收取130~145℃/1.33~2.39kPa馏分，得到α-羟基-β,β-二甲基-γ-丁内酯。

（3）制备外消旋泛酸钙

在成盐反应釜中加入甲醇，搅拌下加入β-氨基丙酸和氢氧化钙，于40~45℃反应4~

318

5h，压滤除去不溶物。滤液进入酰胺化反应釜，加入 α-羟基-β,β-二甲基-γ-丁内酯的甲醇溶液，于 15~20℃下搅拌反应 10h 并放置 30h。然后转入 DL-泛酸钙结晶釜，加入适量 DL-泛酸钙晶种，于 15℃冷冻结晶 15~20h，进入离心机快速离心，得到外消旋泛酸钙。

（4）拆分

在溶解釜中，加入甲醇、无盐水，加热至 40~45℃，在搅拌下加入外消旋泛酸钙晶体，溶解后过滤。滤液进入结晶釜，冷至 15℃，加入少许 L-泛酸钙晶种，于 10℃保持 2h 左右，至比旋光度+0.6°~0.8°时过滤，得 L-泛酸钙。滤液中补充部分 DL-泛酸钙，使诱导结晶的母液中含泛酸钙的总浓度及总体积不变。将母液冷却至 15℃，加少量 D-泛酸钙晶种，于 10℃左右搅拌 2h，离心，真空干燥得 D-泛酸钙。如此反复操作，即可将 DL-泛酸钙拆分为 L-泛酸钙和 D-泛酸钙。

说明：

L-泛酸钙可经外消旋处理，得到外消旋泛酸钙（DL-泛酸钙），进一步用于拆分。外消旋处理方法：将 L-泛酸钙和无水甲醇钠、无水甲醇加入外消旋化反应釜中，加热回流，进行外消旋化反应。冷却，于室温用盐酸中和，析出氯化钠，过滤除去，母液冷至-5℃，加入 DL-泛酸钙晶种，于-10℃结晶 10h，过滤，干燥，得 DL-泛酸钙。

5. 质量标准

含量(以干基计)/%	97.0~103.0	含钙量(干燥后 Ca 量)/%	8.2~8.6
碱度及生物碱试验	正常	重金属(以 Pb 计)/%	0.002
干燥失重(105℃，3h)/%	5.0	比旋光度 α_D^{20}(50mg/mL)	+25°~27.5°

6. 用途

营养补充剂。主要用于食品添加剂及饲料添加剂，是人体和动物维持正常生理不可缺少的微量物质。除特殊营养食品外，使用量须在 1%（以钙计）以下。奶粉强化时用量为 10mg/100g；烧酒、威士忌酒中添加 0.02% 可增强风味；蜂蜜中添加 0.02% 可防止冬季结晶；可缓冲咖啡因及糖精等的苦味。

7. 安全与贮存

生产中使用的氰化钠属无机剧毒品，应专库专贮专人管理。氰化钠加成反应完毕，加硫酸水解时，过量的氰化钠会产生剧毒的氢氰酸，生产设备必须密闭，产生的氢氰酸导入硫酸亚铁溶液中吸收。生产中使用的甲醇溶剂有毒，生产设备密闭，车间应保持良好通风状态。

产品采用双层食用级塑料袋，外用圆木桶包装。不得与有毒有害物品共运混贮。贮存于阴凉干燥通风处。

参 考 文 献

[1] 梁璇. 泛酸钙的固态化学研究[D]. 南昌大学，2021.

[2] 任怡. D-泛酸钙的合成工艺研究[D]. 沈阳药科大学，2006.

[3] 韩秀山. D-泛酸钙生产现状及市场分析[J]. 精细与专用化学品，2005，(19)：32-34.

[4] 杨艺虹，张珩，杨建设. D-泛酸钙合成技术及其进展[J]. 饲料工业，2004，(06)：8-11.

10.22 乳 酸 钙

乳酸钙（calcium lactate）也称 α-羟基-丙酸钙盐。分子式 $C_6H_{10}CaO_6 \cdot xH_2O$，相对分子质

量 218.22(无水物)。结构式为：

$$\left[\begin{array}{c} OH \\ | \\ CH_3CHCOO \end{array}\right]_2 Ca \cdot xH_2O$$

1. 性能

白色至奶白色结晶粉末或颗粒。几乎无臭。略有风化性，于 120℃失去结晶水。溶于水，易溶于热水，水溶液的 pH 值为 6.0~7.0。不溶于乙醇。

2. 生产方法

由乳酸和碳酸钙进行中和反应而制得。

$$2CH_3CHCOOH + CaCO_3 \longrightarrow \left[\begin{array}{c} OH \\ | \\ CH_3CHCOO \end{array}\right]_2 Ca + CO_2 + H_2O$$

3. 工艺流程

乳酸 → 中和 → 过滤 → 结晶 → 精制 → 成品（碳酸钙加入中和环节）

4. 操作工艺

在中和反应釜中加入乳酸水溶液(约 50%)，加热，搅拌下加入碳酸钙进行中和反应，反应完成后，将物料趁热过滤，静置滤液，析出结晶，将晶体精制后即制得乳酸钙成品。或用碳酸钙中和稀乳酸后，再蒸发溶液，除去水分，制得乳酸钙结晶，经精制后得成品。

5. 质量标准

外观	白色结晶性粉末	砷/(mg/kg)	≤3
含量/%	≥98.0	重金属(以 Pb 计)/(mg/kg)	≤20
干燥失重(无水物)/%	≤3	镁及碱金属/%	≤1
游离酸(以乳酸计)/%	≤0.45	挥发性脂肪酸	合格
游离碱	合格	水溶解试验	合格

6. 用途

用作强化营养钙，可用于面包、糕点、其他糖食制品、小麦粉、调制奶粉、豆腐、发酵豆酱、腌菜等中。还可用作缓冲剂、酵母食料、面团调节剂、固化剂。

参 考 文 献

[1] 赵奉龙，莫庭鸣，文璨，等. 复合菌固体发酵蛋壳粉制备乳酸钙[J]. 发酵科技通讯，2022，51(04)：222-225.

[2] 谭玉团，谢雪珍，王升，等. 废弃蛋壳高温煅烧法制备乳酸钙的工艺研究[J]. 辽宁化工，2022，51(06)：736-739.

[3] 洪艺萍，粟代莲，王松刚，等. 超声辅助牡蛎壳制备乳酸钙的工艺优化[J]. 福建农业科技，2020，(06)：27-32.

10.23　葡萄糖酸钙

葡萄糖酸钙(calcium gluconate hydrate，glucal)又称葡萄糖酸钙一水合物。分子式

$C_{12}H_{22}O_{14}Ca \cdot H_2O$，相对分子质量 448.40。结构式为：

$$\left[\begin{array}{c} \overset{\displaystyle O}{\underset{\displaystyle |}{C}}\!\!-\!O^- \\ H\!-\!C\!-\!OH \\ HO\!-\!C\!-\!H \\ H\!-\!C\!-\!OH \\ H\!-\!C\!-\!OH \\ CH_2OH \end{array} \right]_2 Ca^{2+} \cdot H_2O$$

1. 性能

本品为白色结晶性或颗粒性粉末，无臭、无味。在沸水中易溶，在水中缓缓溶解，不溶于无水乙醇、乙醚或氯仿。能降低毛细血管渗透性，增加毛细血管壁的致密度，改善组织细胞膜的通透性。

2. 生产方法

在催化剂(硫酸)的作用下，淀粉水解制得糖化液，用石灰乳中和后，利用黑霉菌产生的氧化酶把葡萄糖氧化成葡萄糖酸，再与碳酸钙作用即得葡萄糖酸钙。

$$(C_6H_{10}O_5)_n + nH_2O \xrightarrow[H_2SO_4]{\text{水解}} n \left[\begin{array}{c} CHO \\ (CHOH)_4 \\ CH_2OH \end{array} \right]$$

$$\begin{array}{c} CHO \\ (CHOH)_4 \\ CH_2OH \end{array} \xrightarrow{\text{黑霉菌氧化}} \begin{array}{c} CO_2H \\ (CHOH)_4 \\ CH_2OH \end{array} \xrightarrow{CaCO_3 \text{ 或 } Ca(OH)_2} \left[\begin{array}{c} CO_2^- \\ (CHOH)_4 \\ CH_2OH \end{array} \right] Ca$$

3. 工艺流程

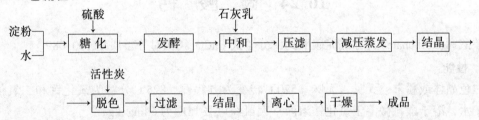

淀粉、水 → 糖 化（硫酸）→ 发酵 → 中和（石灰乳）→ 压滤 → 减压蒸发 → 结晶 →

→ 脱色（活性炭）→ 过滤 → 结晶 → 离心 → 干燥 → 成品

4. 操作工艺

将淀粉及水投入乳化槽中，搅拌均匀后，用泵输入已盛有一定量稀硫酸的糖化罐内。在加热条件下进行糖化反应，达到糖化终点后，加入经过处理的无菌石灰乳，使 pH 值至 5 左右，即可出料，糖化液冷却后送至贮罐保存。

将糖化液及适量的营养成分(营养成分可由磷酸二氢钾、碳酸镁、硫酸铵等组成)加到培养罐中，夹层通蒸汽加热灭菌后降温至 29~31℃，接种黑霉菌菌种，在搅拌下不断通入无菌压缩空气，进行培养。当糖液含量降至 2%~3.5%时，即可转入发酵罐。

在发酵罐内加入糖化液及适量的营养成分。再接入上述制得的培养液，在搅拌下不断通入无菌压缩空气，保持温度 30℃进行发酵。测定终点，当发酵液中糖含量低于 1%时，发酵完毕。

将上述发酵液送至中和罐加热至 80℃，以石灰乳(或碳酸钙)中和至中性。经板框过滤器压滤，滤液经高位槽流入减压蒸发器浓缩。浓缩液送贮料罐。送结晶槽静置结晶，用离心机滤取晶体，晶体加入脱色釜加蒸馏水溶解，用活性炭脱色，过滤。滤液冷却结晶。滤出的结晶经干燥后即得葡萄糖酸钙。得到的葡萄糖酸钙进一步脱色重结晶可得注射用葡萄糖酸钙。

5. 质量标准

食品添加剂级：

含量（干燥后无水物计）/%	98.0～102.0
干燥失重/%	≤3
蔗糖和还原糖试验	阴性
砷/（mg/kg）	≤3
重金属（以 Pb 计）/%	≤0.002
铅/（mg/kg）	≤10

6. 用途

电解质平衡调节药，用于低血糖、荨麻疹、急性湿疹、皮炎等治疗。在食品添加剂中用作营养增补剂、固化剂、缓冲剂。也可用作食品的钙强化剂。

参 考 文 献

[1] 朱继国，廖涛，张庆芳，等. 超声波辅助法对小龙虾壳制备葡萄糖酸钙的工艺研究[J]. 食品与生物技术学报，2022，41（03）：66-74.

[2] 赵改菊，梁玺，员冬玲，等. 葡萄糖酸钙真空降温结晶工艺[J]. 山东科学，2021，34（02）：75-80.

[3] 李孟艳，王永，杨孟孟，等. 鸡蛋壳直接制备葡萄糖酸钙的工艺探索[J]. 中国卫生检验杂志，2020，30（22）：2695-2697.

10.24 碳 酸 钙

碳酸钙（carbonate）又称沉淀碳酸钙，分子式 $CaCO_3$，相对分子质量 100.089。

1. 性能

白色晶体或粉末，无臭，无味。520℃转变为方解石。825℃分解为氧化钙和二氧化碳。不溶于水，溶于酸，微溶于氯化铵溶液。大鼠经口服 LD_{50} 为 64mg/kg。

2. 生产方法

（1）盐酸法

优质大理石（$CaCO_3$）用盐酸分解，得到的氯化钙与碳酸铵作用，得到碳酸钙。

$$CaCO_3 + 2HCl \longrightarrow CaCl_2 + CO_2 + H_2O$$
$$CaCl_2 + (NH_4)_2CO_3 \longrightarrow CaCO_3 \downarrow + 2NH_4Cl$$

（2）高纯品制法

高纯硝酸钙用电导水溶解后与高纯碳酸铵反应，经后处理得高纯碳酸钙。

$$Ca(NO_3)_2 + (NH_4)_2CO_3 \longrightarrow CaCO_3 \downarrow + 2NH_4NO_3$$

（3）煅烧、消化、碳化法

石灰石经煅烧得氧化钙，氧化钙消化得到氢氧化钙。氢氧化钙与二氧化碳发生复分解得到碳酸钙。

$$CaCO_3 \longrightarrow CaO + CO_2\uparrow$$
$$CaO + H_2O \longrightarrow Ca(OH)_2$$
$$Ca(OH)_2 + CO_2 \longrightarrow CaCO_3 + H_2O$$

3. 工艺流程

（1）盐酸法

（2）高纯品制法

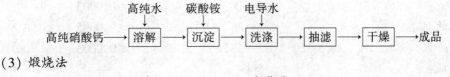

（3）煅烧法

4. 操作工艺

（1）盐酸法

将 400g 白色优质大理石（$CaCO_3$）粉末分次加入 2400mL 12% 盐酸中，得到氯化钙溶液。加入 20g 漂白粉充分搅拌，放置 4~5h 后，加入 120g $Ca(OH)_2$ 试剂，调整溶液呈碱性，于水浴上加热 0.5h。溶液中铁、锰等杂质氧化并生成不溶性氢氧化物沉淀，过滤去杂，滤液加热后，于搅拌下加入 680g 碳酸铵，至沉淀完全后，继续于水浴上加热 0.5h，吸滤，水洗，于 200℃ 干燥，得试剂级碳酸钙。

（2）高纯品制法

将 600g 经过重结晶分析合格的光谱纯 $Ca(NO_3)_2$ 溶于 1000mL 的电导水中，如有浑浊需进行过滤，加热至 60℃ 左右，在不断搅拌下加入 $(NH_4)_2CO_3$ 溶液，使沉淀完全，待沉淀沉降后将溶液倾出，用抽滤器过滤，并用电导水洗涤沉淀 3~4 次。然后充分吸干，在电炉上或电烘箱中除去水分，在 220℃ 时恒温 3~4h，得光谱纯碳酸钙。

说明：

① $CaCO_3$ 的粉末洗涤是将 $CaCO_3$ 从漏斗中取出来放在烧杯内，加电导水搅匀后，再进行抽滤，如此反复三四次，将可溶性的盐类除去。

② 生产 $CaCO_3$ 前，首先要对原料 $Ca(NO_3)_2$ 进行光谱半定量分析，如镁含量大于 0.003%，则不能作原料使用。

（3）煅烧法

在石灰窑中，将粒径 30~50mm 的焦炭与粒径 50~150mm 的石灰石以 10∶1 的比例混合，于 1000~1100℃ 下煅烧，得到生石灰氧化钙。产生的二氧化碳气体经洗涤净化后供碳化工序使用。

生石灰用 4~5 倍的水消化 1h，得到氢氧化钙乳，经除渣、过滤得精制的石灰乳（相对密度 1.07~1.11）。将经洗涤净化后的二氧化碳通入石灰乳中，于 40~45℃ 下发生复分解反应(碳化反应)析出碳酸钙沉淀。静置自然沉降，将下层碳酸钙沉淀经离心(脱水)，干燥后粉碎得碳酸钙。

5. 质量标准

指标名称	GB 1898	FCC(Ⅳ)
含量(以干基计)/%	98.0~102.0	98.0~100.5(干燥后)
水分/%	≤2.0	≤2.0
盐酸不溶物/%	≤0.2	≤0.2
钡盐(以 Ba 计)/%	≤0.05	—
重金属(以 Pb 计)/%	≤0.002	≤0.002
砷/%	≤0.0003	≤0.0003
氟化物/%	—	≤0.0005
铅/%	—	≤0.0003
游离碱	合格	
碱金属和镁/%	≤1.0	≤1.0

6. 用途

用作食品膨松剂、发酵剂、营养补充剂。我国 GB 2760 规定，可在需添加膨松剂的各类食品中按生产需要适量使用。用作面粉改良剂最大使用量为 0.03g/kg。

用作钙强化剂，可用于面包、面条、婴幼儿食品等，用量以各粉为基础，按钙计为3g/kg。

参 考 文 献

[1] 胡庆福，胡晓湘，宋丽英. 我国碳酸钙工业生产现状及发展建议[J]. 中国非金属矿工业导刊，2010，(04)：3-4+16.
[2] 崔小明. 纳米碳酸钙的生产工艺及改性技术进展[J]. 杭州化工，2008，(01)：7-11.

10.25 葡萄糖酸锌

葡萄糖酸锌(zinc gluconate)也称葡糖酸锌，分子式 $C_{12}H_{22}O_{14}Zn$，相对分子质量 455.68。结构式为：

$$[CH_2OH(CHOH)_4COO]_2Zn$$

1. 性能

白色结晶性粉末或粗粉状。无臭，无味。易溶于水，微溶于乙醇。熔点 173~175℃。在空气中稳定。

2. 生产方法

方法一

由葡萄糖氧化成葡萄糖酸，再与氧化锌作用而制得。

$$2C_6H_{12}O_6 + O_2 \longrightarrow 2C_6H_{12}O_7$$

$$2C_6H_{12}O_7 + ZnO \longrightarrow (C_6H_{11}O_7)_2Zn + H_2O$$

方法二

由葡萄糖酸钙与硫酸锌进行复分解反应而制得。

$$(C_6H_{11}O_7)_2Ca + ZnSO_4 \longrightarrow (C_6H_{11}O_7)_2Zn + CaSO_4\downarrow$$

方法三

由葡萄糖酸-δ-内酯为原料与氢氧化锌作用而制得。

$$C_6H_{10}O_6 + H_2O \longrightarrow C_6H_{11}O_7$$

$$2C_6H_{12}O_7 + Zn(OH)_2 \longrightarrow (C_6H_{11}O_7)_2Zn + 2H_2O$$

3. 工艺流程

方法一

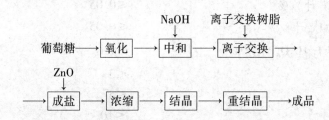

方法二

硫酸锌

葡萄糖酸钙 → 复分解 → 过滤 → 浓缩 → 重结晶 → 成品

方法三

水   氢氧化锌

葡糖酸 - δ - 丙酯 → 水解 → 成盐 → 过滤 → 浓缩 → 结晶 → 成品

4. 操作工艺

方法一

在氧化反应釜内加入葡萄糖和催化剂,使葡萄糖经空气氧化生成葡萄糖酸,氧化反应完成后,于搅拌下向物料中加入 NaOH 溶液,控制 pH 值为 9.0~10.0,使葡萄糖酸转化成葡萄糖酸钠。过滤分离,除去催化剂。将葡萄糖酸钠经强酸性阳离子交换树脂转变为较高纯度的葡萄糖酸,然后和氧化锌作用生成葡萄糖酸锌。成盐反应完成后将物料浓缩,析出结晶,将晶体重结晶后,即制得葡萄糖酸锌成品。

此法原料易得,产品质量高,经济效益好。但工艺流程较长,能耗较高。

方法二

在复分解反应釜内将葡萄糖酸钙溶于一定量的热水中,在不断搅拌下加入化学计量的硫酸锌溶液,于 80~90℃条件下保温反应 30~40min,使复分解反应充分进行,反应完成后,趁热过滤除去硫酸钙。滤液经浓缩结晶,重结晶后即制得葡萄糖酸锌成品。

此法原料易得,工艺技术成熟,产品收率可达 85% 以上。

方法三

在成盐反应釜内,将葡萄糖-δ-内酯溶于一定量水中,加热至 50℃,水解生成葡萄糖酸。于搅拌下加入 Zn(OH)$_2$,直至溶液的 pH 值达到 5.0。继续加热搅拌反应 1.5~2h,至成盐反应完成。然后过滤,将滤液浓缩,结晶,即制得葡萄糖酸锌产品。

此法合成步骤简单,无副产物生成,产率可高达 95%。产品质量好。但原料价格高,经济效益不一定好。

说明:

葡萄糖经发酵制取葡萄糖酸,分离提纯后与 ZnO 或 Zn(OH)$_2$ 反应,制得葡萄糖酸锌。

此法原料易得，成本较低，产品质量较高。但发酵条件较苛刻，工艺条件较难控制，生产周期长。

5. 质量标准

外观	白色结晶性粉末
含量(以无水物计)/%	97.0~102.0
水分/%	≤11.6
氯化物(以 Cl^- 计)/%	≤0.05
硫酸盐(以 SO_4^{2-} 计)/%	≤0.05
还原物质(以 $C_6H_{12}O_6$ 计)/%	≤1.0
砷/(mg/kg)	≤3
镉/(mg/kg)	≤5
铅/(mg/kg)	≤10

6. 用途

营养增补剂(锌强化剂)。主要用于保健食品、疗效食品，以及奶粉、糖果、饼干和饮料等的锌强化。可促进小儿的生长发育，维持锌的营养平衡。

参 考 文 献

[1] 班莹莹，梅志恒，张辉艳，等. 葡萄糖酸锌合成工艺研究进展[J]. 化学工程与装备，2022，(02)：189-190.

[2] 杜会茹，黄文杰，杨雷，等. Box-Benhnken 设计-响应面法优化四氧化三铁固定化酶催化葡萄糖酸锌合成工艺研究[J]. 化学试剂，2018，40(06)：537-541.

[3] 李秋红，王一，李曰强，等. 葡萄糖酸锌制备方法研究[J]. 山东化工，2015，44(19)：45-47.

10.26 硫 酸 锌

硫酸锌(zinc sulfate)又称皓矾，无水物分子式 $ZnSO_4$，相对分子质量 161.54。七水合物分子式 $ZnSO_4 \cdot 7H_2O$，相对分子质量 287.54。

1. 性能

一般应用的硫酸锌均含结晶水。在 -5.8℃(含 27.87% $ZnSO_4$ 的冰盐共晶点) 至 38.8℃范围内，从水溶液中结晶出来的硫酸锌是无色斜方结晶 $ZnSO_4 \cdot 7H_2O$，在 7.6~24.9℃ 出现介稳的 $ZnSO_4 \cdot 7H_2O$ 单斜晶型结晶，$ZnSO_4 \cdot 6H_2O$ 结晶的稳定范围是 38.8℃ 至 70℃。低于 11.4℃ 时，介稳的 $ZnSO_4 \cdot 6H_2O$ 不可逆地转变为单斜结晶 $ZnSO_4 \cdot 7H_2O$。高于 70℃ 时结晶出 $ZnSO_4 \cdot H_2O$，超过 280℃ 转变为无水硫酸锌，767℃ 分解为 ZnO 和 SO_3。

七水合硫酸锌为无色结晶，相对密度(d_4^{25})1.957。在干燥空气中逐渐风化，低毒性，小白鼠经口 LD_{50} 为 1.18g/kg。

2. 生产方法

(1) 复分解法

硫酸与氧化锌、氢氧化锌或其他含锌原料发生复分解反应，经精制得硫酸锌。将锌料慢慢加入相对密度 1.16 的稀硫酸中，温度控制在 80~90℃，约 2h 后溶液 pH 值达 5.1~5.4 反应完毕，此时溶液相对密度约 1.35。加入少量的高锰酸钾或漂白粉，使铁、锰氧化沉淀，过滤弃渣。滤液倒入置换桶，加入少量锌粉，在 75~90℃下搅拌 40~50min，置换出铜、铅、镉等重金属杂质。过滤后，滤液再用少量的高锰酸钾或漂白粉氧化，进一步除去少量的铁、锰，过滤得相对密度为 1.28~1.32 的硫酸锌溶液。此溶液冷却后在结晶锅中结晶 2~3 天分离结晶，并甩干后在 40~50℃下烘干得成品。

$$ZnO + H_2SO_4 \longrightarrow ZnSO_4 + H_2O$$
$$Zn(OH)_2 + H_2SO_4 \longrightarrow ZnSO_4 + H_2O$$

（2）煅烧法

闪锌矿在 600℃下氧化焙烧得硫酸锌。

$$ZnS + 2O_2 \xrightarrow{600℃} ZnSO_4$$

（3）菱锌矿法

菱锌矿用盐酸浸取，氧化、除铁后水解富集锌，与镁分离。富集的锌用硫酸溶解，除重金属后，蒸发，冷却析晶得硫酸锌。

$$ZnCO_3 + 2HCl \longrightarrow ZnCl_2 + H_2O + CO_2 \uparrow$$
$$MgCO_3 \cdot CaCO_3 + 4HCl \longrightarrow MgCl_2 + 2CO_2 + 2H_2O$$
$$Zn_2Cl + 2H_2O \xrightarrow{水解} Zn(OH)_2 \downarrow + 2HCl$$
$$Zn(OH)_2 + H_2SO_4 \longrightarrow ZnSO_4 + 2H_2O$$
$$MgCl_2 + Ca(OH)_2 \longrightarrow Mg(OH)_2 \downarrow + CaCl_2$$

（4）高纯硫酸锌制法

将 150g 99.99%的金属锌，放入 1000mL 烧杯中，加入 50mL 高纯电导水，再加 50% 高纯酸，使锌溶解（可加热至 100℃加快反应）。冷却，过滤，蒸发以至形成一整片结晶膜出现为止。冷却并进行搅拌，析晶后离心甩干，得光谱纯硫酸锌。

$$Zn + H_2SO \longrightarrow ZnSO_4 + H_2$$

（5）其他方法

制备超纯硫酸锌的方法还有吸附络合沉淀色层法、重结晶法、配合沉淀法、硫化氢分步沉淀法、萃取法和离子交换法。

3. 工艺流程

（1）复分解法

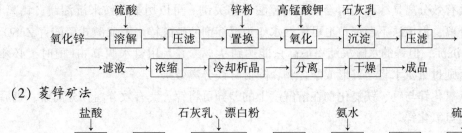

（2）菱锌矿法

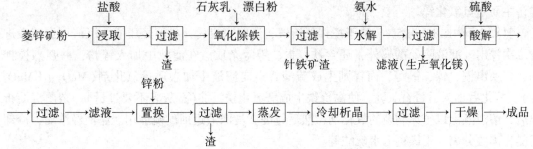

4. 操作工艺

(1) 复分解法

含锌物料经球磨机粉碎，用 18%~25% 的硫酸溶解。溶解是在衬有耐酸材料(如衬铅)并有搅拌器的反应釜中进行。由于反应放热，温度上升到 80~100℃(锌矿溶解时温度在 90~95℃)，如果物料中含有大量金属锌，因产生氢气，反应器必须装有强烈的排风装置。为了加速反应后期的反应速度，可以加过量的含锌物料。反应结束后(此时溶液中的游离酸含量降至 1~2g/L)。溶液经澄清压滤，滤液中 $ZnSO_4$ 约 400g/L，并有 $FeSO_4$、$CuSO_4$、$CdSO_4$ 等杂质。这些杂质的除去可分两步进行，先是置换除铜镍等，然后氧化除铁。前者是在滤液中加入锌粉，并强烈搅拌 4~6h，因为锌的还原电位较 Cu、Ni、Cd 等低，则金属锌可从盐溶液中置换出这些金属。其中铜的沉淀作用快而完全，Ni 和 Cd 因为与 Zn 的电位序非常接近，使分离困难。为使 Ni 充分凝聚，要求锌粉过量很多，同时需高温。用于除去 Cu、Ni 等的锌粉应预先用少量稀硫酸处理，除去金属表面的氧化物薄膜。置换后的溶液经压滤，除去细泥状金属渣。滤液进行除铁，可加氧化剂使 Fe^{2+} 变 Fe^{3+}。常用氧化剂是二氧化锰、高锰酸钾、次氯酸钠等。氧化后加适量石灰乳使高铁的氢氧化物沉淀，石灰不要过量，以免形成锌的碱式盐沉淀。在沉淀析出后，应把溶液煮沸，破坏剩余的漂白粉等，然后经过滤，其洗涤水送回反应器供稀释硫酸用。滤液经浓缩、结晶、分离，干燥得七水硫酸锌。过滤后的滤泥回收铅、锡、镉、锗等金属。

制备一水硫酸锌的反应及除杂过程与七水硫酸锌大致相同。制备一水硫酸锌，可将生产七水硫酸锌的溶液在置换器中加热至 90℃，再加入锌粉置换除去杂质，经过滤、澄清，得精制硫酸锌溶液，蒸发至溶液密度约为 1.53g/mL，然后在浓缩器中进一步浓缩，至析出大量结晶为止，经离心脱水，干燥后即得一水硫酸锌。母液经冷却可得七水硫酸锌。

(2) 菱锌矿法

菱锌矿经粉碎后。以 3∶1 液固比调成矿粉浆，搅拌下缓慢加入浓盐酸至无明显气泡冒出后，再过量少许盐酸，保持 pH 值在 1.0 左右，继续搅拌浸取 0.5h，过滤、洗涤滤渣。

根据浸出液中亚铁含量，加入过量 5% 的氧化剂(如漂白粉)，加热到 90℃ 以上时，搅拌下缓慢加入石灰乳中和游离酸，使铁以针铁矿形式沉淀。pH 值控制在 4.0~5.0 范围内，除铁率可稳定在 98% 以上，而锌、镁损失甚微。

将锌镁有效分离是综合利用菱锌矿制硫酸锌的关键。可以用氟化铵来沉淀镁、钙离子，实现锌镁分离，但该法不经济。也可用氨水作为沉淀剂使硫酸锌水解成碱式硫酸锌 $ZnSO_4 \cdot 3Zn(OH)_2$ 沉淀，但锌的水解沉淀率最高只能达到 94%，并且用氨水调节 pH 值时，必须严格控制，否则过量氨水将与锌形成配合物，降低锌镁分离效果。

利用氢氧化锌与钙、镁氯化物在溶解度上的差异可将锌、镁有效分离。分离镁、钙后的滤饼主要是氢氧化锌。

氢氧化锌用 18%~25% 硫酸于搅拌下溶解，溶解完成后，料液经压滤，沉渣可加硫酸进行二次浸出。滤液除硫酸锌外，还含铁、铜、镍等杂质。在滤液中加入锌粉，并强烈搅拌 4h，置换出铜、镍、镉等，而锌则生成硫酸锌。向滤液中加入适量氧化剂(MnO_2、$KMnO_4$ 等)，氧化后加入适量石灰乳，使高价铁生成氢氧化铁沉淀(石灰乳不要过量)。杂质沉淀析出后，溶液煮沸以破坏剩余的氧化剂，然后过滤、洗涤液返回配硫酸用。滤液经浓缩、冷却析晶，离心分离，干燥得七水硫酸锌。

5. 质量标准

指标名称	FCC(IV)	日本食品添加物公定书
一水物含量/%	98.0~100.5	≥98.0(无水物)
七水物含量/%	99.0~108.7	—
酸度试验	合格	合格
碱金属和碱土金属/%	≤0.5	≤0.5
铅/%	≤0.001	—
镉/%	≤0.5	—
汞/%	≤0.0005	—
砷/%	≤0.0003	≤0.0004(以 As_2O_3 计)
硒/%	≤0.003	

6. 用途

用作食品锌强化剂。我国 GB 14880 规定可用于谷类及其制品，使用量为 80~160mg/kg；用于乳制品，使用量为 130~25mg/kg；用于婴儿食品，使用量为 113~318mg/kg；用于饮料及乳饮料，使用量为 22.5~44mg/kg；用于食盐，使用量为 500mg/kg。

参 考 文 献

[1] 刘庆杰，徐海，周洪杰. 硫酸锌生产系统的技术改造[J]. 中国有色冶金，2019，48(06)：27-29.

[2] 周甫立. 七水硫酸锌结晶过程研究[D]. 天津大学，2017.

[3] 高忠连. 三效蒸发制备硫酸锌工艺设计分析[J]. 化学工程与装备，2016，(02)：36-38.

10.27 乳 酸 亚 铁

乳酸亚铁(ferrous lactate)，分子式 $C_6H_{10}FeO_6 \cdot 3H_2O$，相对分子质量 288.04。结构式为：

$$(CH_3CH(OH)COO)_2Fe \cdot 3H_2O$$

1. 性能

为微绿白色至微黄色结晶或结晶性粉末。稍有铁腥味，能溶于水，在冷水中溶解度为 2.5%，热水中为 8.3%。水溶液呈弱酸性，为带绿色的透明液体。不溶于乙醇。受潮或其水溶液被氧化后变为含正铁盐的黄褐色。光照可促进其氧化。铁离子与其他食品添加剂反应易着色。

2. 生产方法

由乳酸钙与硫酸亚铁反应制得。

$$(CH_3CHCOHCOO)_2Ca+FeSO_4 \longrightarrow (CH_3CH(OH)COO)_2Fe+CaSO_4 \downarrow$$

3. 工艺流程

乳酸钙 → 溶解(热水) → 复分解(硫酸亚铁) → 过滤 → 浓缩 → 结晶 → 分离 → 干燥 → 成品

4. 操作工艺

在复分解反应釜中将乳酸钙溶于热水中，于搅拌下，加入化学计量的硫酸亚铁(应稍过量一点)进行反应。反应完成后，过滤除去硫酸钙。滤液进行减压蒸发浓缩，冷却结晶。经离心分离，低温真空干燥，即制得乳酸亚铁成品。

5. 质量标准

外观	微绿白色至微黄色结晶粉末
含量/%	≥97
总铁(以 Fe 计)/%	≥18.9
亚铁(以 Fe^{2+} 计)/%	≥18
水分(不包括结晶水)/%	≤2.5
钙盐(以 Ca^{2+} 计)/%	≤1.2
氯化物/%	≤0.07
硫酸盐/%	≤0.48
砷/(mg/kg)	≤4
重金属(以 Pb 计)/(mg/kg)	≤10
20%水溶液	透明

6. 用途

营养增补剂(铁质强化剂)。可用于强化奶粉的铁剂添加剂，添加量为6mg/100g。用于小麦粉、饼干、面包时添加量为2~3mg/100g。

参 考 文 献

[1] 李峰，王晓曦，栾善东. L-乳酸亚铁制备研究[J]. 辽宁化工，2003，(12)：515-517.
[2] 刘新才. 钛白副产绿矾制食品级乳酸亚铁的工艺研究[J]. 湖南化工，1999，(03)：20-22.

10.28　葡萄糖酸亚铁

葡萄糖酸亚铁(ferrous gluconate)分子式为 $C_{12}H_{22}FeO_{14} \cdot 2H_2O$，相对分子质量482.17。结构式为：

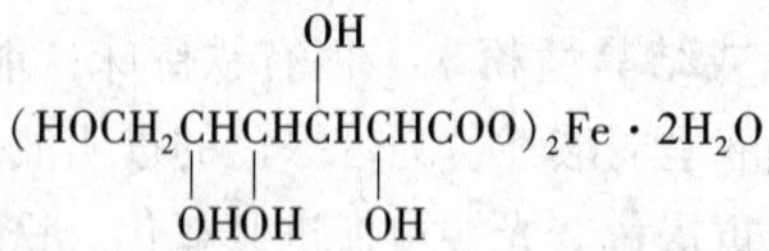

$$(HOCH_2\overset{OH}{CHCH}\overset{}{CH}\overset{}{CH}COO)_2Fe \cdot 2H_2O$$
$$\underset{OHOH\quad OH}{}$$

1. 性能

葡萄糖酸亚铁为黄灰色或黄绿色晶体颗粒或粉末，微有类似焦糖的气体。难溶于乙醇等有机溶剂。易溶于水，溶解度为10g/mL(温水)。5%水溶液呈酸性，在其水溶液中加入葡萄糖可使其稳定性提高。大白鼠经口服 $LD_{50}>3700mg/kg$。

2. 生产方法

(1) 葡萄糖酸钙复分解法

葡萄糖酸钙与硫酸亚铁在少量铁粉存在下，于90℃发生复分解反应，生成葡萄糖酸亚铁和硫酸钙沉淀，经分离得产品。

$$(C_6H_{11}O_6O)_2Ca + FeSO_4 \longrightarrow (C_6H_{11}O_6O)_2Fe + CaSO_4\downarrow$$

(2) 葡萄糖酸法

葡萄糖酸钙与硫酸反应，得到葡萄糖酸，再与新制备的碳酸亚铁发生复分解反应，得到葡萄糖亚铁。

$$(C_6H_{11}O_7)_2Ca + H_2SO_4 \longrightarrow 2C_6H_{11}O_6OH + CaSO_4\downarrow$$

$$FeSO_4 + Na_2CO_3 \longrightarrow Na_2SO_4 + FeCO_3\downarrow$$

$$2C_6H_{11}O_6OH + FeCO_3 \longrightarrow (C_6H_{11}O_6O)_2Fe + H_2O + CO_2\uparrow$$

3. 工艺流程

(1) 葡萄糖酸钙复分解法

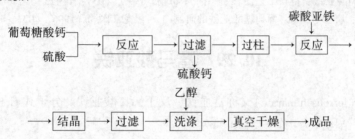

(2) 葡萄糖酸法

4. 操作工艺

先将葡萄糖酸钙配制成 1.2mol/L 的水溶液，再将葡萄糖酸钙溶液在搅拌下加入硫酸溶液中，于 90℃下反应 1h。滤除析出的硫酸钙沉淀，以每分钟相当树脂体积的流量过柱，得约 35% 的葡萄酸溶液待用。

将硫酸亚铁粉末加入碳酸钠溶液，搅拌溶解发生复分解反应，生成碳酸铁沉淀。反应结束后，过滤，洗涤得碳酸亚铁，注意不要抽干，表面保留水层以隔绝空气。将碳酸亚铁加入葡萄糖酸溶液中搅拌反应 30min。反应生成 CO_2 作为惰性气体起保护作用。

产物葡萄糖酸亚铁溶液放入结晶槽，并加入晶种，结晶 3~5h。过滤得到的葡萄糖酸亚铁用乙醇洗涤，然后在 50℃下真空干燥即得成品。

5. 质量标准

指标名称	FAO/WHO	日本
含量(以干基计)/%	97.0~102.0	≥95.0
氯化物/%	≤0.07	—
三价铁/%	≤2.0	≤2.0
铅/%	≤0.001	—
干燥失重(105℃, 4h)/%	≤6.5	≤10.0
砷/%	≤0.0003	0.0004(以 As_2O_3 计)
汞/%	≤0.0003	—
草酸试验	阴性	合格
还原糖试验	阴性	合格
硫酸盐/%	≤0.1	—
重金属(以 Pb 计)/%	—	≤0.002

6. 用途

葡萄糖酸亚铁为生物可利用的可溶性亚铁盐，为食品铁强化剂，吸收效果比无机铁好。我国 GB 14880 规定可用于谷类及其制品，使用量为 200~400mg/kg；用于饮料，使用量为 80~160mg/kg；用于乳制品和婴幼儿食品，使用量为 480~800mg/kg；用于高铁谷物及其制品（每日限制这类食品 50g），使用量为 400~1600mg/kg；用于食盐和夹心糖，使用量为 4800~6000mg/kg；还可用于食用橄榄油，以防止其氧化变黑，最大用量按食品总铁计，为 0.15mg/kg。

7. 安全与贮运

内包装为双层食品级塑料袋，密封，再用牛皮纸袋，外包装为木板圆桶。贮存于阴凉、干燥、通风处，严禁与有毒有害物质共贮混运。

参 考 文 献

[1] 陈建初. 葡萄糖酸亚铁制备新工艺[J]. 适用技术市场，1997，(03)：14-15.
[2] 王莉，宫兆民，唐喜力，等. 葡萄糖酸亚铁的研制[J]. 黑龙江医药，1996，(03)：153.

10.29　富马酸亚铁

富马酸亚铁(ferrous fumarate)又称富血铁、反丁烯二酸亚铁。分子式 $C_4H_2FeO_4$，相对分子质量 169.90。结构式为：

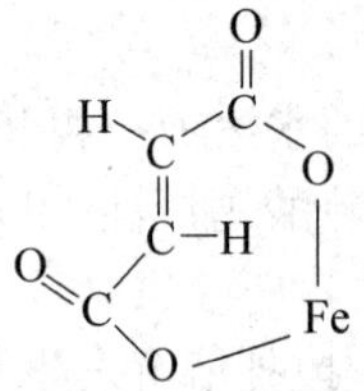

1. 性能

橘红色至红棕色粉末。无臭，几乎无味。熔点>280℃，相对密度(d_4^{25})2.435。不溶于乙醇(25℃小于 0.01g/100mL)，极易溶于水，可燃。理论含铁量为 32.9%。大白鼠经口 LD_{50} 为 385mg/kg。

2. 生产方法

(1) 富马酸与碳酸钠反应

反应得到的富马酸钠与硫酸亚铁发生复分解反应，得到富马酸亚铁。

$$C_4H_4O_4 + Na_2CO_3 \longrightarrow C_4H_2O_4Na_2 + H_2O + CO_2$$
$$C_4H_2O_4Na_2 + FeSO_4 \longrightarrow FeC_4H_2O_4 + Na_2SO_4$$

(2) 糠醛法

在五氧化二钒存在下，糠醛与氯酸钠发生氧化反应，得到富马酸，用碳酸钠与富马酸作用，然后加入硫酸亚铁，得到富马酸亚铁。

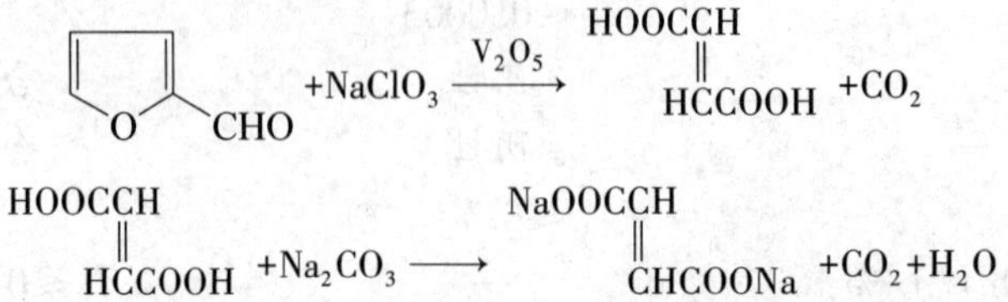

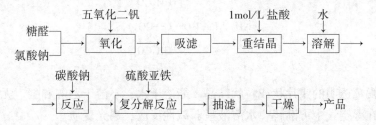

（3）富马酸与铁屑直接反应，制备富马酸亚铁

在盛有铁屑的容器中，加入富马酸溶液，加热沸腾并回流，冷却结晶，抽滤并干燥即得成品。此法为实验室制法，其收率不高，工业上不采用此法进行生产。

$$\begin{matrix} HOOCCH \\ \parallel \\ CHCOOH \end{matrix} +Fe \longrightarrow \left[\begin{matrix} OOCCH \\ \parallel \\ HCCOO \end{matrix}\right] Fe$$

3. 工艺流程（糠醛法）

```
糠醛 ──┐                    五氧化二钒        1mol/L盐酸      水
       ├──→ 氧化 ──→ 吸滤 ──→ 重结晶 ──→ 溶解 ──→
氯酸钠 ─┘

        碳酸钠         硫酸亚铁
  ──→ 反应 ──→ 复分解反应 ──→ 抽滤 ──→ 干燥 ──→ 产品
```

4. 操作工艺

在反应器中，加入 500 份水、225 份氯酸钠和 1 份五氧化二钒，搅拌，加热至 70～75℃，先加入 8 份糠醛，反应开始后，再慢慢加入 92 份糠醛，于 70～75℃下反应 6～8h。静置，过滤，滤饼为富马酸粗品。滤液加浓盐酸浓缩，冷却后析出富马酸。将富马酸粗品用 1mol/L 盐酸结晶，得富马酸纯品。

将水加热至沸腾，搅拌下加富马酸，分次加入碳酸钠至 pH=6.5～6.7。充分搅拌后趁热过滤，得富马酸钠溶液，加入硫酸亚铁溶液，搅拌加热回流 3～4h。冷却结晶，离心过滤。滤饼用蒸馏水洗至硫酸根符合要求为止。干燥，得富马酸亚铁，收率 83%。

5. 质量标准

指标名称	中国药典	FCC（Ⅳ）
含量（以干物质计）/%	≥93.0	97.0～101.0
干燥失重/%	≤1.5	≤1.5
砷（以 As_2O_3 计）/%	≤0.0004	—
高铁含量（以 Fe 计）/%	≤2.0	≤2.0
硫酸盐（以 SO_4^{2-} 计）/%	≤0.2	≤0.2
铅/%	≤0.005	≤0.001

6. 用途

用作食品铁强化剂。我国 GB 14880 规定，可用于谷类及其制品，用量为 70～150mg/kg，食盐、夹心糖用量为 1800～3600mg/kg。也可用于饮料，用量为 30～60mg/kg。

7. 安全与贮运

生产所用的原料糠醛有毒，且易燃易爆；氯酸钠为强氧化剂。生产设备应密闭，车间内加强通风，操作人员应穿戴劳保用品。

产品内包装为双层食用级塑料袋，密封，再用牛皮纸袋，外包装为木板圆桶。贮存于阴凉、干燥、通风处。不得与有毒、有害物质混运共贮。

参 考 文 献

[1] 谭振聪. 富马酸亚铁生产工艺研究[D]. 广西大学，2017.
[2] 张来新. 由糠醛合成富马酸亚铁研究[J]. 贵州化工，2005，(03)：16-22.

10.30　柠檬酸铁铵

柠檬酸铁铵(ammonium iron citrate)又称枸橼酸铁铵。分子式 $C_{12}H_{22}FeN_3O_{14}$，相对分子质量 488.16。结构式为：

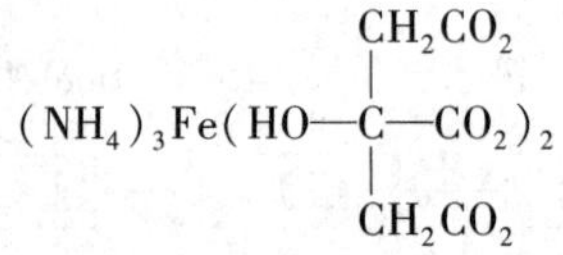

$$(NH_4)_3Fe(HO-\underset{\underset{CH_2CO_2}{|}}{\overset{\overset{CH_2CO_2}{|}}{C}}-CO_2)_2$$

1. 性能

本品为赤褐色透明的鳞片状或粒状结晶。能溶于水，不溶于乙醇和醚。无臭，具有咸味和弱铁锈味。在湿空气中可潮解，水溶液呈弱碱性反应，遇光变质。

2. 生产方法

将氢氧化铁溶解于柠檬酸中，用氨中和，经干燥而得。其中氢氧化铁由硫酸亚铁经氧化后与液碱反应得到。

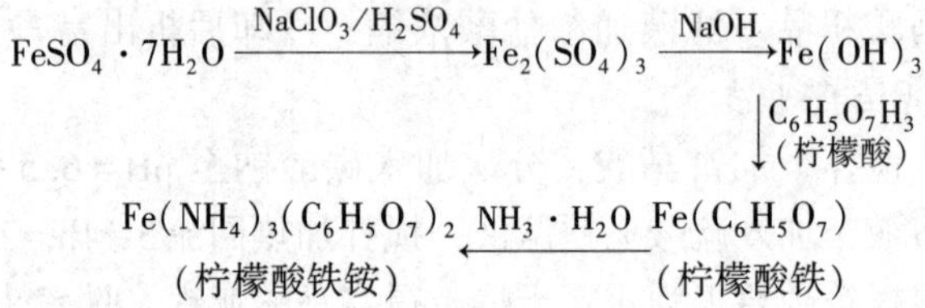

$$FeSO_4 \cdot 7H_2O \xrightarrow{NaClO_3/H_2SO_4} Fe_2(SO_4)_3 \xrightarrow{NaOH} Fe(OH)_3$$

$$\downarrow C_6H_5O_7H_3 (柠檬酸)$$

$$\underset{(柠檬酸铁铵)}{Fe(NH_4)_3(C_6H_5O_7)_2} \xleftarrow{NH_3 \cdot H_2O} \underset{(柠檬酸铁)}{Fe(C_6H_5O_7)}$$

3. 工艺流程

硫酸亚铁 → 氧化(氯酸钠) → 沉淀 → 成盐(柠檬酸／NH₃) → 过滤 → 浓缩 → 干燥 → 成品

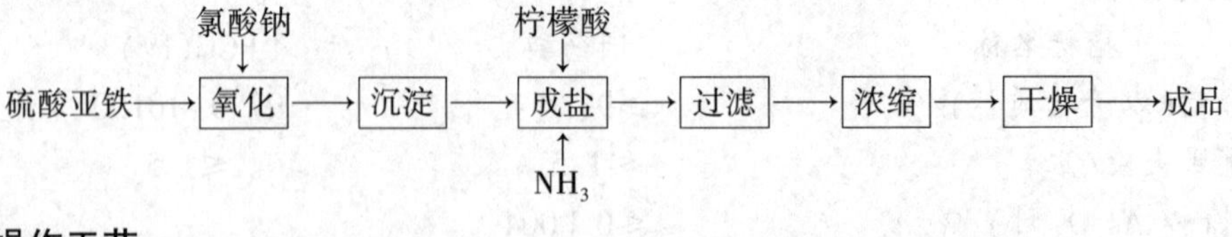

4. 操作工艺

将七水硫酸亚铁加入水中，在搅拌下徐徐加入硫酸，再加入氯酸钠水溶液。剧烈搅拌，温度上升至 80℃ 以上，再加入氯酸钠，搅拌直至反应终止(用铁氰化钾检查不呈亚铁反应)，得硫酸铁溶液。将此溶液加入反应罐内，加氢氧化钠溶液，剧烈搅拌，温度控制在 80~90℃，当反应液由黏稠变稀薄时，加水洗涤至硫酸根和氯根符合要求止。沥干得氢氧化铁。

将柠檬酸、氢氧化铁和水加入反应罐中，搅拌，温度控制在 95℃ 以上，保温 1h。然后冷至 50℃，搅拌下通氨。静置 48h 以上。取上清液过滤，滤液浓缩成膏状，于 80℃ 干燥得柠檬酸铁铵。

5. 质量标准

外观	棕红色的透明菲薄鳞片或棕红色颗粒或为棕黄色粉末
含铁量/%	20.5~22.5
氯化物/%	≤0.14
硫酸盐/%	≤0.5
铅/%	≤0.003
砷/(mg/kg)	≤5

6. 用途

用作抗贫血药，以治疗缺铁性贫血。也可用作食品添加剂。

参 考 文 献

[1] 贾洪秀，郭宗端，李新柱，等. 柠檬酸铁铵的合成及应用进展[J]. 广州化工，2015，43(24)：30-31.
[2] 王宇，闫静，李泽淳，等. 柠檬酸铁铵合成的新工艺研究[J]. 化学工程师，2014，28(11)：76-78.

10.31 碘 化 钾

碘化钾（potassium iodid）又称灰碘。分子式 KI，相对分子质量 166.00。

1. 性能

无色或白色立方晶体。无臭。具浓苦咸味，在湿空气中易潮解。遇光或久置于空气中能析出游离碘而呈黄色。在酸性水溶液中更易氧化变黄。易溶于水，溶解时吸热，水溶液呈中性或微碱性。溶于乙醇、丙酮、甲醇和甘油中。熔点 680℃。沸点 1330℃。

2. 生产方法

（1）还原法

将碘放入反应器中，加水，在搅拌下慢慢加入氢氧化钾溶液，使反应完全，溶液 pH = 5~6，呈紫色。反应如下：

$$6KOH + 3I_2 \longrightarrow 5KI + KIO_3 + 3H_2O$$

为了还原碘酸钾，可慢慢加入甲酸。反应为：

$$KIO_3 + 3HCOOH \longrightarrow KI + 3CO_2 + 3H_2O$$

还原后调节 pH = 9~10，加热保温，静置过滤，将清亮滤液减压浓缩，冷却结晶滤出产品。

（2）碘化铁法

铁屑与碘反应，生成碘化铁与碘化亚铁的混合物（Fe_3I_8），然后与碳酸钾反应，生成碘化钾。

$$3Fe + 4I_2 \longrightarrow Fe_3I_8$$

$$Fe_3I_8 + 4K_2CO_3 \longrightarrow Fe_3O_4 + 8KI + 4CO_2 \uparrow$$

（3）中和法

氢碘酸与碳酸钾在氢气流中反应，得到碘化钾。

$$2HI + K_2CO_3 \longrightarrow 2KI + H_2O + CO_2 \uparrow$$

3. 工艺流程

（1）还原法

（2）碘化铁法

4. 操作工艺

（1）还原法

将碘片加入反应锅中，加水，然后慢慢加入相对密度为 1.3 的氢氧化钾溶液，不断搅拌，使之反应完全。反应液呈紫褐色，pH 值为 5~6，若碱性弱时，可再加适量碱，碘在碱性条件下发生歧化反应，生成碘化钾和碘酸钾溶液。在溶液中慢慢加入甲酸，发生还原反应，使碘酸钾还原为碘化钾。

在还原液中加入氢氧化钾调 pH 值至 9~10。通入蒸汽，保温 1~2h，静置 6h。过滤，除去不溶物（滤液须清亮）。滤液浓缩析晶，离心母液循环使用，结晶于 110℃ 下干燥，得 KI 成品。

（2）碘化铁法

将 15g 铁屑及 100mL 水置于反应瓶中，在不断搅拌下分次少量加 500g 碘。将混合物稍加热至碘完全溶解。分出铁屑，将溶液加热至沸并倾入由 34g 碳酸钾溶于 100mL 水的沸腾溶液中，由于四氧化三铁析出而变为浑浊。过滤，滤液应无色并不含铁，否则再加入少量的碳酸钾。过滤，用水洗涤沉淀，洗液并入滤液后，加热至沸并重新过滤。蒸发浓缩，冷却析晶，吸滤，用少量水洗涤，干燥得成品。

5. 质量标准

指标名称	FCC（Ⅳ）	GB 8256
含量（干基）/%	99.0~101.5	≥99.0
碘酸盐/%	≤0.0004	—
干燥失重（105℃，4h）/%	≤1.0	≤1.0
重金属（以 Pb 计）/%	≤0.001	≤0.001
硝酸盐、亚硝酸盐和氢试验	阴性	阴性
硫代硫酸盐和钡/%	阴性	≤0.001

6. 用途

碘化钾是食品碘强化剂。我国 GB 1488 规定可用于婴幼儿食品，使用量为 0.3~0.6mg/kg；也可用于食盐，使用量为 30~70mg/kg。

7. 安全与贮运

采用棕色瓶密封包装，避光贮存于干燥、通风处。严禁与有毒有害物质混运共贮。

参 考 文 献

[1] 凌芳，宋忠哲，薛循育，等. 微通道反应器内合成高纯度碘化钾[J]. 化学试剂，2017，39(07)：773-775.

[2] 张亚伟，王爱敏. 运用碘酸钾生产线生产碘化钾的工艺研究[J]. 中国井矿盐，2005，(04)：16-18.

10.32　磷酸二氢钾

磷酸二氢钾(potassium dihydrogen phosphate)又称磷酸一钾。分子式 KH_2PO_4，相对分子质量 136.09。

1. 性能

无色易潮解结晶或白色粉末。熔点 252.6℃。相对密度 2.338。溶于水，水溶液呈酸性，$pH=4.4\sim4.7$，不溶于乙醇。400℃失水生成偏磷酸二氢钾。小鼠经口服 LD_{50} 为 2.33g/kg。

2. 生产方法

(1) 中和法

磷酸用碳酸钾或氢氧化钾中和生成磷酸二氢钾。

$$H_3PO_4+KOH \longrightarrow KH_2PO_4+H_2O$$

$$2H_3PO_4+K_2CO_3 \longrightarrow 2KH_2PO_4+CO_2+H_2O$$

(2) 复分解法

饱和的氯化钾溶液与过量的75%磷酸于120~130℃下进行复分解反应，副产物氯化氢用水吸收得盐酸，用氢氧化钾中和过量的磷酸至 $pH=4.2\sim4.6$。经冷却、离心、干燥得磷酸二氢钾。

3. 工艺流程

(1) 中和法

(2) 复分解法

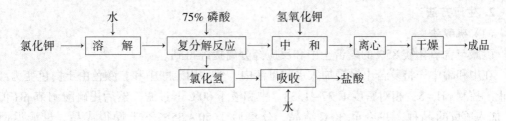

4. 操作工艺(中和法)

在反应器中，加入2L水，搅拌下加入0.7L相对密度为1.7的磷酸，加入氢氧化钾或碳酸钾进行中和反应，至刚果红试纸呈紫色为止。加热1h，过滤，滤液浓缩到相对密度为1.32。冷却，吸滤，得约1000g磷酸二氢钾。

5. 质量标准

指标名称	FCC(IV)	日本食品添加物公定书
含量/%	≥98.0	≥98.0
不溶物/%	≤0.2	—
干燥失重/%	≤1.0	≤0.5
氟化物/%	≤0.0010	≤0.011
重金属(以 Pb 计)/%	≤0.0015	≤0.002
砷/%	≤0.0003	≤0.0004(以 As_2O_3 计)
铅/%	≤0.0005	—
硫酸盐(以 SO_4^{2-} 计)/%	—	≤0.019
溶液澄清度和颜色		合格
pH 值(1:100 水溶液)	—	4.4~4.9

6. 用途

用作食品品质改良剂、发酵助剂、膨松剂、水分保持剂、缓冲剂。我国 GB 2760 规定，可用于小麦粉，最大用量 5.0g/kg；饮料，最大用量 2.0g/kg。

参 考 文 献

[1] 薛河南，师永林. 溶剂萃取法生产磷酸二氢钾技术[J]. 磷肥与复肥，2023，38(02)：16-18.
[2] 陈艳. 湿法磷酸制备磷酸二氢钾的结晶工艺研究[D]. 贵州大学，2022.
[3] 吴俊虎，杨秀山，许德华，等. 磷酸二氢钾生产工艺研究进展[J]. 磷肥与复肥，2022，37(01)：21-25.

10.33 硫 酸 镁

硫酸镁(magnesium sulfate)，七水合硫酸镁分子式 $MgSO_4 \cdot 7H_2O$，相对分子质量 246.469。

1. 性能

硫酸镁系透明棱柱形结晶，易溶于水而不溶于乙醇，有苦咸味。相对密度 1.68，在空气中微微风化，脱水即形成含 6、5、1 和 0.5 分子水的含水结晶物。无水 $MgSO_4$ 是白色粉末。小白鼠口服 LD_{50} 为 5g/kg。

2. 生产方法

(1) 硫酸法

硫酸与含氧化镁 85% 的菱苦土中和反应经分离提纯得到。

在中和罐中先将菱苦土慢慢加入水和母液中，然后用硫酸中和，颜色由土白色变为红色为止。控制 pH=5，相对密度 1.37~1.38。中和液于 80℃ 下过滤，然后用硫酸调节 pH 值至 4，加入适量的晶种，并冷至 30℃ 结晶。分离后于 50~55℃ 下干燥得成品，母液返回中和罐。

低浓度的硫酸也可以与氧化镁含量 65% 的菱苦土中和反应，经过滤、沉淀、浓缩、结晶、离心分离、干燥，制得七水合硫酸镁。

$$MgO + H_2SO_4 + 6H_2O \longrightarrow MgSO_4 \cdot 7H_2O$$

（2）海水晒盐苦卤法

将海水晒盐得到苦卤，用兑卤法蒸发后，得到高温盐，其组成为 $MgSO_4 > 30\%$、$NaCl < 35\%$、$MgCl_2$ 约 7%、KCl 约 0.5%。苦卤可用 200g/L 的 $MgCl_2$ 溶液在 48℃浸溶，$NaCl$ 溶解较少，而 $MgSO_4$ 溶解较多。分离后，浸液冷却至 10℃便析出粗的 $MgSO_4 \cdot 7H_2O$。粗品经二次重结晶得硫酸镁。

3. 工艺流程（硫酸法）

4. 操作工艺（硫酸法）

将 4kg 氧化镁放入白瓷缸内，加 4000mL 水将氧化镁搅拌成糊状；然后把事先配好的 30%稀硫酸用滴液漏斗慢慢地滴入氧化镁中，反应激烈，伴有泡沫，待泡沫较少时，停止加酸，少留一些氧化镁（如不小心加酸过量，可再加入一些氧化镁），静置 15min，过滤。将滤液移到搪玻璃的反应锅中，用蒸汽加热浓缩，待溶液上层四周形成一层薄膜时停止蒸发，放出热水，通入冷水冷却，并搅拌之。取出结晶，用离心机甩干，并用冷水洗涤两次，将结晶铺在白搪瓷盘内，在电烘箱中进行低温干燥，得到硫酸镁。

说明：

合成中留少量氧化镁使溶液呈弱碱性，这样通过过滤可分离一部分金属阳离子（以氢氧化物沉淀的形式除去）。产品结晶用冷水洗涤可以除去 Cl^-、NO_3^- 等阴离子杂质。

5. 质量标准

指标名称	FCC（IV）	日本食品添加物公定书
含量（灼烧后 $MgSO_4$）/%	≥99.5	≥99.0
砷/%	≤0.003	≤0.0004（As_2O_3 计）
重金属（以 Pb 计）/%	≤0.001	≤0.001
灼烧失重：一水物/%	13~16	25.0~35.0（干燥品）
三水物/%	22~28	40.0~52.0（结晶品）
硒/%	≤0.003	—
溶液澄清度颜色	—	合格
氯化物/%	—	≤0.014

6. 用途

用作食品镁强化剂。我国 GB 14880 规定可用于饮料，使用量为 1.4~2.8g/kg；也可用于乳制品，使用量为 3~7g/kg；还可用于矿物饮料，最大使用量为 0.05g/kg。用作酿造添加剂，补充酿造用水的镁，作为发酵时的营养源，以提高发酵能力。改善合成清酒的风味，用量 0.002%。

参 考 文 献

[1] 凌奇，王琪，魏玉玉，等. 硫酸镁的制备方法及研究进展[J]. 盐科学与化工，2023，52（05）：18-23.

[2] 李慧. 镍铁渣回收镁制备高纯硫酸镁的工艺控制及机理研究[D]. 广西大学，2022.

[3] 安学斌. 烷基化废硫酸制备硫酸镁的新工艺研究[D]. 中国科学院大学（中国科学院过程工程研究所），2020.

10.34 硫 酸 铜

硫酸铜(cupric sulfate)，五水硫酸铜又称蓝矾、胆矾、铜矾。分子式 $CuSO_4 \cdot 5H_2O$，相对分子质量 249.68。

1. 性能

蓝色的结晶，在空气中稍微风化。温度高于 100℃ 时，开始失去结晶水，依次转变为天蓝色水合物：$CuSO_4 \cdot 4H_2O$、$CuSO_4 \cdot 3H_2O$ 和 $CuSO_4 \cdot H_2O$；到 200℃ 时形成无水 $CuSO_4$，相对密度为 3.606。650℃ 分解为氧化铜和氧化硫。其水溶液呈弱酸性。在空气中缓慢风化，表面变成白色粉末。大白鼠经口服 LD_{50} 为 0.333g/kg。

2. 生产方法

(1) 废铜屑法

废铜屑焙烧成氧化铜，再与稀硫酸反应生成硫酸铜。

$$2Cu+O_2 \longrightarrow 2CuO$$
$$CuO+H_2SO_4(稀) \longrightarrow CuSO_4+H_2O$$

(2) 硫铁矿渣法

硫铁矿渣中含有的铜以各种化合物的状态存在，其中有 $CuSO_4$、$CuSO_3$、Cu_2O、Cu_2S、CuS、$CuFeS_2$。硫酸铜和亚硫酸铜容易用水浸出，而氧化铜可用稀酸浸出。矿渣中有 20% 的铜呈硫化物形态存在，既不溶于水也不溶于酸，但加热时则与三价铁的硫酸盐或氯化物相互作用而进入溶液：

$$CuS+Fe_2(SO_4)_3 \longrightarrow CuSO_4+2FeSO_4+S$$
$$Cu_2S+2Fe_2(SO_4)_3 \longrightarrow 2CuSO_4+4FeSO_4+S$$

通空气或氯气使 Fe(Ⅱ) 氧化为 Fe(Ⅲ)，再用石灰处理可除去硫酸铜溶液中的铁：

$$Fe_2(SO_4)_3+3CaCO_3+3H_2O \longrightarrow Fe(OH)_3 \downarrow +3CaSO_4 \downarrow +3CO_2 \uparrow$$
$$2CuFeS_2+7Cl_2 \longrightarrow 2CuCl_2+2FeCl_3+2S_2Cl_2$$

烧渣浸取铜：在用 1% 的硫酸溶液以固液比为 1:3 条件下冷浸烧渣 1h 后，则 60%~80% 的铜转入溶液中，经过 4~6 次浸取可得到 15~18g/L 铜溶液，溶液中杂有铁化合物 5~6g/L，在通空气或氯气氧化后，可加入石灰石从溶液中除去；净化后的溶液蒸发至铜浓度为 80~85g/L，可结晶制取硫酸铜。

(3) 废电解液法

某些镀铜电解液，一般含 Cu 50~60g/L，可以用来制备硫酸铜，以满足市场需要。该法一般是先除去废电镀液中各种可溶杂质，再加入 Na_2CO_3 形成碱式碳酸铜，再与硫酸反应而得。

$$Cu^{2+}+Na_2CO_3+H_2O \longrightarrow Cu_2(OH)_2(CO_3) \downarrow +2H^+$$
$$Cu_2(OH)_2(CO_3)+2H_2SO_4 \longrightarrow 2CuSO_4+CO_2+3H_2O$$

将电镀废液放入中和槽内，视含量多少，加入碳酸钠中和至 $Cu_2(OH)_2(CO_3)$ 沉淀析出，并过量使沉淀完全，静置，抽滤，用水洗涤滤饼。再加硫酸，使滤饼刚好溶解(反应放出大量的热和 CO_2 气体，应缓慢加入 H_2SO_4)。冷却，结晶，即可得到硫酸铜产品。

(4) 低温氧化法

将紫铜置于硫酸和硫酸铜的混合液中，利用空气中的氧作为氧化剂，使金属铜不断溶解，经后处理得硫酸铜。

$$Cu+CuSO_4 \longrightarrow Cu_2SO_4$$
$$2Cu_2SO_4+O_2 \longrightarrow 2CuO \downarrow +2CuSO_4$$
$$CuO+H_2SO_4 \longrightarrow CuSO_4+H_2O$$

（5）光谱纯硫酸铜制法

以电解铜为原料，经硝酸浸洗后，与高纯硫酸加热，经浓缩，得到的硫酸铜再用电导水重结晶一次得光谱级硫酸铜。

$$Cu+2H_2SO_4 \longrightarrow CuSO_4+SO_2 \uparrow +2H_2O$$

3. 操作工艺

（1）废铜屑法

废铜屑于焙烧炉中，在 600~700℃ 焙烧 5~12h，杂质氧化成金属氧化物渣，硫化亚铜与焙烧熔融时产生的氧化亚铜发生反应。在铜熔融液沸腾期间加 1%~1.5% 的硫，所产生的二氧化硫溶于铜中；熔融铜呈细流状放入粒化池的水中固化成铜粒，同时伴随二氧化硫的逸出，再将铜粒装入浸溶塔中，由塔顶喷淋硫酸铜母液的混合液，使铜氧化和溶解。该过程属于放热反应。喷淋液的组成是 20%~30% $CuSO_4 \cdot 5H_2O$ 和 12%~19% H_2SO_4，温度控制在 55~60℃；从浸溶器中放出的溶液组分为：42%~49% $CuSO_4 \cdot 5H_2O$ 及 4%~6% H_2SO_4，温度 74~76℃。然后将此接近饱和的硫酸铜溶液送入结晶器，离心分离，结晶物用 100℃ 左右的空气干燥，母液返回浸溶器循环使用。

（2）低温氧化法

在反应器中，加入水、硫酸和硫酸铜，硫酸浓度为 25%~35%，硫酸铜含量为 200g/L 左右。将压缩空气管置于反应器中间靠底部。将紫铜围绕压缩空气管周围均匀放置，让混合液全部覆盖住金属紫铜，通入蒸汽加热，并向反应器中通入压缩空气，反应温度维持 80~85℃，反应时间约 12h。当溶液中硫酸铜浓度达到 500~660g/L 时，关闭压缩空气，让溶液保温自然沉降 0.5h，吸滤上清液至另一搪瓷反应釜中，开动搅拌，并向夹套中通水冷却，至室温时关闭冷却水，析晶，放料离心，滤饼用纯水洗涤两次，离心甩干后出料得结晶硫酸铜。滤液、洗液加入反应器中，补加硫酸至 25%~35% 重复使用。

（3）光谱纯硫酸铜制法

将 2000g 99.9% 的电解铜切割成小片或块状，用 10% 硝酸浸洗一下，以除去表面的杂质，然后用电导水洗尽残酸。将小铜片（块）轻轻地放入烧瓶中，移置通风橱内，加入 1250mL 高纯硫酸，加热使其反应（加热温度视当时反应情况而定），当反应完成后，从剩余的铜中吸滤，浓缩，浓缩到此溶液上层形成薄膜时，冷却。第二天滤出结晶，并用少量电导水洗涤。将 $CuSO_4$ 结晶溶于热的电导水中（每 100g $CuSO_4 \cdot 5H_2O$ 用 1200mL 电导水进行溶解），过滤，蒸发滤液，结晶，吸干或甩干，在烘箱中低温干燥，得光谱纯硫酸铜。

4. 质量标准

指标名称	FCC（Ⅳ）	日本食品添加物公定书
含量/%	98.0~102.0	98.0~104.5
硫化氢不沉淀物/%	≤0.3	—
砷/%	≤0.0003	≤0.0004（As_2O_3 计）
铅/%	≤0.001	≤0.001
铁/%	≤0.01	—
溶液澄清度和酸度	—	合格
碱金属和碱土金属/%	—	≤0.03

5. 用途

用作食品铜强化剂。我国 GB 14880 规定可用于饮料，使用量为 4~5mg/kg；用于乳制品，使用量为 12~16mg/kg；用于婴幼儿食品，使用量为 7.5~10mg/kg。

参 考 文 献

[1] 吴艳平. 硫酸铜生产工艺流程的优化设计[J]. 有色金属设计，2013，40(03)：32-34.
[2] 朱军，许万祥. 硫酸铜制备工艺及研究现状[J]. 湿法冶金，2013，32(01)：1-4.

10.35　葡萄糖酸铜

葡萄糖酸铜(copper gluconate)，分子式 $C_{12}H_{22}O_{14}Cu$，相对分子质量 453.84。结构式为：

$$\left[HOCH_2 - \overset{\overset{OH}{|}}{\underset{\underset{H}{|}}{C}} - \overset{\overset{OH}{|}}{\underset{\underset{H}{|}}{C}} - \overset{\overset{H}{|}}{\underset{\underset{OH}{|}}{C}} - \overset{\overset{OH}{|}}{\underset{\underset{H}{|}}{C}} - COO \right]_2 Cu$$

1. 性能

浅蓝色结晶或粉末，无臭。熔点 155~157℃，极易溶于水，难溶于乙醇。小白鼠经口 LD_{50} 为 0.419g/kg(381mg~552mg/kg 体重)。

2. 生产方法

(1) 发酵法

发酵法有葡萄糖母液发酵法和淀粉糖化发酵法。前者以葡萄糖为原料，经黑霉菌发酵氧化生成葡萄糖酸，再与碳酸铜(或碱式碳酸铜)反应生成葡萄糖酸铜。此法生产设备庞大，浓缩能耗高，提纯结晶困难。

(2) 化学氧化法

以葡萄糖为原料，用臭氧氧化成葡萄糖酸，经减压浓缩、脱水，再与碳酸铜反应生成葡萄糖酸铜。

$$2C_6H_{10}O_6 + CuCO_3 \longrightarrow (C_6H_{11}O_7)Cu + H_2O + CO_2$$

(3) 直接法

葡萄糖酸钙与硫酸铜直接反应生成葡萄糖酸铜。此法工艺简单，但残留的硫酸钙难以除去。

$$(C_6H_{11}O_7)_2Ca + CuSO_4 \longrightarrow (C_6H_{12}O_7)_2Cu + CaSO_4 \downarrow$$

(4) 酸化法

葡萄糖酸钙用硫酸酸化，然后经纯化后与氧化铜反应生成葡萄糖酸铜。反应式如下：

$$(C_6H_{11}O_7)_2Ca + H_2SO_4 \longrightarrow 2C_6H_{12}O_7 + CaSO_4 \downarrow$$

$$2C_6H_{12}O_7 + CuO \longrightarrow (C_6H_{11}O_7)_2Cu + H_2O$$

3. 工艺流程

(1) 发酵法(葡萄糖母液发酵法)

黑曲霉菌02 → 斜面培养 → 固体孢子培养 → 种子培养 → 发酵 → 发酵液 →

碳酸铜

→ 反应 → 脱色 → 过滤 → 浓缩 → 结晶 → 离心 → 干燥 → 成品

（2）酸化法

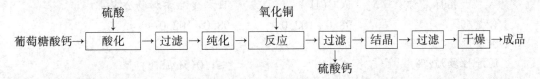

葡萄糖酸钙→ 酸化 → 过滤 → 纯化 → 反应 → 过滤 → 结晶 → 过滤 → 干燥 →成品

（硫酸，氧化铜，硫酸钙）

4. 操作工艺

（1）发酵法（葡萄糖母液发酵法）

斜面培养的培养基组成为：葡萄糖 3g，磷酸二氢钾 0.012g，磷酸氢二铵 0.022g，硫酸镁 0.01g，碳酸钙 0.4g，蛋白胨 0.025g，琼脂 1.5g，蒸馏水 100mL，pH 值调至 5.6~6.2。培养基分装于 18mm×180mm 试管中，经高温杀菌后，制成斜面，接入黑曲霉菌孢 02，在 28~32℃恒温箱中培养 7 天，成熟后的斜面孢子贮于冰箱中保存备用。

固体孢子培养基组成为：葡萄糖混合液（葡萄糖 50g，碳酸钙 10g，水加至 1000mL）143g、麸皮 100g。混合均匀分装于 1L 三角烧瓶中，灭菌，放冷。在无菌操作下，接入斜面孢子的悬浮液中，加青霉素钾盐（2000 单位）溶液约 5mL，充分混匀，分装于已灭菌的瓷盘中，盖上玻璃片，于 30~32℃培养 4~7 天，成熟后得固体孢子。

种子培养基组成：葡萄糖母液（折还原糖计）5%，蛋白胨 0.02%，硫酸镁 0.025%，磷酸二氢钾 0.03%，磷酸氢二铵 0.08%，磷酸钙 1.25%，水加至 100%。调节 pH 值至 5.8~6.2。

将种子培养基加入种子罐中，加入适量水，常规灭菌，冷却，通入空气，待罐温降至 34℃时，加入瓷盘中的固体孢子及青霉素钾盐，于 30~32℃通风培养 16~20h，当菌丝生长旺盛，无杂菌，糖转化率达 30%以上时，即得黑曲菌种子培养液。

在配料罐，加入培养基［培养基组成：葡萄糖母液（折还原糖计）10%，硫酸镁 0.0156%，碳酸钙 2.9%，磷酸二氢钾 0.0188%，磷酸氢二铵 0.0388%，水加至 100%］。然后，加入适量水，搅拌均匀后泵入发酵罐中，搅拌，通入压缩空气，然后将种子罐中的黑曲霉种子培养液压入发酵罐，并加入适量青霉素钾（2200L 培养液中加入 1200000U）以抑制杂菌或 105~115℃、0.5h 蒸汽灭菌。于 29~31℃，罐压 49kPa，每分钟通气量 0.3∶0.5（体积比），搅拌培养至糖分在 10~15mg/mL 以下，即得发酵液葡萄糖酸。

将发酵液通蒸汽加热至 85℃左右，出料，过滤，滤液加碳酸铜反应，并于 90℃加适量活性炭脱色 30min，板框过滤，脱色液经减压浓缩后结晶，离心，甩干，粉碎，烘干得葡萄糖酸铜。

（2）酸化法

在反应器中，加入葡萄糖酸钙和等当量的硫酸溶液中，并于 60~90℃下反应 1~2h。趁热滤除析出的硫酸钙沉淀，得无色或淡黄色的葡萄糖酸溶液（相对密度 1.12~1.16）。将氢氧化钡水溶液和草酸水溶液滴加入上述葡萄糖酸溶液，搅拌反应 15min，除去残留的 Ca^{2+} 和 SO_4^{2-}。纯化液再经过阴、阳离子交换树脂，得到无色透明的葡萄糖酸溶液。将结晶硫酸铜溶液与氢氧化钠溶液混合，于 40~60℃下反应 0.5~1h。过滤后，滤饼用水洗涤后得黑色氧化铜结晶。将氧化铜结晶分批加入葡萄糖酸溶液，反应 1h。过滤除去未反应物，冷却静置 3~5h 后析出结晶。加入适量 95%的乙醇，搅拌成糊状后过滤，滤饼于 50℃下真空干燥，得葡萄糖酸铜。

5. 质量标准

指标名称	FCC（IV）	日本食品添加物公定书
含量/%	98.0~102.0	98.0~102.0
澄清度	—	合格
还原性物质/%	≤1.0	≤1.0(还原糖)
砷/%	≤0.0003	≤0.0004(以 As_2O_3 计)
铅/%	≤0.0010	≤0.0010

6. 用途

用作食品铜强化剂。我国 GB 2760 规定，可用于乳制品，用量为 5.7~7.5mg/kg；用于婴幼儿配方食品，用量为 7.5~10.0mg/kg。

参 考 文 献

［1］谢瑜珊，郑文杰，黄宁兴. 葡萄糖酸铜的室温固相合成[J]. 广州化工，1998，(01)：13-15.

［2］孙泰兴，赵明宏. 葡萄糖酸铜的制备[J]. 现代应用药学，1995，(06)：18-19.

10.36　富硒酵母

富硒酵母(selenoyeast)是在酵母培养基中添加硒化物后培养的。硒取代了酵母含硫氨基酸中的硫，形成硒代氨基酸蛋白质。

1. 性能

淡黄色粉末，具有酵母的特殊气味，一般含硒 300mg/kg，最高可达 1000mg/kg，其中有机硒含量在 95%以上，与蛋白质（胱氨酸）结合的约占有机硒量的 83%。另含蛋白质 55.8%，维生素 B_1 3.2mg/kg，维生素 B_2 33.2mg/kg。小白鼠经口服 LD_{50} 为 10g/kg。

2. 生产方法

（1）发酵法

以淀粉水解糖，糖蜜为原料，添加适量的亚硒酸钠，再加入啤酒酵母发酵 30~50h，此时发酵液 pH 值降至 4.2~4.5，通过离心法分离出酵母，用水反复冲洗后干燥（温度 55~60℃），粉碎后即得淡黄的富硒酵母粉。

（2）提取法

将植物粉末加水回流提取 3 次，过滤滤液减压浓缩，加两倍量的 95%乙醇低温放置、过滤、浓缩，通过强酸性阳离子交换柱水洗至无色，气相色谱柱用 5%的氨水洗脱，收集此含氨基酸的洗脱液，加入 95%的乙醇，过滤、干燥，得到氨基酸固体。

（3）发芽转化法

将亚硒酸钠溶于水，制得 200mg/kg 的亚硒酸钠水溶液，小麦或大麦种子用 3 倍质量的含 200mg/kg 亚硒酸钠水溶液于 24~25℃下浸泡 6~7h，沥水后保持此温度使其发芽，反复用亚硒酸钠水溶液浸泡、发芽，约 5 天后当麦芽长至 2cm 时，停止发芽，在室温下风干、干燥、粉碎即得富硒麦芽粉。

3. 质量标准

含硒量/%	1~2，2~4，4~6	灰分/%	≤8.0
有机硒率/%	≥85	砷/%	≤0.005
蛋白质/%	≥44.0	重金属(以 Pb 计)/%	≤0.001
水分/%	≤8.5		

4. 用途

作为营养强化剂、调味剂、风味增强剂，可用于调味汁、快餐食品、蔬菜制品、海味食品和谷物食品中。我国 GB 14880 规定，可用于饮料。但作为营养强化剂硒源，必须在省级部门指导下使用。

5. 安全与贮运

内包装为双层食用级塑料袋，密封，外套牛皮纸袋，外包装为木板圆桶。贮存于阴凉、干燥、通风处。严禁与有毒、有害物品混贮共运。

参 考 文 献

[1] 涂青，杨双全，章之柱，等. 富硒酵母发酵工艺的优化[J]. 中国酿造，2022，41(10)：140-145.
[2] 周洋枝，苏蒙蒙，路栋，等. 酵母富硒培养条件研究进展[J]. 农产品加工，2019，(01)：74-76.
[3] 娄兴丹. 高富硒酵母的筛选与富硒过程强化研究[D]. 石河子大学，2018.

10.37 γ-亚麻油酸

γ-亚麻油酸(r-linolenic acid)又称 γ-亚麻酸，商品名为月见草油。化学名称为全顺式-6,9,12-十八碳三烯酸。分子式为 $C_{18}H_{30}O_2$，相对分子质量 278.44。结构式为：

$$CH_3(CH_2)_3CH=CHCH_2CH=CHCH_2CH=CH(CH_2)_4COOH$$

1. 性能

无色或淡黄色油状液体，沸点 230～232℃(133Pa)，折射率 $n_D^{20}1.4800$，相对密度 0.914。在空气中不稳定，尤其在高温下易被氧化；在碱性条件下会异构化。具有脂肪酸的一般特性，不溶于水，易溶于正己烷、石油醚等非极性有机溶剂。

2. 生产方法

(1) 油酸法

油酸脱氢制得亚油酸，亚油酸在 W-6 脱氧酶作用下生成 γ-亚麻油酸。

$$油酸 \xrightarrow{去饱和} 亚油酸 \xrightarrow{W-6} γ-亚麻油酸$$

(2) 天然精油分离法

γ-亚麻油酸天然存在于多种精油中，如月见草种子油中含 7%～10%，玻璃苣油中含 18%～26%，黑醋栗油中含量 15%～20%。目前，国内外生产 γ-亚麻油酸的方法主要是从月见草油中提取。月见草的种子含油率约在 15%～25%，其中 γ-亚麻油酸含量在 7%～10%。

月见草油的提取可采用传统的冷榨法(提取率约 10%)，或溶剂萃取法(提取率 18%～22%)，也可采用新型的分离技术超临界 CO_2 萃取法。月见草油可进一步经冷冻结晶(-50℃)或尿素包合法精制。

(3) 微生物发酵法

γ-亚麻油酸存在于某些细菌、真菌及微藻类的细胞内，占总脂肪酸的 6%～24%。通过一些低等丝状真菌发酵、破碎烘干、萃取、纯化得 γ-亚麻油酸。

3. 工艺流程

(1) 天然精油分离法

```
              强碱        正己烷                    尿素、甲醇
月见草油 →  [皂化]  →  [提取]  →  [蒸馏] →脂肪酸→  [溶解]  →  冷却 →
```

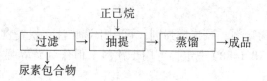

正己烷

过滤 → 抽提 → 蒸馏 → 成品

↓
尿素包合物

（2）微生物发酵法

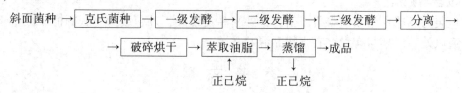

斜面菌种 → 克氏菌种 → 一级发酵 → 二级发酵 → 三级发酵 → 分离 →

→ 破碎烘干 → 萃取油脂 → 蒸馏 → 成品

↑　　　　　↑
正己烷　　正己烷

4. 操作工艺

（1）天然精油分离法

在皂化反应器中，加入 200g 月见草油和 420.6g 强碱溶液（强碱溶液由 60g NaOH、0.6g EDTA、160g 95%乙醇和 200mL 水配制而成），加热，于 60℃下搅拌皂化 0.5h。将皂化液冷却，加入 80mL 蒸馏水、170mL37%盐酸和 200mL 正己烷，振荡提取脂肪酸，分出正己烷层，蒸馏回收正己烷，得脂肪酸（混合脂肪酸）。

由于尿素结晶呈四方体，当与直链脂肪酸共存时变为六面体晶体。直链饱和脂肪酸最容易进入六面体晶体形成尿素包合物，而不饱和脂肪酸中的双键越多，越难进入六面体晶体内，故难以形成尿素包合物。根据这一特性，可将高度不饱和脂肪酸如亚麻油酸从混合脂肪酸中分离出来。

将上述皂化分离得到的混合脂肪酸 100g 与 640g 甲醇、370g 尿素混合，水浴加热并搅拌，至尿素全部溶解。然后在室温下搅拌，待温度降至 55~60℃时，置冷水浴中继续搅拌至 30℃左右，然后在冰水浴中降至 4℃，保持 1h，形成尿素包合物沉淀，抽滤，将滤液加 50mL 37%盐酸、150mL 水和 100mL 正己烷萃取分离，分出正己烷层，下层（水层）再加 50mL 正己烷萃取一次。将正己烷层蒸馏回收正己烷，得含量 90% γ-亚麻油酸。

（2）微生物发酵法

微生物发酵法生产 γ-亚麻油酸的发酵培养基主要以葡萄糖、麦芽汁或糖蜜为碳源，添加有机氮（酵母膏、蛋白胨等）、无机氮（硫酸铵、尿素等）和无机盐（NaAc、$MgSO_4$、柠檬酸钠等）。用于发酵生产 γ-亚麻油酸的微生物主要是某些低等的丝状真菌，用于工业化生产所采用的菌株主要是被孢霉属的深黄的被孢霉菌。

一级种子培养基：葡萄糖 8%，尿素 0.3%，酵母膏 0.1%，KH_2PO_4 0.1%，在 pH=6.2、压力 0.07MPa 条件下灭菌 30min。28℃/24h，接种量 2%~3%，通气量 1：0.5（体积比），搅拌速度 200r/min。

二级种子培养基：葡萄糖 10%，尿素 0.2%，酵母膏 0.1%，KH_2PO_4 0.1%，在上述相同条件下灭菌 30min。工艺条件为 28℃/24h，移种量 2%~3%，通气量 1：0.8（体积比），搅拌速度 180r/min。

发酵产脂培养基：葡萄糖 12%，酵母膏 0.2%，KH_2PO_4 0.1%，$MgSO_4$ 0.03%，柠檬酸钠 0.1%，在 pH=5.8、压力 0.07MPa 条件下灭菌 30min。工艺条件为：25℃/56~60h，移种量 12%，通气量 1：1（体积比），搅拌速度 160r/min。

说明：

① γ-亚麻油酸发酵是一种特殊产物的发酵，菌种在发酵前期主要消耗营养物质而大量

繁殖菌体，大约在60h后，菌体内油脂大量聚集。同时碳源急剧下降，菌丝体由前期的较细、分支多、脂肪粒少，而变为菌丝膨胀，分支断裂成肥大型、内含脂肪粒大而密集。

② 由于油滴存在于菌体细胞内，需采用球磨机或高压匀浆机将菌体细胞进行机械破碎，充分研磨后菌体可用非极性有机溶剂抽提油脂。

③ 发酵工艺改进的关键指标是菌体收率、产油率和脂肪中 γ-亚麻油酸的含量。目前，菌体得率为25%~30%，菌体油脂含量40%~45%，其中 γ-亚麻油酸含量8%~12%。

5. 用途

γ-亚麻油酸是人体必需的脂肪酸。人体补充 γ-亚麻油酸，可以预防多种疾病的发生。作为营养强化剂，我国规定可用于调和油、乳及乳制品、强化 γ-亚麻油酸饮料，使用量0.2%~5%。

参 考 文 献

[1] 吕座龙. 真菌发酵生产 γ-亚麻酸培养条件优化研究[J]. 农产品加工(学刊)，2012，(07)：70-72.
[2] 韩玉玺. 深黄被孢霉发酵生产 γ-亚麻酸工艺及特性的研究[D]. 黑龙江八一农垦大学，2011.
[3] 王兰，张志群，赵延华，等. 发酵法生产 γ-亚麻酸培养条件的优化研究[J]. 辽宁化工，2003，(01)：12-13.

参考文献

［1］凌关庭. 食品添加剂手册(第4版)［M］. 北京：化学工业出版社，2013.

［2］孙平，吕晓玲，张民，等. 食品添加剂［M］. 北京：中国轻工业出版社，2020.

［3］Miguel A Prieto, Paz Otero. Natural Food Additives［M］. IntechOpen, 2023.

［4］郝贵增，张雪. 食品添加剂［M］. 北京：中国农业大学出版社，2020.

［5］孙宝国. 食品添加剂(第三版)［M］. 北京：化学工业出版社，2021.

［6］Msagati Titus A M. Chemistry of Food Additives and Preservatives［M］. Blackwell Publishing Ltd.，2012.

［7］孙平. 食品添加剂(第二版)［M］. 北京：中国轻工业出版社，2020.

［8］A Larry Branen, P Michael Davidson, Seppo Salminen, John Thorngate. Food Additives［M］. Taylor and Francis. CRC Press, 2001.

［9］韩长日，宋小平. 食品添加剂生产与应用技术［M］. 北京：中国石化出版社，2006.

［10］齐艳玲，王凤梅. 食品添加剂［M］. 北京：海洋出版社，2014.

［11］孙平，张津凤. 食品添加剂应用手册［M］. 北京：化学工业出版社，2011.

［12］宋小平，韩长日. 食品添加剂生产技术［M］. 北京：科学出版社，2016.

［13］孙平，张颖，张津凤，等. 新编食品添加剂应用手册［M］. 北京：化学工业出版社，2017.

［14］于新，李小华. 天然食品添加剂［M］. 北京：中国轻工业出版社，2014.

［15］孙宝国. 食品添加剂(第2版)［M］. 北京：化学工业出版社，2013.

［16］周学良，林春绵，徐明仙. 食品和饲料添加剂［M］. 杭州：浙江科学技术出版社，2000.

［17］李炎. 食品添加剂制备工艺［M］. 广州：广东科学技术出版社，2001.

［18］周家华，崔英德，等. 食品添加剂［M］. 北京：化学工业出版社，2001.

［19］刘树兴，李宏梁，黄峻榕. 食品添加剂［M］. 北京：中国石化出版社，2001.

［20］宋小平，韩长日. 香料与食品添加剂制造技术［M］. 北京：科学技术文献出版社，2000.

［21］刘程，周汝忠. 食品添加剂实用大全［M］. 北京：北京工业大学出版社，2000.

［22］宋小平，韩长日. 精细有机化工产品生产技术［上、下卷］［M］. 北京：中国石化出版社，2001.

［23］刘钟栋. 食品添加剂分析方法［M］. 北京：中国轻工业出版社，2015.

［24］刘静，邢建华. 食品配方设计7步(第2版)［M］. 北京：化学工业出版社，2012.

［25］胡德亮，陈丽花，等. 食品乳化剂［M］. 北京：中国轻工业出版社，2011.

［26］中国食品添加剂和配料协会. 食品添加剂手册(第3版)［M］. 北京：中国轻工业出版社，2012.

［27］章思规. 精细有机化学品技术手册［上、下册］［M］. 北京：科学出版社，1992.

［28］闵九康. 植物抗氧化剂及其应用［M］. 北京：中国农业科学技术出版社，2013.

［29］王成涛，苏伟，陈钢. 天然食品配料：生产及应用［M］. 北京：化学工业出版社，2010.

［30］中国标准出版社第一编辑室. 中国食品工业标准汇编：食品添加剂卷(上)［M］. 北京：中国标准出版社，2009.

［31］曹雁平，肖俊松. 食品添加剂安全应用技术［M］. 北京：化学工业出版社，2013.

［32］卢晓黎. 食品添加剂手册(饮料类)［M］. 北京：化学工业出版社，2015.

［33］于新，李小华. 天然食品添加剂［M］. 北京：中国轻工业出版社，2014.

［34］万素英，等. 食品抗氧化剂［M］. 北京：中国轻工业出版社，1998.

［35］郝利平，聂乾忠，等. 食品添加剂(第2版)［M］. 北京：中国农业大学出版社，2009.

［36］李宏梁. 食品添加剂安全与应用(第2版)［M］. 北京：化学工业出版社，2012.

［37］高彦祥. 食品添加剂［M］. 北京：中国轻工业出版社，2011.

［38］卢晓黎，赵志峰. 食品添加剂：特性、应用及检测［M］. 北京：化学工业出版社，2014.

［39］胡国华. 复合食品添加剂(第2版)［M］. 北京：化学工业出版社，2012.

［40］郑宝东. 食品酶学［M］. 南京：东南大学出版社，2006.

［41］Hudson B J. Food Antioxidants［M］. Springer, 2012.

［42］唐劲松. 食品添加剂应用与检测技术［M］. 北京：中国轻工业出版社，2018.